U0190622

电 机 学

（第4版）

张广溢　郭前岗　主编

重庆大学出版社

内 容 提 要

本书是在2002年出版的21世纪高等学校本科系列教材《电机学》的基础上,结合该教材的使用和国内外电机学教材的发展情况而修订的。

全书包括绪论和变压器、交流电机的共同理论问题、异步电机、同步电机、直流电机、微控电机6篇共20章,从应用的角度出发,分析变压器、直流电机、异步电机和同步电机四类主要电机的基本结构、工作原理、电磁关系和运行特性。考虑到自动化专业和电气工程及其自动化专业传动方向后续课"电力拖动自动控制系统"或"电气传动"的需要,对交直流电机的机械特性和启动、制动、调速原理与方法等电力拖动基础的主要内容,比传统的"电机学"有更深入、更详细的讲述。此外,为适应不同学校的需要,在第6篇中对微控电机作了较详细的介绍。因此,通过本课程的学习,可不再另开设"电力拖动基础"和"控制电机"等课程。

为便于学习,每章后附有习题,每篇后有总结,书末有部分习题的参考答案。同时,为便于本教材的使用,特推出《电机学》多媒体课件,与本教材同时发行。并编写了《电机学学习指导及习题解答》一书,与本教材配套发行。因此,修订后的本书使用起来更加方便、实用。本书可作为电气工程与自动化或电气工程及其自动化、自动化等专业"电机学"或"电机与拖动基础"课程的教学用书,也可供有关科技人员参考。

图书在版编目(CIP)数据

电机学/张广溢,郭前岗主编.—3版.—重庆:
重庆大学出版社,2012.7(2024.1重印)
电气工程及其自动化专业系列教材
ISBN 978-7-5624-2439- 0

Ⅰ.①电…　Ⅱ.①张…②郭…　Ⅲ.①电机学—高等
学校—教材　Ⅳ.①TM3

中国版本图书馆CIP数据核字(2012)第146759号

电 机 学
(第4版)

张广溢　郭前岗　主编

责任编辑:谢　芳　彭　宁　　版式设计:彭　宁
责任校对:邹　忌　　　　　　　责任印制:张　策

*

重庆大学出版社出版发行
出版人:陈晓阳
社址:重庆市沙坪坝区大学城西路21号
邮编:401331
电话:(023)88617190　88617185(中小学)
传真:(023)88617186　88617166
网址:http://www.cqup.com.cn
邮箱:fxk@ cqup.com.cn(营销中心)
全国新华书店经销
重庆升光电力印务有限公司印刷

*

开本:787mm×1092mm　1/16　印张:22.75　字数:568千
2017年7月第4版　　2024年1月第17次印刷
印数:41 501— 42 500
ISBN 978-7-5624-2439- 0　定价:48.00元

再版前言

本书是在 2006 年出版的 21 世纪高等学校本科系列教材《电机学》的基础上，结合该教材的使用和国内外电机学教材的发展情况而修订的。

全书仍包括绪论和变压器、交流电机的共同理论问题、异步电机、同步电机、直流电机、微控电机 6 篇共 20 章，参考学时为 96 学时，其中理论教学 80～82 学时，实验 14～16 学时。本教材从应用的角度出发，分析变压器、直流电机、异步电机和同步电机 4 类主要电机的基本结构、工作原理、电磁关系和运行特性，为掌握本专业和学习后续课程打下理论基础。

考虑到自动化专业和电气工程及其自动化专业传动方向后续课"电力拖动自动控制系统"或"电气传动"的需要，对交直流电机的机械特性和起动、制动、调速原理与方法等电力拖动基础的主要内容，比传统的"电机学"有更深入、更详细的讲述。此外，为适应不同学校的需要，在第 6 篇中对微控电机作了较详细的介绍。因此，通过本课程的学习，可不再另开设"电力拖动基础"和"控制电机"等课程。为便于学习，每章后附有习题，每篇后有总结，书末有部分习题的参考答案。本教材可作为电气工程与自动化或电气工程及其自动化、自动化等专业"电机学"或"电机与拖动基础"课程的教学用书，也可供有关科技人员参考。

为适应 21 世纪市场经济和知识经济的需要，有利于学生素质和综合能力的提高，本次修订更加注重突出基本理论和基本分析方法，并尽可能反映国内外最新技术，对原书的内容有所增删，使修订后的本书使用起来更加方便、实用。

修订的主要内容有：

1. 变压器部分对三相变压器的联结组采用 IEC 标准；

2. 异步电机部分对三相异步电动机的起动、制动与调速的内容进行了适当压缩，增加了鼠笼式异步电动机的软起动、深槽型和双鼠笼型异步电动机、变极调速、定子降压调速、电磁调速异步电动机等内容；

3. 同步电机部分增加了同步补偿机的内容；

4. 微控电机部分对磁滞同步电动机、直线电动机的内容进行了改编，增加了无刷直流电动机、开关磁阻电动机的内容，以适应电机理论的发展和科学技术的进步；

5. 为了便于本教材的使用，特推出《电机学》多媒体课件，与本教材同时发行。该课件的制作指导思想是：运用计算机多媒体工具，忠实体现教材的教学思路和主要内容，同时增加一些动画和实物照片，以丰富教师的教学手段，并为学生学习和理解教材的精髓提供帮助；

6. 为便于学生加深对课程的理解和复习，编写了"电机学学习指导及习题解答"（含电力拖动和微控电机）一书，内容包括电机学各部分基本知识点、重点和难点、典型题分析和本教材大部分习题解答，与本教材配套发行。

本书由西华大学张广溢教授、李伟副教授、祁强讲师，陕西科技大学郭前岗教授，桂林电子工业学院诸葛致副教授共同修订，张广溢教授、郭前岗教授任主编。具体分工是：张广溢改编绪论、第 1 篇和第 3 篇，李伟改编第 2 篇，祁强改编第 5 篇，郭前岗改编第 4 篇，诸葛致改编第 6 篇，全书由张广溢教授统稿。

由于编者水平有限，缺点和错误在所难免，希望广大读者批评指正。

编　者
2005 年 12 月

主要符号表

A——线负载；面积

a——并联支路数（交流）；支路对数（直流）

B——磁通密度

B_{av}——平均磁通密度

B_{δ}——气隙磁通密度

B_m——最大磁通密度

B_a——电枢磁场密度

B_{ad}, B_{aq}——直轴、交轴电枢磁场磁密

B_{f1}——励磁磁场的基波磁密

b——宽度；弧长

C——常数；电容

C_e——电动势常数

C_T——转矩常数

D——直径

E——感应电动势

E_0——空载电动势

E_a——电枢反应电动势

E_m——电动势最大值

E_1, E_2——一次、二次侧电动势

$E_{1\sigma}$, $E_{2\sigma}$——一次、二次侧漏电动势

E_{ad}, E_{aq}——直轴、交轴电枢反应电动势

E_v——v 次谐波电动势

e——电动势瞬时值；自然对数的底

$\quad$（$e = 2.718$）

e_L——自感电动势

e_M——互感电动势

F——磁动势

F_1, F_2——一次、二次侧磁动势

F_{f1}——励磁基波磁动势

F_{δ}——气隙磁动势

f——频率；力；磁动势的瞬时值

f_N——额定频率

f_1, f_2——定子、转子频率

H——磁场强度

h——高度

I——电流

I_N——额定电流

I_0——空载电流、励磁电流；零序电流

I_{Fe}——铁耗电流

I_{μ}——磁化电流

I_1, I_2——一次、二次侧电流

I_f——励磁电流

I_d, I_q——同步电机电枢电流的直轴、交轴分量

I_k——短路电流

I_{st}——起动电流

i——电流瞬时值

J——转动惯量

K——换向片数

k——变压器的变比；系数

k_e——感应电机的电动势变比

k_i——感应电机的电流变比

k_{μ}——饱和系数

k_y——短距系数

k_q——分布系数

k_N——绕组系数

k_C——短路比

F_0——激磁磁动势

F_a——电枢磁动势

F_{ad}, F_{aq}——直轴、交轴电枢磁动势

M——互感

m——相数

N——电枢总导体数；匝数

N_1, N_2——一次、二次侧每相串联匝数

N_c——线圈匝数

n——转速

n_N——额定转速

n_1——同步转速

P——功率

P_N——额定功率

P_1——输入功率

1

P_2——输出功率

P_M——电磁功率

P_m——总机械功率

p——极对数；损耗

p_{cu}——铜耗

p_{Fe}——铁耗

p_m——机械损耗

p_{ad}——附加损耗

p_k——短路损耗

p_0——空载损耗

Q——无功功率

q——每极每相槽数

R,r——电阻

R_1——一次侧电阻

R_2——二次侧电阻

R_a——电枢回路电阻

R_f——励磁回路电阻

R_L——负载电阻

R_{st}——起动电阻

R_m——磁阻

L——电感；自感

L——长度

T_1——原电机转矩；输入转矩

T_2——负载转矩；输出转矩

T_0——空载转矩

T_j——惯性转矩

t——时间

U——电压

U_N——额定电压

U_f——励磁电压

U_1,U_2——一次、二次侧电压

u——电压瞬时值

u_k——阻抗电压（短路电压）

v——线速度

W——能量

x——电抗

$x_{1\sigma},x_{2\sigma}$——一次、二次侧漏电抗

x_σ——同步电机电枢漏电抗

x_p——保梯电抗

x_k——短路电抗

x_a——电枢反应电抗

x_t——同步电抗

x_{ad},x_{aq}——直轴、交轴电枢反应电抗

x_d,x_q——直轴、交轴同步电抗

x_d',x_q'——直轴、交轴瞬变电抗

x_d'',x_q''——直轴、交轴超瞬变电抗

x_+,x_-,x_0——正序、负序、零序电抗

y——节距；合成节距

Z——复数阻抗；槽数

Z_1,Z_2——一次、二次侧漏阻抗；感应电机定子、转子槽数

S——视在功率；元件数

S_N——额定视在功率（额定容量）

s——转差率

s_N——额定转差率

s_m——产生最大电磁转矩的转差率

T——转矩；周期；时间常数；电磁转矩

T_N——额定转矩

η——效率

η_N——额定效率

η_{max}——最大效率

θ——温度；功率角

Λ_m——磁导

λ——比漏磁导，过载能力

μ——磁导率

τ——极距；温升

Φ——磁通；每极磁通

Φ_m——磁通最大值

Φ_0,Φ_f——空载磁通；激磁磁通

Φ_σ——漏磁通

Φ_a——电枢反应磁通

Z_L——负载阻抗

Z_k——短路阻抗

Z_m——激磁阻抗

Z_+,Z_-,Z_0——正序、负序、零序阻抗

α——角度；空间电角度；系数

β——角度；负载系数

γ——角度；电导率

2

δ——气隙长度

Φ_1——基波磁通

Φ_ν——ν 次谐波磁通

Φ_{ad},Φ_{aq}——直轴、交轴电枢反应磁通

ϕ——磁通瞬时值

φ——相位角;功率因数角

Ψ——磁链

ψ——相位角

Ω——机械角速度

Ω_1——同步角速度

ω——角频率

$*$——右上角加星标的为标幺值

$'$——右上角加撇的为折算值

3

目录

第 6 篇　微控电机

绪 论

0.1 电机在国民经济中的作用

由于电能适宜于大量生产、集中管理、远距离传输、灵活分配及自动控制,因而电能成为现代最常用的一种能源。电机是以电磁感应和电磁力定律为基本工作原理进行电能的传递或机电能量转换的机械,在工业、农业、国防、交通运输和家用电器中有着广泛的应用,对国民经济有着重要的作用。

0.1.1 电能的生产、传输和分配中的主要设备

在发电厂,发电机由汽轮机、水轮机、柴油机或其他动力机械带动,这些原动机将燃料燃烧的热能、水的位能、原子核裂变的原子能等转化为机械能传给发电机,由发电机将机械能转换为电能。发电机发出的电压一般为 10.5 ~ 20 kV,为了减少远距离输电中的能量损失,经济地传输电能,应采用高压输电,一般输电电压为 110,220,330,500 kV 或更高,因此,采用升压变压器将发电机发出的电压升高后再进行电能的传输。到各用电区,为安全使用电能,各用电设备又需要不同的低电压,因此,还需要各种电压等级的降压变压器将电压降低,然后供给各用户。在电力工业中,发电机和变压器是发电厂和变电站的主要设备,如图 0.1 所示。

0.1.2 各种生产机械和装备的动力设备

在机械、纺织、冶金、石油和化学工业中,广泛应用电动机驱动各种生产机械和装备。一个现代化的企业需要几百台以至几万台各种不同的电动机;在交通运输中需要各种专用电机,如汽车电机、船用电机和航空电机;至于电车、电气机车需要具有优良起动性能和调速性能的牵引电动机,特别是近年来电动汽车和以直线电动机为动力的磁悬浮高速列车的开发,推动了新型电动机的发展;随着农业现代化的发展,电力排灌、谷物和农副产品加工,都需要电动机拖动;医疗器械、家用电器等的驱动设备都采用了各种交、直流电动机。

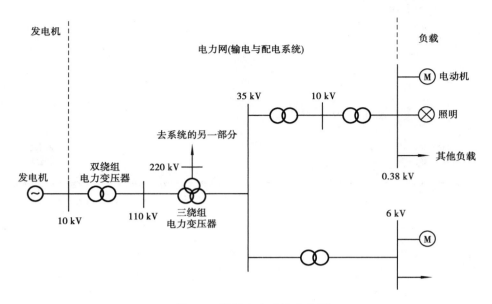

图 0.1　简单电力系统示意图

0.1.3　自动控制系统中的重要元件

随着科学技术的发展,工农业和国防设施的自动化程度越来越高。各种各样的控制电机被用作执行、检测、放大和解算元件。这类电机一般功率较小,品种繁多,用途各异,精度要求较高。例如火炮和雷达的自动定位,人造卫星发射和飞行的控制,舰船方向舵的自动操纵,机床加工的自动控制和显示,电梯的自动选层与显示,以及计算机、自动记录仪表、医疗设备、录音、录像、摄影和现代家用电器设备等的运行控制、检测或记录显示等。

随着社会的发展和科学技术的进步,特别是近年来超导技术、磁流体发电技术、电子与计算机技术的迅猛发展,为新的电机理论和电机技术的发展开辟了广阔的前景。

0.2　电机的主要类型及电机中所用的材料

0.2.1　电机的主要类型

按功能分:
①发电机。把机械能转换为电能;
②电动机。把电能转换为机械能;
③变压器、变频机、变流机和移相机。分别用于改变电能的电压、频率、电流及相位;
④控制电机。作为自控系统中的元件。
应该指出,从基本原理上看,发电机和电动机是电机的两种运行方式,它们本身是可逆的,这种特性称为电机的可逆性。
按学科分:

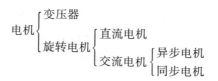

0.2.2　电机中所用的材料

电机一般是以磁场为耦合场,利用电磁感应和电磁力的作用来实现能量转换的机械。因此,电机中所用的材料可分为以下4类:

①导电材料。用于电机中的电路系统,为减小I^2R损耗,要求材料的电阻率小,常用紫铜及铝。

②导磁材料。用于电机中的磁路系统,为在一定励磁磁动势下产生较强的磁场和降低铁耗,要求材料具有较高的磁导率和较低的铁耗系数,常用硅钢片、钢板和铸钢。

③绝缘材料。用于带电体之间及带电体与铁芯间的电气隔离。要求材料的介电强度高且耐热性能好。按耐热能力可分为A,E,B,F,H,C等6级,其最高允许工作温度分别为105,120,130,155,180 ℃和高于180 ℃。绝缘材料的寿命受电机工作温度的影响很大,若电机运行时温度超过允许值,则其使用寿命将缩短。

④结构材料。使各部分构成整体、支撑和连接其他机械。要求材料的机械强度好,加工方便,重量轻。常用铸铁、铸钢、钢板、铝合金和工程塑料。

0.3　电机的发热、冷却及防护

0.3.1　电机中的损耗

电机运行时,导体中电流产生的电阻损耗I^2R称为铜耗p_{Cu};铁芯中交变磁通产生的磁滞损耗和涡流损耗称为铁耗p_{Fe},其大小与铁芯的材料、B_m^2及交变频率有关;转动部分与轴承、电刷及空气间的摩擦称为机械损耗p_m,其大小与电机结构及转速有关;由于齿槽的存在,谐波和漏磁等因素而引起的额外损耗称为附加损耗p_{ad},其大小与电机型式、容量有关。因此,电机中总损耗为

$$\sum p = p_{Cu} + p_{Fe} + p_m + p_{ad}$$

上述损耗一方面降低了电机的运行效率,另一方面转变成热能,使电机发热,温度升高。

0.3.2　电机的发热

电机中各种损耗转变的热能,使电机的温度升高。电机的温度升高后,便通过辐射和对流作用向周围散发热量。当电机产生的热量等于电机散发出去的热量时,电机的温度便不再上升而达到某一稳定数值,此值与周围冷却介质温度之差,称为温升(单位用绝对温度 K。从数值上看,用 K 与用摄氏温度℃表示时是一样的)。

电机中使用的各种绝缘材料,都有一定的最高允许工作温度(单位℃),在该温度极限内长期工作时,绝缘材料的电性能、机械性能和化学性能都不会显著变坏,通常可保证 20 年的寿

命。若超过此温度,绝缘材料会因迅速老化而使性能变坏,严重时可被烧毁,造成电机的损坏。

当电机所用绝缘材料的等级确定后,电机的最高允许温度也就确定了,其温升限值则取决于冷却介质的温度,即环境温度。为了制造全国各地全年都适用的电机,国家标准规定,环境空气温度为 +40 ℃。

电机的温升不仅取决于损耗的大小和散热情况,还与电机的工作方式有关。制造厂按国家标准的要求,对电机的全部电量和机械量的数值以及运行的持续时间和顺序所作的规定,称为电机的定额。电机的定额分为:

①连续定额,即电机按规定的全部电量和机械量数值,不受时间限制地长期连续运行。这种电机运行时各部分的温升都能达到稳定值,且不会超过允许温升限值。

②短时定额,即电机按规定的全部电量和机械量数值,从实际冷态开始,在规定的持续时间限值内运行(标准持续时间有 10,30,60 及 90 min 4 种)。这种电机的工作时间比较短,运行时各部分的温升达不到稳定值,而运行后的停歇时间相当长,下一次起动运行时电机各部分的温升已降低到零。电机的定额是按标准工作时间结束时达到的实际温升等于允许温升来确定的。

③周期工作定额,即电机按规定的全部电量和机械量数值,长期在一系列完全相同的周期内运行,每个周期包括一个额定负载时间和一个停机或空载时间,额定负载时间与整个周期之比称为负载持续率(标准负载持续率有 15%,25%,40% 及 60% 4 种,每个周期 10 min)。这种电机工作时间和停歇时间都很短,在工作时间结束时温升达不到稳定值,在停歇时间结束时温升也降不到零。电机的定额是按运行时的实际最高温升等于允许温升来确定的。

短时定额和周期工作定额的电机应按规定的定额运行,才能保证它的温升不超过允许温升限值。若把短时定额或周期工作定额的电机用来长期运行,则将因其温升大大超过允许限值而损坏电机。

0.3.3　电机的冷却

电机的冷却决定了电机的散热能力及电机的温升,从而直接影响电机的寿命和额定容量。电机冷却的主要问题是确定冷却介质和冷却方式。

冷却介质是指能够直接或间接地带走电机中所产生的热量的物质,通常有空气、氢气、水和油。

冷却方式分外部冷却和内部冷却两大类。外部冷却时,冷却介质只与电机的铁芯、绕组端部和机壳的外表面接触,热量先从发热体内部传到这些表面,再传给冷却介质。内部冷却时,冷却介质进入发热体(空心导线)内部,直接带走热量。显然内冷比外冷效果好,液体介质比气体介质冷却效果好。现代巨型电机均采用内部冷却方式。

0.3.4　电机的防护

电机的防护方式有开启式、防护式、封闭式和防爆式 4 种。

开启式电机的定子两侧和端盖上都有很大的通风口,其散热效果好,因而冷却方式常为自然冷却。但容易进入灰尘、水滴和铁屑等杂物,只能在清洁、干净的环境中使用。

防护式电机的机座下面有通风口。其散热好,能防止水滴、沙粒和铁屑等杂物溅入或落入电机内,但不能防止潮气和灰尘侵入,适用于比较干燥、没有腐蚀性和爆炸性气体的环境。

封闭式电机的机座和端盖上均无通风孔,完全是封闭的。封闭式又分为自冷式、自扇冷式、他扇冷式、管道通风式及密封式等。前4种,电机外的潮气及灰尘也不易进入电机,适用于尘土多、特别潮湿,有腐蚀性气体,易受风雨、易引起火灾等较恶劣的环境。密封式电机可以浸在液体中使用,如潜水泵。

防爆式电机在封闭式基础上制成隔爆形式,机壳有足够的强度,适用于有易燃易爆气体的场所,如矿井、油库、煤气站等。

0.3.5　电机的安装方式

电机的安装方式分为卧式和立式。卧式电机安装后转轴为水平方向,立式电机的转轴则为垂直方向,两种类型的电机使用的轴承不同,一般情况下用卧式的居多。

0.4　研究电机时常用的基本定律

0.4.1　全电流定律(安培环路定律)

在磁场中沿任一闭合回路磁场强度的线积分等于穿过该回路所有电流的代数和,即

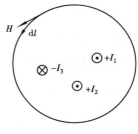

图 0.2　全电流定律

$$\oint_l H \cdot \mathrm{d}l = \sum I \tag{0.1}$$

式中,当电流方向与闭合回路环绕方向符合右手螺旋定则时为正,反之为负,如图 0.2 所示。

0.4.2　电磁感应定律

无论何种原因,当与线圈交链的磁链 ψ 随时间变化时,线圈中将产生感应电动势 e。e 的大小等于线圈所交链的磁链对时间的变化率,e 的方向应符合楞次定律,即若该电动势产生一个电流,此电流产生的磁通将阻碍线圈中磁链的变化。若规定感应电动势的正方向与磁通的正方向符合右手螺旋定则,则电磁感应定律的数学描述可表示为:

$$e = -\frac{\mathrm{d}\psi}{\mathrm{d}t} = -N\frac{\mathrm{d}\Phi}{\mathrm{d}t} \tag{0.2}$$

式中　N——线圈的匝数;

　　　Φ——穿过线圈的磁通。

1)变压器电动势　若线圈不动,穿过线圈的磁通随时间变化,则线圈中的感应电动势称为变压器电动势,如图 0.3 所示。

2)运动电动势(速率电动势)　若磁场恒定,构成线圈的导体切割磁力线,使线圈所交链的磁链随时间变化,导体中的感应电动势称为运动电动势。若磁力线、导体和运动方向三者互相垂直,则导体中感应电动势的大小为导体所在位置的磁通密度 B 与导体切割磁力线的有效长度 l 及导体相对磁场运动的线速度 v 三者之积,即

$$e = Blv \tag{0.3}$$

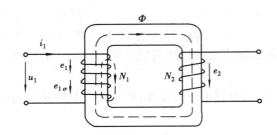

图 0.3　变压器电动势

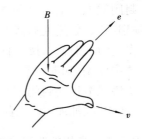

图 0.4　右手定则

感应电动势的方向由图 0.4 所示的右手定则确定。

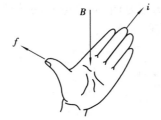

图 0.5　左手定则

0.4.3　电磁力定律

载流导体在磁场中要受到力的作用,该力称为电磁力。其大小在导体与磁力线垂直时等于导体所在位置磁场的磁通密度 B 与导体有效长度 l 及导体中的电流 i 三者之积,即

$$f = Bli \tag{0.4}$$

电磁力的方向由图 0.5 所示的左手定则确定。

在旋转电机中,作用在转子载流导体上的电磁力将使转子受到一个力矩(等于力乘转子半径),即电磁转矩的作用。电磁转矩是电机实现机电能量转换的重要物理量。

0.4.4　电路定律

1)欧姆定律　一段电路上的电压降 u 等于流过该电路的电流 i 与电路的电阻 R 的乘积,即

$$u = iR \tag{0.5}$$

2)基尔霍夫第一定律(电流定律)　在电路中任一节点上,电流的代数和恒等于零,即

$$\sum i = 0 \tag{0.6}$$

3)基尔霍夫第二定律(电压定律)　在电路中,对任一回路,沿回路环绕一周,回路内所有电动势的代数和等于所有电压降的代数和,即

$$\sum e = \sum u \tag{0.7}$$

该定律是电机中电动势平衡方程式的理论依据。

0.4.5　磁路及磁路定律

电流在它周围的空间建立磁场,磁场的分布常用一些闭合曲线(磁力线)来描述,磁力线所经路径称为磁路。磁路的材料不同,其导磁性能不同。铁磁物质由于其内部结构的特点,其磁导率 μ_{Fe} 可达非铁磁物质磁导率 μ_0 的数千倍,且 μ_{Fe} 的大小随外磁场大小变化而变化,存在磁饱和现象,其 $B = f(H)$,$\mu = g(H)$ 关系曲线如图 0.6 所示;其次,在交变磁场作用下,存在磁滞和涡流现象,在铁磁物质内产生能量损耗,即铁耗。非铁磁物质的磁导率为常量,$\mu_0 = 4\pi \times 10^{-7}$ H/m,其 $B = f(H)$ 为直线。

从磁场的基本关系可导出与电路定律相似的磁路定律如下:

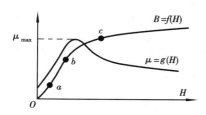

图 0.6　铁磁材料的磁化曲线

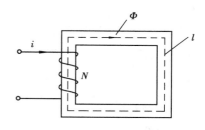

图 0.7　无分支磁路

1）磁路的欧姆定律　将全电流定律应用到如图 0.7 所示材料相同、截面相等的无分支闭合磁路上，则有

$$\oint_l H \cdot \mathrm{d}l = Hl = \sum I = Ni$$

因为 $B = \mu H = \dfrac{\Phi}{A}$，即 $\dfrac{\Phi l}{\mu A} = Ni$，于是

$$\Phi = \frac{Ni}{\dfrac{l}{\mu A}} = \frac{F}{R_\mathrm{m}} = F\Lambda_\mathrm{m} \qquad (0.8)$$

即磁路中的磁通 Φ 等于作用在该磁路上的磁动势 F 除以磁路的磁阻 R_m 或乘以磁导 Λ_m，此即磁路的欧姆定律。

2）磁路的基尔霍夫第一定律　由于磁力线是闭合曲线，因此，对任一封闭面而言，穿入的磁通必等于穿出的磁通，这就是磁通连续性原理。对有分支的磁路而言，在磁通汇合处的封闭面上磁通的代数和等于零，即

$$\sum \Phi = 0 \qquad (0.9)$$

在图 0.8 中有

$$\Phi_1 + \Phi_2 - \Phi_3 = 0$$

3）磁路的基尔霍夫第二定律　在磁路计算中，若构成磁路的各部分有不同的材料和截面，则应将磁路分段，使每段有相同材料和截面，其 B,μ 相同。每段磁路上磁场强度 H 与磁路长度 l 的乘积 Hl 称为该段磁路的磁压降，将全电路电流定律应用到任一闭合磁路上，则有

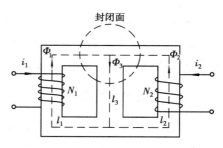

图 0.8　有分支磁路

$$\oint H \cdot \mathrm{d}l = \sum Hl = \sum Ni$$
$$= \sum F = \sum \Phi R_\mathrm{m} \qquad (0.10)$$

即沿任一闭合磁路，磁压降的代数和等于磁动势的代数和。

表 0.1　磁路和电路的对比

电　　路		磁　　路	
基本物理量及公式	单位	基本物理量及公式	单位
电流 i	A	磁通 Φ	Wb
电动势 e	V	磁动势 F	A
电压降 u	V	磁压降 $\Phi R_{\mathrm{m}} = Hl$	A
电阻 $R = \rho \dfrac{l}{A}$	Ω	磁阻 $R_{\mathrm{m}} = \dfrac{l}{\mu A}$	1/H
电导 $G = \dfrac{1}{R}$	S	磁导 $\Lambda_{\mathrm{m}} = \dfrac{1}{R_{\mathrm{m}}}$	H
欧姆定律 $i = \dfrac{e}{R}$		$\Phi = \dfrac{F}{R_{\mathrm{m}}} = F\Lambda_{\mathrm{m}}$	
基尔霍夫第一定律 $\sum i = 0$		$\sum \Phi = 0$	
基尔霍夫第二定律 $\sum e = \sum u$		$\sum F = \sum Hl = \sum \Phi R_{\mathrm{m}}$	

在图 0.8 中,沿 l_1,l_2 组成的闭合磁路,有

$$F_1 - F_2 = N_1 i_1 - N_2 i_2 = H_1 l_1 - H_2 i_2 = \Phi_1 R_{\mathrm{m}1} - \Phi_2 R_{\mathrm{m}2}$$

可见,磁路与电路,其物理量和基本定律有一一对应的关系,如表 0.1 所示。

应该指出,由于磁路与电路物理本质不同,即磁路是有限范围内的磁场,电路是有限范围内的电场,所以二者存在一定差别,具体表现为:①电路中可以有电动势无电流,磁路中有磁动势必然有磁通;②电路中有电流就有功率损耗($I^2 R$);在恒定磁通下,磁路中无损耗;③由于 $G_{导}$ 约为 $G_{绝}$ 的 10^{20} 倍,而 μ_{Fe} 仅为 μ_0 的 $10^3 \sim 10^4$ 倍,故可认为电流只在导体中流过,而磁路中除主磁通外还必须考虑漏磁通;④电路中电阻率 ρ 在一定温度下恒定不变,而由铁磁材料构成的磁路中,磁导率 μ 随 B 变化,即磁阻 R_{m} 随磁路饱和度增大而增大。

0.4.6　能量守恒定律

电机是电能传递或机电能量转换的机械,在能量传递或转换过程中,电机自身消耗的功率称为损耗。稳态运行时,必然存在输入功率 P_1 等于输出功率 P_2 与所有损耗 $\sum p$ 之和,即

$$P_1 = P_2 + \sum p \tag{0.11}$$

上述定律是建立电机运行时基本方程式的理论依据。

0.5　本课程的性质和任务

　　电机学是电气工程与自动化(或电气工程及其自动化、自动化)专业的主要技术基础课，是在学习了高等数学、物理学和电路原理的基础上研究电机的工作原理、主要结构、基础理论、运行特性及实验方法的一门课程。由于有具体的电机这一实际工程问题作为研究对象，而电机中各种电、磁、力、热等方面的定律同时起作用，互相影响又互相制约，故分析时理论性和实践性都很强，且具有一定的复杂性和综合性。因此，在学习方法上要特别强调学生综合能力的培养；要注意掌握电机学的基本概念和基本分析方法，如旋转磁场理论、谐波分析、时间相量与空间向量、电动势与磁动势平衡方程、电机的等效电路、折合算法与标幺值、对称分量法等。电机学的习题是巩固所学知识和培养分析问题能力所必需的，要认真地独立完成。实验是电机学的重要环节，要求通过实验掌握运行操作与测试等基本技能，并加深对电机运行性能和理论分析的认识。

　　本课程的任务是为学习专业课作准备和打基础。电机是电力系统中的重要组成部分，它的运行状态直接影响系统的工作；而电机原理和特性又是进行电机设计和控制的理论依据。因此，学好电机学，对后面专业课的学习至关重要，并为今后从事专业方面的工作打下坚实基础。

习　题

　　0.1　电机和变压器的磁路常用什么材料制成？这类材料应具有哪些主要特性？

　　0.2　在图 0.3 中，当给线圈 N_1 外加正弦电压 u_1 时，线圈 N_1 和 N_2 中各感应什么性质的电动势？电动势的大小与哪些因素有关？

　　0.3　感应电动势 $e = -\dfrac{\mathrm{d}\psi}{\mathrm{d}t}$ 中的负号表示什么意思？

　　0.4　试比较磁路和电路的相似点和不同点。

　　0.5　电机运行时，热量主要来源于哪些部分？为什么用温升而不直接用温度表示电机的发热程度？电机的温升与哪些因素有关？

　　0.6　电机的额定值和电机的定额分别指的是什么？

　　0.7　在图 0.2 中，已知磁力线 l 的直径为 10 cm，电流 $I_1 = 10$ A，$I_2 = 5$ A，$I_3 = 3$ A，试求该磁力线上的平均磁场强度是多少？

　　0.8　在题图 0.1 所示的磁路中，线圈 N_1，N_2 中通入直流电流 I_1，I_2，试问：

　　①电流方向如图所示时，该磁路上的总磁动势为多少？

　　②N_2 中电流 I_2 反向，总磁动势又为多少？

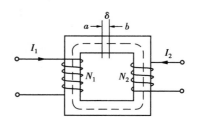

题图 0.1

③若在图中 a,b 处切开,形成一空气隙 δ,总磁动势又为多少?

④比较 1,3 两种情况下铁芯中的 B,H 的相对大小,及③中铁芯和气隙中 H 的相对大小。

0.9　两根输电线在空间相距 2 m,当两输电线通入的电流均为 100 A 时,求每根输电线单位长度上所受的电磁力为多少? 并画出两线中电流同向及反向时两种情况下的受力方向。

0.10　一个有铁芯的线圈,线圈电阻为 2 Ω。将其接入 110 V 交流电源,测得输入功率为 22 W,电流为 1 A,试求铁芯中的铁耗及输入端的功率因数。

第 **1** 篇
变压器

　　变压器是一种静止的电器设备,它利用电磁感应原理,把一种电压等级的交流电能转换成频率相同的另一种电压等级的交流电能。

　　变压器是电力系统中实现电能的经济传输、灵活分配和合理使用的重要设备,在国民经济其他部门也获得了广泛的应用。本篇主要研究一般用途的电力变压器。首先简要介绍变压器的结构,然后着重分析变压器的运行原理与特性、三相变压器的联结组、变压器的并联运行、不对称运行和瞬变过程,最后对三绕组变压器、自耦变压器和仪用互感器作简要的介绍。

第 **1** 章
变压器的工作原理和结构

1.1 变压器的工作原理和分类

1.1.1 工作原理

变压器工作原理的基础是电磁感应定律。两个互相绝缘的绕组套在同一个铁芯上,绕组之间只有磁的耦合而没有电的联系,如图1.1所示。其中绕组1接交流电源,称为原绕组或一次绕组;绕组2接负载,称为副绕组或二次绕组。当原绕组接交流电源时,绕组中便有交流电流流过,并在铁芯中产生与外加电压频率相同的交变磁通。这个交变磁通同时交链着原、副绕组。根据电磁感应定律,交变磁通在原、副绕组中感应出相同频率的电动势。副边有了电动势,便向负载输出电能,实现了不同电压等级电能的传递。由于感应电动势的大小与绕组匝数成正比,因此,改变原、副绕组的匝数即可改变副绕组的电压,变压器因此而得名。

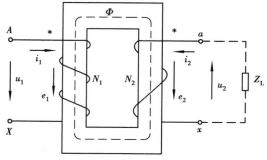

图1.1 变压器的工作原理

1.1.2 变压器的分类

变压器的种类很多,可按其用途、结构、相数、冷却方式等不同来进行分类。

按用途分类,可分为电力变压器(主要用在输配电系统中,又分为升压变压器、降压变压器、联络变压器和厂用变压器)、仪用互感器(电压互感器和电流互感器)、特种变压器(如调压变压器、试验变压器、电炉变压器、整流变压器、电焊变压器等）。

按绕组数目分类,可分为双绕组变压器、三绕组变压器、多绕组变压器和自耦变压器。

按铁芯结构分类,有芯式变压器和壳式变压器。

按相数分类,有单相变压器、三相变压器和多相变压器。

按冷却介质和冷却方式分类,可分为油浸式变压器(包括油浸自冷式、油浸风冷式、油浸强迫油循环式)、干式变压器和充气式变压器。

电力变压器按容量大小通常分为小型变压器(容量为 10 ~ 630 kVA)、中型变压器(容量为 800 ~ 6 300 kVA)、大型变压器(容量为 8 000 ~ 63 000 kVA)和特大型变压器(容量在 90 000 kVA 及以上)。

1.2　变压器的基本结构

电力变压器的基本构成部分有:铁芯、绕组、绝缘套管、油箱及其他附件等,其中铁芯和绕组是变压器的主要部件,称为器身。图 1.2 是油浸式电力变压器的结构图。

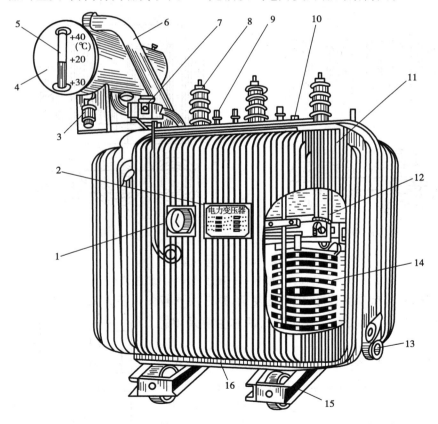

图 1.2　油浸式电力变压器

1—信号式温度计;2—铭牌;3—吸湿器;4—储油柜;5—油表;6—安全气道;
7—气体继电器;8—高压套管;9—低压套管;10—分接开关;11—油箱;
12—铁芯;13—放油阀门;14—线圈及绝缘;15—小车;16—接地板

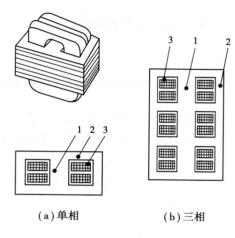

（a）单相　　　　（b）三相

图 1.3　壳式变压器
1—铁芯柱；2—铁轭；3—绕组

1.2.1　铁芯

铁芯是变压器的主磁路，又是它的机械骨架，铁芯由铁芯柱、铁轭两部分构成。铁芯柱上套绕组，铁轭将铁芯柱连接起来形成闭合磁路。

1）铁芯材料　为了提高磁路的导磁性能，减少铁芯中的磁滞、涡流损耗，铁芯一般用高磁导率的磁性材料——硅钢片叠成。硅钢片有热轧和冷轧两种，其厚度为 0.35～0.5 mm，两面涂以厚 0.01～0.13 mm 的漆膜，使片与片之间绝缘。

2）铁芯型式　变压器铁芯的结构有芯式、壳式和渐开线式等形式。壳式结构的特点是铁芯包围绕组的顶面、底面和侧面，如图 1.3 所示。芯式结构的特点是铁芯柱被绕组包围，如图 1.4

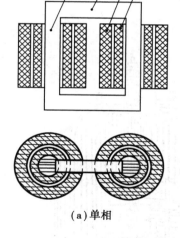

（a）单相

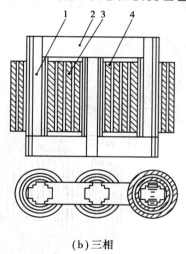

（b）三相

图 1.4　芯式变压器
1—铁芯柱；2—铁轭；3—高压绕组；4—低压绕组

所示。壳式结构的机械强度较好，但制造复杂，铁芯用材较多。芯式结构比较简单，绕组的装配及绝缘比较容易。因此，电力变压器的铁芯主要采用芯式结构。

3）铁芯叠装　变压器的铁芯一般是由剪成一定形状的硅钢片叠装而成。为了减小接缝间隙以减小励磁电流，一般采用交错式叠法，使相邻层的接缝错开。对热轧硅钢片，叠片次序如图 1.5 所示。当采用冷轧硅钢片时，由于这种钢片顺辗轧方向磁导率高，损耗小，如果按直角切片法裁料，则在拐角处会引起附加损耗，故采用图 1.6 所示的斜接缝叠装法。

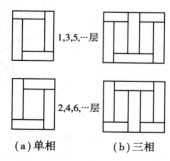

1,3,5,…层

2,4,6,…层

（a）单相　　　（b）三相

图 1.5　铁芯叠片次序

14

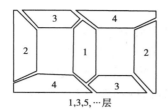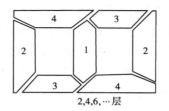

1,3,5,…层　　　　　　　　　　　2,4,6,…层

图 1.6　冷轧硅钢片的叠法

4）铁芯截面　铁芯柱的截面一般作成阶梯形，以充分利用绕组内圆空间。容量较大的变压器，铁芯中常设有油道，以改善铁芯内部的散热条件，如图 1.7 所示。

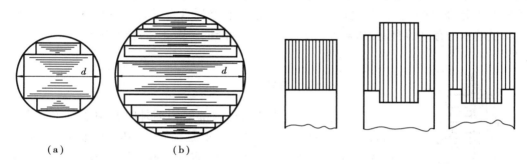

（a）　　　　　　（b）

图 1.7　铁芯柱截面　　　　　　　　　　图 1.8　铁轭截面

铁轭的截面有矩形、T 型和阶梯形，如图 1.8 所示。铁轭的截面积一般比铁芯柱截面积大 5%～10%，以减少空载电流和空载损耗。

1.2.2　绕组

绕组是变压器的电路部分，它由铜质或铝质的绝缘导线绕制而成。按照高、低压绕组在铁芯上的排列方式，变压器的绕组可分为同心式和交迭式两类。同心式绕组的高、低压绕组同心地套在铁芯柱上，如图 1.4 和图 1.9 所示。为便于绝缘，低压绕组靠近铁芯柱，高压绕组套在低压绕组外面，两个绕组之间留有油道。交迭式绕组的高、低压绕组交替放置在铁芯上，如图

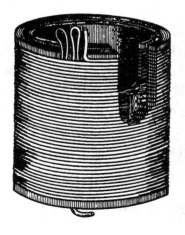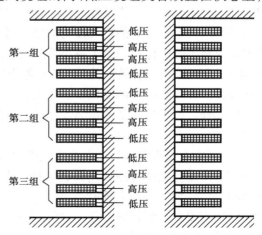

图 1.9　多层圆筒式线圈　　　　　　图 1.10　交叠式绕组（饼式结构）

15

1.10 所示。为减小绝缘距离,通常低压绕组靠近铁轭。

同心式绕组结构简单,制造方便,故电力变压器多采用这种型式。交迭式绕组机械强度好,引出线布置方便,多用于低电压大电流的电焊、电炉变压器及壳式变压器中。

按照线圈绕制的特点,分为圆筒式、饼式、螺旋式、连续式、纠结式等。同心式绕组多采用圆筒式、螺旋式、连续式、纠结式等结构,其中多层圆筒式线圈如图 1.9 所示。交迭式绕组一般采用饼式结构,如图 1.10 所示。

变压器的铁芯和绕组装配起来称为器身,器身浸在充满变压器油的油箱内。变压器油的作用有两个:其一,变压器的绝缘性能比空气好,可以提高绕组的绝缘强度;其二,通过油受热后的对流作用,可以将绕组和铁芯中的热量带到油箱壁,再由油箱表面散发到空气中。对变压器油的要求是介电强度高、着火点高、粘度小、水分和杂质含量低,其性能指标应符合国家标准。少量的水分存在,可使变压器油的绝缘性能大为降低。因此,防止变压器油受潮是十分重要的。

图 1.11　充油套管

1.2.3　绝缘套管

变压器的引出线从油箱内部引到箱外时必须通过绝缘套管,使引线与油箱绝缘。绝缘套管一般是瓷质的,其结构取决于电压等级。1 kV 以下采用实心瓷套管;10~35 kV 采用空心充气或充油式套管,如图 1.11 所示;110 kV 及以上采用电容式套管。为了增大外表面放电距离,套管外形做成多级伞形裙边。电压愈高,级数愈多。

1.2.4　油箱及其他附件

电力变压器的油箱一般做成椭圆形,这样可使油箱有较高的机械强度,而且需油量较少。6 300 kVA 及以下用平顶油箱,8 000 kVA 及以上用钟罩式油箱;油箱用钢板焊成。容量很小的变压器采用平板式油箱;中、小型变压器为增加散热表面而采用管式油箱;大容量变压器采用散热器式油箱。

为了防止潮气浸入,希望油箱内部与外界空气隔离。但是,不透气是做不到的。因为当油受热后会膨胀,将把油箱中的空气逐出油箱。当冷却时会收缩,便又从箱外吸进含有潮气的空气,这种现象称为呼吸作用。为了减小油与空气的接触面积以降低油的氧化速度和浸入变压器油的水分,在油箱上面安装一储油柜(亦称膨胀器或油枕)。储油柜通过管道与油箱接通,这样,使油面的升降限制在储油柜中。在储油柜与油箱的连接管道中装有气体继电器,当变压器内部发生故障,产生气体或油箱漏油使油面下降过多时,它可以发出报警信号或自动切断变压器电源。

油箱的顶盖上装有安全气道。当变压器内部发生严重故障而产生大量气体时,油箱内压力迅速增大,油流和气体将冲破气道上端的玻璃板向外喷出,以免油箱受到强大压力而破裂。储油柜和安全气道如图 1.12 所示。

此外,油箱盖上还装有分接开关,可在无载下改变高压绕组的匝数(一般为 ±5%),以调节变压器的输出电压,如图 1.13 所示。

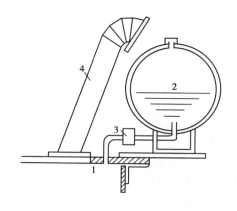

图 1.12　储油柜和安全气道
1—油箱;2—储油柜;3—气体继电器;4—安全气道

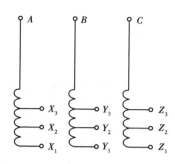

图 1.13　高压分接头

1.3　变压器的额定值

制造厂根据国家标准和设计、试验数据规定变压器的正常运行状态,称为额定运行情况。表征额定运行情况下各物理量的数值称为额定值。额定值通常标注在变压器的铭牌上。

1.3.1　额定容量 S_N

额定容量是指变压器额定运行时的视在功率,以 VA,kVA 或 MVA 表示。由于变压器的效率很高,通常一、二次侧的额定容量设计成相等。

1.3.2　额定电压 U_{1N} 和 U_{2N}

正常运行时规定,加在一次侧的端电压称为变压器一次侧的额定电压 U_{1N};二次侧的额定电压 U_{2N} 是指变压器一次侧加额定电压时二次侧的空载电压。额定电压以 V 或 kV 表示。对三相变压器,额定电压是指线电压。

1.3.3　额定电流 I_{1N} 和 I_{2N}

根据额定容量和额定电压计算出的线电流,称为额定电流,以 A 表示。

对单相变压器:
$$I_{1N} = \frac{S_N}{U_{1N}}, \quad I_{2N} = \frac{S_N}{U_{2N}}$$

对三相变压器:
$$I_{1N} = \frac{S_N}{\sqrt{3}U_{1N}}, \quad I_{2N} = \frac{S_N}{\sqrt{3}U_{2N}}$$

1.3.4　额定频率 f_N

我国规定工业频率为 50 Hz。

此外,额定运行时的效率、温升等数据也是额定值。

除额定值外,变压器的相数、绕组连接方式及联结组别、短路电压、运行方式和冷却方式等均标注在铭牌上。

习　题

1.1　变压器是根据什么原理进行电压变换的？变压器的主要用途有哪些？

1.2　变压器有哪些主要部件？各部件的作用是什么？

1.3　铁芯在变压器中起什么作用？如何减少铁芯中的损耗？

1.4　变压器有哪些主要额定值？原、副边额定电压的含义是什么？

1.5　一台单相变压器，$S_N = 5\,000$ kVA，$U_{1N}/U_{2N} = 10/6.3$ kV，试求原、副边的额定电流。

1.6　一台三相变压器，$S_N = 5\,000$ kVA，$U_{1N}/U_{2N} = 35/10.5$ kV，Y，d 接法，求原、副边的额定电流。

第 2 章
变压器的运行原理与特性

变压器的用途非常广泛,类型繁多且结构也不完全相同。但就其基本原理来看则是一致的。因此,本章以单相双绕组电力变压器为例,分析其基本电磁关系,导出基本方程式,等效电路和相量图。在此基础上分析其稳态运行特性。

本章是变压器理论的核心部分,虽然讨论的对象是单相变压器,但所有分析讨论的结果,都适用于三相变压器在对称运行时每一相的运行情形。因为在对称运行时,三相变压器各相的电压和电流大小相等,仅在相位上互差 $120°$,故可取其一相进行分析。

2.1 变压器的空载运行

空载运行是指变压器原绕组接到额定电压、额定频率的电源上,副绕组开路时的运行状态。图 2.1 是单相变压器空载运行的示意图。原、副边电路的各物理量和参数分别用下标"1"和"2"标注,以示区别。

2.1.1 空载运行时的物理现象

当原绕组接上电源后,绕组中便有电流流过,称为空载电流 i_0。i_0 在原绕组中产生交变磁动势 $f_0 = i_0 N_1$,并建立起交变磁通。该磁通可分为两部分:一部分沿铁芯闭合,同时交链原、副绕组,称为主磁通 Φ;另一部分只交链原绕组,经原绕组附近的空间闭合,称为原绕组的漏磁通 $\Phi_{1\sigma}$。由于铁芯的磁导率

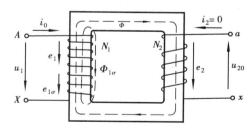

图 2.1 变压器空载运行时的示意图

远比铁芯外非铁磁材料的磁导率大,故总磁通中的绝大部分是主磁通,而漏磁通只占总磁通的一小部分(约 $0.1\% \sim 0.2\%$)。主磁通和漏磁通都是交变磁通。根据电磁感应定律,Φ 将在原、副绕组中感应电动势 e_1, e_2,$\Phi_{1\sigma}$ 将在原绕组中感应电动势 $e_{1\sigma}$。此外,空载电流 i_0 还在原绕组中产生电阻压降 $i_0 R_1$。这就是变压器空载运行时的电磁物理现象。

主磁通和漏磁通在性质上有着明显的不同:①由于铁磁材料有饱和现象,所以主磁路的磁

阻不是常数,主磁通与建立它的电流之间呈非线性关系。而漏磁通的磁路大部分是由非铁磁材料组成,所以漏磁路的磁阻基本上是常数,漏磁通与产生它的电流呈线性关系。②主磁通在原、副绕组中均感应电动势,当副边接上负载时,便有电功率向负载输出,故主磁通起传递能量的作用。漏磁通仅在原绕组中感应电动势,不能传递能量,仅起压降作用。因此,在分析变压器和交流电机时常将主磁通和漏磁通分开处理。

2.1.2 正方向的规定

变压器中各电磁量都是时间的正弦或余弦函数,要建立它们之间的相互关系,必须先规定各量的正方向。从原理上讲,正方向可以任意选择,因各物理量的变化规律是一定的,并不依正方向的选择不同而改变。但正方向的规定不同,列出的电磁方程式和绘制的相量图也不同。通常按习惯方式规定正方向,称为惯例。具体原则如下:

①在负载支路,电流的正方向与电压降的正方向一致,而在电源支路,电流的正方向与电动势的正方向一致;

②磁通的正方向与产生它的电流的正方向符合右手螺旋定则;

③感应电动势的正方向与产生它的磁通的正方向符合右手螺旋定则。

根据这些原则,变压器各物理量的正方向规定如图 2.1 所示。图中电压 u_1,u_2 的正方向表示电位降低,电动势 e_1,e_2 的正方向表示电位升高。在原边,u_1 由首端指向末端,i_1 从首端流入。当 u_1 与 i_1 同时为正或同时为负时,表示电功率从原边输入,称为电动机惯例。在副边,u_2 和 i_2 的正方向由 e_2 的正方向决定,即 i_2 沿 e_2 的正方向流出。当 u_2 和 i_2 同时为正或同时为负时,电功率从副边输出,称为发电机惯例。

2.1.3 空载时的电磁关系

(1)电动势与磁通的关系

假定主磁通按正弦规律变化,即

$$\Phi = \Phi_m \sin \omega t \tag{2.1}$$

式中 Φ_m——主磁通最大值。

根据电磁感应定律和图 2.1 的正方向规定,一、二次绕组中感应电动势的瞬时值为

$$e_1 = N_1 \frac{\mathrm{d}\Phi}{\mathrm{d}t} = -\omega N_1 \Phi_m \cos \omega t = \sqrt{2} E_1 \sin(\omega t - 90°) \tag{2.2}$$

$$e_2 = N_2 \frac{\mathrm{d}\Phi}{\mathrm{d}t} = -\omega N_2 \Phi_m \cos \omega t = \sqrt{2} E_2 \sin(\omega t - 90°) \tag{2.3}$$

$$e_{1\sigma} = N_1 \frac{\mathrm{d}\Phi_{1\sigma}}{\mathrm{d}t} = -\omega N_1 \Phi_{1\sigma m} \cos \omega t = \sqrt{2} E_{1\sigma} \sin(\omega t - 90°) \tag{2.4}$$

$$E_1 = \frac{\omega N_1 \Phi_m}{\sqrt{2}} = 4.44 f N_1 \Phi_m \tag{2.5}$$

$$E_2 = \frac{\omega N_2 \Phi_m}{\sqrt{2}} = 4.44 f N_2 \Phi_m \tag{2.6}$$

$$E_{1\sigma} = \frac{\omega N_1 \Phi_{1\sigma m}}{\sqrt{2}} = 4.44 f N_1 \Phi_{1\sigma m} \tag{2.7}$$

式中　E_1，E_2——主磁通在原、副绕组中感应电动势的有效值；

　　　N_1，N_2——原、副绕组的匝数；

　　　f——电源的频率；

　　　$E_{1\sigma}$——原绕组漏感电动势的有效值；

　　　$\Phi_{1\sigma m}$——原绕组漏磁通的最大值。

（2）电动势平衡方程式

按图 2.1 规定的正方向，空载时原边的电动势平衡方程式用相量表示为

$$\dot{U}_1 = -\dot{E}_1 - \dot{E}_{1\sigma} + \dot{I}_0 R_1 \tag{2.8}$$

将漏感电动势写成压降的形式为

$$\dot{E}_{1\sigma} = -\mathrm{j}\omega L_{1\sigma}\dot{I}_0 = -\mathrm{j}x_{1\sigma}\dot{I}_0 \tag{2.9}$$

式中　$L_{1\sigma} = \dfrac{N_1 \Phi_{1\sigma m}}{\sqrt{2}I_0}$——原绕组的漏电感；

　　　$x_{1\sigma} = \omega L_{1\sigma}$——原绕组的漏电抗。

将式（2.9）代入式（2.8）可得

$$\dot{U}_1 = -\dot{E}_1 + \dot{I}_0 R_1 + \mathrm{j}\dot{I}_0 x_{1\sigma} = -\dot{E}_1 + \dot{I}_0 Z_1 \tag{2.10}$$

式中　$Z_1 = R_1 + \mathrm{j}x_{1\sigma}$——原绕组的漏阻抗。

对于电力变压器，空载时原绕组的漏阻抗压降 $I_0 Z_1$ 很小，其数值不超过 U_1 的 0.2%。将 $I_0 Z_1$ 忽略，则式（2.10）变成

$$\dot{U}_1 = -\dot{E}_1 \tag{2.11}$$

在副边，由于电流为零，则副边的感应电动势等于副边的空载电压，即

$$\dot{U}_{20} = \dot{E}_2 \tag{2.12}$$

（3）变压器的变比

在变压器中，原、副绕组的感应电动势 E_1 和 E_2 之比称为变压器的变比，用 k 表示。即

$$k = \frac{E_1}{E_2} = \frac{4.44fN_1\Phi_{\mathrm{m}}}{4.44fN_2\Phi_{\mathrm{m}}} = \frac{N_1}{N_2} \tag{2.13}$$

上式表明，变压器的变比等于原、副绕组的匝数比。当变压器空载运行时，由于 $U_1 \approx E_1$，$U_{20} \approx E_2$，故可近似地用空载运行时原、副边的电压比来作为变压器的变比，即

$$k \approx \frac{U_1}{U_{20}} = \frac{U_{1N}}{U_{2N}} \tag{2.14}$$

对于三相变压器，变比是指原、副边相电动势之比，也就是额定相电压之比。需要指出的是，在讨论三相变压器联结组或联结组实验时用到的电压比 k 是指原、副边线电压之比。试验时取三相线电压之比的平均值：

$$k = \frac{\dfrac{U_{AB}}{U_{ab}} + \dfrac{U_{BC}}{U_{bc}} + \dfrac{U_{CA}}{U_{ca}}}{3} \tag{2.15}$$

2.1.4　空载电流

变压器空载运行时原绕组中的电流 i_0 主要用来产生磁场，所以又称为励磁电流。当不考

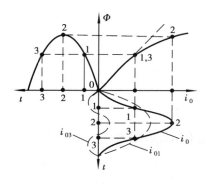

图 2.2 励磁电流的波形

虑铁芯损耗时,励磁电流是纯磁化电流,用 i_μ 来表示。由于磁路有饱和现象,磁化电流 i_μ 与产生它的磁通 Φ 之间的关系是非线性的。当磁通按正弦规律变化时,励磁电流为尖顶波,如图 2.2 所示。根据谐波分析方法,尖顶波可分解为基波和 3,5,7… 次谐波。除基波外,三次谐波分量最大。这就是说,由于铁磁材料磁化曲线的非线性关系,要在变压器中建立正弦波磁通,励磁电流必须包含 3 次谐波分量。

为了在相量图中表示励磁电流 i_μ,可以用等效正弦波电流来代替非正弦波励磁电流,其有效值为

$$I_\mu = \sqrt{I_{\mu 1}^2 + I_{\mu 3}^2 + I_{\mu 5}^2 + \cdots} \tag{2.16}$$

式中 $I_{\mu 1}, I_{\mu 3}, I_{\mu 5}\cdots$——基波和各次谐波的有效值。

从图 2.2 可以看出,励磁电流 i_μ 与磁通 Φ 是同相位的。

当考虑铁芯损耗时,励磁电流中还必须包含铁耗分量 $\dot I_{\mathrm{Fe}}$,即

$$\dot I_0 = \dot I_\mu + \dot I_{\mathrm{Fe}} \quad 或 \quad I_0 = \sqrt{I_\mu^2 + I_{\mathrm{Fe}}^2} \tag{2.17}$$

此时,励磁电流 $\dot I_0$ 将超前磁通一相位角 α 如图 2.3 所示。

2.1.5 空载时的相量图和等效电路

根据式(2.10)可绘出变压器空载运行时的相量图,如图 2.3 所示。作图时以主磁通 $\dot\Phi_\mathrm{m}$ 作为参考相量,$\dot E_1,\dot E_2$ 滞后 $\dot\Phi_\mathrm{m}$ 90°。$\dot I_\mu$ 与 $\dot\Phi_\mathrm{m}$ 同相位,$\dot I_{\mathrm{Fe}}$ 和 $-\dot E_1$ 同相位,$\dot I_\mu$ 与 $\dot I_{\mathrm{Fe}}$ 二者的相量和即为 $\dot I_0$。$-\dot E_1$ 加上与 $\dot I_0$ 平行的 $\dot I_0 R_1$ 和与 $\dot I_0$ 垂直的 $j\dot I_0 x_{1\sigma}$ 得 $\dot U_1$,$\dot U_1$ 与 $\dot I_0$ 之间的相位差 φ_0 称为空载时的功率因数角。由于 $\varphi_0 \approx 90°$,因此,变压器空载运行时的功率因数 $\cos\varphi_0$ 很低,一般为 0.1 ~ 0.2。

变压器空载时从原边看进去的等效阻抗 Z_0 为

$$Z_0 = \frac{\dot U_1}{\dot I_0} = \frac{-\dot E_1}{\dot I_0} + Z_1 = Z_\mathrm{m} + Z_1 \tag{2.18}$$

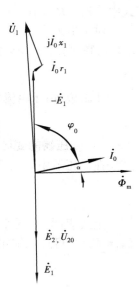

图 2.3 变压器的空载相量图

式中 $Z_\mathrm{m} = \dfrac{-\dot E_1}{\dot I_0} = R_\mathrm{m} + jx_\mathrm{m}$——变压器的励磁阻抗。

于是变压器原边的电动势方程可写成

$$\dot U_1 = -\dot E_1 + \dot I_0 Z_1 = I_0(Z_\mathrm{m} + Z_1) \tag{2.19}$$

由上式可知,$-\dot E_1$ 可以看成 $\dot I_0$ 在励磁阻抗 Z_m 上的电压降。其中 $\dot I_0 R_\mathrm{m}$ 是有功分量,$j\dot I x_\mathrm{m}$ 是无功分量。参数 R_m 是对应于铁耗的等效电阻,称为励磁电阻;x_m 是对应于主磁路磁导的电抗。于是空载运行的变压器可以看做两个阻抗 Z_1 与 Z_m 的串联,如图 2.4 所示。

R_1 是原绕组的电阻，$x_{1\sigma}$ 是对应于原绕组漏磁路磁导的电抗，它们数值很小，且为常数。但 R_m，x_m 却受铁芯饱和度的影响，不是常数。当频率一定时，若外加电压升高，则主磁通 $\dot\Phi_m$ 增大，铁芯饱和程度增加，磁导 Λ_m 下降，$x_m = \omega L_m = \omega N_1^2 \Lambda_m$ 减小，同时铁耗 p_{Fe} 增大，但 p_{Fe} 增大的程度比 I_0^2 增大的程度小，由 $p_{Fe} = I_0^2 R_m$，则 R_m 亦减小。反之，若外加电压降低，则 R_m，x_m 增大。但通常外加电压是一定的，在正常运行

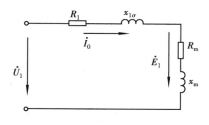

图 2.4　变压器空载时的等效电路

范围内(从空载到满载)主磁通基本不变，磁路的饱和程度也基本不变，因而 R_m，x_m 可近似看做常数。

2.2　变压器的负载运行

变压器原边接入交流电源，副边接上负载时的运行方式称为变压器的负载运行，如图 2.5 所示。

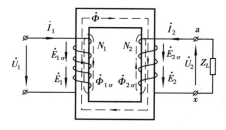

图 2.5　变压器的负载运行示意图

2.2.1　负载运行时的物理情况

由上节分析可知，变压器空载运行时，副边电流及其产生的磁动势为零，副绕组的存在对原边电路没有影响。原边空载电流 $\dot I_0$ 产生的磁动势 $\dot F_0 = \dot I_0 N_1$ 就是励磁磁动势，它产生主磁通 Φ_m，并在原、副绕组中感应电动势 $\dot E_1$，$\dot E_2$。电源电压 $\dot U_1$ 与反电动势 $-\dot E_1$ 及漏阻抗压降 $\dot I_0 Z_1$ 相平衡，维持空载电流在原绕组中流过，此时变压器中的电磁关系处于平衡状态。

当副边接上负载后，副绕组中便有电流 $\dot I_2$ 流过，并产生磁动势 $\dot F_2 = \dot I_2 N_2$。$\dot F_2$ 也作用在变压器的主磁路上，从而改变了原有的磁动势平衡，迫使主磁通 $\dot\Phi_m$ 和原、副绕组中的感应电动势 $\dot E_1$，$\dot E_2$ 改变，于是，原有的电动势平衡关系遭到破坏，因而原边电流发生变化，即从空载电流 $\dot I_0$ 变为负载时的电流 $\dot I_1$。原绕组的磁动势也从空载磁动势 $\dot F_0$ 变为负载时的磁动势 $\dot F_1 = \dot I_1 N_1$。负载时的主磁通 $\dot\Phi_m$ 就是由原、副绕组的合成磁动势产生的，即 $\dot F_1 + \dot F_2 = \dot F_m$，从而变压器在负载时的电磁关系重新达到平衡。

2.2.2　电动势平衡方程式

变压器负载运行时的电动势平衡方程式与空载运行时的相似。
在原边，电动势平衡方程式为

$$\dot U_1 = -\dot E_1 + \dot I_1 (R_1 + jx_{1\sigma}) = -\dot E_1 + \dot I_1 Z_1 \qquad (2.20)$$

在副边,电动势平衡方程式为

$$\dot{U}_2 = \dot{E}_2 - \dot{I}_2(R_2 + jx_{2\sigma}) = \dot{E}_2 - \dot{I}_2 Z_2 \tag{2.21}$$

式中　$Z_2 = R_2 + jx_{2\sigma}$——副绕组的漏阻抗;

　　　　$R_2 , x_{2\sigma}$——副绕组的电阻和漏电抗。

2.2.3　负载运行时的磁动势平衡方程式

变压器原绕组的漏阻抗压降 $\dot{I}_1 Z_1$ 很小,即使在额定负载时也只有额定电压的 $2\% \sim 6\%$, $\dot{U}_1$ 与 $\dot{I}_1 Z_1$ 相量相减时得到的 $(-\dot{E}_1)$ 与 $\dot{U}_1$ 相差甚微,故在负载运行仍有 $\dot{U}_1 \approx -\dot{E}_1$ 或 $U_1 \approx E_1$。因此,从空载到满载,当电源电压和频率不变时,可以认为主磁通 $\dot{\Phi}_m$ 和产生它的磁动势基本不变,即 $\dot{F}_m = \dot{F}_0$。因此负载运行时的磁动势平衡方程式可写成

$$\dot{F}_1 + \dot{F}_2 = \dot{F}_0$$

或

$$\dot{I}_1 N_1 + \dot{I}_2 N_2 = \dot{I}_0 N_1 \tag{2.22}$$

将上式进行变化,可得

$$\dot{F}_1 = \dot{F}_0 + (-\dot{F}_2)$$

或

$$\dot{I}_1 = \dot{I}_0 + \left(-\frac{N_2}{N_1}\dot{I}_2\right) = \dot{I}_0 + \left(-\frac{\dot{I}_2}{k}\right) \tag{2.23}$$

上式说明,变压器负载运行时,原绕组的电流 $\dot{I}_1$(或磁动势 $\dot{F}_1$)由两个分量组成,一个分量 $\dot{I}_0$(或 $\dot{F}_0$)是产生主磁通 Φ_m 的励磁分量,另一个分量 $\left(-\dfrac{\dot{I}_2}{k}\right)$ 或 $(-\dot{F}_2)$ 是用来平衡副绕组的电流 $\dot{I}_2$(或磁动势 $\dot{F}_2$)对主磁通的影响的,称为负载分量。这说明变压器负载运行时通过磁动势平衡,使原、副边的电流紧密地联系在一起,副边通过磁动势平衡对原边产生影响,副边电流的改变必将引起原边电流的改变,这样,电能就从原边传到了副边。

2.2.4　变压器参数的折算

由于原、副绕组的匝数 $N_1 \neq N_2$,则原、副绕组的感应电动势 $E_1 \neq E_2$,这就给分析变压器的工作特性和绘制相量图增加了困难。为了克服这些困难,常用一假想的绕组来代替其中一个绕组,使之成为变比 $k = 1$ 的变压器,这样就可以把原、副绕组连成一个等效电路,从而大大简化了变压器的分析计算。这种方法称为绕组折算。折算后的量在原来的符号上加一个上标号"′"以示区别。

折算仅仅是研究变压器的一种方法,它不改变变压器内部电磁关系的本质。折算可以是由副边向原边折算,也可以由原边向副边折算。在由副边向原边折算时,由于副边通过磁动势平衡对原边产生影响,因此,只要保持副边的磁动势 $\dot{F}_2$ 不变,变压器内部电磁关系的本质就不

会改变。副边各量折算方法如下：

（1）**副边电流的折算值** $\dot{I}_2'$

设折算后副绕组的匝数为 $N_2' = N_1$，流过的电流为 $\dot{I}_2'$，根据折算前后副边磁动势不变的原则，可得

$$\dot{I}_2'N_1 = \dot{I}_2N_2$$

即

$$\dot{I}_2' = \frac{N_2}{N_1}\dot{I}_2 = \frac{\dot{I}_2}{k} \tag{2.24}$$

（2）**副边电动势的折算值**

由于折算前后主磁通和漏磁通均未改变，根据电动势与匝数成正比的关系可得

$$\dot{E}_2' = \frac{N_1}{N_2}\dot{E}_2 = k\dot{E}_2 \tag{2.25}$$

$$\dot{E}_{2\sigma}' = k\dot{E}_{2\sigma} \tag{2.26}$$

（3）**副绕组漏阻抗的折算值**

根据折算前后副绕组的铜耗不变的原则，得

$$R_2' = \left(\frac{I_2}{I_2'}\right)^2 R_2 = k^2 R_2 \tag{2.27}$$

由折算前后副边漏磁无功损耗不变的原则，得

$$x_{2\sigma} = \left(\frac{I_2}{I_2'}\right)^2 x_{2\sigma} = k^2 x_{2\sigma} \tag{2.28}$$

漏阻抗的折算值为

$$Z_2' = R_2' + jx_{2\sigma}' = k^2(R_2 + jx_{2\sigma}) = k^2 Z_2 \tag{2.29}$$

副绕组折算后，负载端的电压和负载阻抗也应进行折算，副边电压乘以 k，负载阻抗应乘以 k^2，即

$$\dot{U}_2' = k\dot{U}_2, \quad Z_L' = k^2 Z_L$$

2.2.5 折算后的基本方程式、等效电路和相量图

折算后的基本方程式如下：

$$\left.\begin{aligned}
\dot{U}_1 &= -\dot{E}_1 + \dot{I}_1(R_1 + jx_{1\sigma}) = -\dot{E}_1 + \dot{I}_1 Z_1 \\
\dot{U}_2' &= \dot{E}_2' - \dot{I}_2'(R_2' + jx_{2\sigma}') = \dot{E}_2' - \dot{I}_2'Z_2' \\
\dot{I}_1 &= \dot{I}_0 + (-\dot{I}_2') \\
\dot{E}_2' &= \dot{E}_1 \\
\dot{E}_1 &= -\dot{I}_0 Z_m \\
\dot{U}_2' &= \dot{I}_2'Z_L'
\end{aligned}\right\} \tag{2.30}$$

根据基本方程式,可以构成图2.6所示的电路。由于它正确地反映了变压器内部的电磁关系,故称为变压器的等效电路(T型等效电路)。由式(2.30)还可以画出变压器负载运行时

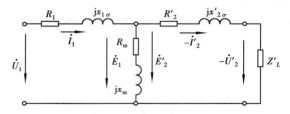

图 2.6　变压器的 T 型等效电路

的相量图,即将各物理量(正弦量)按照它们的大小和相位关系,用相量的形式表示出来。

变压器的相量图由3部分组成:副边电压相量图;电流相量图或磁动势平衡相量图;原边电压相量图。画相量图时等效电路参数为已知,且负载已给定。具体步骤如下:

①选择一个参考相量。通常选择 $\dot{U}'_2$ 作为参考相量,根据给定的负载定出 φ_2 角,由此画出 $\dot{I}'_2$。

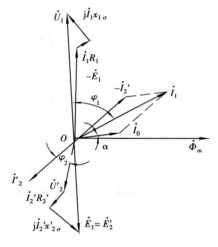

图 2.7　变压器感性负载相量图

②根据副边电动势平衡方程式 $\dot{E}'_2 = \dot{U}'_2 + \dot{I}'_2 Z'_2$,在 $\dot{U}'_2$ 上加上与 $\dot{I}'_2$ 平行的 $\dot{I}'_2 R'_2$,再加上与 $\dot{I}'_2$ 垂直的 $j\dot{I}'_2 x'_{2\sigma}$ 得出 $\dot{E}'_2$。由于 $\dot{E}_1 = \dot{E}'_2$,从而得到 $\dot{E}_1$。

③主磁通 $\dot{\Phi}_m$ 超前 $\dot{E}_1$ 90°,励磁电流 $\dot{I}_0$ 超前 $\dot{\Phi}_m$ 一铁耗角 $\alpha = \arctan \dfrac{R_m}{x_m}$,于是可画出 $\dot{\Phi}_m$ 和 $\dot{I}_0$。

④由磁动势平衡方程式可得 $\dot{I}_1 = \dot{I}_0 + (-\dot{I}'_2)$。

⑤由原边电动势平衡方程 $\dot{U}_1 = -\dot{E}_1 + \dot{I}_1 Z_1$,在 $-\dot{E}_1$ 上加上与 $\dot{I}_1$ 平行的 $\dot{I}_1 R_1$,再加上与 $\dot{I}_1$ 垂直的 $j\dot{I}_1 x_{1\sigma}$,即得 $\dot{U}_1$。

图2.7是按感性负载画出的相量图。

2.2.6　等效电路的简化

T型等效电路虽然能准确地表达变压器内部的电磁关系,但运算较繁。考虑到 $Z_m \gg Z_1$,$I_{1N} \gg I_0$,当负载变化时,$\dot{E}_1$ 变化很小,可以认为 $\dot{I}_0$ 不随负载的变化而变化。这样,便可把T型等效电路中的励磁支路移到电源端,如图2.8所示,称为Γ型等效电路。这样做对 $\dot{I}_1$,$\dot{I}'_2$ 和 $\dot{I}_0$ 的数值引起的误差很小,却使计算和分析大为简化。

在电力变压器中,由于空载电流很小,仅为额定电流的 $2\% \sim 10\%$。因此在分析变压器运行的某些问题时,例如变压器的短路运行、变压器负载运行时副边端电压的变化和并联运行时的负载分配等,可以把 I_0 忽略,即去掉等效电路中高阻抗的励磁支路,而得到一个更简单的串联电路,如图2.9所示,称为简化等效电路。

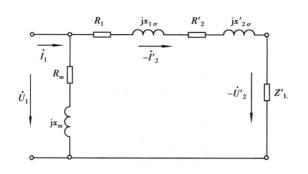

图 2.8　变压器的 Γ 型等效电路

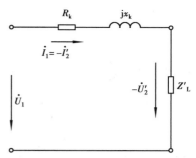

图 2.9　变压器的简化等效电路

在 Γ 型等效电路和简化等效电路中,将原、副绕组的漏阻抗参数合并起来,即

$$\left.\begin{array}{l} R_{\mathrm{k}} = R_1 + R'_2 \\ x_{\mathrm{k}} = x_{1\sigma} + x'_{2\sigma} \\ Z_{\mathrm{k}} = Z_1 + Z'_2 = R_{\mathrm{k}} + \mathrm{j}x_{\mathrm{k}} \end{array}\right\} \tag{2.31}$$

式中　R_{k}——变压器的短路电阻;

x_{k}——变压器的短路电抗;

Z_{k}——变压器的短路阻抗。

到目为止,我们已经介绍了变压器的基本方程式、等效电路和相量图这 3 种基本分析方法,它们虽然形式不同,但本质上是一致的。基本方程式是基础,等效电路和相量图则是基本方程式的另一表达方式。通常在做定性分析时用相量图比较形象直观,而在做定量计算时用等效电路比较简便。

2.3　变压器的参数测定

变压器等效电路中的各种电阻、电抗或阻抗如 R_{k},x_{k},R_{m},x_{m} 等称为变压器的参数,它们对变压器运行有直接的影响。知道了变压器的参数后,就可以利用变压器的等效电路来分析和计算其运行性能。同时,从设计、制造的角度看,合理地选择参数,对变压器产品的成本和技术经济性能都有较大的影响。变压器的参数可以通过空载试验和短路试验来测定。

2.3.1　空载试验

根据变压器的空载试验,可以测定变压器的空载电流 I_0、变比 k、空载损耗 p_0 及励磁阻抗 $Z_{\mathrm{m}} = R_{\mathrm{m}} + \mathrm{j}x_{\mathrm{m}}$。空载试验接线如图 2.10 所示。为了便于测量和安全起见,通常在低压侧加电压,将高压侧开路。为了画出空载电流和空载损耗随电压变化的曲线,外加电压应能在一定范围内调节。在测定的空载特性曲线 $I_0 = f(U_1)$,$p_0 = g(U_1)$ 上,找出对应于 $U_1 = U_{1\mathrm{N}}$ 时的空载电流 I_0 和空载损耗 p_0 作为计算励磁参数的依据,如图 2.11 所示。

从空载运行时的等效电路可知,变压器空载运行时的总阻抗 $Z_0 = Z_1 + Z_{\mathrm{m}} = (R_1 + \mathrm{j}x_{1\sigma}) + (R_{\mathrm{m}} + \mathrm{j}x_{\mathrm{m}})$。通常 $R_{\mathrm{m}} \gg R_1$,$x_{\mathrm{m}} \gg x_{1\sigma}$,故可认为 $Z_0 \approx Z_{\mathrm{m}} = R_{\mathrm{m}} + \mathrm{j}x_{\mathrm{m}}$,于是可得

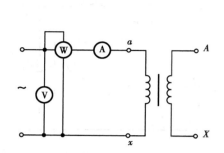

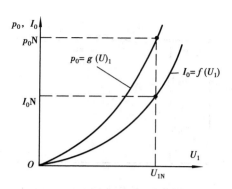

图 2.10　单相变压器空载试验接线图　　　图 2.11　变压器的空载特性曲线

$$\left.\begin{aligned} Z_{\mathrm{m}} &= \frac{U_1}{I_0} \\ R_{\mathrm{m}} &= \frac{p_0}{I_0^2} \\ x_{\mathrm{m}} &= \sqrt{Z_{\mathrm{m}}^2 - R_{\mathrm{m}}^2} \end{aligned}\right\} \qquad (2.32)$$

应当强调的是,由于励磁参数与磁路的饱和程度有关,故应取额定电压下的数据来计算励磁参数如图 2.11 所示。

对于三相变压器,按式(2.32)计算时,U_1,I_0,p_0 均为每相值。但测量给出的数据却是线电压、线电流和三相总功率,应当注意。

由于空载试验是在低压侧进行的,故测得的励磁参数是折算至低压侧的数值。如果需要折算到高压侧,应将上述参数乘以 k^2。这里 k 是变压器的变比,可通过空载试验求出

$$k = \frac{U_{1N}}{U_{20}} = \frac{U_{AX}}{U_{ax}}$$

2.3.2　短路试验

当变压器的副边直接短路时,副边的电压等于零,称为变压器短路运行方式。若变压器原边在额定电压下运行时副边短路,会产生很大的短路电流,称为突然短路,这是一种故障运行状态,必须采取可靠措施加以避免。本节讨论稳态短路试验,简称短路试验。由短路试验可测出变压器的铜耗 p_{Cu} 和漏阻抗或短路阻抗 Z_{k}。单相变压器短路试验时的接线如图 2.12 所示。

为便于测量,通常在高压侧加电压,将低压侧短路。由于短路时外加电压全部加在变压器的漏阻抗 Z_{k} 上,而 Z_{k} 的数值很小,一般电力变压器额定电流时的漏阻抗压降 $I_{1N}Z_{\mathrm{k}}$ 仅为额定电压的 4% ~ 17.5%,因此,为了避免过大的短路电流,短路试验应在降低电压下进行,使 I_{k} 不超过 $1.2I_{1N}$。在不同的电压下测出短路特性曲线 $I_{\mathrm{k}} = f(U_{\mathrm{k}})$,$p_{\mathrm{k}} = g(U_{\mathrm{k}})$,如图 2.13 所示。根据额定电流时的 p_{k},U_{k} 值,可以计算出变压器的短路参数。

$$\left.\begin{aligned} Z_{\mathrm{k}} &= \frac{U_{\mathrm{k}}}{I_{\mathrm{k}}} = \frac{U_{\mathrm{k}}}{I_{1N}} \\ R_{\mathrm{k}} &= \frac{p_{\mathrm{k}}}{I_{\mathrm{k}}^2} = \frac{p_{\mathrm{k}}}{I_{1N}^2} \\ x_{\mathrm{k}} &= \sqrt{Z_{\mathrm{k}}^2 - R_{\mathrm{k}}^2} \end{aligned}\right\} \qquad (2.33)$$

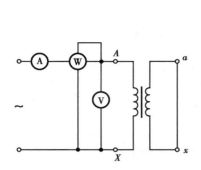

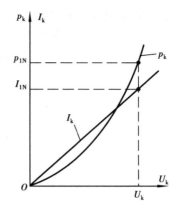

图 2.12　单相变压器短路试验接线图　　　图 2.13　变压器的短路特性曲线

因电阻随温度而变,按照电力变压器的标准规定,应将室温(设为 θ ℃)下测得的短路电阻换算到标准工作温度 75 ℃时的值,而漏电抗与温度无关,故有

$$
\left.
\begin{aligned}
R_{\mathrm{k75\ ℃}} &= R_{\mathrm{k}} \frac{234.5 + 75}{234.5 + \theta}(\text{对铜线}) \\[4pt]
R_{\mathrm{k75\ ℃}} &= R_{\mathrm{k}} \frac{228 + 75}{228 + \theta}(\text{对铝线}) \\[4pt]
Z_{\mathrm{k75\ ℃}} &= \sqrt{R_{\mathrm{k75\ ℃}}^2 + x_{\mathrm{k}}^2}
\end{aligned}
\right\}
\tag{2.34}
$$

短路损耗和短路电压也应换算到 75 ℃时的值

$$
\left.
\begin{aligned}
p_{\mathrm{kN}} &= I_{\mathrm{1N}}^2 R_{\mathrm{k75\ ℃}} \\
U_{\mathrm{kN}} &= I_{\mathrm{1N}} Z_{\mathrm{k75\ ℃}}
\end{aligned}
\right\}
\tag{2.35}
$$

对于三相变压器,按上式计算时 $p_{\mathrm{k}}, I_{\mathrm{k}}, U_{\mathrm{k}}$ 均为一相的数值。

在短路试验中,当原绕组的电流为额定值时,原绕组所加的电压称为短路电压,通常用它与额定电压之比的百分值来表示:

$$
u_{\mathrm{k}} = \frac{U_{\mathrm{kN}}}{U_{\mathrm{1N}}} \times 100\% = \frac{I_{\mathrm{1N}} Z_{\mathrm{k75\ ℃}}}{U_{\mathrm{1N}}} \times 100\%
\tag{2.36}
$$

其有功分量和无功分量分别为:

$$
\left.
\begin{aligned}
u_{\mathrm{kr}} &= \frac{I_{\mathrm{1N}} R_{\mathrm{k75\ ℃}}}{U_{\mathrm{1N}}} \times 100\% \\[4pt]
u_{\mathrm{kx}} &= \frac{I_{\mathrm{1N}} x_{\mathrm{k}}}{U_{\mathrm{1N}}} \times 100\% \\[4pt]
u_{\mathrm{k}} &= \sqrt{u_{\mathrm{kr}}^2 + u_{\mathrm{kx}}^2}
\end{aligned}
\right\}
\tag{2.37}
$$

短路电压是变压器的重要参数,它的大小直接反映了短路阻抗的大小,而短路阻抗直接影响变压器的运行性能。从正常运行角度,希望它小些,这样可使副边电压随负载波动小些;从限制短路电流角度,希望它大些。

例 2.1　一台三相电力变压器,Y,yn 接法。$S_{\mathrm{N}} = 100$ kVA,$U_{\mathrm{1N}}/U_{\mathrm{2N}} = 6/0.4$ kV,$\dfrac{I_{\mathrm{1N}}}{I_{\mathrm{2N}}} =$
9.63/144 A。在低压侧作空载试验,额定电压下测得 $I_0 = 9.37$ A,$p_0 = 600$ W;在高压侧作短路试验,测得 $I_{\mathrm{k}} = 9.4$ A,$U_{\mathrm{k}} = 317$ V,$p_{\mathrm{k}} = 1\ 920$ W,试验时环境温度 $\theta = 25$ ℃。求折算至高压侧

的励磁参数和短路参数及短路电压的百分值。

解 因为是 Y,y 接法,故每相值为

$$U_{1N\phi} = \frac{U_{1N}}{\sqrt{3}} = \frac{6\ 000\ V}{\sqrt{3}} = 3\ 464\ V$$

$$U_{2N\phi} = \frac{U_{2N}}{\sqrt{3}} = \frac{400\ V}{\sqrt{3}} = 231\ V$$

$$k = \frac{U_{1N\phi}}{U_{2N\phi}} = \frac{3\ 464\ V}{231\ V} = 15$$

$$p_{0\phi} = \frac{1}{3}p_0 = \frac{1}{3} \times 600\ W = 200\ W$$

$$Z'_m \approx Z'_0 = \frac{U_{2N\phi}}{I_0} = \frac{231\ V}{9.37\ A} = 24.7\ \Omega$$

$$R'_m \approx \frac{p_{0\phi}}{I_0^2} = \frac{200\ W}{(9.37\ A)^2} = 2.28\ \Omega$$

$$x'_m = \sqrt{Z'^2_m - R'^2_m} = \sqrt{(24.7\ \Omega)^2 - (2.28\ \Omega)^2} = 24.6\ \Omega$$

折算至高压侧的励磁参数:

$$Z_m = k^2 Z'_m = 15^2 \times 24.7\ \Omega = 5\ 558\ \Omega$$

$$R_m = k^2 R'_m = 15^2 \times 2.28\ \Omega = 513\ \Omega$$

$$x_m = k^2 x'_m = 15^2 \times 24.6\ \Omega = 5\ 535\ \Omega$$

短路参数计算:

$$U_{k\phi} = \frac{U_k}{\sqrt{3}} = \frac{317\ V}{\sqrt{3}} = 183\ V$$

$$p_{k\phi} = \frac{1}{3}p_k = \frac{1}{3} \times 1\ 920\ W = 640\ W$$

$$Z_k = \frac{U_{k\phi}}{I_k} = \frac{183\ V}{9.4\ A} = 19.5\ \Omega$$

$$R_k = \frac{p_{k\phi}}{I_k^2} = \frac{640\ W}{(9.4\ A)^2} = 7.24\ \Omega$$

$$x_k = \sqrt{Z_k^2 - R_k^2} = \sqrt{(19.5\ \Omega)^2 - (7.24\ \Omega)^2} = 18.1\ \Omega$$

折算到 75 ℃时的短路参数:

$$R_{k75\ ℃} = R_k \frac{234.5 + 75}{234.5 + \theta} = 7.24\ \Omega \times \frac{234.5 + 75}{234.5 + \theta} = 8.63\ \Omega$$

$$Z_{k75\ ℃} = \sqrt{R_{k75\ ℃}^2 + x_k^2} = \sqrt{(8.63\ \Omega)^2 + (18.1\ \Omega)^2} = 20\ \Omega$$

$$p_{kN} = 3 I_{1N}^2 R_{k75\ ℃} = 3 \times (9.63\ A)^2 \times 8.63\ \Omega = 2\ 401\ W$$

$$U_{kN} = \sqrt{3} I_{1N} Z_{k75\ ℃} = \sqrt{3} \times 9.63\ A \times 20\ \Omega = 334\ V$$

短路电压及其有功、无功分量:

$$u_k = \frac{U_{kN}}{U_{1N}} \times 100\% = \frac{334\ V}{6\ 000\ V} \times 100\% = 5.57\%$$

$$u_{kr} = \frac{I_{1N} R_{k75\ ℃}}{U_{1N\phi}} \times 100\% = \frac{9.63\ A \times 8.63\ \Omega}{3\ 464\ V} \times 100\% = 2.40\%$$

$$u_{kx} = \frac{I_{1N}x_k}{U_{1N\phi}} \times 100\% = \frac{9.63 \text{ A} \times 18.1 \text{ }\Omega}{3\ 464 \text{ V}} \times 100\% = 5.03\%$$

2.4　标幺值

在工程计算中,各物理量往往不用实际值表示,而用实际值与该物理量某一选定的同单位的基值之比来表示,称为该物理量的标幺值(或相对值),即

$$标幺值 = \frac{实际值}{基值}$$

在变压器和电机中,通常取各量的额定值作为基值。例如取原、副边额定相电压 U_{1N}, U_{2N} 作为原、副边电压的基值;取原、副边额定相电流 I_{1N}, I_{2N} 作为原、副边电流的基值;原、副边阻抗的基值分别为 $Z_{1N} = U_{1N}/I_{1N}$, $Z_{2N} = U_{2N}/I_{2N}$;变压器功率的基值为额定容量 S_N。

为了区分标幺值和实际值,我们在各量原来的符号上加一上标" $*$ "来表示该量的标幺值。例如: $U_1^* = U_1/U_{1N}$, $I_1^* = I_1/I_{1N}$, $Z_1^* = Z_1/Z_{1N} = I_{1N}Z_1/U_{1N}$,等等。

采用标幺值有以下优点:

①采用标幺值可以简化各量的数值,并能直观地看出变压器的运行情况。例如某量为额定值时,其标幺值为 1; $I_2^* = 0.9$,表明该变压器带 90% 的额定负载。

②采用标幺值计算,原、副边各量均不需要折算。例如:

$$U_2'^* = \frac{U_2'}{U_{1N}} = \frac{kU_2}{kU_{2N}} = \frac{U_2}{U_{2N}} = U_2^*$$

③用标幺值表示,电力变压器的参数和性能指标总在一定范围之内,便于分析比较。例如短路阻抗 $Z_k^* = 0.04 \sim 0.175$,空载电流 $I_0^* = 0.02 \sim 0.10$。

④采用标幺值,某些不同的物理量具有相同的数值。例如:

$$\left.\begin{aligned} Z_k^* &= \frac{Z_k}{Z_{1N}} = \frac{I_{1N}Z_k}{U_{1N}} = \frac{U_{kN}}{U_{1N}} = U_{kN}^* \\ R_k^* &= \frac{R_k}{Z_{1N}} = \frac{I_{1N}R_k}{U_{1N}} = U_{kr}^* = \frac{I_{1N}^2 R_k}{U_{1N}I_{1N}} = \frac{p_{kN}}{S_N} = p_{kN}^* \\ x_k^* &= \frac{x_k}{Z_{1N}} = \frac{I_{1N}x_k}{U_{1N}} = U_{kx}^* \end{aligned}\right\} \qquad (2.38)$$

2.5　变压器的运行特性

2.5.1　电压变化率

(1)定义

由于变压器内部存在着电阻和漏电抗,负载时必然产生阻抗压降,使副边电压随着负载变化而变化。电压变化的程度用电压变化率来表示。其定义为:当原边接在额定电压、额定频率

的电网上时,副边的空载电压与给定负载下副边电压的算术差,用副边额定电压的百分数来表示的数值,即

$$\Delta U\% = \frac{U_{20} - U_2}{U_{2N}} \times 100\%$$

$$= \frac{U_{2N} - U_2}{U_{2N}} \times 100\% = \frac{U_{1N} - U_2'}{U_{1N}} \times 100\% \qquad (2.39)$$

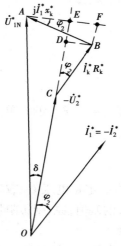

图 2.14 $\Delta U\%$ 的图解

(2)$\Delta U\%$ 的简化计算公式

可以用变压器的简化相量图来求得 $\Delta U\%$ 的计算公式。图 2.14 表示感性负载时变压器的简化相量图。图中 $U_{1N}^* = 1$,$I_1^* = I_2^* = \beta$(β 称为变压器的负载系数),电阻压降 $I_1^* R_k^* = \beta R_k^*$,电抗压降 $I_1^* x_k^* = \beta x_k^*$。

由相量图可得

$$U_{1N}^* - U_2'^* \approx \overline{CD} + \overline{CE}$$

$$= \overline{BC} \cos \varphi_2 + \overline{AB} \sin \varphi_2$$

$$= \beta [R_k^* \cos \varphi_2 + x_k^* \sin \varphi_2]$$

故

$$\Delta U\% = \frac{U_{1N}^* - U_2^*}{U_{1N}^*} \times 100\%$$

$$= \beta [R_k^* \cos \varphi_2 + x_k^* \sin \varphi_2] \times 100\% \qquad (2.40)$$

上式中 φ_2 为负载的功率因角数。当负载为感性时,上式说明,电压变化率与负载的大小(β 值)成正比。在一定的负载系数下,漏阻抗(阻抗电压)的标幺值越大,电压变化率也越大。此外,电压变化率还与负载的性质,即功率因角数 φ_2 的大小和正负有关。

当 $U_1 = U_{1N}$,$\cos \varphi_2 = $ 常数时,U_2 随 I_2 变化的规律 $U_2 = f(I_2)$ 称为变压器的外特性,如图 2.15 所示。

例 2.2 一台三相电力变压器,已知 $R_k^* = 0.024$,$x_k^* = 0.054$。试计算额定负载时下列情况下变压器的电压变化率 $\Delta U\%$:

① $\cos \varphi_2 = 0.8$(滞后);

② $\cos \varphi_2 = 1.0$(纯电阻负载);

③ $\cos \varphi_2 = 0.8$(超前)。

解 ① $\beta = 1$,$\cos \varphi_2 = 0.8$,$\sin \varphi_2 = 0.6$

$$\Delta U\% = \beta (R_k^* \cos \varphi_2 + x_k^* \sin \varphi_2) \times 100\%$$

$$= (0.024 \times 0.8 + 0.0504 \times 0.6) \times 100\%$$

$$= 4.94\%$$

② $\beta = 1$,$\cos \varphi_2 = 1.0$,$\sin \varphi_2 = 0$

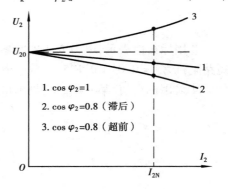

图 2.15 变压器的外特性

$$\Delta U\% = \beta(\ R_k^* \cos \varphi_2 + x_k^* \sin \varphi_2\ ) \times 100\%$$
$$= (0.024 \times 1.0 + 0.050\ 4 \times 0) \times 100\%$$
$$= 2.4\%$$

③$\beta = 1$，$\cos \varphi_2 = 0.8$，$\sin \varphi_2 = -0.6$

$$\Delta U\% = \beta(\ R_k^* \cos \varphi_2 + x_k^* \sin \varphi_2\ ) \times 100\%$$
$$= (0.024 \times 0.8 - 0.050\ 4 \times 0.6) \times 100\%$$
$$= -1.10\%$$

2.5.2　变压器的损耗和效率

变压器负载运行时原边从电网吸收的有功功率为 P_1，其中很小部分功率消耗在原绕组的电阻上（$p_{Cu1} = mI_1^2 R_1$）和铁芯损耗上（$p_{Fe} = mI_0^2 R_m$）。其余部分通过电磁感应传给副绕组，称为电磁功率 P_M。副绕组获得的电磁功率中又有很小部分消耗在副绕组的电阻上（$p_{Cu2} = mI_2^2 R_2$），其余的传输给负载，即输出功率 P_2，

$$P_2 = mU_2 I_2 \cos \varphi_2 \tag{2.41}$$

可知，变压器的损耗包括铁耗 p_{Fe} 和铜耗 p_{Cu}（$p_{Cu} = p_{Cu1} + p_{Cu2}$）两大类，总损耗

$$\sum p = p_{Fe} + p_{Cu} = p_{Fe} + p_{Cu1} + p_{Cu2}$$

则变压器的效率定义为

$$\eta = \frac{P_2}{P_1} \times 100\% = \frac{P_1 - \sum p}{P_1} \times 100\% = \left(1 - \frac{p_{Fe} + p_{Cu}}{p_2 + p_{Fe} + p_{Cu}}\right) \times 100\% \tag{2.42}$$

变压器的效率可以按给定负载条件直接给变压器加负载，测出输出和输入有功功率就可以计算出来。这种方法称为直接负载法。由于一般电力变压器效率很高（小型变压器额定效率在 95% 以上，大型变压器额定效率可达 99%），输入功率与输出功率相差极小，测量仪表的误差影响很大，难以得到准确结果。同时大型变压器试验时很难找到相应的大容量负载。因此国家标准规定电力变压器可以应用间接法计算效率。间接法又称损耗分析法，其优点在于无须把变压器直接加负载，也无须运用等效电路计算，只要进行空载试验和短路试验，测出额定电压时的空载损耗 p_0 和额定电流时的短路损耗 p_{kN}，就可以方便地计算出任意负载下的效率。

在应用间接法求变压器的效率时通常作如下假定：

①忽略变压器空载运行时的铜耗，用额定电压下的空载损耗 p_0 来代替铁耗 p_{Fe}，即 $p_{Fe} = p_0$，它不随负载大小而变化，称为不变损耗；

②忽略短路试验时的铁耗，用额定电流时的短路损耗 p_{kN} 来代替额定电流时的铜耗，不同负载时的铜耗与负载系数的平方成正比，即 $p_{Cu} = \beta^2 p_{kN}$。当短路损耗 p_k 不是在 $I_k = I_N$ 时测得，则 $p_{kN} = \left(\dfrac{I_N}{I_k}\right)^2 p_k$。

③不考虑变压器副边电压的变化，即认为 $U_2 = U_{2N}$ 不变，则

$$P_2 = mU_2 I_2 \cos \varphi_2 = mU_{2N} I_{2N} \left(\frac{I_2}{I_{2N}}\right) \cos \varphi_2 = \beta S_N \cos \varphi_2 \tag{2.43}$$

于是式（2.42）的效率公式可变为

33

$$\eta = \left(1 - \frac{p_0 + \beta^2 p_{kN}}{\beta S_N \cos \varphi_2 + p_0 + \beta^2 p_{kN}}\right) \times 100\% \tag{2.44}$$

以上的假定引起的误差不大(不超过0.5%),却给计算带来很大方便,且电力变压器规定都用这种方法来计算效率,可以在相同的基础上进行比较。

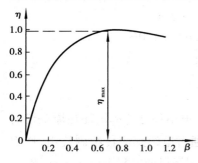

图 2.16 变压器的效率曲线

上式说明,当负载的功率因数 $\cos \varphi_2$ 一定时,效率 η 随负载系数 β 而变化。图 2.16 为变压器的效率曲线。空载时输出功率为零,所以 $\eta = 0$。负载较小时,损耗相对较大,功率较低。负载增加,效率 η 亦随之增加。超过某一负载时,因铜耗与 β^2 成正比增大,效率 η 反而降低。最大效率出现在 $\frac{d\eta}{d\beta} = 0$ 的位置。因此,取 η 对 β 的导数,并令其等于零,即可求出最高效率 η_{max} 时的负载系数 β_m

$$\beta_m = \sqrt{\frac{p_0}{p_{kN}}} \tag{2.45}$$

$$\eta_{max} = \left(1 - \frac{2p_0}{\beta_m S_N \cos \varphi_2 + 2p_0}\right) \times 100\% \tag{2.46}$$

即当不变损耗(铁耗)等于可变损耗(铜耗)时效率最大。

由于变压器总是在额定电压下运行,但不可能长期满负载。为了提高运行的经济性,通常设计成 $\beta_m = 0.5 \sim 0.6$,这样 $\frac{p_0}{p_{kN}} = \frac{1}{4} \sim \frac{1}{3}$,使铁耗较小。

例 2.3 一台三相变压器,$S_N = 100$ kVA,$p_0 = 600$ W,$p_{kN} = 2\,400$ W。试计算:

①$\cos \varphi_2 = 0.8$(滞后),额定负载时的效率 η_N;

②最高效率时的负载系数 β_m 和最高效率 η_{max}。

解 ①$\beta = 1$

$$\eta_N = \left(1 - \frac{p_0 + \beta^2 p_{kN}}{\beta S_N \cos \varphi_2 + p_0 + \beta^2 p_{kN}}\right) \times 100\%$$

$$= \left(1 - \frac{600\text{ W} + 2\,400\text{ W}}{1 \times 100 \times 10^3 \times 0.8\text{ W} + 600 + 1^2 \times 2\,400\text{ W}}\right) \times 100\%$$

$$= 96.39\%$$

②$\beta_m = \sqrt{\frac{p_0}{p_{kN}}} = \sqrt{\frac{600\text{ W}}{2\,400\text{ W}}} = 0.5$

$$\eta_{max} = \left(1 - \frac{2 \times 600\text{ W}}{0.5 \times 100 \times 10^3 \times 0.8\text{ W} + 2 \times 600\text{ W}}\right) \times 100\% = 97.09\%$$

习　题

2.1 在研究变压器时,原、副边各电磁量的正方向是如何规定的?

2.2 在变压器中,主磁通和原、副绕组漏磁通的作用有什么不同? 它们各是由什么磁动势产生的？在等效电路中如何反映它们的作用？

2.3　为了在变压器原、副绕组得到正弦波感应电动势，当铁芯不饱和时，励磁电流呈何种波形？当铁芯饱和时情形又怎样？

2.4　变压器的外加电压不变，若减少原绕组的匝数，则变压器铁芯的饱和程度、空载电流、铁芯损耗和原、副边的电动势有何变化？

2.5　一台额定电压为 220/110 V 的变压器，若误将低压侧接到 220 V 的交流电源上，将会产生什么后果？

2.6　变压器折算的原则是什么？如何将副边各量折算到原边？

2.7　变压器的电压变化率是如何定义的？它与哪些因素有关？

2.8　为什么可以把变压器的空载损耗看做变压器的铁耗，短路损耗看做额定负载时的铜耗？

2.9　变压器在高压侧和低压侧分别进行空载试验，若各施加对应的额定电压，得到的铁耗是否相同？

2.10　一台单相变压器，$S_N = 5\ 000$ kVA，$U_{1N}/U_{2N} = 35/6.0$ kV，$f_N = 550$ Hz，铁芯有效面积 $A = 1\ 120$ cm^2，铁芯中的最大磁密 $B_m = 1.45$ T，试求高、低压绕组的匝数和变压器变比。

2.11　一台单相变压器，$S_N = 100$ kVA，$U_{1N}/U_{2N} = 6\ 000/230$ V，$R_1 = 4.32\ \Omega$，$x_{1\sigma} = 8.9\ \Omega$，$R_2 = 0.006\ 3\ \Omega$，$x_{2\sigma} = 0.013\ \Omega$。试求：

①折算到高压侧的短路参数 R_k，x_k 和 Z_k；

②折算到低压侧的短路参数 R_k'，x_k' 和 Z_k'；

③将①、②的参数用标幺值表示，由计算结果说明什么问题？

④变压器的短路电压 u_k 及其有功分量 u_{kr}、无功分量 u_{kx}；

⑤在额定负载下，功率因数分别为 $\cos \varphi_2 = 1$，$\cos \varphi_2 = 0.8$（滞后），$\cos \varphi_2 = 0.8$（超前）3 种情况下的 $\Delta U\%$。

2.12　一台三相变压器，$S_N = 750$ kVA，$U_{1N}/U_{2N} = 10\ 000/400$ V，Y，d 接法，$f = 50$ Hz。空载试验在低压侧进行，额定电压时的空载电流 $I_0 = 65$ A，空载损耗 $p_0 = 3\ 700$ W；短路试验在高压侧进行，额定电流时的短路电压 $U_k = 450$ V，短路损耗 $p_{kN} = 7\ 500$ W（不考虑温度变化的影响）。试求：

①折算到高压边的参数，假定 $R_1 = R_2' = \dfrac{1}{2} R_k$，$x_{1\sigma} = x_{2\sigma}' = \dfrac{1}{2} x_k$；

②绘出 T 型等效电路图，并标出各量的正方向；

③计算满载及 $\cos \varphi_2 = 0.8$（滞后）时的效率 η_N；

④计算最大效率 η_{max}。

第3章

三相变压器

现代电力系统都采用三相制,故三相变压器使用最广泛。从运行原理来看,三相变压器在对称负载下运行时,各相电压、电流大小相等,相位互差120°,因此,上一章对单相变压器的分析方法及其结论完全适用于三相变压器对称运行时的情况。

但三相变压器也有其特殊的问题需要研究,例如,三相变压器的磁路系统、三相变压器绕组的连接方法和联结组、三相变压器空载电动势的波形和三相变压器的不对称运行等。此外,变压器的并联运行也放在本章讨论。

3.1   三相变压器的磁路系统

三相变压器的磁路系统可分为各相磁路独立和各相磁路相关两大类。

把3个完全相同的单相变压器的绕组按一定方式作三相连接,便构成一台三相变压器组或三相组式变压器,如图3.1所示。这种变压器的特点是各相磁路各自独立,彼此无关。当原边接三相对称电源时,各相主磁通和励磁电流也是对称的。

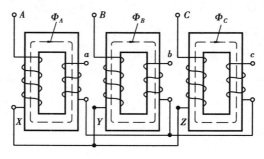

图3.1   三相组式变压器的磁路

如果把图3.1所示的3个单相铁芯合并成图3.2(a)所示的结构,则因 $\Phi_A + \Phi_B + \Phi_C = 0$,通过中心铁芯柱的磁通始终等于零。因此可将中间的铁芯柱省去,如图3.2(b)所示。为了制造方便,通常把3个铁芯柱排列在同一个平面内,如图3.2(c)所示。这就是三相芯式变压器的铁芯。在这种铁芯结构的变压器中,任一瞬间某一相的磁通均以其他两相铁芯为回路,因此各相磁路彼此相关联。

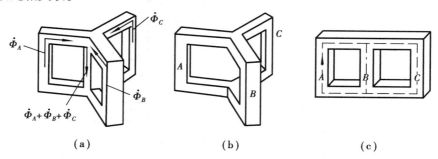

图3.2 三相芯式变压器铁芯的构成

由于三相芯式变压器三相磁路长度不同,即使外加三相对称电压,三相励磁电流也不完全对称,中间铁芯柱的一相磁路较短,励磁电流较小。但与负载电流相比,励磁电流很小,它的不对称对变压器负载运行的影响极小,因此仍可看做三相对称系统。

3.2 三相变压器的电路系统——绕组的连接法与联结组

3.2.1 绕组的端点标志与极性

变压器绕组首、末端的标志如表3.1所示。

表3.1 电力变压器的出线标志

绕组名	单相变压器		三相变压器		
	首端	末端	首端	末端	中点
高压绕组	A	X	$A\ B\ C$	$X\ Y\ Z$	N
低压绕组	a	x	$a\ b\ c$	$x\ y\ z$	n
中压绕组	A_m	X_m	$A_m B_m C_m$	$X_m Y_m Z_m$	N_m

由于变压器高、低压绕组交链着同一主磁通,当某一瞬间高压绕组的某一端为正电位时,在低压绕组上必有一个端点的电位也为正,则这两个对应的端点称为同极性端,并在对应的端点上用符号"·"标出。

绕组的极性只取决于绕组的绕向,与绕组首、末端的标志无关。我们规定绕组电动势的正方向为从首端指向末端。当同一铁芯柱上高、低压绕组首端的极性相同时,其电动势相位相同,如图3.3(a)、(d)所示。当首端极性不同时,高、低压绕组电动势相位相反,如图3.3(b)、(c)所示。

3.2.2 单相变压器的联结组

三相变压器高、低压绕组对应的线电动势之间的相位差,通常用时钟法来表示,称为变压

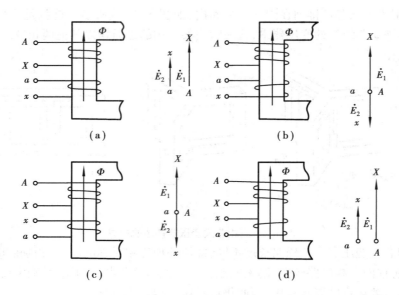

图 3.3　绕组的标志、极性和电动势相量图

器的联结组。根据 IEC 标准,其判别方法是:把高、低压绕组两个线电动势相量三角形的重心 O 和 o 重合,把高压绕组线电动势三角形的一条中线相量 $\dot{E}_A(\dot{E}_{AO})$ 作为时钟的长针,且固定指向 12 点的位置,对应的低压绕组的线电动势三角形的一条中线相量 $\dot{E}_a(\dot{E}_{ao})$ 相量作为时钟的短针,其所指的钟点数就是变压器联结组的标号。

对于单相变压器,当高、低压绕组电动势相位相同时,联结组为 I,i0,如图 3.3(a)、(d)所示。其中 I,i 表示高、低压绕组都是单相绕组。当高、低压绕组电动势相位相反时,其联结组为 I,i6,如图 3.3(b)、(c)所示。

3.2.3　三相绕组的连接方式

对于三相变压器,不论是高压绕组还是低压绕组,我国主要采用星形连接(Y 连接)和三角形连接(D 连接)两种。

以高压绕组为例,把三相绕组的 3 个末端 X,Y,Z 连在一起,结成中点,而把它们的三个首端 A,B,C 引出,便是星形连接,以符号 Y 表示,如图 3.4(a)所示。如果将中点引出则用 YN 表示。对于低压绕组则用 y 及 yn 表示。如果把一相的末端和另一相首端连接起来,顺序形成一闭合电路,称为三角形连接,用 D 表示。对低压绕组用 d 表示。三角形连接有两种连接顺序:一种按 $AX—CZ—BY$ 的顺序连接,如图 3.4(b)所示;另一种按 $AX—BY—CZ$ 的顺序连接,如图 3.4(c)所示。

3.2.4　三相变压器的联结组

三相变压器的联结组——高、低压绕组对应的线电动势之间的相位差,不仅与绕组的极性(绕法)和首末端的标志有关,而且与绕组的连接方式有关。

(1)Y,y 接法

当各相绕组同铁芯柱时,Y,y 接法有两种情况。图 3.5(a)为高、低压绕组同极性端有相

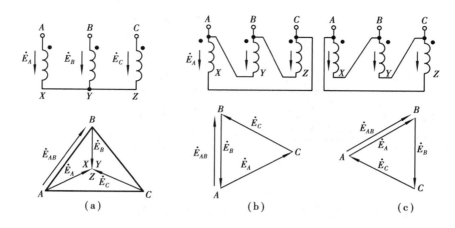

图 3.4 三相绕组的连接方式及相量图

同的首端标志,高、低压绕组相电动势相位相同。把高、低压绕组两个线电动势相量三角形的重心重合,则高、低压绕组对应的 $\dot{E}_A(\dot{E}_{AO})$ 和 $\dot{E}_a(\dot{E}_{ao})$ 同相位。将 $\dot{E}_A(\dot{E}_{AO})$ 和 $\dot{E}_a(\dot{E}_{ao})$ 旋转 180°(用空心箭头表示,长度适当放大),以使 $\dot{E}_A$ 指向 12 点的位置,其联结组为 Y,y0。图 3.5(b)的同极性端有相异的端点标志,高、低压绕组相电动势相位相反,则 $\dot{E}_A(\dot{E}_{AO})$ 和 $\dot{E}_a(\dot{E}_{ao})$ 相位也相反,因此其联结组为 Y,y6。

如果高、低压绕组的三相标志不变,将低压绕组的三相标志依次轮换,如 $b \rightarrow a, c \rightarrow b, a \rightarrow c$; $y \rightarrow x, z \rightarrow y, x \rightarrow z$,则可得到其他联结组别,如 Y,y4;Y,y8;Y,y10;Y,y2 等偶数联结组。

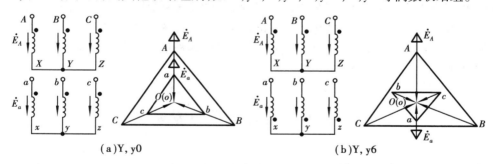

图 3.5 Y,y 接法的联结组

(2)Y,d 接法

图 3.6(a)表示高压绕组为 Y 接法,低压绕组为 d 接法。各相绕组同铁芯柱,高、低压绕组以同极性端为首端,故高、低压绕组相电动势同相位,此时低压侧电动势 $\dot{E}_a(\dot{E}_{ao})$ 超前高压侧对应的电动势 $\dot{E}_A(\dot{E}_{AO})$30°,故联结组为 Y,d11。若低压绕组按图 3.6(b)的顺序连接,则 $\dot{E}_a(\dot{E}_{ao})$ 滞后 $\dot{E}_A(\dot{E}_{AO})$30°,其联结组为 Y,d1。

改变极性端和相号的标志,还可得到 Y,d3;Y,d5;Y,d7;Y,d9 等奇数联结组。此外,D,d 接法可得到与 Y,y 接法相同的偶数组别,D,y 接法也可得到与 Y,d 接法相同的奇数组别。

在用相量图判断变压器的联结组时应注意以下几点:

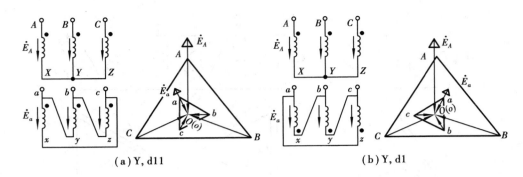

(a) Y, d11   (b) Y, d1

图 3.6   Y, d 接法的联结组

①绕组的极性只表示绕组的绕法,与绕组首末端的标志无关;

②高、低压绕组的相电动势均从首端指向末端,线电动势 $\dot{E}_{AB}$ 从 A 指向 B;

③同一铁芯柱上的绕组(在连接图中为上下对应的绕组),首端为同极性时相电动势相位相同,首端为异极性时相电动势相位相反;

④相量图中 A,B,C 与 a,b,c 的排列顺序必须同为顺时针排列,即原、副边同为正相序;

⑤对于星形接法,$\dot{E}_a(\dot{E}_{ao})$、$\dot{E}_A(\dot{E}_{AO})$ 是真实的,对于三角形接法,$\dot{E}_a(\dot{E}_{ao})$、$\dot{E}_A(\dot{E}_{AO})$ 是假定的。

3.2.5   标准联结组

总的来说,Y,y 接法和 D,d 接法可以有 0,2,4,6,8,10 等 6 个偶数联结组别,Y,d 接法和 D,d 接法可以有 1,3,5,7,9,11 等 6 个奇数组别。因此,三相变压器共有 12 个不同的联结组别。为了使用和制造上的方便,我国国家标准规定只生产下列 5 种标准联结组别的电力变压器,即 Y,yn0;Y,d11;YN,d11;YN,y0;Y,y0。其中以前 3 种最为常用。对于单相变压器,标准联结组为 I,i0。

3.3   三相变压器空载电动势波形

在分析单相变压器的空载运行时指出,由于磁路存在着饱和现象,当主磁通为正弦波时,励磁电流为尖顶波,其中除基波外还主要包含有 3 次谐波。但在三相变压器中,3 次谐波电流在时间上相位相同。即

$$i_{\mu 3A} = I_{\mu 3m} \sin 3\omega t$$
$$i_{\mu 3B} = I_{\mu 3m} \sin 3(\omega t - 120°) = I_{\mu 3m} \sin 3\omega t$$
$$i_{\mu 3C} = I_{\mu 3m} \sin 3(\omega t - 240°) = I_{\mu 3m} \sin 3\omega t$$

它能否流通与三相绕组的连接方式有关。

如果三相变压器的原绕组为 YN 或 D 接法,则 3 次谐波电流可以流通,各相磁化电流为尖顶波。在这种情况下,不论副边是 y 接法,还是 d 接法,铁芯中的主磁通均为正弦波,因此各相电动势也为正弦波。

如果原绕组为 Y 接法,则 3 次谐波电流不能流通,即使电源电压(线电压)为正弦波,相绕

组端的电动势也不一定是正弦波,下面着重分析这一情况。

3.3.1 Y,y 连接的三相变压器

在这种接法里,3 次谐波电流不能流通,励磁电流近似为正弦波。由于铁芯的饱和现象,磁通近似为平顶波,除基波外,还主要包含有 3 次谐波磁通,如图 3.7 所示。但 3 次谐波磁通的大小取决于三相变压器的磁路系统。

(1)各相磁路独立的三相变压器组

在这种磁路结构中,3 次谐波磁通与基波磁通一样在主磁路中流通,其磁阻小,故 3 次谐波磁通较大。加之 $f_3 = 3f_1$,所以 3 次谐波电动势相当大,其幅值可达基波电动势幅值的 45% ~ 60%,导致相电动势 e_ϕ 波形严重畸变,如图 3.8 所示,所产生的过电压可能危害绕组的绝缘。因此,三相变压器组不能采用 Y,y 连接。但

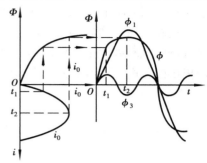

图 3.7　正弦波励磁电流时的主磁通波形

在线电动势 e_l 中,由于 3 次谐波电动势互相抵消,其波形仍为正弦波。

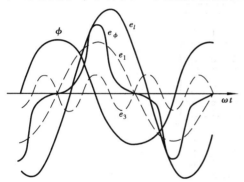

图 3.8　平顶波磁通时的电动势波形

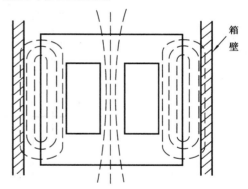

图 3.9　芯式变压器中 3 次谐波磁通的路径

(2)磁路彼此关联的三相芯式变压器

在这种磁路结构中,各相大小相等、相位相同的 3 次谐波磁通不能在主磁路中闭合,只能沿铁芯周围的油箱壁等形成闭路,如图 3.9 所示。由于该磁路磁阻大,故 3 次谐波磁通很小,可以忽略不计,主磁通及相电动势仍可近似地看做正弦波。因此,三相芯式变压器可以接成 Y,y 连接(包括 Y,yn 连接)。但因 3 次谐波磁通经过油箱壁及其他铁夹件时会在其中产生涡流,引起局部发热,增加损耗。因此这种接法的三相芯式变压器,其容量一般不超过 1 800 kVA。

3.3.2 Y,d 连接的三相变压器

和前面的情况相似,3 次谐波电流在原边不能流通,原、副绕组中交链着 3 次谐波磁通,感应有 3 次谐波电动势。由于副边为 d 接法,三相大小相等、相位相同的 3 次谐波电动势在 d 接法的三相绕组内形成环流。该环流对原有的 3 次谐波磁通有强烈的去磁作用,因此磁路中实际存在的 3 次谐波磁通及相应的 3 次谐波电动势是很小的,相电动势波形仍接近正弦波。或

者从全电流定律解释,作用在主磁路的磁动势为原、副边磁动势之和,在 Y,d 连接中,由原边提供了磁化电流的基波分量,由副边提供了磁化电流的 3 次谐波分量,其作用与由原边单独提供尖顶波磁化电流是等效的。当然也略有不同,在 Y,d 接法中,为维持 3 次谐波电流仍需有 3 次谐波电动势。但其量值甚微,对运行影响不大。这就是为什么在高压线路中大容量变压器需接成 Y,d 的理由。该分析无论对三相芯式变压器或三相变压器组都是适用的。

在超高压、大容量电力变压器中,有时为了满足电力系统运行的要求,需要接成 Y,y 连接,以便于原、副边中点接地,可在铁芯柱上加装一套附加绕组,接成 d 连接。它不带负载,专门提供磁化电流中所需的 3 次谐波分量,以改善电动势波形。

3.4　变压器的并联运行

变压器的并联运行是指将两台或多台变压器的原边和副边分别接在公共母线上,同时向负载供电的运行方式,如图 3.10 所示。

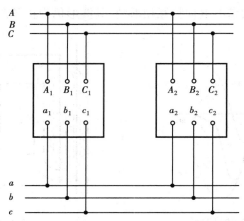

图 3.10　变压器的并联运行

并联运行的优点在于:①可以提高供电的可靠性。并联运行时,如果某台变压器发生故障或需要检修,可以将它从电网切除,而不中断向重要用户供电;②可以根据负荷的大小调整投入并联运行变压器的台数,以提高运行效率;③可以减少备用容量,并可随着用电量的增加,分期分批地安装新的变压器,以减少初投资。

当然,并联变压器的台数也不宜太多,因为在总容量相同的情况下,一台大容量变压器要比几台小容量变压器造价低、基建设投资少、占地面积小。

3.4.1　变压器的理想并联运行条件

变压器并联运行时,理想的情况是:①空载时并联的各变压器副绕组之间没有环流。因为环流不仅引起附加损耗,使温度升高、效率降低,而且还占用设备容量。②带负载后各变压器的负载系数相等,即各变压器所带负载的大小与各自的容量成正比,使各台变压器的容量都能得到充分利用。③负载时各变压器对应相的电流相位相同。这样,总负载电流等于各台变压器负载电流的算术和。

为达到上述理想情况,并联运行的变压器必须满足以下 3 个条件:

①各变压器高、低压方的额定电压分别相等,即各变压器的变比相等;

②各变压器的联结组相同;

③各变压器的短路阻抗标幺值 Z_k^* 相等,且短路电抗与短路电阻之比相等。

上述 3 个条件中,条件②必须严格保证。因为联结组不同时,当各变压器的原边接到同一电源,副边各线电动势之间至少有 30°的相位差。例如 Y,y0 和 Y,d11 两台变压器并联时,副边的线电动势即使大小相等,由于对应线电动势之间相位差 30°,也会在它们之间产生

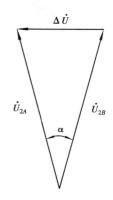

图 3.11 Y,y0 和 Y,d11 变压器并联时的相位差

一电压差 $\Delta \dot{U}$,如图 3.11 所示。其大小可达 $\Delta U = 2U_{2N} \sin 15° = 0.518U_{2N}$。这样大的电压差作用在变压器副绕组所构成的回路上,必然产生很大的环流(几倍于额定电流),它将烧坏变压器的绕组。因此联结组不同的变压器绝对不能并联运行。

条件①和③允许有小的差别。在实际运行中,要求各并联运行的变压器,其变比的差值 $\Delta k \left(\Delta k = \dfrac{|k_A - k_B|}{\sqrt{k_A k_B}} \times 100\% , k_A , k_B \right.$ 为并联变压器的变比) 不超过 1%,短路阻抗 Z_k^* 的差值不超过 10%。

当并联运行的变压器变比不等时,在并联运行的变压器之间也会产生环流。下面以两台变压器并联运行为例来进行分析。设两台变压器 A,B,联结组别和短路阻抗的标幺值都相同,但变比 $k_A \neq k_B$。原边接入同一电源,因而原边电压相等,但由于变比不等,副边的空载电压 $\dot{U}_{20A} , \dot{U}_{20B}$ 便不相等。设 $k_A < k_B$,则 $\dot{U}_{20A} > \dot{U}_{20B}$,其电压差 $\Delta \dot{U}_{20} = \dot{U}_{20A} - \dot{U}_{20B} \neq 0$。当两台变压器并联后,在 $\Delta \dot{U}_{20}$ 的作用下,必然在两台变压器之间产生环流 $\dot{I}_C$,如图 3.12 所示。环流的大小由短路阻抗所限制(折算到副边),即

$$\dot{I}_C = \frac{\Delta \dot{U}_{20}}{Z_{kA} + Z_{kB}} = \frac{\dot{U}_1}{Z_{kA} + Z_{kB}} \left(\frac{1}{k_A} - \frac{1}{k_B} \right) \tag{3.1}$$

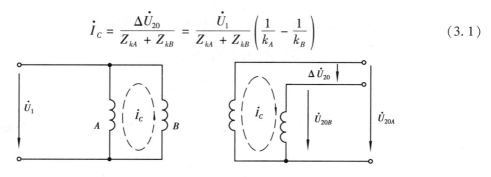

图 3.12 变比不等时并联运行中的环流

由于 Z_k 很小,不大的 k 值差异就会引起较大的环流。一般要求空载环流不超过额定电流的 10%,故要求变比偏差应不大于 1%。

当并联运行的变压器阻抗标幺值 Z_k^* 不相等时,各并联变压器承担的负载系数将不会相等。下面分析变压器并联运行时的负载分配问题。

3.4.2 变压器并联运行时的负载分配

设两台并联运行的变压器联结组相同、变比相等,但阻抗标幺值不等,其简化等效电路如图3.13所示。

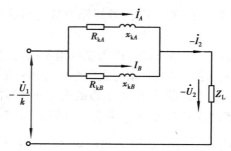

图3.13 并联运行的等效电路

从简化等效电路可得

$$- \dot{I}_2 = \dot{I}_A + \dot{I}_B \qquad (3.2)$$

$$\dot{I}_A Z_{kA} = \dot{I}_B Z_{kB} \qquad (3.3)$$

用标幺值表示

$$\dot{I}_A^* Z_{kA}^* = \dot{I}_B^* Z_{kB}^*$$

或

$$\frac{\dot{I}_A^*}{\dot{I}_B^*} = \frac{Z_{kB}^*}{Z_{kA}^*} \qquad (3.4)$$

上式表明,两台并联变压器负载电流的标幺值与其短路阻抗的标幺值成反比。其中各相量均为复数量。

由于变压器短路阻抗角相差不大,短路阻抗角的差别对并联变压器的负载分配影响不大,因此,式(3.4)可以写成标量的形式,且用 Z_k^* 表示其模 $|Z_k^*|$,即

$$\frac{I_A^*}{I_B^*} = \frac{Z_{kB}^*}{Z_{kA}^*} = \frac{u_{kB}}{u_{kA}} \qquad (3.5)$$

设变压器负载运行时副边电压 $U_2 = U_{2N}$ 保持不变,则负载系数

$$\beta = I_2^* = \frac{I_2}{I_{2N}} = \frac{I_2 U_{2N}}{I_{2N} U_{2N}} = \frac{S}{S_N} = S^*,式(3.5)可写成$$

$$\frac{\beta_A}{\beta_B} = \frac{Z_{kB}^*}{Z_{kA}^*} = \frac{u_{kB}}{u_{kA}} \qquad (3.6)$$

公式(3.6)不难推广到多台变压器并联运行的情况。当有 n 台变压器并联运行时,第 i 台变压器的负载系数按下式计算:

$$\beta_i = \frac{S}{Z_{ki}^* \sum\limits_{i=1}^{n} \dfrac{S_{Ni}}{Z_{ki}^*}} \qquad (3.7)$$

式中

$$S = S_1 + S_2 + \cdots + S_n$$

$$\sum_{i=1}^{n} \frac{S_{Ni}}{Z_{ki}^*} = \frac{S_{N1}}{Z_{k1}^*} + \frac{S_{N2}}{Z_{k2}^*} + \cdots + \frac{S_{Nn}}{Z_{kn}^*}$$

例 3.1　两台并联运行的变压器，$S_{NA} = 3\ 150\ \text{kVA}$，$u_{kA} = 7.3\%$，$S_{NB} = 4\ 000\ \text{kVA}$，$u_{kB} = 7.6\%$，联结组和变比相同。①设两台变压器并联运行时总载为 6 900 kVA，求每台变压器承担的负载大小。②在不允许任何一台变压器过载的情况下，求并联变压器组最大输出负载及此时并联组的利用率是多少？

解　①$\dfrac{\beta_A}{\beta_B} = \dfrac{u_{kB}}{u_{kA}} = \dfrac{7.6}{7.3}$

$$\beta_A S_{NA} + \beta_B S_{NB} = 3\ 150\beta_A\ \text{kVA} + 4\ 000\beta_B\ \text{kVA} = 6\ 900\ \text{kVA}$$

解得 $\beta_A = 0.987$，$\beta_B = 0.948$，则

$$S_A = \beta_A S_{NA} = 0.987 \times 3\ 150\ \text{kVA} = 3\ 110\ \text{kVA}$$
$$S_B = \beta_B S_{NB} = 0.948 \times 4\ 000\ \text{kVA} = 3\ 792\ \text{kVA}$$

②由于短路电压小的变压器负载系数大，因此必先达到满载。设 $\beta_A = 1$，则

$$\beta_B = \left(\frac{u_{kB}}{u_{kA}}\right)\beta_A = \left(\frac{7.6}{7.3}\right) \times 1 = 0.961$$

总负载

$$S = \beta_A S_{NA} + \beta_B S_{NB} = 1 \times 3\ 150\ \text{kVA} + 0.961 \times 4\ 000\ \text{kVA} = 6\ 994\ \text{kVA}$$

因此，并联组的利用率为 $\dfrac{S}{S_{NA} + S_{NB}} = \dfrac{6\ 994\ \text{kVA}}{3\ 150\ \text{kVA} + 4\ 000\ \text{kVA}} = 0.978$

3.5　三相变压器的不对称运行

　　三相变压器在运行中，可能出现三相负载不对称的情况。例如变压器带有较大的单相负载，或者照明负载三相分布不平衡；此外，当一相断电检修，另外两相继续供电时，或采用大地来代替一相导线的供电方式时等，都可能引起变压器不对称运行。当三相负载电流不对称时，变压器内部阻抗压降也不对称，造成副边三相电压不对称，会给用电设备带来许多不利影响。例如三相感应电动机在不对称电压下运行，其效率和功率因数等力能指标均会降低。又如，在三相四线制中，若三相电压不对称，可造成相电压升高或降低，对单相负载的运行不利。对变压器本身来讲，三相电压或电流不对称，可能使个别绕组产生过电压或过电流现象。

　　分析不对称运行常用对称分量法。本节介绍对称分量法的原理，各相序阻抗的概念，然后运用对称分量法分析三相变压器在 Y 连接时带负载的能力。

3.5.1　对称分量法

　　对称分量法是一种线性变换方法，它将任意一组不对称的三相系统的量分解为等效的 3 个对称系统的三相量，即正序系统量、负序系统量和零序系统量。正序系统三相量大小相等、相位彼此相差 120°，相序为 abc；负序系统三相量也是大小相等、相位彼此相差 120°，但相序为 acb；零序系统三相量大小相等、相位相同。例如 $\dot{U}_a$，$\dot{U}_b$，$\dot{U}_c$ 为三相不对称电压，则

$$\left. \begin{aligned} \dot{U}_a &= \dot{U}_{a+} + \dot{U}_{a-} + \dot{U}_{a0} \\ \dot{U}_b &= \dot{U}_{b+} + \dot{U}_{b-} + \dot{U}_{b0} \\ \dot{U}_c &= \dot{U}_{c+} + \dot{U}_{c-} + \dot{U}_{c0} \end{aligned} \right\} \tag{3.8}$$

式中，$\dot{U}_{a+},\dot{U}_{b+},\dot{U}_{c+}$ 为三相正序电压分量，且满足

$$\left. \begin{aligned} \dot{U}_{b+} &= a^2 \dot{U}_{a+} \\ \dot{U}_{c+} &= a \dot{U}_{a+} \end{aligned} \right\} \tag{3.9}$$

$\dot{U}_{a-},\dot{U}_{b-},\dot{U}_{c-}$ 为三相负序电压分量，且满足

$$\left. \begin{aligned} \dot{U}_{b-} &= a \dot{U}_{a-} \\ \dot{U}_{c-} &= a^2 \dot{U}_{a-} \end{aligned} \right\} \tag{3.10}$$

$\dot{U}_{a0},\dot{U}_{b0},\dot{U}_{c0}$ 为三相零序电压分量，且满足

$$\dot{U}_{a0} = \dot{U}_{b0} = \dot{U}_{c0} \tag{3.11}$$

a 为复数算子，其值为

$$a = e^{j120°} = -\frac{1}{2} + j\frac{\sqrt{3}}{2}, \qquad a^2 = e^{j240°} = -\frac{1}{2} - j\frac{\sqrt{3}}{2};$$
$$a^3 = 1, \qquad a^2 + a + 1 = 0。$$

任何相量乘以 a，表示该相量逆时针旋转 $120°$，乘以 a^2 表示顺时针旋转 $120°$。

将式(3.9)~式(3.11)代入式(3.8)，可得对称相序分量，即对称分量

$$\left. \begin{aligned} \dot{U}_{a+} &= \frac{1}{3}(\dot{U}_a + a\dot{U}_b + a^2\dot{U}_c) \\ \dot{U}_{a-} &= \frac{1}{3}(\dot{U}_a + a^2\dot{U}_b + a\dot{U}_c) \\ \dot{U}_{a0} &= \frac{1}{3}(\dot{U}_a + \dot{U}_b + \dot{U}_c) \end{aligned} \right\} \tag{3.12}$$

由此可见，如果已知三相不对称电压，根据式(3.12)就能求出其对称分量；反之，如果已知各对称分量，根据式(3.8)就能求出三相不对称电压。这种变换关系是唯一的。图3.14是用相量表示这种关系。其中(a)、(b)、(c)是三组对称的三相电压，(d)是它们合成后的不对称三相电压。以上的分析同样适用于电流。

3.5.2 三相变压器各相序阻抗和等效电路

(1)正序阻抗、负序阻抗及其等效电路

正序电流所遇到的阻抗称为正序阻抗。正序电流是大小相等、相位彼此相差 $120°$ 的三相对称系统，就一相而言，与第 2 章所分析的单相变压器情况一样，因此，图2.10 就是正序系统的简化等效电路，其阻抗为 $Z_+ = Z_k = R_k + jx_k$。

负序电流所遇到的阻抗称为负序阻抗。由于正序和负序均是对称的，仅存在 B 相超前还

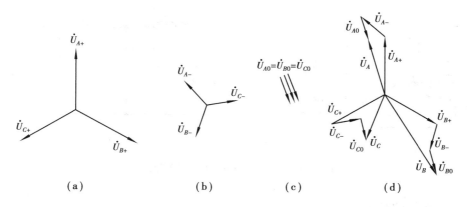

图 3.14　对称分量的合成

是 C 相超前的差别,对变压器的电磁本质没什么不同,因此,负序系统的等效电路和负序阻抗与正序系统相同,即 $Z_- = Z_+ = Z_k$。

（2）零序阻抗及其等效电路

零序电流遇到的阻抗称为零序阻抗。零序阻抗比较复杂,它不仅与三相变压器绕组的连接方式有关,而且与磁路的结构有关。

1）绕组连接方式的影响　三相绕组的连接方式对零序电流的流通影响很大。对于 Y 接法,三相同相位的零序电流不能流通,因此在零序等效电路中,Y 接法的一侧电路应是开路,即从该侧看进去的零序阻抗 $Z_0 = \infty$;对于 YN 接法,三相零序电流可沿中线流通,因此零序等效电路中 YN 一侧应为通路;三相变压器作 D 连接时,三相零序电流可在 D 连接的绕组内流通,但从外电路看,零序电流既不能流进,也不能流出,因此,在零序等效电路中,从外部看进去应是开路,D 连接一侧相当于变压器内部短接。

图 3.15 和图 3.16 是 Y,yn 和 YN,d 连接时的零序等效电路。图中（a）是零序电流的流通情况,（b）是零序等效电路,Z_0 是从该侧看进去的零序阻抗。

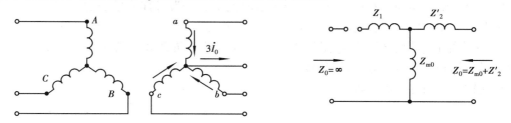

图 3.15　Y,yn 连接时的零序等效电路

2）磁路结构的影响　在零序等效电路中,零序电流的漏磁阻抗不变,但零序电流的励磁阻抗 Z_{m0} 与磁路的结构有很大关系。对于三相变压器组,各相磁路独立、彼此无关,三相零序电流产生的三相同相位的零序磁通可沿各相自己的铁芯闭合,其磁路为主磁路,因此零序励磁阻抗与正序励磁阻抗相同,即

$$Z_{m0} = Z_m = R_m + jx_m$$

对于三相芯式变压器,各相磁路互相关联,三相零序磁通不能沿铁芯闭合,只能像 3 次谐波磁通那样沿油箱壁闭合,其磁阻大,因而零序励磁阻抗 Z_{m0} 比较小。一般电力变压器,$Z_{m0} = 0.3 \sim 1.0$,平均值为 0.6;而 $Z_m^* = 20$ 以上,$Z_k^* = 0.05 \sim 0.10$,可见,$Z_m \gg Z_{m0}$,Z_{m0} 更接近于 Z_k

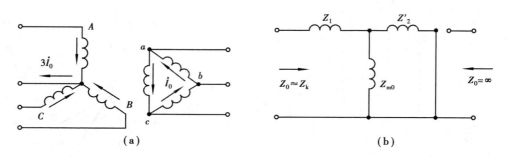

图 3.16　YN,d 连接时的零序等效电路

的大小。

（3）零序阻抗的测定

YN,d 和 D,yn 接法的三相变压器 $Z_0 = Z_k$，无需另行测量。Y,yn 接法的三相变压器 Z_0 的测量方法是：把副边 3 个绕组首尾串联接到单相电源上，以模拟零序电流和零序磁通的流通情况，原边开路，如图 3.17 所示。测量电压 U、电流 I 和功率 P，则从副边看的零序阻抗为

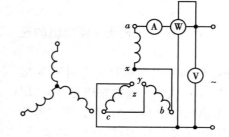

图 3.17　零序阻抗的测定

$$\left.\begin{aligned} Z_0 &= \frac{U}{3I} \\ R_0 &= \frac{P}{3I^2} \\ x_0 &= \sqrt{Z_0^2 - R_0^2} \end{aligned}\right\} \qquad (3.13)$$

对于 YN,y 连接的三相变压器,将原绕组串联,副绕组开路,便可测出从原边看的零序阻抗。

3.5.3　三相变压器 Y,yn 连接时的单相运行

详细分析变压器的不对称运行已超出本书的范围。作为对称分量法的应用举例,只分析在外加对称三相电压时三相变压器 Y,yn 连接的单相运行。

Y,yn 连接时单相运行的线路图如图 3.18 所示。单相负载 Z_L 接在 a 相。为简单起见,将原边各量折算到副边,且不加折算符号"′"。

首先按端点条件列出方程:

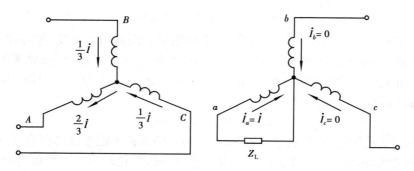

图 3.18　Y,yn 连接时单相运行的线路图

$$\left.\begin{aligned}
\dot{I}_a &= \dot{I} \\
\dot{I}_b &= \dot{I}_c = 0 \\
\dot{U} &= \dot{I}Z_L
\end{aligned}\right\} \tag{3.14}$$

将副边电流分解为对称分量：

$$\left.\begin{aligned}
\dot{I}_{a+} &= \frac{1}{3}(\dot{I}_a + a\dot{I}_b + a^2\dot{I}_c) = \frac{1}{3}\dot{I} \\
\dot{I}_{a-} &= \frac{1}{3}(\dot{I}_a + a^2\dot{I}_b + a\dot{I}_c) = \frac{1}{3}\dot{I} \\
\dot{I}_{a0} &= \frac{1}{3}(\dot{I}_a + \dot{I}_b + \dot{I}_c) = \frac{1}{3}\dot{I}
\end{aligned}\right\} \tag{3.15}$$

在忽略励磁电流的情况下，原边折算电流 $\dot{I}_{A+} = -\dot{I}_{a+}$，$\dot{I}_{A-} = -\dot{I}_{a0}$。由于原边为 Y 连接，相电流只有正序分量和负序分量，因此，

$$\left.\begin{aligned}
\dot{I}_A &= \dot{I}_{A+} + \dot{I}_{A-} = -(\dot{I}_{a+} + \dot{I}_{a-}) = -\frac{2}{3}\dot{I} \\
\dot{I}_B &= \dot{I}_{B+} + \dot{I}_{B-} = -(a^2\dot{I}_{a+} + a\dot{I}_{a-}) = \frac{1}{3}\dot{I} \\
\dot{I}_C &= \dot{I}_{C+} + \dot{I}_{C-} = -(a\dot{I}_{a+} + a^2\dot{I}_{a-}) = \frac{1}{3}\dot{I}
\end{aligned}\right\} \tag{3.16}$$

下面分析各电压分量。由于外加电压为对称系统，故只有正序电压 $\dot{U}_A$，$\dot{U}_B$，$\dot{U}_C$，而没有负序和零序分量。但由于负载电流不对称，在副边会产生负序和零序电流及相应的磁通，它们会在原、副绕阻中产生负序电压和零序电压。

原边中的负序电流 $\dot{I}_{A-}$，$\dot{I}_{B-}$，$\dot{I}_{C-}$ 能以电源为回路。由于原、副边负序电流产生的磁动势平衡，负序压降仅为负序漏阻抗压降，其值不大。

零序的情况则不同，由于零序电流只能在副边流通，在原边电路中虽有零序电动势，却无零序电流。因此，副边的零序电流全部为励磁电流，原边的零序电压即为零序电动势。

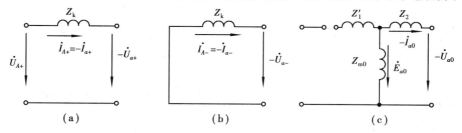

图 3.19 Y,yn 连接时各相序等效电路

Y,yn 连接时各相序等效电路如图 3.19 所示。各相序电压平衡方程式为

$$-\dot{U}_{a+} = \dot{U}_{A+} + \dot{I}_{a+}Z_k \left.\right\}$$
$$-\dot{U}_{a-} = \dot{I}_{a-}Z_k$$
$$-\dot{U}_{a0} = \dot{I}_{a0}Z_2 - \dot{E}_{a0}$$
$$\dot{U}_{A0} = -\dot{E}_{a0}$$

(3.17)

由此可得电压表达式为

$$-\dot{U}_a = -(\dot{U}_{a+} + \dot{U}_{a-} + \dot{U}_{a0}) = \dot{U}_{A+} + \dot{I}_{a+}Z_k + \dot{I}_{a-}Z_k + \dot{I}_{a0}Z_2 - \dot{E}_{a0}$$
$$-\dot{U}_b = -(\dot{U}_{b+} + \dot{U}_{b-} + \dot{U}_{b0}) = \dot{U}_{B+} + \dot{I}_{b+}Z_k + \dot{I}_{b-}Z_k + \dot{I}_{b0}Z_2 - \dot{E}_{a0}$$
$$-\dot{U}_c = -(\dot{U}_{c+} + \dot{U}_{c-} + \dot{U}_{c0}) = \dot{U}_{C+} + \dot{I}_{c+}Z_k + \dot{I}_{c-}Z_k + \dot{I}_{c0}Z_2 - \dot{E}_{a0}$$

(3.18)

已知　　　　$\dot{U}_a = \dot{I}_aZ_L$

或　　　　　$\dot{U}_{a+} + \dot{U}_{a-} + \dot{U}_{a0} = (\dot{I}_{a+} + \dot{I}_{a-} + \dot{I}_{a0})Z_L$

将它们代入式(3.18)的第一式,并考虑到$\dot{I}_{a+} = \dot{I}_{a-} = \dot{I}_{a0} = \dfrac{1}{3}\dot{I}$, 可得

$$\dot{I}_{a+} = \dot{I}_{a-} = \dot{I}_{a0} = \frac{\dot{U}_{A+}}{2Z_k + Z_2 + Z_{m0} + 3Z_L}$$

(3.19)

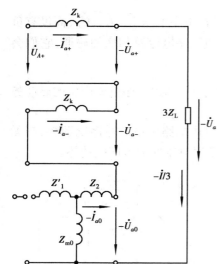

图 3.20　Y,yn 连接单相运行
时的等效电路

相应的等效电路如图 3.20 所示。式中参数 Z_k, Z_2 和 Z_{m0} 为已知,电源相电压 $\dot{U}_{A+}$、负载阻抗 Z_L 也为已知,这样便可求出 $\dot{I}_{a+}$, $\dot{I}_{a-}$, $\dot{I}_{a0}$ 及负载电流

$$-\dot{I} = -(\dot{I}_{a+} + \dot{I}_{a-} + \dot{I}_{a0})$$
$$= \frac{3\dot{U}_{A+}}{2Z_k + Z_2 + Z_{m0} + 3Z_L}$$

(3.20)

由于 $Z_k \ll Z_{m0}$, $Z_2 \ll Z_{m0}$,如果将 Z_k 和 Z_2 忽略,则

$$-\dot{I} = \frac{3\dot{U}_{A+}}{Z_{m0} + 3Z_L} = \frac{\dot{U}_{A+}}{\frac{1}{3}Z_{m0} + Z_L}$$

(3.21)

忽略 Z_k 和 Z_2 后,原、副边相电压相等,即

$$-\dot{U}_a = \dot{U}_{A+} - \dot{E}_{a0} = \dot{U}_A \left.\right\}$$
$$-\dot{U}_b = \dot{U}_{B+} - \dot{E}_{b0} = \dot{U}_B$$
$$-\dot{U}_c = \dot{U}_{C+} - \dot{E}_{c0} = \dot{U}_C$$

(3.22)

由式(3.22)可以画出简化相量图,如图 3.21 所示。可见,尽管外加线电压对称,当副边

接单相负载后,在每相上叠加有零序电动势,造成相电压不对称。在相量图中表现为相电压中点偏离了线电压三角形的几何中心,这种现象称为"中点浮动"。中点浮动的程度取决于 E_{a0},而 E_{a0} 又取决于零序电流的大小和磁路结构。

如果是三相芯式变压器,由于零序磁通遇到的磁阻较大,Z_{m0} 较小,因此,只要适当限制中线电流,则 E_{a0} 不致太大,所造成的相电压偏移不大。负载电流的大小主要取决于负载阻抗 Z_L,因此这种结构的三相变压器可以带一相到中点的负载。

若为三相变压器组,零序磁通所遇到的磁阻较小,$Z_{m0} = Z_m$。很小的零序电流就会产生很大的零序电动势,造成中点浮动较大,相电压严重不对称。负载电流的大小主要受 Z_{m0} 的限制,即使负载阻抗 Z_L 很小,负载电流也不大。在极端的情况下,若一相发生短路,$Z_L = 0$,则 $-\dot{I} = \dfrac{3\dot{U}_{A+}}{Z_m}$,即短路电流仅

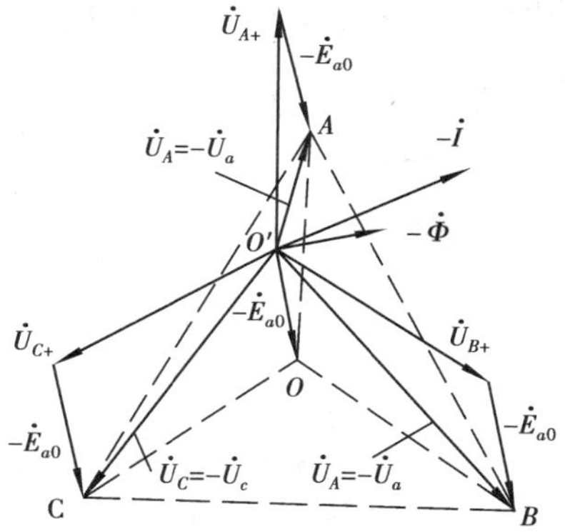

图 3.21 Y,yn 连接带单相负载时的相量图

为正常励磁电流的 3 倍。但此时 $\dot{U}_a = 0$,$\dot{E}_{a0} = \dot{U}_{A+}$,使其余两相电压提高到原来的 $\sqrt{3}$ 倍,这是很危险的。因此,三相变压器组不能接成 Y,yn 联结组。

习　题

3.1　三相变压器组和三相芯式变压器在磁路结构上各有什么特点?

3.2　三相变压器的联结组是由哪些因素决定的?

3.3　从空载电动势波形看,为什么三相变压器组不采用 Y,y 连接? 而三相芯式变压器又可以采用呢?

3.4　Y,y 接法的三相变压器组中,相电动势中有 3 次谐波电动势,线电动势中有无 3 次谐波电动势? 为什么?

3.5　变压器理想并联运行的条件有哪些?

3.6　并联运行的变压器,如果联结组不同或变比不等会出现什么情况?

3.7　两台容量不相等的变压器并联运行,是希望容量大的变压器短路电压大一些好,还是小一些好? 为什么?

3.8　为什么变压器的正序阻抗和负序阻抗相同? 变压器的零序阻抗取决于哪些因素?

3.9　从带单相负载的能力和中性点移动看,为什么 Y,yn 接法不能用于三相变压器组,却可以用于三相芯式变压器?

3.10　一台单相变压器,$U_{1N}/U_{2N} = 220/110$ V,绕组标志如题图 3.1 所示:将 X 与 a 连接,高压绕组接到 220 V 的交流电源上,电压表接在 Ax 上,若 A,a 同极性,电压表读数是多少? 若 A,a 异极性呢?

3.11　根据题图 3.2 的接线图,确定其联结组别。

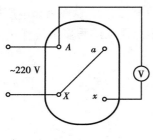

题图 3.1

3.12 根据下列变压器的联结组别画出其接线图：①Y，d5；②Y，y2；③D，y11。

3.13 两台并联运行的变压器，在 $S_{\mathrm{NI}}=1\ 000\ \mathrm{kAV}$，$S_{\mathrm{NII}}=500\ \mathrm{kAV}$，不允许任何一台变压器过载的情况下，试计算下列条件并联变压器组可供给的最大负载，并对其结果进行讨论。①$Z_{\mathrm{kI}}^{*}=0.9Z_{\mathrm{kII}}^{*}$；②$Z_{\mathrm{kII}}^{*}=0.9Z_{\mathrm{kI}}^{*}$。

3.14 两台变压器数据如下：$S_{\mathrm{NI}}=1\ 000\ \mathrm{kAV}$，$u_{\mathrm{kI}}=6.5\%$，$S_{\mathrm{NII}}=2\ 000\ \mathrm{kAV}$，$u_{\mathrm{kII}}=7.0\%$，联结组均为 Y，d11，额定电压均为

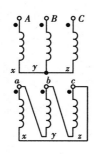 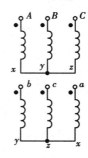 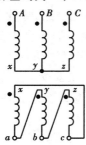

题图 3.2

35/10.5 kVA。现将它们并联运行，试计算：①当输出为 3 000 kVA 时，每台变压器承担的负载是多少？②在不允许任何一台过载的条件下，并联组最大输出负载是多少？此时并联组的利用率是多少？

3.15 某变电所总负载是 3 000 kVA，若选用规格完全相同的变压器并联运行，每台变压器的额定容量为 1 000 kVA。①在不允许任何一台变压器过载的情况下，需要几台变压器并联运行？②如果希望效率最高，需要几台变压器并联运行？已知每台变压器的损耗均是：$p_0=5.4\ \mathrm{kW}$，$p_{\mathrm{kN}}=15\ \mathrm{kW}$。

3.16 试将三相不对称电压 $\dot{U}_A=220\angle 0°\ \mathrm{V}$，$\dot{U}_B=200\angle -110°\ \mathrm{V}$，$\dot{U}_C=210\angle -250°\ \mathrm{V}$ 分解为对称分量。

3.17 一台容量为 100 kVA，Y，yn0 联结组的三相芯式变压器，$U_{1\mathrm{N}}/U_{2\mathrm{N}}=6\ 000/400\ \mathrm{V}$，$Z_{\mathrm{k}}^{*}=0.02+\mathrm{j}0.05$，$Z_{\mathrm{m0}}^{*}=0.1+\mathrm{j}0.6$，若发生单相对地短路，试求：

①原绕组的三相电流；

②副绕组的三相电压；

③中点移动的数值。

第 **4** 章
变压器的瞬变过程

　　前面几章所讨论的变压器的运行状态,包括对称运行和不对称运行,都属于稳态运行。在稳态运行时,无论是外加电压,还是负载电流都不会发生急剧变化,因而变压器绕组上的电压、电流及铁芯中的磁通都有恒定的幅值。但在实际运行中,有时会受到外界因素的急剧扰动,如负载突然变化、空载合闸到电源、副边突然短路以及过电压冲击等,原来的稳定运行状态必然遭到破坏,各电磁量要经历一个急剧的变化过程才能达到新的稳定运行状态。这种从一种稳定运行状态过渡到另一种稳定运行状态的过程,称为瞬变过程。

　　瞬变过程的时间虽然很短,但对变压器的影响却很大,有时会产生严重过电流或过电压,以致损坏变压器,故有必要对变压器的瞬变过程进行分析和研究。

4.1　变压器空载合闸时的瞬变过程

　　变压器副边开路,将原边接入电源称为空载合闸。在稳态运行时,变压器的空载电流很小,仅为额定电流的 2% ~ 10%。但在空载合闸时却可能出现很大的冲击电流,其值可达稳态空载电流的几十倍甚至上百倍,相当于几倍的额定电流。若不采取适当措施,则可能使开关跳闸,变压器不能顺利接入电网。

4.1.1　空载合闸的瞬变过程

　　设电源电压按正弦规律变化,合闸时原边的电动势平衡方程式为

$$i_0 R_1 + N_1 \frac{\mathrm{d}\phi_1}{\mathrm{d}t} = u_1 = \sqrt{2} U_1 \sin(\omega t + \alpha) \tag{4.1}$$

式中　ϕ_1——与原绕组交链的总磁通;

　　　α_1——合闸时电压 u_1 的初相位角。

　　由于电阻压降 $i_0 R_1$ 很小,在分析瞬变过程的初始阶段可以忽略不计,则式(4.1)变为

$$N_1 \frac{\mathrm{d}\phi_1}{\mathrm{d}t} = \sqrt{2} U_1 \sin(\omega t + \alpha) \tag{4.2}$$

其解为

$$\phi_1 = -\frac{\sqrt{2}U_1}{N_1\omega}\cos(\omega t + \alpha) + C \qquad (4.3)$$

忽略铁芯的剩磁,即 $t = 0$ 时,$\phi_1 = 0$,代入式(4.3)得

$$C = \frac{\sqrt{2}U_1}{N_1\omega}\cos\alpha \qquad (4.4)$$

式中 $\dfrac{\sqrt{2}U_1}{\omega N_1} \approx \dfrac{\sqrt{2}E_1}{\omega N_1} = \dfrac{E_1}{4.44f_{N1}} = \Phi_m$——稳态时磁通的幅值。

于是

$$\phi_1 = -\Phi_m\cos(\omega t + \alpha) + \Phi_m\cos\alpha = \phi'_1 + \phi''_1 \qquad (4.5)$$

式中　$\phi'_1 = -\Phi_m\cos(\omega t + \alpha)$——磁通的稳态分量;

　　　　$\phi''_1 = \Phi_m\cos\alpha$——磁通的暂态分量。

当考虑电阻 R_1 的存在时,暂态分量是随时间而衰减的量。

上式表明,磁通 ϕ_1 的大小与合闸瞬间电压的初相角 α 有关。下面分析两种极端情况:

①合闸时 $\alpha = \dfrac{\pi}{2}$(即在 $u_1 = U_{1m}$ 时合闸)。由式(4.5)得

$$\phi_1 = -\Phi_m\cos\left(\omega t + \frac{\pi}{2}\right) = \Phi_m\sin\omega t \qquad (4.6)$$

此时暂态分量 $\phi''_1 = 0$,合闸后磁通立即进入稳定状态,因而建立该磁通的合闸电流也立即达到稳态空载电流,避免了冲击电流的产生。

②合闸时 $\alpha = 0$(即在 $u_1 = 0$ 的瞬间合闸)。由式(4.5)得

$$\phi_1 = \Phi_m - \Phi_m\cos\omega t = \phi'_1 + \phi''_1 \qquad (4.7)$$

此时磁通的暂态分量 ϕ''_1 达到最大值。由于忽略了电阻 R_1,暂态分量将不衰减,在合闸后半个

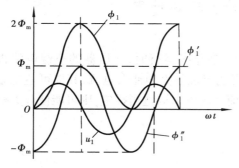

图 4.1　$\alpha = 0$ 时合闸的磁通变化

周期($t = \dfrac{\pi}{\omega}$)时磁通达到最大值 $\Phi_{1max} = 2\Phi_m$,如图 4.1 所示。

由于铁芯有磁饱和现象,当 ϕ_1 由正常运行时的稳态值 Φ_m(对应于正常励磁电流 $I_0 = 0.02I_N \sim 0.1I_N$)增大到 $2\Phi_m$ 时,其对应的励磁电流将急剧增大到稳态值的几十倍,甚至上百倍,如图 4.2 所示。由于合闸时的初相角无法控制,因此保护装置应按最不利的情况考虑。

电阻 R_1 的存在将使暂态分量逐渐衰减,衰减的快慢取决于时间常数 $T = \dfrac{L_1}{R_1}$,其中 L_1 为原绕组的全自感。一般小型变压器衰减较快,几个周期后就可达到稳定状态。大型变压器衰减较慢,有的衰减过程可长达 20 s 之久。图 4.3 为空载合闸电流的变化曲线。

在三相变压器中,由于三相变压器各相电压彼此相差 120°,合闸时总有一相电压的初相角接近于零,因此,总有一相的空载合闸电流较大。

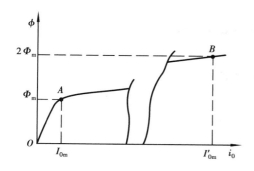

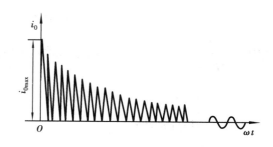

图 4.2　由磁化曲线确定励磁电流　　　　图 4.3　空载合闸电流的变化曲线

4.1.2　过电流的影响

空载合闸电流在最不利的情况下,其最大值也不过几倍(6~8 倍)于额定电流,比起短路电流要小得多。虽然有的瞬变过程持续时间较长,也只是在最初几个周期内冲击电流较大,在整个瞬变过程中,大部分时间内的冲击电流都在额定电流值以下。因此,无论从电磁力或温升来考虑,对变压器本身没有多大危害。但在最初几个周期内,冲击电流可能使过电流保护装置误动作。为了防止这种现象发生,加快合闸电流的衰减,可在变压器原边串入一个合闸电阻,合闸完后再将该电阻切除。

4.2　变压器副边突然短路时的瞬变过程

4.2.1　副边突然短路时的瞬变过程分析

分析变压器的副边突然短路时,由于短路电流很大,可以将励磁电流忽略,因而可以采用变压器的简化等效电路,如图 4.4 所示。其中短路电阻 R_k 和短路电感 $L_k = \dfrac{x_k}{\omega}$($x_k$ 为短路电抗)都是常数,因此变压器副边突然短路的情况与 $R\text{-}L$ 串联电路突然接到交流正弦电压上的过渡过程相似。

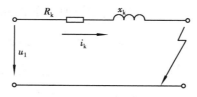

图 4.4　突然短路时的等效电路

设电网容量很大,短路电流不致引起电网电压下降,则突然短路时原边电路的微分方程为

$$u_1 = \sqrt{2}\,u_1 \sin(\omega t + \alpha) = L_k \frac{\mathrm{d}i_k}{\mathrm{d}t} + R_k i_k \tag{4.8}$$

式中　α——短路时电压 u_1 的初相角。

解此常系数微分方程可得

$$i_k = \frac{\sqrt{2}U_1}{\sqrt{R_k^2 + x_k^2}} \sin(\omega t + \alpha - \varphi_k) + Ce^{-\frac{t}{T_k}} \tag{4.9}$$

式中　$\dfrac{\sqrt{2}U_1}{\sqrt{R_k^2 + x_k^2}} = \sqrt{2}I_k$——突然短路时电流稳态分量幅值；

$\qquad \varphi_k = \arctan \dfrac{\omega L_k}{R_k}$——短路阻抗角；

$\qquad C$——积分常数；

$\qquad T_k = \dfrac{L_k}{R_k}$——时间常数。

在一般变压器中，由于 $\omega L_k \gg R_k$，故 $\varphi_k \approx 90°$，于是式(4.9)可写成

$$\begin{aligned} i_k &= \sqrt{2}I_k \sin(\omega t + \alpha - 90°) + Ce^{-\frac{t}{T_k}} \\ &= -\sqrt{2}I_k \cos(\omega t + \alpha) + Ce^{-\frac{t}{T_k}} \end{aligned} \tag{4.10}$$

通常在短路前变压器可能已经带有一定的负载，但负载电流与短路电流相比是很小的，故可以认为 $t = 0$ 时 $i_k = 0$，代入式(4.10)可得积分常数

$$C = \sqrt{2}I_k \cos \alpha \tag{4.11}$$

由此得短路电流的通解

$$\begin{aligned} i_k &= -\sqrt{2}I_k \cos(\omega t + \alpha) + \sqrt{2}I_k \cos \alpha e^{-\frac{t}{T_k}} \\ &= i_k' + i_k'' \end{aligned} \tag{4.12}$$

式中　$i_k' = -\sqrt{2}I_k \cos(\omega t + \alpha)$——突然短路电流稳态分量的瞬时值；

$\qquad i_k'' = \sqrt{2}I_k \cos \alpha e^{-\frac{t}{T_k}}$——突然短路电流暂态分量的瞬时值。

突然短路电流的大小，与短路发生时 u_1 的初相值 α 有关，下面讨论两种极端情况：

①当 $\alpha = 90°$ 时发生突然短路。此时暂态分量 $i_k'' = 0$，突然短路一发生就进入稳态，短路电流的数值最小，其表达式为

$$i_k = \sqrt{2}I_k \sin \omega t \tag{4.13}$$

②当 $a = 0$ 时发生突然短路。此时

$$i_k = \sqrt{2}I_k (e^{-\frac{t}{T_k}} - \cos \omega t) \tag{4.14}$$

其电流变化曲线如图 4.5 所示。在突然短路后半个周期时 $(t = \dfrac{\pi}{\omega})$，短路电流达到最大值

$$i_{kmax} = \sqrt{2}I_k (e^{-\frac{\pi}{\omega T_k}} + 1) = k_y \sqrt{2}I_k \tag{4.15}$$

式中 $k_y = 1 + e^{-\frac{\pi}{\omega T_k}}$，为突然短路电流最大值与稳态电流最大值之比。显然 k_y 的大小决定于时间常数 $T_k = \dfrac{L_k}{R_k}$。对于小型变压器，$\dfrac{R_k}{x_k} = \dfrac{1}{3} \sim \dfrac{1}{2}$，故 $k_y = 1.2 \sim 1.3$；

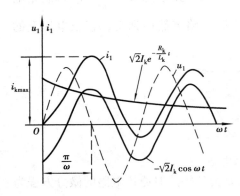

图 4.5　$\alpha = 0$ 时突然短路电流曲线

对大型变压器，$\dfrac{R_k}{x_k} = \dfrac{1}{15} \sim \dfrac{1}{10}$，故 $k_y = 1.7 \sim 1.8$。用标幺值表示时，

$$i_{kmax}^* = \frac{i_{kmax}}{\sqrt{2}I_N} = k_y \frac{I_k}{I_N} = k_y \frac{U_N}{I_N Z_k} = k_y \frac{1}{Z_k^*} \tag{4.16}$$

上式表明，i_{kmax}^* 与 Z_k^* 成反比，即短路阻抗的标幺值越小，突然短路电流越大。若 $Z_k^* = 0.06$，则 $i_{kmax}^* = (1.2 \sim 1.8)\frac{1}{0.06} = 20 \sim 30$。这是一个很大的冲击电流，它会在变压器绕组上产生很大的电磁力，严重时可能使变压器绕组变形而损坏。为了限制 i_{kmax}^*，Z_k^* 不宜过小。但从减小变压器电压变化率看，Z_k^* 又不宜过大。因此在设计变压器时必须全面考虑 Z_k^* 值的选择。对于三相变压器，由于各相电压彼此相差 120°，发生三相突然短路时，总有一相会处在短路电流最大或接近最大的情况。

4.2.2 突然短路时的电磁力

变压器的绕组处在漏磁场中，绕组中的电流与漏磁场相互作用，在绕组的导线中产生电磁力，其大小与漏磁场的磁密和电流的乘积成正比。漏磁场的磁密又与电流成正比，因此，电磁力与电流的平方成正比。变压器突然短路时电流的最大幅值可达额定电流幅值的 20 ~ 30 倍，则突然短路时绕组受到的最大电磁力可达额定运行时的 400 ~ 900 倍。这样大的电磁力有可能使绕组损坏。

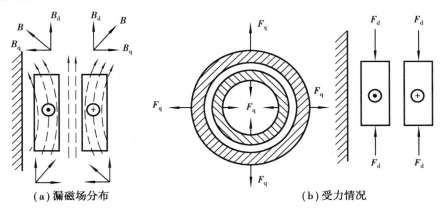

(a) 漏磁场分布　　　　　　　　　　(b) 受力情况

图 4.6　圆筒绕组的受力情况

绕组的受力情况可用图 4.6 来分析。图中(a)表示圆筒绕组漏磁场的分布情况。沿绕组轴线方向，中间部分的漏磁场与轴线平行，仅有轴向磁密 B_d；在绕组两端，除轴向磁密分量 B_d 外，还有径向分量 B_q。

B_d 和电流产生的电磁力为径向力 F_q。两个绕组受到的径向力方向相反，外层绕组受张力，内层绕组受压力。与矩形线圈相比，圆筒形线圈机械强度好，因此变压器绕组总是做成圆筒形。同理，B_q 与电路作用产生轴向力 F_d，其作用方向为从绕组两端挤压绕组。由于绕组两端 B_q 最大，所以靠近铁芯的部分线圈最容易遭受损坏，故结构上必须加强机械支撑。图 4.6(b)表示圆筒绕组的受力情况。由于磁通和电流总是同时改变方向，因此，上面分析的电磁力方向是不变的。

4.3 变压器的过电压现象

变压器运行时,由于某种原因,使得变压器承受的电压超过它的最大允许工作电压时,称为过电压。产生过电压的原因主要有两方面:一是由于输电线直接遭受雷击或雷云放电在输电线上感应的过电压,称为大气过电压;另一种情况是当变压器或线路上开关合闸或拉闸时,伴随着系统电磁能量的急剧变化而产生的过电压,称为操作过电压。操作过电压一般为额定电压的 3 ~ 4.5 倍,而大气过电压可达额定电压的 8 ~ 12 倍。

无论哪种过电压,持续时间都很短,如大气过电压仅有几十微秒,但对变压器的影响却很大,它可能导致绝缘击穿,因此,必须采取有效措施,防止过电压的产生或进行有效的保护。

过电压在变压器中破坏绝缘有两种方式:①将绕组与铁芯或油箱之间的绝缘击穿,造成绕组接地故障;②在同一绕组内将匝与匝之间或一段线圈与另一段线圈之间的绝缘击穿,造成匝间短路故障。在大气过电压情况下,这两种破坏方式都可能发生。

过电压的波形与过电压的性质有关。图 4.7 表示模拟雷击时的典型波形,其持续时间只有几十微秒(电压由零上升到最大值的部分称为波前,持续时间只有几微秒,电压下降的部分称为波尾)。这种波称为全波,是变压器冲击电压试验时的标准波形(1.5 μs/40 μs 波)。图 4.8 为另一种波形,称为截断波。这是在电压上升的过程中,变压器出线端的线路上发生了闪络放电,于是电压突然下降,同时由于电磁能量的变化而引起了衰减振荡现象。全波和截断波均作模拟大气过电压时冲击试验的标准波形,可由实验室冲击电压发生器产生。

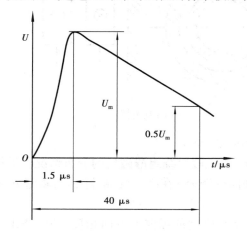

图 4.7 全波过电压波形

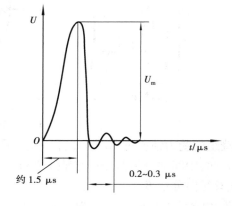

图 4.8 截断波过电压波形

在操作过电压中常引起周期性的冲击波,如图 4.9 所示。有的很快衰减,有的不衰减。不衰减的波形表示线路产生电压谐振,这种情况对变压器等设备危害最大,在电力网络等设计时应设法防止电压谐振。

在研究变压器过电压时,由于冲击波的频率很高,不能再采用只考虑电阻和电感的等效电路,而必须考虑变压器绕组的线匝之间,各个绕组之间和绕组对地之间存在的电容。当过电压进入高压绕组时,由于绕组对地电容和匝间电容的影响,使绕组高度方向的电压分布不均匀,

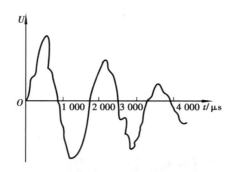

图4.9 操作过电压波形

在前几个线圈里,最高的匝间电压可能高达额定电压的50～200倍。

为了保证变压器的安全可靠运行,必须采取过电压保护措施。常用的方法有:

①安装避雷器;

②加强绕组的绝缘;

③增大绕组的匝间电容;

④采用中性点接地系统。

习　题

4.1　变压器空载电流很小,为什么空载合闸电流却可能很大?

4.2　变压器在什么情况下突然短路电流最大? 大约为额定电流的多少倍? 对变压器有何危害?

4.3　变压器突然短路电流的大小与Z_k^*有什么关系? 为什么大容量变压器的Z_k^*设计得大些?

4.4　变压器绕组上承受的径向电磁力和轴向电磁力方向如何? 哪一种电磁力对绕组的破坏作用更大? 为什么?

4.5　变压器运行时可能出现哪些过电压? 如何保护?

4.6　有一台三相变压器,$S_N = 60\ 000$ kVA,$U_{1N}/U_{2N} = 220/11$ kV,Y,d11 联结组,$R_k^* = 0.008$,$x_k^* = 0.072$,试求:①高压方的稳态短路电流I_k及其标幺值I_k^*;②在最不利的情况下发生副边突然短路时短路电流的最大值i_{max}和标幺值i_{kmax}^*。

第 5 章
三绕组变压器及其他变压器

5.1　三绕组变压器

电压为 U_1 的电网,要同时向电压为 U_2 和 U_3 两个电网供电时,采用一台三绕组变压器要比采用两台电压为 U_1/U_2 和 U_1/U_3 的双绕组变压器更经济。三绕组变压器的工作原理与双绕组变压器的基本相同,但在结构和工作方式上有它的特点。

5.1.1　绕组的布置和额定容量

三绕组变压器的铁芯一般为芯式结构,每一个铁芯柱上套有 3 个绕组,即高压绕组 1,中压绕组 2 和低压绕组 3。其中一个绕组为原绕组,另外两个为副绕组。为了绝缘的方便,三绕组变压器总是将高压绕组放在最外层。对于升压变压器,将低压绕组放在中层,中压绕组放在内层,这样可使漏磁场分布均匀,以获得良好的运行性能。对于降压变压器,低压绕组放在内层绝缘较方便,如图 5.1 所示。

三相三绕组变压器的标准联结组有 YN,yn0,d11 和 YN,yn0,y0 两种;单相三绕组变压器的标准联结组为 I,I0,I0。

对于三绕组变压器,3 个绕组的容量可以设计成不相等,这时三绕组变压器的额定容量是指三个绕组中容量最大的绕组的容量。如果将额定容量作为 100%,则三个绕组的容量配合如表 5.1 所示。

表 5.1 中 3 个绕组的容量关系代表每个绕组传递功率的能力,并不是 3 个绕组按此比例传递功率。例如一台三绕

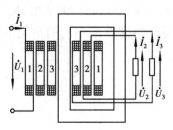

图 5.1　三绕组变压器示意图

组降压变压器,功率由高压绕组输入,由中压和低压绕组输出,高压绕组的输入功率等于其他两个绕组输出功率之和。而且两个输出绕组之间的功率分配在实际运行中也并非固定不变,只要各绕组的实际负载不超过其允许容量就可以。

表 5.1　三绕组变压器的容量配合

变压器种类	绕组			备　注
	高　压	中　压	低　压	
三绕组变压器	100	100	50	以变压器额定容量的百分数表示
	100	50	100	
	100	100	100	
三绕组自耦变压器	100	100	50	

5.1.2　电压方程式和等效电路

以降压变压器为例, $\dot U_1$, $\dot U_2$, $\dot U_3$ 分别表示高压、低压和中压三个绕组的端电压,如图 5.1 所示。三个绕组的匝数分别为 N_1 , N_2 , N_3 ,则各绕组之间的变比为

$$\left. \begin{aligned} k_{12} &= \frac{N_1}{N_2} = \frac{U_1}{U_{20}} \\ k_{13} &= \frac{N_1}{N_3} = \frac{U_1}{U_{30}} \\ k_{23} &= \frac{N_2}{N_3} = \frac{U_{20}}{U_{30}} \end{aligned} \right\} \tag{5.1}$$

由于三绕组变压器有三个绕组在磁路上互相耦合,因此,在建立基本方程式时不可能像双绕组变压器那样简单地使用漏磁通和主磁通的概念,而必须采用每一绕组的自感和各绕组之间的互感作为基本参数。设 L_1 , L_2 , L_3 分别为各绕组的自感; $M_{12} = M_{21}$ 为 1,2 绕组之间的互感; $M_{13} = M_{31}$ 为 1,3 绕组之间的互感; $M_{23} = M_{32}$ 为 2,3 绕组之间的互感; R_1 , R_2 , R_3 为各绕组的电阻。在正弦电压作用下稳态运行时,按规定的正方向,其电动势方程式为

$$\left. \begin{aligned} \dot U_1 &= R_1 \dot I_1 + j\omega L_1 \dot I_1 + j\omega M_{12} \dot I_2 + j\omega M_{13} \dot I_3 \\ -\dot U_2 &= R_2 \dot I_2 + j\omega L_2 \dot I_2 + j\omega M_{12} \dot I_1 + j\omega M_{23} \dot I_3 \\ -\dot U_3 &= R_3 \dot I_3 + j\omega L_3 \dot I_3 + j\omega M_{13} \dot I_1 + j\omega M_{23} \dot I_2 \end{aligned} \right\} \tag{5.2}$$

将各绕组折算到绕组 1,即

$$\left. \begin{aligned} &\dot U_2' = k_{12} \dot U_2 , \quad \dot U_3' = k_{13} \dot U_3 \\ &\dot I_2' = \frac{\dot I_2}{k_{12}} , \quad \dot I_3' = \frac{\dot I_3}{k_{13}} \\ &R_2' = k_{12}^2 R_2 , \quad R_3' = k_{13}^2 R_3 \\ &L_2' = k_{12}^2 L_2 , \quad L_3' = k_{13}^2 L_3 \\ &M_{12}' = k_{12} M_{12} , \quad M_{13}' = k_{13} M_{13} \\ &M_{23}' = k_{12} k_{13} M_{23} \end{aligned} \right\} \tag{5.3}$$

折算后的电动势方程为

$$\left.\begin{aligned}
\dot{U}_1 &= R_1\dot{I}_1 + j\omega L_1\dot{I}_1 + j\omega M'_{12}\dot{I}'_2 + j\omega M'_{13}\dot{I}'_3 \\
-\dot{U}'_2 &= R'_2\dot{I}'_2 + j\omega L'_2\dot{I}'_2 + j\omega M'_{12}\dot{I}_1 + j\omega M'_{23}\dot{I}'_3 \\
-\dot{U}'_3 &= R'_3\dot{I}'_3 + j\omega L'_3\dot{I}'_3 + j\omega M'_{13}\dot{I}_1 + j\omega M'_{23}\dot{I}'_2
\end{aligned}\right\} \tag{5.4}$$

负载时的磁动势平衡方程式为

$$N_1\dot{I}_1 + N_2\dot{I}_2 + N_3\dot{I}_3 = N_1\dot{I}_0$$

或

$$\dot{I}_1 + \dot{I}'_2 + \dot{I}'_3 = \dot{I}_0 \tag{5.5}$$

将励磁电流忽略,则有

$$\dot{I}_1 + \dot{I}'_2 + \dot{I}'_3 = 0 \tag{5.6}$$

把式(5.4)的第 1 式减去第 2 式,并以 $\dot{I}'_3 = -(\dot{I}_1 + \dot{I}'_2)$ 代入,消去 $\dot{I}'_3$;把式(5.4)中的第 1 式减去第 3 式,并以 $\dot{I}'_2 = -(\dot{I}_1 + \dot{I}'_3)$ 代入,消去 $\dot{I}'_2$,则可得

$$\left.\begin{aligned}
\Delta\dot{U}_{12} &= \dot{U}_1 - (-\dot{U}'_2) = \dot{I}_1[R_1 + j\omega(L_1 - M'_{12} - M'_{13} + M'_{23})] \\
&\quad - \dot{I}'_2[R'_2 + j\omega(L'_2 - M'_{12} - M'_{23} + M'_{13})] \\
\Delta\dot{U}_{13} &= \dot{U}_1 - (-\dot{U}'_3) = \dot{I}_1[R_1 + j\omega(L_1 - M'_{12} - M'_{13} + M'_{23})] \\
&\quad - \dot{I}'_3[R'_3 + j\omega(L'_3 - M'_{13} - M'_{23} + M'_{12})]
\end{aligned}\right\} \tag{5.7}$$

令

$$\left.\begin{aligned}
x_1 &= \omega(L_1 - M'_{12} - M'_{13} + M'_{23}) \\
x'_2 &= \omega(L'_2 - M'_{12} - M'_{23} + M'_{13}) \\
x'_3 &= \omega(L'_3 - M'_{13} - M'_{23} + M'_{12})
\end{aligned}\right\} \tag{5.8}$$

则式(5.7)可写成

$$\left.\begin{aligned}
\Delta\dot{U}_{12} &= \dot{I}_1(R_1 + jx_1) - \dot{I}'_2(R'_2 + jx'_2) = \dot{I}_1 Z_1 - \dot{I}'_2 Z'_2 \\
\Delta\dot{U}_{13} &= \dot{I}_1(R_1 + jx_1) - \dot{I}'_3(R'_3 + jx'_3) = \dot{I}_1 Z_1 - \dot{I}'_3 Z'_3
\end{aligned}\right\} \tag{5.9}$$

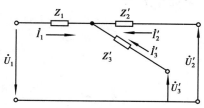

图 5.2 三绕组变压器的简化等效电路

和双绕组变压器不同,上式中的 x_1,x'_2,x'_3 并不代表各绕组的漏电抗,而是各绕组自感电抗和各绕组之间的互感电抗组合而成的等效电抗,与之相应的 $Z_1 = R_1 + jx_1$,$Z'_2 = R'_2 + jx'_2$,$Z'_3 = R'_3 + jx'_3$ 便称为等效阻抗。由于决定等效电抗的各自感和互感在相减的过程中消去了其中的非线性部分,因此 x_1,x'_2,x'_3 是不受磁路饱和影响的常数,故 Z_1,Z'_2,Z'_3,也是常数。

根据式(5.9)可作出三绕组变压器的简化等效电路如图 5.2 所示。

5.1.3　**参数测定**

三绕组变压器的简化等效电路中的参数可以通过以下 3 个短路实验测出：

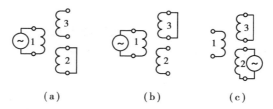

$$(a) \qquad\qquad (b) \qquad\qquad (c)$$

图 5.3　三绕组变压器短路试验示意图

①绕组 1 加电压,绕组 2 短路,绕组 3 开路,如图 5.3(a)所示。此时测得的阻抗为

$$Z_{k12} = Z_1 + Z_2' = (R_1 + R_2') + j(x_1 + x_2') = R_{k12} + jx_{k12} \qquad (5.10)$$

②绕组 1 加电压,绕组 2 开路,绕组 3 短路,如图 5.3(b)所示。此时测得的阻抗为

$$Z_{k13} = Z_1 + Z_3' = (R_1 + R_3') + j(x_1 + x_3') = R_{k13} + jx_{k13} \qquad (5.11)$$

③绕组 1 开路,绕组 2 加电压,绕组 3 短路,如图 5.3(c)所示。此时测得的阻抗为折算到绕组 2 的短路阻抗 $Z_{k23} = R_{k23} + jx_{k23}$,而

$$\begin{aligned} Z_{k23}' &= Z_2' + Z_3' = (R_2' + R_3') + j(x_2' + x_3') = R_{k23}' + jx_{k23}' \\ &= k_{12}^2 Z_{k23} = k_{12}^2 R_{k23} + jk_{12}^2 x_{k23} \end{aligned} \qquad (5.12)$$

式中,$R_{k23}' = k_{12}^2 R_{k23}$,$x_{k23}' = k_{12}^2 x_{k23}$ 为绕组 2 与绕组 3 之间测得的短路电阻和短路电抗折算到绕组 1 以后的数值。

将式(5.10)~式(5.12)中的实部与虚部分别求解,可得出

$$\left. \begin{aligned} R_1 &= \frac{1}{2}(R_{k12} + R_{k13} - R_{k23}') \\ R_2' &= \frac{1}{2}(R_{k12} + R_{k23}' - R_{k13}) \\ R_3' &= \frac{1}{2}(R_{k13} + R_{k23}' - R_{k12}) \end{aligned} \right\} \qquad (5.13)$$

$$\left. \begin{aligned} x_1 &= \frac{1}{2}(x_{k12} + x_{k13} - x_{k23}') \\ x_2' &= \frac{1}{2}(x_{k12} + x_{k23}' - x_{k13}) \\ x_3' &= \frac{1}{2}(x_{k13} + x_{k23}' - x_{k12}) \end{aligned} \right\} \qquad (5.14)$$

x_1,x_2',x_3' 的大小与各绕组在铁芯上的排列位置有关。在图 5.1 的排列中,绕组 1,3 之间的距离最大,其漏抗 x_{k13} 最大;其次是绕组 1,2 之间的漏抗 x_{k12};绕组 2,3 之间的漏抗 x_{k23}' 最小;而且 x_{k13} 约为 x_{k12} 与 x_{k23}' 之和,因此,等效电抗 x_2' 常接近于零,甚至为微小的负值。这就是说,在三绕组变压器中,排列在中间位置的绕组,其组合的等效电抗最小,相应的阻抗压降和端电压变化率也最小。

负电抗是电容性质的,但这不是指变压器绕组真具有电容性。前已叙及,等效电抗是各种不同电抗的组合,并不表示漏抗。各绕组之间的漏电抗 x_{k12},x_{k13},x_{k23}' 是不会为负值的。

5.2　自耦变压器

把普通双绕组变压器(如图 5.4(a)所示)的高压绕组和低压绕组串联连接,便构成一台自耦变压器,如图 5.4(b)所示。正方向规定与双绕组变压器相同。

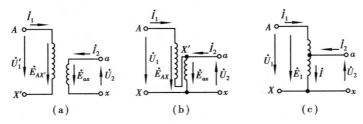

图 5.4　自耦变压器的原理图

5.2.1　电压关系和电流关系

如图 5.4(c)所示,当忽略自耦变压器的漏磁通和绕组电阻时,原边的感应电动势 $\dot{E}_1$ 与外加电压 $\dot{U}_1$ 平衡,副边的感应电动势等于副边的端电压 $\dot{U}_2$,它们的关系是

$$\frac{U_{1N}}{U_{2N}} \approx \frac{E_1}{E_2} = \frac{N_1}{N_2} = k_A \tag{5.15}$$

式中　k_A——自耦变压器的变比;

N_1,N_2——分别为高、低压侧绕组的匝数。

负载时磁动势平衡关系为

$$\dot{I}_1(N_1 - N_2) + \dot{I}N_2 = \dot{I}_0 N_1 \tag{5.16}$$

若忽略励磁电流 $\dot{I}_0$,则有

$$\dot{I}_1(N_1 - N_2) + \dot{I}N_2 = 0 \tag{5.17}$$

a 点的电流关系为

$$\dot{I}_1 + \dot{I}_2 = \dot{I} \tag{5.18}$$

代入式(5.17)得

$$\dot{I}_1 N_1 - \dot{I}_1 N_2 + \dot{I}_1 N_2 + \dot{I}_2 N_2 = 0$$

即

$$\dot{I}_1 N_1 + \dot{I}_2 N_2 = 0 \tag{5.19}$$

或

$$\dot{I}_1 = -\frac{N_2}{N_1}\dot{I}_2 = -\frac{\dot{I}_2}{k_A} = -\dot{I}_2' \tag{5.20}$$

式中　$\dot{I}_2' = \dfrac{\dot{I}_2}{k_A}$ —— 低压方电流折算到高压方的数值。

将式(5.20)代入式(5.18)得

$$\dot{I} = \dot{I}_1 + \dot{I}_2 = -\frac{\dot{I}_2}{k_A} + \dot{I}_2 = (1 - \frac{1}{k_A})\dot{I}_2 \tag{5.21}$$

上式说明公共部分的电流 $\dot{I}$ 与副边电流 $\dot{I}_2$ 相位相同。I_1,I_2 和 I 的大小关系为

$$I_2 = I_1 + I \tag{5.22}$$

自耦变压器的电流关系如图5.5所示。

5.2.2　容量关系

自耦变压器的容量是指它的输入容量或输出容量。
额定运行时的容量用 S_N 表示,为

图 5.5　自耦变压器的电流关系

$$S_N = U_{1N}I_{1N} = U_{2N}I_{2N} \tag{5.23}$$

与双绕组变压器的容量表达式相同。双绕组变压器的容量就是它的绕组容量,等于绕组上的电压和电流的乘积。绕组容量又称电磁容量,它通过电磁感应从原边传递给副边。它的大小决定了变压器的主要尺寸和材料消耗,是变压器设计的依据。与双绕组变压器不同,自耦变压器的容量不等于它的绕组容量。以单相自耦变压器为例,变压器的额定容量如式(5.23)所示,而绕组 Aa 段的容量为

$$S_{Aa} = U_{Aa}I_{1N} = U_{1N}\frac{N_1 - N_2}{N_1}I_{1N} = (1 - \frac{1}{k_A})S_N \tag{5.24}$$

绕组 ax 段的容量为

$$S_{ax} = U_{ax}I = U_{2N}(1 - \frac{1}{k_A})I_{2N} = (1 - \frac{1}{k_A})S_N \tag{5.25}$$

式(5.24)和式(5.25)说明,绕组 Aa 和绕组 ax 的容量相等,但都比自耦变压器的额定容量小。这多出的部分 $S_N - S_{Aa} = \frac{1}{k_A}S_N = U_{2N}I_{1N}$ 称为自耦变压器的传导容量,它由原方直接传给负载,不需增加绕组容量。因此,若自耦变压器与双绕组变压器额定容量相同,则自耦变压器的绕组容量比双绕组变压器的绕组容量小。

5.2.3　主要优缺点

由于自耦变压器的绕组容量小于额定容量,当额定容量相同时,自耦变压器与双绕组变压器相比,其单位容量所消耗的材料少、变压器的体积小、造价低,而且铜耗和铁耗也小,因而效率高。这就是自耦变压器的主要优点。由式(5.24)和式(5.25)可知,当 k_A 越接近于 1 时,自耦变压器的绕组容量越小,其优点越突出。因此,一般电力系统使用的自耦变压器的变比 $k_A = 1.5 \sim 2$。将图5.4(c)中副边的引出点 a 做成滑动接触形式,就演变成实验室常用的自耦调压变压器了。

由于自耦变压器原、副绕组之间有直接的电的联系,为了防止因高压边单相接地故障而引起低压边的过电压,用在电力系统中的三相自耦变压器中性点必须可靠接地。同样,由于原、副绕组之间有直接的电的联系,当高压边遭受过电压时,会引起低压边严重过电压,为避免这种危险,需要在原、副边都装设避雷器。

例5.1　一台单相双绕组变压器,$S_N = 100$ kVA,$U_{1N}/U_{2N} = 220/110$ V,$p_0 = 400$ W,$p_{kN} =$

1 200 W。如果改接成 330/110 V 的自耦变压器,试求:

①自耦变压器的额定容量、传导容量和绕组容量各是多少?

②在额定负载和 $\cos \varphi_2 = 0.8$ 的条件下运行时,双绕组变压器和改接成自耦变压器的效率各是多少?

解 ①自耦变压器的变比 $k_A = \dfrac{U_{1N} + U_{2N}}{U_{2N}} = \dfrac{220\ V + 110\ V}{110\ V} = 3$

自耦变压器的绕组容量与双绕组变压器的绕组容量,即额定容量相等,为

$$S_{ZR} = S_N = 100\ kVA$$

自耦变压器的额定容量

$$S_{ZN} = \frac{S_{ZR}}{1 - \dfrac{1}{k_A}} = \frac{100\ kVA}{1 - \dfrac{1}{3}} = 150\ kVA$$

自耦变压器的传导容量

$$S_{ZC} = \frac{S_{ZN}}{k_A} = \frac{150\ kVA}{3} = 50\ kVA$$

②双绕组变压器的效率

$$\eta_N = (1 - \frac{p_0 + p_{kN}}{\beta S_N \cos \varphi_2 + p_0 + p_{kN}}) \times 100\%$$

$$= (1 - \frac{0.4\ kW + 1.2\ kW}{1 \times 100\ kVA \times 0.8 + 0.4\ kW + 1.2\ kW}) \times 100\% = 98.04\%$$

改接成自耦变压器后 p_0, p_{kN} 不变,其效率

$$\eta_{ZN} = (1 - \frac{p_0 + p_{kN}}{\beta S_{ZN} \cos \varphi_2 + p_0 + p_{kN}}) \times 100\%$$

$$= (1 - \frac{0.4\ kW + 1.2\ kW}{1 \times 150\ kVA \times 0.8 + 0.4\ kW + 1.2\ kW}) \times 100\% = 98.68\%$$

5.3   电压互感器和电流互感器

电压互感器和电流互感器又称仪用互感器,是电力系统中使用的测量设备,其工作原理与变压器基本相同。使用互感器的目的是:①与小量程的标准化电压表和电流表配合测量高电压、大电流;②使测量回路与被测回路隔离,以保障工作人员和测量设备的安全;③为各类继电保护和控制系统提供控制信号。

5.3.1   电压互感器

电压互感器的接线如图 5.6 所示。高压绕组接到被测量的电压线路上,低压绕组接测量表。如果测量仪表不止一个,则各仪表的电压线圈应并联。电压互感器副边的额定电压都统一设计成 100 V。

电压互感器的工作原理和普通降压变压器相同。当忽略漏阻抗时,

$$\frac{U_1}{U_2} \approx \frac{E_1}{E_2} = \frac{N_1}{N_2} = k_u \tag{5.26}$$

当测量出 U_2 后,被测电压 $U_1 = k_u U_2$。由于电压互感器副边所接的测量仪表,例如电压表、功率表的电压线圈等,其阻抗很大,故电压互感器运行时相当于一台降压变压器的空载运行。

实际上,电压互感器存在着误差,包括变比误差和相位误差。变比误差的定义为

$$\frac{k_u U_2 - U_1}{U_1} \times 100\% \tag{5.27}$$

相位误差是 $\dot{U}_1$ 和 $-\dot{U}_2$ 之间的相位差。

产生误差的原因是由于漏阻抗和励磁电流的存在。因此,在设计电压互感器时一般采用高磁导率的硅钢片,并选择较低的工作磁密(不超过 $0.6 \sim 0.8$ T)以减小励磁电流。同时,在绕组的安排上尽量减少原、副绕组的漏磁通,以减小它的漏阻抗。

电压互感器按准确度的高低分为 0.2,0.5,1 和 3 四个等级,供使用单位选择。数字越小,准确度越高。例如 0.5 级的电压互感器,其变比误差极限为 $\pm0.5\%$,相位误差极限为 $\pm20'$;1 级的电压互感器,其变比误差极限为 $\pm1\%$,相位误差极限为 $\pm40'$。

在使用电压互感器时应注意:①副边不允许短路,否则会产生很大的短路电流,烧坏互感器的绕组;②副边应可靠接地;③副边接入的阻抗不得小于规定值,以减小误差。

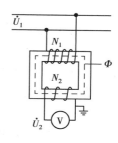

图 5.6　电压互感器的原理图

5.3.2　电流互感器

电流互感器的接线如图 5.7 所示。原绕组串入被测的线路中,副绕组接电流表或功率表的电流线圈等。电流互感器副边的额定电流一般统一设计成 5 A 或 1 A。

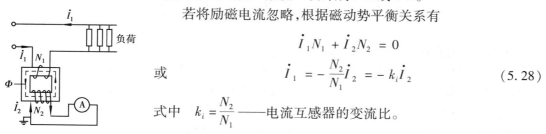

图 5.7　电流互感器的原理图

若将励磁电流忽略,根据磁动势平衡关系有

$$\dot{I}_1 N_1 + \dot{I}_2 N_2 = 0$$

或

$$\dot{I}_1 = -\frac{N_2}{N_1}\dot{I}_2 = -k_i \dot{I}_2 \tag{5.28}$$

式中　$k_i = \dfrac{N_2}{N_1}$——电流互感器的变流比。

当测量出 I_2 后,被测电流 $I_1 = k_i I_2$。由于电流互感器副边所接的仪表阻抗很小,故电流互感器运行时相当于一台升压变压器的短路运行。

实际上,由于励磁电流和漏阻抗的影响,电流互感器也存在电流误差

$$\Delta I\% = \frac{k_i I_2 - I_1}{I_1} \times 100\% \tag{5.29}$$

和 $\dot{I}_1$ 与 $-k_i \dot{I}_2$ 之间的相位误差。为了减小误差,电流互感器的铁芯采用高导磁性能的材料制成,并选用更低的磁密($0.08 \sim 0.1$ T),以减小励磁电流。在绕组制造上也应尽量减小漏阻抗。

电流互感器按误差大小分为 0.2,0.5,1.0,3.0 和 10.0 五个等级供选用。

电流互感器在使用时应注意:①在运行过程中绝对不允许副边开路。这是因为电流互感器的原边电流是由被测试的电路决定的,在正常运行时,电流互感器的副边相当于短路,副边电流有强烈的去磁作用,即副边的磁动势近似与原边的磁动势大小相等、方向相反,因而产生铁芯中的磁通所需的合成磁动势和相应的励磁电流很小。若副边开路,则原边电流全部成为励磁电流,使铁芯中的磁通增大,铁芯过分饱和,铁耗急剧增大,引起互感器发热。同时因副绕组匝数很多,将会感应出危险的高电压,危及操作人员和测量设备的安全。②副边应可靠接地。③副边回路阻抗不应超过规定值,以免增大误差。

习　题

5.1　三绕组变压器等效电路中的电抗 x_1,x_2',x_3' 与双绕组变压器的漏电抗有何不同? 为什么有时在 x_1,x_2',x_3' 中有一个会出现负值?

5.2　什么是自耦变压器的额定容量、绕组容量和传导容量? 它们之间的关系是什么?

5.3　为什么电压互感器在运行时不允许副边短路? 电流互感器在运行时不允许副边开路?

5.4　一台三相三绕组变压器,额定容量为 10 000/10 000/10 000 kVA,额定电压为 110/38.5/11 kV,其联结组为 YN,yn0,d11,短路试验数据如下:

绕　组	短路损耗/kW	阻抗电压/%
高一中	111.20	$u_{k12}=16.95$
高一低	148.75	$u_{k13}=10.10$
中一低	82.70	$u_{k23}=6.06$

试计算简化等效电路中的各参数。

5.5　一台三相双绕组变压器,$S_N=31\ 500$ kVA,$U_{1N}/U_{2N}=400/110$ kV,$p_0=105$ kW,$p_{kN}=205$ kW。如果改接成 510/110 kV 自耦变压器,试求:

①自耦变压器的额定容量、传导容量和绕组容量各是多少?

②在额定负载和 $\cos\varphi_2=0.8$ 的条件下运行时,双绕组变压器和改接成自耦变压器的效率各是多少?

总　结

本篇所讨论的主要内容有:(1)变压器的基本结构和额定值;(2)单相及三相双绕组电力变压器带对称负载稳态运行时的电磁关系、分析方法和运行特性;(3)变压器的联结组;(4)变压器的磁路系统和空载电动势波形;(5)三相变压器的不对称运行;(6)变压器的并联运行;(7)变压器的瞬变过程;(8)几种特殊变压器。其中以(2)和(3)的内容最重要。

（1）变压器的基本结构和额定值

铁芯和绕组是变压器最主要的结构部分，对它们及其他部件的结构型式和功用应有一定的了解，为变压器理论的学习打下基础。

对变压器的额定容量、额定电压和额定电流的含义及它们之间的关系应当清楚。

单相变压器：$S_N = U_{1N}I_{1N} = U_{2N}I_{2N}$

三相变压器：$S_N = \sqrt{3} U_{1N}I_{1N} = \sqrt{3} U_{2N}I_{2N}$

（2）稳态时的电磁关系、分析方法和运行特性

1）电磁关系

①正方向的规定

与分析其他交流电路一样，对变压器的物理量必须先规定它们的正方向。在变压器中通常按惯例来规定有关电磁量的正方向，对这一惯例的原则和所得出的正方向规定（如图 2.1 所示）应当掌握。

②变压器原、副边的电动势平衡关系

变压器运行时，铁芯中的主磁通 $\dot{\Phi}_m$ 将在原、副绕组中分别感应电动势，用相量表示时它们分别为

$$\dot{E}_1 = -j4.44fN_1\dot{\Phi}_m$$

$$\dot{E}_2 = -j4.44fN_2\dot{\Phi}_m$$

由此得出变压器的变比 $k = \dfrac{E_1}{E_2} = \dfrac{N_1}{N_2}$。在原边，外加电压 $\dot{U}_1$ 与 $-\dot{E}_1$、漏磁通感应电动势 $-\dot{E}_{1\sigma}$，以及电阻压降 $\dot{I}_1R_1$ 相平衡，即

$$\dot{U}_1 = -\dot{E}_1 - \dot{E}_{1\sigma} + \dot{I}_1R_1$$

在副边，在 $\dot{E}_2$ 的作用下，负载 Z_L 的大小决定了副边电流 $\dot{I}_2$，同时副边还有漏磁通感应电动势 $\dot{E}_{2\sigma}$ 和电阻压降 $\dot{I}_2R_2$，因此，副边电动势平衡方程为

$$\dot{U}_2 = \dot{E}_2 + \dot{E}_{2\sigma} - \dot{I}_2R_2, \qquad \dot{U}_2 = \dot{I}_2Z_L$$

漏磁通感应电动势可看成绕组的漏电抗压降，即

$$-\dot{E}_{1\sigma} = j\dot{I}_1x_{1\sigma}, \qquad -\dot{E}_{2\sigma} = j\dot{I}_2x_{2\sigma}$$

主磁通在原绕组中的感应电动势也可看成励磁电流 $\dot{I}_0$ 在励磁阻抗 Z_m 上的压降，即

$$-\dot{E}_1 = \dot{I}_0Z_m = \dot{I}_0(R_m + jx_m)$$

于是原、副边的电动势方程式可写成

$$\dot{U}_1 = -\dot{E}_1 + \dot{I}_1(R_1 + jx_{1\sigma}) = -\dot{E}_1 + \dot{I}_1Z_1$$

$$\dot{U}_2 = \dot{E}_2 - \dot{I}_2(R_2 + jx_{2\sigma}) = \dot{E}_2 - \dot{I}_2Z_2$$

漏磁路是线性磁路，故 $x_{1\sigma}, x_{2\sigma}$ 为常数；主磁路是非线性磁路，Z_m, R_m, x_m 会随磁路饱和程度不同而变化。但在变压器运行时，电网电压和频率是不变的，原绕组漏抗压降很小，从空载

到满载都有 $U_1 \approx E_1 = 4.44fN_1\Phi_m$ 成立,因此 Φ_m 基本不变,铁芯饱和程度不变,Z_m,R_m,x_m 可视为常数。

③磁动势平衡方程式

变压器空载运行时主磁通由原边磁动势 $\dot{F}_0 = \dot{I}_0 N_1$ 产生。负载运行时副边产生的磁动势 $\dot{F}_2 = \dot{I}_2 N_2$ 也作用在主磁路上,由于主磁通 Φ_m 在外加电压一定时基本不变,因而产生它的磁动势也基本不变,仍为 $\dot{F}_0 = \dot{I}_0 N_1$。该磁动势为原、副边磁动势之和,即

$$\dot{I}_1 N_1 + \dot{I}_2 N_2 = \dot{I}_0 N_1 \qquad 或 \qquad \dot{F}_1 + \dot{F}_2 = \dot{F}_0$$

因此,变压器负载运行时原边的磁动势随副边的磁动势而变,即

$$\dot{I}_1 N_1 = \dot{I}_0 N_1 + (-\dot{I}_2 N_2)$$

原边的电流随副边的电流而变,即

$$\dot{I}_1 = \dot{I}_0 + \frac{-\dot{I}_2}{k}$$

这样,变压器的功率就从原边传到了副边。

④变压器的折算

为了找到变压器的等效电路,简化变压器的分析计算,常采用折算法。折算的原则是保持绕组的磁动势不变。这样,折算前后变压器传递的功率及有功、无功损耗不变,各电磁量之间的相位关系也不变。例如,在由副边向原边折算时就是用匝数为 N_1、流过的电流为 $\dot{I}_2'$ 的绕组来代替匝数为 N_2、流过的电流为 $\dot{I}_2$ 的真实绕组而保持 $\dot{F}_2 = \dot{I}_2 N_2 = \dot{I}_2' N_1$ 不变。具体的折算关系应记住。

2)变压器的基本方程式、等效电路和相量图

折算后的基本方程式如式(2.30)所示。

这6个方程全面体现了变压器各电磁量之间的关系。当负载已知后,解这些方程就可确定变压器稳态运行时的各电磁量。

根据这6个方程可得到变压器的T型等效电路,这样就可以把对变压器稳态运行的分析变成对一个电路的分析。为简化计算,T型等效电路可简化为Γ型等效电路和简化等效电路。

相量图能更直观地表示各电磁量之间的关系,也是分析变压器的有效工具。对T型等效电路和简化等效电路对应的相量图应该掌握。

3)标幺值

标幺值就是相对值。应注意各电磁量基值的选取。原边电压、电流的基值为原边的额定相电压、额定相电流;副边电压、电流的基值为副边的额定相电压、额定相电流;阻抗的基值为额定相电压与额定相电流之比;功率、容量的基值为额定容量。

4)变压器的参数测定

结合实验弄清变压器空载实验和短路实验的目的、接线及操作方法。根据实验数据计算变压器变比、励磁参数 $Z_m = R_m + jx_m$ 和短路参数 $Z_k = R_k + jx_k$。

5)变压器的运行特性

①变压器负载运行时电压变化率定义为

$$\Delta U\% = \frac{U_{2N} - U_2}{U_{2N}} \times 100\% = \frac{U_{1N} - U'_2}{U_{1N}} \times 100\%$$

电压变化率的大小与负载的大小和负载的性质及短路阻抗有关,其简化计算公式为

$$\Delta U\% = \beta(R_k^* \cos \varphi_2 + x_k^* \sin \varphi_2) \times 100\%$$

注意:对感性负载 $\sin \varphi_2 > 0$;对容性负载 $\sin \varphi_2 < 0$。

②变压器的效率

变压器的损耗包括铁耗 $p_{Fe} \approx p_0$ 和铜耗 $p_{Cu} = \beta^2 p_{kN}$,其效率计算公式为

$$\eta\% = (1 - \frac{p_0 + \beta^2 p_{kN}}{\beta S_N \cos \varphi_2 + p_0 + \beta^2 p_{kN}}) \times 100\%$$

当 $\beta^2 p_{kN} = p_0$ 时,变压器的效率最高。故最高效率时的负载系数为 $\beta_m = \sqrt{\frac{p_0}{p_{kN}}}$。

(3)变压器的联结组

1)变压器的联结组采用时钟法来表示高、低压方对应的相电动势之间的相位关系。

2)单相变压器,若高、低压绕组首端 A 和 a 同极性,则 $\dot{E}_A$ 和 $\dot{E}_a$ 相位相同,其联结组为 I,i0;

若 A,a 异极性,则 $\dot{E}_A$ 和 $\dot{E}_a$ 相位相反,其联结组为 I,i6。

3)三相变压器的联结组不仅与高、低压的极性和首末端标志有关,而且与绕组的连接方式有关。在通过画相量图的方法来确定其联结组别时应特别注意:

①相量图的顶点 ABC 与 abc 的顺序必须同为顺时针方向;

②绕在同一铁芯柱上的高、低压绕组(不一定为同一相),若首端极性相同,则电动势相位相同,反之,则电动势相位相反。

③对于星形接法 $\dot{E}_a(\dot{E}_{ao})$、$\dot{E}_A(\dot{E}_{AO})$ 是真实的,对于三角形接法 $\dot{E}_a(\dot{E}_{ao})$、$\dot{E}_A(\dot{E}_{AO})$ 是假定的。

(4)三相变压器的磁路系统和空载电动势的波形

三相变压器的磁路系统可分为各相磁路独立和各相磁路相关两类。三相变压器组的铁芯属于前者;三相芯式变压器属于后者。

空载电动势的波形不仅与磁路结构有关,而且与绕组的连接方式有关。若原绕组为 YN 或 D 接法,励磁电流中的 3 次谐波可以流通,无论副边接法如何,主磁通均为正弦波,因此各相电动势也为正弦波。

若变压器为 Y,y 连接,励磁电流中的 3 次谐波不能流通,则主磁通中必然包含有 3 次谐波磁通 Φ_3,而 Φ_3 的大小与磁路结构有关。对于三相变压器组,Φ_3 可在主磁路流通,因而 Φ_3 和 e_3 较大,相电动势形畸变严重,故 Y,y 接法不能采用。对于三相芯式变压器,Φ_3 只能走漏磁路径,因而 Φ_3,e_3 不大,主磁通和相电动势仍接近正弦波。

若变压器为 Y,d 连接,励磁电流中的 3 次谐波电流分量可在副边△接法的绕组内流通,而铁芯内的磁通取决于原、副边总磁动势,因而可以保证主磁通和相电动势仍接近正弦波。

(5)变压器的并联运行

变压器理想并联运行条件是:①联结组别相同;②变比相等;③短路阻抗标幺值相等。实际运行中,条件①必须绝对满足,条件②、③允许有小的差别。短路阻抗标幺值不等时变压器

的负载分配与短路阻抗的标幺值成反比,即

$$\frac{\beta_1}{\beta_2} = \frac{Z_{k2}^*}{Z_{k1}^*} = \frac{u_{k2}}{u_{k1}}$$

(6)三相变压器的不对称运行

分析三相变压器的不对称运行时常用对称分量法。它将三相不对称系统分解为正序、负序和零序 3 个对称系统,对每个对称系统可以单独处理,然后叠加起来,就可得到不对称系统的解。对正序和负序而言,变压器内部电磁过程是相同的,因而正序和负序电流所遇到的阻抗是相同的,即 $Z_+ = Z_- \approx Z_k$;而零序阻抗却不相同,它与变压器的连接方式和磁路结构有关。

运用对称分量法对 Y,yn0 联结组的变压器带单相负载时的运行分析表明,这种联结组的三相芯式变压器可以带单相负载。而三相变压器组,则因零序磁通和零序电动势较大,中性点移动大,相电压严重不对称而不能采用这种联结组。

(7)变压器的瞬变过程

变压器空载合闸或副边突然短路时会出现过电流现象。空载合闸电流可达额定电流的几倍,对变压器本身并无多大危害,但往往使过电流保护装置误动作,必须采取适当措施。副边突然短路电流可达额定电流的 20～30 倍,这样大的冲击电流会使处在漏磁场中的绕组受到很大的电磁力而损坏,因此,除在线路保护上采取措施外,对绕组结构也应采取措施。

变压器运行中的过电压有大气过电压和操作过电压两种。过电压波的特点是频率很高,此时变压器的等效电路要考虑电容的影响,从而也影响到绕组电压的分布和过电压的大小。对各种过电压的保护措施应有所了解。

(8)几种特殊变压器

①一台三绕组变压器相当于两台双绕组变压器,因而在某些应用场合较经济。分析三绕组变压器不能简单地采用主磁通和漏磁通的概念,而应采用自感和互感的概念。三绕组变压器等效电路中的电抗是几种电抗的组合,并不是绕组的漏电抗,因此,排列在铁芯中间位置的绕组,其组合电抗可能为负值。

②自耦变压器原、副边的电压关系与双绕组变压器相似,即 $\frac{U_1}{U_2} \approx k_A, \frac{I_1}{I_2} \approx \frac{1}{k_A}$。自耦变压器的特点在于原、副绕组之间不仅有磁的联系,而且还有电的联系,故从原边传递的功率中,$(1 - \frac{1}{k_A})S_N$ 是通过电磁感应传递的,而 $\frac{1}{k_A}S_N$ 是通过电的联系直接传递的。由于绕组容量小于额定容量,故与同容量的双绕组变压器相比,自耦变压器尺寸小、材料省、效率高。

③互感器是电力系统中的测量设备。电压互感器运行时近似于变压器的空载运行,因此副边绝对不能短路。电流互感器运行时近似于变压器的短路运行,同时原边电流由被测电路决定,与副边的状况无关,因此副边绝对不能开路。此外,为了安全起见,它们的副边应可靠接地。

第**2**篇
交流电机的共同理论问题

    交流电机包括同步电机和异步电机两大类。虽然同步电机和异步电机在运行原理和结构上有很多不同,但它们之间也有许多相同之处,例如交流绕组构成及其感应电动势和磁动势。因此,本篇所述内容称为交流电机理论的共同问题。

第**6**章
交流电机的电枢绕组及其电动势

6.1   交流绕组的基本要求和分类

6.1.1   基本要求

    和变压器相仿,在交流电机中要进行能量的转换必须要有绕组。交流绕组尽管形式多样,但其基本功能相同,即感应电动势、导通电流和产生电磁转矩,所以其构成原则也基本相同。

一般来说,对交流绕组有以下一些基本要求:

①在一定的导体数下,有合理的最大绕组合成电动势和磁动势;

②各相的相电动势和相磁动势波形力求接近正弦波,即要求尽量减少它们的高次谐波分量;

③对三相绕组,各相的电动势和磁动势要求对称(大小相等,且相位上互差120°),并且三相阻抗也要求相等;

④绕组用铜量少,绝缘性能和机械强度可靠,散热条件好;

⑤绕组的制造、安装和检修要方便。

6.1.2 绕组分类

由于交流电机应用范围非常广,不同类型的交流电机对绕组的要求也各不相同,因此,交流绕组的种类也非常多。其主要分类有:

①按槽内层数分,可分为单层和双层绕组。其中,单层绕组又可分为链式、交叉式和同心式绕组;双层绕组又可分为叠绕组和波绕组。

②按相数分,可分为单相、两相、三相及多相绕组。

③按每极每相槽数,可分为整数槽和分数槽绕组。

尽管交流绕组种类很多,但由于三相双层绕组能较好地满足对交流绕组的基本要求,因此,现代动力用交流电机一般多采用三相双层绕组。

6.2 槽电动势星形图

6.2.1 极对数、电角度、极距和每极每相槽数

在介绍槽电动势星形图前,先介绍几个常用的名词术语。

1)极对数 指电机主磁极的对数,通常用 p 表示。

2)电角度 在电机理论中,把一对主磁极所占的空间距离,称为360°的空间电角度。之所以要这样规定,是因为当主磁极和电机槽内导体作相对运动时,每当旋转过一对主磁极的距离(即360°空间电角度)时,导体内的感应电动势刚好按正弦规律交变一次(即经过了360°时间电角度)。值得注意的是,电角度和我们一般所讲的几何角度是有区别的,在电机理论中,通常将几何角度称为机械角度,一个圆周的机械角度为360°。很明显,电角度 = 极对数 × 机械角度。

3)极距 极距指电机一个主磁极在电枢表面所占的长度。其表示方法很多,一般可以用空间长度($\frac{\pi D}{2p}$)、所占槽数($\frac{Z}{2p}$)、电角度(180°或 π)来表示。其中 D 为电机电枢直径,Z 为电枢铁芯槽数,p 为电机极对数。

4)每极每相槽数 在交流电机中,每极每相占有的平均槽数 q 是一个重要的参数,若电机槽数为 Z,极对数为 p,相数为 m,则得

$$q = \frac{Z}{2pm} \tag{6.1}$$

$q = 1$ 的绕组称为集中绕组，$q > 1$ 的绕组称为分布绕组。

6.2.2　槽电动势星形图

当把电枢上各槽内导体按正弦规律变化的电动势分别用相量表示时，这些相量构成一个辐射星形图，称为槽电动势星形图。槽电动势星形图是分析交流绕组的有效方法，下面用具体例子来说明。

例 6.1　图 6.1 是一台三相同步发电机的定子槽内导体沿电枢内圆周的分布情况，已知 $2p = 4$，电枢槽数 $Z = 24$，转子磁极逆时针方向旋转，试绘出槽电动势星形图。

解　在图 6.1 中，当相邻两槽间的距离用电角度表示时，称为槽距角，在这里用 α 来表示。由电角度的定义（电角度 ＝ 机械角度 × 极对数），可知槽距角的计算式为

$$\alpha = \frac{p \times 360°}{Z} \tag{6.2}$$

式中　p——极对数；

　　　Z——定子或转子齿数。

本例中可得

$$\alpha = \frac{p \times 360°}{Z} = \frac{2 \times 360°}{24} = 30°$$

在图 6.1 中，设同步电机的转子磁极磁场的磁通密度沿电机气隙按正弦规律分布，则当电机转子逆时针旋转时，均匀分布在定子圆周上的导体切割磁力线，感应出电动势。很明显，此感应电动势将随时间按正弦规律变化。对每槽中的导体而言，磁场转过一对磁极，导体感应电动势变化一个周期，即 360°。又由于各槽导体在空间电角度上彼此相差一个槽距角 α，因此导体切割磁场有先有后，各槽导体感应电动势彼此之间存在着相位差，其大小等于槽距角 α。于是，可以假设 1 号槽的导体电动势为相量 1，则 2 号槽导体电动势相量滞后相量 1α 电角度，本例中 $\alpha = 30°$。依此类推，将这些相量依次按顺序画出来，就可得到如图 6.2 所示的槽电动势星形图。

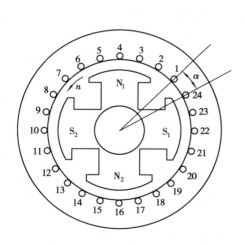

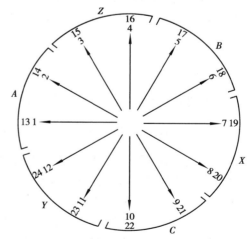

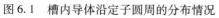
图 6.1　槽内导体沿定子圆周的分布情况　　　　　图 6.2　槽电动势星形图

由图 6.2 可见，1—12 号相量与 13—24 号相量分别重合。这是由于本例中的电机有两对磁极，而 1 号槽导体和 13 号槽导体虽然处于不同的一对磁极下，但它们在各自的一对磁极下

的位置相同,因此它们的感应电动势同相位。依此类推,2 号槽感应电动势和 14 号槽感应电动势……12 号槽感应电动势和 24 号槽感应电动势相位也对应相等。一般来说,当用相量表示各槽导体感应电动势时,由于一对磁极下有 $\frac{Z}{p}$ 个槽,因此一对磁极下的 $\frac{Z}{p}$ 个槽电动势相量均匀分布在 360°的范围内,构成一个电动势星形图。若 Z 和 p 有最大公约数 t,则有 t 个重合的星形图。如本例中 Z 和 p 的最大公约数为 2,故有两个重合的电动势星形图。

6.3 三相单层绕组

6.3.1 线圈

线圈(也称元件)是构成绕组的基本元件,它由 N_c 根线匝串联而成,而线匝则由两根相距一定距离的导体通过末端相连而构成。线圈中嵌放在槽内的部分称为线圈边,一个线圈包含两个线圈边,线圈边之间的连接部分称为端部,如图 6.3 所示。

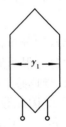

图 6.3 线圈

图 6.4 $Z=24,2p=4$ 时的 A 相槽电动势相量

线圈的宽度即两个线圈边之间的距离称为节距,一般用 y_1 表示。其大小通常用线圈所跨的槽数来决定。一般来说,y_1 的大小和极距 τ 比较接近(主要是为了满足线圈感应电动势最大的要求)。若 $y_1=\tau$,则称线圈为整距线圈,$y_1<\tau$ 为短距,$y_1>\tau$ 为长距。

6.3.2 单层绕组

定子或转子每槽中只有一个线圈边的三相交流绕组称为三相单层绕组。三相交流绕组由于每槽中只包含一个线圈边,所以其线圈数为槽数的一半,即 $\frac{Z}{2}$。和三相双层绕组相比,三相单层绕组具有线圈数量少、制造工时省、槽内无层间绝缘、槽利用率高等优点,但却不能像双层绕组那样能通过选择短距线圈来削弱电动势和磁动势中的高次谐波,并且由于同一槽内的导体均属于同一相,故其槽漏抗较大。因此,三相单层绕组比较适合于 10 kW 以下的小型交流异步电机中,很少在大、中型电机中使用。

按照线圈的形状和端部连接方法的不同,三相单层绕组主要可分为链式、同心式和交叉式等型式。下面,我们通过具体例子来分别进行介绍。

例 6.2 已知电机定子槽数 $Z=24$,极数 $2p=4$,要求绘制并联支路数 $a=1$ 的三相单层链式绕组的展开图。

解　第一步:计算有关参数。

槽距角
$$\alpha = \frac{p \times 360°}{Z} = \frac{2 \times 360°}{24} = 30°$$

每极每相槽数　$q = \dfrac{Z}{2pm} = \dfrac{24}{4 \times 3} = 2$

第二步:画出槽电动势星形图:槽电动势星形图如图 6.2 所示。

第三步:分相。

由于绕组为三相绕组,因此还需把各槽导体分为三相,在槽电动势星形图上划分各相所属槽号。分相的原则是使每相电动势最大,并且三相的电动势相互对称。

通常三相绕组使用 60°分相法,即把槽电动势星形图 6 等分,每一等份称为一个相带,依次分别为 A, Z, B, X, C, Y 相带,如图 6.2 所示。其中 A, X 两个相带在星形图上的相位相差 180°,可将这两相的导体电动势反向相加,共同构成 A 相。同理,B, Y 两相带可构成 B 相,C, Z 两相带可构成 C 相,如图 6.4 所示。A, B, C 三相电动势幅值相等,在相位上互差 120°。本例中各相所属的槽号按相带的顺序列表如下:

表 6.1　例 6.2 中电机各相所属的槽号表

相带 极对	A		Z		B		X		C		Y	
第一对极	1	2	3	4	5	6	7	8	9	10	11	12
第二对极	13	14	15	16	17	18	19	20	21	22	23	24

除了 60°分相法外,另外也可采用 120°分相法,即把槽电动势星形图 3 等分,每个相带对应的电角度为 120°。显然,在相同槽数和导体数的情况下,120°相带每相合成电动势比 60°相带每相合成电动势小,因此,除单绕组变极电机外,一般都按 60°分相法分相。

第四步:绘制绕组展开图。

要将槽内各导体连接为三相绕组,就必须按照槽电动势星形图及分相的结果,将属于同相的导体按要求先连接成线圈,再将各线圈连接成线圈组,继而将线圈组串(并)联成相绕组,最后把相绕组再连接为三相绕组,这个过程可通过绕组展开图来表示。绘制绕组展开图的方法是将电机定子或转子沿轴向切开并平摊,将定子或转子上的槽画为距离相等的一组平行线,并按一定的顺序对槽和槽内的导体依次进行编号,并把槽内的导体按构成线圈、线圈组和相绕组的原则进行连接,得到绕组展开图。下面以 A 相为例进行具体介绍。按照槽电动势星形图及分相原则,应把 A 相带的 1,2,13,14 号槽导体与 X 相带的 7,8,19,20 号槽导体连接成 A 相绕组。A 相的每一线圈的线圈边应从 A 和 X 相带各选一槽导体来构成,A 相槽电动势相量如图 6.4 所示。对于三相链式单层绕组来说,可将 1 槽和 20 槽,2 槽和 7 槽,8 槽和 13 槽,14 槽和 19 槽导体分别连接成线圈,然后将这些线圈按"头接头,尾接尾"的方法串联成 A 相绕组,其展开图如图 6.5 所示。

从图 6.5 中可以看到,A 相绕组的每一线圈(元件)的节距 y_1($y_1 = 5$)相同,且小于极距 τ($\tau = 6$),即采用了短距线圈,因而其端部连线距离较短,有利于节约材料,同时,其端部分布也比较均匀。链式绕组每一线圈的一条边在奇数槽时,另一边必在偶数槽,即线圈的节距恒为奇数。此种绕组比较适用于 $q = 2$,$p > 1$ 的小型交流电机的定子绕组。

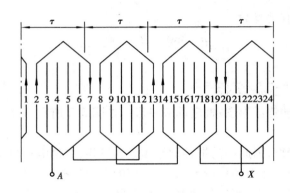

图 6.5 三相单层链式绕组 A 相绕组展开图

例 6.3 已知电机定子槽数 $Z = 36$,极数 $2p = 4$,试绘制并联支路数 $a = 1$ 的三相单层交叉绕组展开图。

解 ①计算可得

$$\alpha = \frac{p \times 360°}{Z} = \frac{2 \times 360°}{36} = 20°$$

$$q = \frac{Z}{2pm} = \frac{36}{4 \times 3} = 3$$

②画出槽电动势星形图

槽电动势星形图如图 6.6 所示。

③分相。本例中各相所属的槽号按相带的顺序列表如下:

表 6.2 例 6.3 中电机各相所属的槽号表

相带 极对	A	Z	B	X	C	Y
第一对极	1 2 3	4 5 6	7 8 9	10 11 12	13 14 15	16 17 18
第二对极	19 20 21	22 23 24	25 26 27	28 29 30	31 32 33	34 35 36

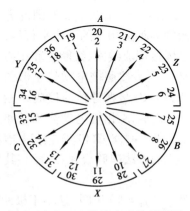

图 6.6 $2p = 4$ 的槽电动势星形图

④绘制绕组展开图(以 A 相为例)

按照槽电动势星形图和分相原则,应把同属于 A 相带的 1,2,3,9,20,21 号槽,同属于 X 相带的 10,11,12,28,29,30 号槽的导体连接成 A 相绕组。同链式绕组一样,A 相每一线圈的线圈边也应从 A 和 X 相带各选一槽导体来构成,但构成方法有别于链式绕组,采用了"两大一小"的交叉布置。即将 1—30,12—19 连接为两小线圈,其线圈节距 $y_1 = 7$。将 2—10,3—11,20—28,21—29 连接为 4 个大线圈,其线圈节距 $y_1 = 8$,它们的节距均比极距($\tau = 9$)短,都是短距线圈,因此可以节约端部用铜。其 A 相绕组展开图如图 6.7 所示。

一般 $q = 3$ 的小型交流电机定子绕组可采用交叉式绕组。

例 6.4 已知 $Z = 24, 2p = 2$,试绘制 $a = 1$ 的三相单层同心式绕组展开图。

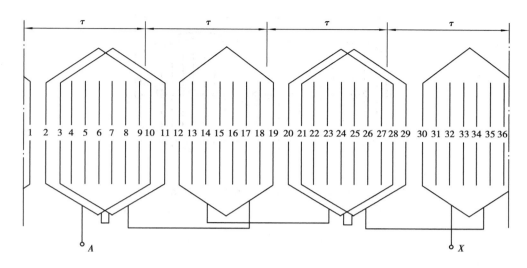

图 6.7　三相单层交叉式绕组 A 相绕组展开图

解　①计算可得

$$\alpha = \frac{p \times 360°}{Z} = \frac{1 \times 360°}{24} = 15°$$

$$q = \frac{Z}{2pm} = \frac{24}{2 \times 3} = 4$$

②槽电动势星形图如图 6.8 所示。

③分相。各相所属的槽号按相带的顺序
列表如下：

④绕组展开图

同心式绕组由不同节距的同心线圈组成。

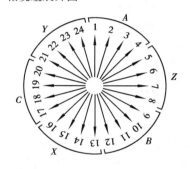

图 6.8　$Z = 24, 2p = 2$ 的槽电动势星形图

仍以 A 相为例，我们可以把 A 相带的 1，2，3，4 和 X 相带的 13，14，15，16 号槽的导体组成 2—15，3—14 两个大线圈及 1—16，4—13 两个小线圈。在展开图上，可以看出 2—15 和 1—16 为同心线圈，3—14 和 4—13 为同心线圈，所以称为同心式绕组。其 A 相展开图如图 6.9 所示。

表 6.3　例 6.4 中电机各相所属的槽号表

相带 极对	A	Z	B	X	C	Y
第一对极	1 2 3 4	5 6 7 8	9 10 11 12	13 14 15 16	17 18 19 20	21 22 23 24

三相单层同心绕组适用于 $p = 1$ 的小型三相交流电机定子绕组。

上面所介绍的 3 种单层交流绕组，每相绕组都占满该相有关相带（如 A 相有 A 和 X 相带）的全部槽数，它们之间只是线圈端部的形式、节距以及线圈连接的顺序不同而已。从表面上看，有些线圈为长距线圈，有些为短距，但从总的来看，每相绕组都是由互差 180°电角度的两个相带内的导体组成，只是组合的方式有所不同，实际上它们都是整距分布绕组。同时，各相的最大并联支路数等于极对数，即 $a_{\max} = p$。

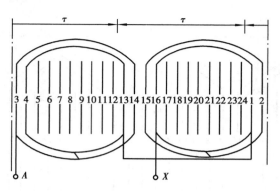

图 6.9　单层同心式 A 相绕组展开图

6.4　三相双层绕组

三相双层绕组是指电机每一槽分为上、下两层,线圈(元件)的一个边嵌在某槽的上层,另一边安放在相隔一定槽数的另一槽的下层的一种绕组结构。双层绕组的线圈结构和单层绕组相似,但由于其一槽可安放两个线圈边,所以双层绕组的线圈数和槽数正好相等。根据双层绕组线圈形状和连接规律,三相双层绕组可分为叠绕组和波绕组两大类。

6.4.1　叠绕组

叠绕组在绕制时,任何两个相邻的线圈都是后一个"紧叠"在另一个上面,故称为叠绕组。

双层叠绕组的主要优点有:①可灵活地选择线圈节距来改善电动势和磁动势波形;②各线圈节距、形状相同,便于制造;③可得到较多的并联支路数;④可采用短距线圈以节约端部用铜。主要缺点有:①嵌线较困难,特别是一台电机的最后几个线圈;②线圈组间连线较多,极数多时耗铜量较大。一般 10 kW 以上的中、小型同步电机和异步电机及大型同步电机的定子绕组采用双层叠绕组。下面我们通过具体例子来说明叠绕组的绕制方法。

例 6.5　一台三相交流电机,已知 $Z = 24, 2p = 4$,试绘制 $a = 2$ 的三相双层叠绕组展开图。

解　①计算可得

$$\alpha = \frac{p \times 360°}{Z} = \frac{2 \times 360°}{24} = 30°$$

$$q = \frac{Z}{2pm} = \frac{24}{4 \times 3} = 2$$

$$\tau = \frac{Z}{2p} = \frac{24}{4} = 6$$

为改善电动势和磁动势波形及节省端接线材料,双层绕组通常都采用线圈跨距接近于 τ 的短距线圈,本例中取线圈跨距 $y_1 = 5$。

②画出电动势星形图。和单层绕组一样,电动势星形图也是分析双层绕组的好方法。很明显,在双层绕组中,如果其上层线圈边的电动势星形图和槽电动势星形图完全相同,那么,下层线圈边的电动势星形图则取决于线圈的跨距 y_1,又由于各线圈的节距相等,所以,若把各线圈的电动势求出来,其所构成的仍是一辐射星形图,相邻两线圈之间的相位差仍为槽距角 α。因此,槽

电动势星形图既可以代表上层线圈边的电动势星形图,又可代表各线圈的电动势星形图,电动势相量和线圈的编号都取上层线圈边所在槽的槽号。本例中的电动势星形图如图6.2所示。

③分相。双层绕组的分相方法和单层绕组类似,本例中的分相方法如图6.2所示。但要注意的是,此时划分到每一相带的是线圈的编号,而不是槽内导体的编号。例如:划分到 A 相带的是1,2,13,14号线圈,而不是指1,2,13,14号槽内的导体。

④绘制绕组展开图。根据前面的电动势星形图及分相,我们可以将同一磁极下属于同一相带的线圈依次连成一个线圈组,则 A 相可得4个线圈组,分别为1—2,7—8,13—14,19—20。同理 B,C 两相也各有4个线圈组。每个线圈组的电动势等于组内线圈电动势之和。很显然,4个线圈组的电动势的大小相等,但同一相的两个相带中的线圈组电动势相位相反,例如,A 相的 A 相带和 X 相带中的线圈电动势相位正好相反。因此,A 相带的线圈组和 X 相带线圈组之间的连接只能是反向串联或反向并联。那么每相的4个线圈组可通过串联或并联构成一相绕组,其最大并联支路数 $a_{max}=2p$,比单层绕组要多1倍。并且其并联支路数可选取 $a=\dfrac{2p}{整数}$ 所得的任一整数值,本例中 a 可选1,2,4。3种并联支路如图6.10所示(其中箭头代表感应电动势方向)。

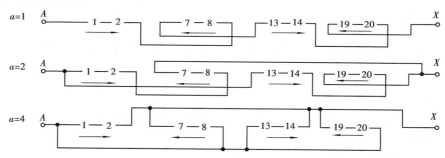

图6.10　双层叠绕组并联支路

本例中的双层叠绕组 A 相展开图如图6.11所示:

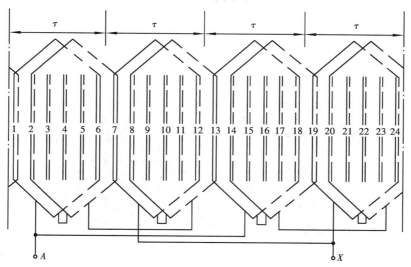

图6.11　三相双层叠绕组 A 相展开图

81

6.4.2 波绕组

波绕组的连接特点是把所有同一极性下属于同一相的线圈按一定顺序串联起来组成一个线圈组。所以对于波绕组来说,不管极对数为多少,其一相下面有且只有两个线圈组,这两个线圈组按需要串联或并联,构成相绕组。由于相连的线圈成波浪形前进,故称为波绕组。

同叠绕组相比,波绕组的主要优点在于其可以减少组间连线用铜,故多应用于极数较多的水轮发电机定子绕组和绕线式异步电机的转子绕组。另外,由于波绕组多采用单匝线圈,在制造时,一般先把用铜条弯成的条形半匝式波绕组嵌入槽内后,再把端部焊接在一起连成线圈,因此,其制造工艺较为简单。波绕组的缺点在于其采用短距线圈时,只能改善电动势和磁动势波形,而不能节省端部用铜。

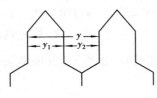

图 6.12 波绕组线圈节距

另外,波绕组对端部并头处的焊接质量要求高,否则运行时容易产生开焊事故。

在波绕组中从第一个线圈的下边到所连的下一个线圈的上边之间的距离称为绕组的第二节距,用 y_2 表示。相连的两个线圈的对应边之间的距离称为合成节距,用 y 表示。由图 6.12 可知,$y = y_1 + y_2$。因为波绕组是把相邻的同极性下同相的对应线圈串联起来,所以常取 $y \approx 2\tau = \dfrac{Z}{p} = 2mq$。为了避免在连续连接 p 个线圈后,绕组回到出发的起始槽号而自行闭合,一般应当每绕完一周后将最后一个线圈的 y 值人为地增加或减少一槽。下面我们举例说明。

例 6.6 已知 $Z = 24, 2p = 4$,试绘制 $a = 1$ 的三相双层波绕组展开图。

解 ①计算可得

$$q = 2, \qquad \alpha = 30°, \qquad \tau = 6$$

取线圈跨距

$$y_1 = 5, \qquad y = \frac{Z}{p} = 12, \qquad y_2 = 12 - 5 = 7$$

②画出槽电动势星形图(略)。

③分相(略)。

④绘制 A 相绕组展开图,如图 6.13 所示:

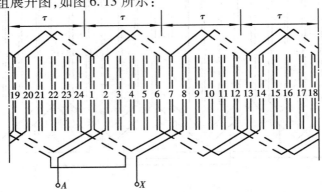

图 6.13 三相双层波绕组 A 相展开图

6.5 正弦分布磁场下绕组的电动势

在交流电机中,一般要求电机绕组中的感应电动势随时间作正弦变化,这就要求电机气隙中磁场沿空间为正弦分布。要得到完全严格的正弦波磁场很难实现,但可采取各种结构参数尺寸使磁场尽可能接近正弦波,例如从磁极形状、气隙大小等方面进行考虑。在国家标准中,常用波形正弦性畸变率来控制电动势波形的近似程度。

本节首先研究在正弦分布磁场下定子绕组中感应出的电动势。

6.5.1 导体电动势

当气隙磁场的磁通密度 B_δ 在空间按正弦波分布时,设其最大磁密为 B_{m1},则

$$B_\delta = B_{m1} \sin \alpha \tag{6.3}$$

当电机绕组的导体和气隙磁场作相对运动时,导体切割气隙磁场产生感应电动势,则此感应电动势为

$$e_{c1} = B_\delta lv = B_{m1} lv \sin \omega t = E_{cm1} \sin \omega t \tag{6.4}$$

式中 $E_{cm1} = B_{m1} lv$ ——导体电动势最大值;

v ——导体切割磁力线的线速度。

当磁场转速为每分钟 n 转时,

$$v = \frac{2p\tau}{60} n = 2\tau f \tag{6.5}$$

所以导体电动势的有效值为

$$E_{c1} = \frac{E_{cm1}}{\sqrt{2}} = \frac{B_{m1} lv}{\sqrt{2}} = \sqrt{2} f B_{m1} l\tau \tag{6.6}$$

式中 τ ——用长度表示的极距;

f ——电动势的频率。

又因为正弦波磁通密度的平均值为

$$B_{av} = \frac{1}{\tau} \int_0^\tau B_{m1} \sin x \, dx = \frac{2}{\pi} B_{m1} \tag{6.7}$$

每极磁通为

$$\Phi_1 = B_{av} \tau l \tag{6.8}$$

将式(6.7)、式(6.8)带入式(6.6)得

$$E_{c1} = \frac{\sqrt{2}}{2} \pi f \Phi_1 = 2.22 f \Phi_1 \tag{6.9}$$

6.5.2 线圈电动势和短距系数

线圈一般由 N_c 匝构成。当 $N_c = 1$ 时,称为单匝线圈或线匝。先来看一下线匝的电动势。如图 6.14 所示,当线匝的跨距 $y_1 = \tau$ 时,称为整距线匝,由于整距线匝两有效边感应电动势的瞬时值大小相等而方向相反,即两有效边感应电动势相量大小相等,相位差为 180°,故整距线

匝的感应电动势为:

$$\dot{E}_{\text{t1}(y_1 = \tau)} = E_{\text{c1}} - \dot{E}'_{\text{c1}} = 2\dot{E}_{\text{c1}}$$

其有效值为

$$E_{\text{t1}(y_1 = \tau)} = 2E_{\text{c1}} = \sqrt{2}\pi f\Phi_1 = 4.44f\Phi_1 \tag{6.10}$$

对于跨距 $y_1 < \tau$ 的短距线匝,其两有效边的感应电动势相量相位差为 $\gamma = \dfrac{y_1}{\tau}\pi$,所以短距线匝的电动势为

$$\dot{E}_{\text{t1}(y_1 < \tau)} = \dot{E}_{\text{c1}} - \dot{E}'_{\text{c1}} = \dot{E}_{\text{c1}} + (-\dot{E}'_{\text{c1}})$$

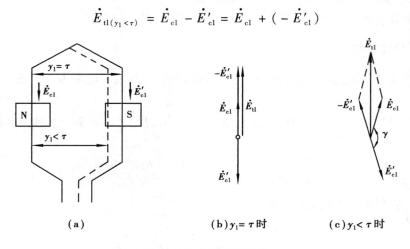

(a)　　　　　　**(b)** $y_1 = \tau$ 时　　　　**(c)** $y_1 < \tau$ 时

图 6.14　匝电动势计算

其有效值为

$$E_{\text{t1}(y_1 < \tau)} = 2E_{\text{c1}}\cos\frac{\pi - \gamma}{2} = 2E_{\text{c1}}\sin\frac{\gamma}{2}$$

$$= 2E_{\text{c1}}\sin\frac{y_1}{\tau}\frac{\pi}{2} = 4.44k_{y1}f\Phi_1 \tag{6.11}$$

式中　k_{y1}——线圈的短距系数,其大小为

$$k_{y1} = \frac{E_{\text{t1}(y_1 < \tau)}}{E_{\text{t1}(y_1 = \tau)}} = \sin\frac{y_1}{\tau}\frac{\pi}{2}$$

很明显,不管 $y_1 < \tau$ 还是 $y_1 > \tau$,总有 $k_{y1} < 1$。所以有时也称 k_{y1} 为节距系数。只是由于长距线匝端接部分较长,用铜量较多,所以一般很少采用。

由于线圈内的各匝电动势同相、大小相等,所以当线圈有 N_c 匝时,其整个线圈的电动势为

$$E_{y1} = N_c E_{\text{t1}} = 4.44 N_c k_{y1}\Phi_1 \tag{6.12}$$

6.5.3　线圈组电动势和分布系数

由前面 6.2 和 6.3 两节可知,每个极(双层绕组时)或每对极(单层绕组时)下有 q 个线圈串联,组成一个线圈组,因此,线圈组的电动势等于 q 个串联线圈电动势的相量和。

现在以三相四极 36 槽的交流绕组为例,此时槽距角为 $\alpha = \dfrac{2 \times 360°}{36} = 20°$,每极每相槽数

$q = \dfrac{36}{2 \times 2 \times 3} = 3$。

由 q 和 α 绘出 3 个线圈的电动势及其相量和如图 6.15 所示。图中 O 为线圈电动势构成的正多边形的外接圆圆心，R 为半径。线圈组电动势的有效值为

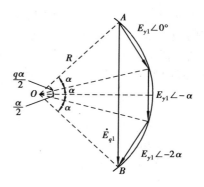

$$E_{q1} = \overline{AB} = 2R \sin \frac{q\alpha}{2}$$

式中　$R = \dfrac{E_{y1}}{2 \sin \dfrac{\alpha}{2}}$。

图 6.15　线圈组电动势的计算

所以

$$E_{q1} = qE_{c1} \frac{\sin \dfrac{q\alpha}{2}}{q \sin \dfrac{\alpha}{2}} = qE_{y1}k_{q1} \tag{6.13}$$

式中　$k_{q1} = \dfrac{E_{q1}(q \text{ 个分布线圈的合成电动势})}{qE_{y1}(q \text{ 个集中线圈的合成电动势})} = \dfrac{\sin \dfrac{q\alpha}{2}}{q \sin \dfrac{\alpha}{2}}$——绕组的分布系数。

当 $q > 1$ 时，$k_{q1} < 1$，称为分布绕组；当 $q = 1$ 时，$k_{q1} = 1$，称为集中绕组。

把式（6.12）代入式（6.13）中得线圈组电动势的有效值为

$$E_{q1} = 4.44qN_c k_{y1} k_{q1} f\Phi_1 = 4.44qN_c k_{N1} f\Phi_1 \tag{6.14}$$

式中　$k_{N1} = k_{y1}k_{q1}$——绕组系数，它计及由于短距和分布引起线圈组电动势减小的程度。

6.5.4　相电动势和线电动势

我们知道在多极电机中每相绕组均由处于不同极下的一系列线圈组构成，这些线圈组既可串联，也可并联。此时，绕组的相电动势等于此相每一并联支路所串联的线圈组电动势之和。若设每相绕组的串联匝数（即每一并联支路的总匝数）为 N，每相并联支路数为 a 时，相电动势为

$$E_{\phi1} = 4.44Nk_{N1}f\Phi_1 \tag{6.15}$$

式中　$N = \dfrac{p}{a}qN_c$（单层绕组）或 $N = \dfrac{2p}{a}qN_c$（双层绕组）。

相电动势 $E_{\phi1}$ 求出来后，则线电动势为 $E_{l1} = \sqrt{3} E_{\phi1}$。

6.5.5　感应电动势与绕组所交链磁通的相位关系

上面已导出了交流绕组相电动势公式，从此公式中可以得出相电动势的有效值，但有时我们还需要知道相电动势与该相绕组所交链磁通之间的相位关系。由前面的分析可知，实际的一相绕组可以用轴线处于相轴，而匝数等于 Nk_{N1} 的等效两极电机集中整距绕组来代替。

设当 $\omega t = 0$ 时，磁场和 A 相绕组的位置如图 6.16（a）所示。此时，绕组所交链的磁通，即每极磁通 Φ_1，为正的最大值，但绕组的两有效边都处于磁通密度为零的位置，所以整个绕组的

感应电动势 $e_{\phi 1}=0$；当 $\omega t=90°$ 时，磁场在空间上转过了 $90°$，如图 $6.16(b)$ 所示。此时绕组所交链的磁通为零，但绕组的两有效边处于最大磁通密度处，所以绕组的感应电动势 $e_{\phi 1}$ 最大。

从上面的分析中可以看到，感应电动势滞后于绕组所交链的磁通 $90°$ 电角度，其相量图如图 $6.16(c)$ 所示。

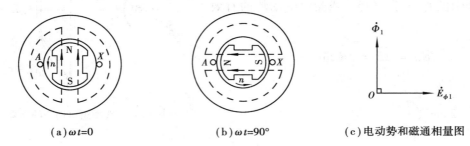

(a) $\omega t=0$ 　　　(b) $\omega t=90°$ 　　　(c) 电动势和磁通相量图

图 6.16　电动势与磁通之间的相位关系

例 6.7　一台同步发电机，已知定子槽数 $Z=36$，极对数 $2p=2$，节距 $y_1=14$，每个线圈匝数 $N_c=1$，并联支路数 $a=1$，频率 $f=50$ Hz，每极磁通量 $\Phi_1=2.45$ Wb。试求：①导体电动势 E_{c1}；②匝电动势 E_{t1}；③线圈电动势 E_{y1}；④线圈组电动势 E_{q1}；⑤相电动势 $E_{\phi 1}$。

解　① $E_{c1}=2.22 f\Phi_1=(2.22\times 50\times 2.45)\text{ V}=272\text{ V}$

$$k_{y1}=\sin\left(\frac{y_1}{\tau}\frac{\pi}{2}\right)=\sin\left(\frac{14}{18}\times\frac{\pi}{2}\right)=0.94$$

② $\tau=\dfrac{Z}{2p}=\dfrac{36}{2}=18$

$$E_{t1}=4.44 k_{y1} f\Phi_1=(4.44\times 0.94\times 50\times 2.45)\text{ V}=511.3\text{ V}$$

③ $E_{y1}=N_c E_{t1}=1\times 511.3\text{ V}=511.3\text{ V}$

④ $q=\dfrac{Z}{2pm}=\dfrac{36}{6}=6$

$\alpha=\dfrac{60°}{6}=10°$

$$k_{q1}=\frac{\sin\dfrac{q\alpha}{2}}{q\sin\dfrac{\alpha}{2}}=\frac{\sin 30°}{6\sin 5°}=0.956$$

⑤ $k_{N1}=k_{y1}k_{q1}=0.94\times 0.956=0.899$

$$N=\frac{2p}{a}qN_c=2\times 6\times 1=12$$

$$E_{\phi 1}=4.44 N k_{N1} f\Phi_1=(4.44\times 12\times 0.899\times 50\times 2.45)\text{ V}=5\,867.6\text{ V}$$

6.6　非正弦分布磁场下电动势中的高次谐波及其削弱方法

6.6.1　磁极磁场非正弦分布所引起的谐波电动势

一般在同步电机中，磁极磁场不可能为正弦波。如在凸极同步电机中，磁极磁场沿电机电枢表面一般呈平顶波形,如图6.17所示。它不仅对称于横轴,而且和磁极中心线对称。应用傅立叶级数将其分解可得到基波和一系列奇次谐波,图6.17中分别画出了其第3和第5次谐波。由于基波和高次谐波都是空间波,所以磁密波也为空间波。

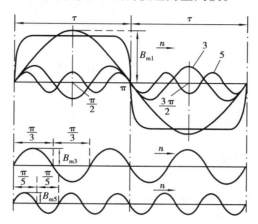

图6.17 主磁极磁场的空间分布曲线

对于第 ν 次谐波磁场,其极对数为基波的 ν 倍,而极距则为基波的 $\dfrac{1}{\nu}$ 倍,即

$$p_\nu = \nu p, \qquad \tau_\nu = \frac{\tau}{\nu}$$

谐波磁场随转子旋转而形成旋转磁场,其转速与基波相同,均为转子的转速 n。即

$$n_\nu = n$$

因此,谐波磁场在定子绕组中感应电动势的频率为

$$f_\nu = \frac{p_\nu n_\nu}{60} = \frac{\nu p n}{60} = \nu f_1 \tag{6.16}$$

对比式(6.15)可得出 ν 次谐波电动势的有效值为

$$E_{\phi\nu} = 4.44 N k_{N\nu} f_\nu \Phi_\nu = 4.44 N k_{y\nu} k_{q\nu} f_\nu \Phi_\nu \tag{6.17}$$

式中,ν 次谐波的每极磁通量

$$\Phi_\nu = \frac{2}{\pi} B_{m\nu} \tau_\nu l = \frac{2}{\pi} \frac{1}{\nu} B_{m\nu} \tau l \tag{6.18}$$

在这里,$B_{m\nu}$ 是 ν 次谐波磁通密度的幅值。ν 次谐波的绕组系数

$$k_{N\nu} = k_{y\nu} k_{q\nu} \tag{6.19}$$

对于 ν 次谐波来说,因为其极对数是基波的 ν 倍,所以 ν 次谐波的电角度也为基波的 ν 倍,于是,ν 次谐波的短距系数和分布系数分别为

$$k_{y\nu} = \sin \nu \frac{y_1}{\tau} \frac{\pi}{2} \tag{6.20}$$

$$k_{q\nu} = \frac{\sin \nu \dfrac{q\alpha}{2}}{q \sin \nu \dfrac{\alpha}{2}} \tag{6.21}$$

在计算出各次谐波电动势的有效值之后,相电动势的有效值应为

$$E_\phi = \sqrt{E_{\phi1}^2 + E_{\phi3}^2 + E_{\phi5}^2 + \cdots} = E_{\phi1}\sqrt{1 + \left(\frac{E_{\phi3}}{E_{\phi1}}\right)^2 + \left(\frac{E_{\phi5}}{E_{\phi1}}\right)^2 + \cdots} \qquad (6.22)$$

计算表明,由于$\left(\frac{E_{\phi\nu}}{E_{\phi1}}\right)^2 \ll 1$,所以$E_\phi \approx E_{\phi1}$。也就是说高次谐波电动势对相电动势的影响很小,主要是影响电动势的波形。

6.6.2　磁场非正弦分布引起的谐波电动势的削弱方法

由于电机磁极磁场非正弦分布所引起的发电机定子绕组电动势的高次谐波,产生了许多不良的影响,例如:①使发电机电动势波形变坏;②使电机本身的附加损耗增加,效率降低,温升增高;③使输电线上的线损耗增加,并对邻近的通信线路或电子装置产生干扰;④可能引起输电线路的电感和电容发生谐振,产生过电压;⑤使感应电机产生附加损耗和附加转矩,影响其运行性能。

为了尽量减少上述问题的产生,我们就应该采取一些措施来削弱电动势中的高次谐波,使电动势波形接近于正弦波形。从数学分析中可以发现,谐波次数越高,其幅值就越小。因此,我们主要考虑削弱次数较低的奇次谐波电动势,如3,5,7等次的谐波电动势。一般常用的方法有:

①使气隙磁场沿电枢表面的分布尽量接近正弦波形。

对于凸极电机来说,由于其气隙不均匀,所以一般采用改善磁极的极靴外形的方法来改善气隙磁场波形,具体如图6.18(a)所示;而对于隐极电机来说,由于其气隙比较均匀,所以一般主要通过合理安放励磁绕组来改善气隙磁场波形,具体如图6.18(b)所示。

②利用三相对称绕组的连接来消除线电动势中的3次及其倍数次奇次谐波电动势。

三相电动势中的3次谐波大小相等,相位上彼此相差$3 \times 120° = 360°$,即相位也相同。当三相绕组采用星形连接时,线电动势为两相电动势的相量差,所以线电动势中的3次谐波为零,同理,3次谐波的倍数次奇次谐波也不存在。当采用三角形连接时,由于线电动势等于相电动势,因此,$3E_{\phi3}$在闭合的三角形中形成环流,3次谐波电动势$E_{\phi3}$正好与环流的阻抗压降平衡,所以在线电动势中不会出现3次谐波,同理也不会出现3次谐波的倍数次奇次谐波。

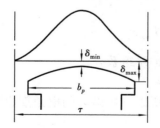 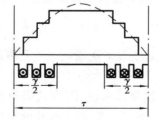

（a）凸极电机:$\frac{\delta_{max}}{\delta_{min}} = 1.5 \sim 2.0, \frac{b_p}{\tau} = 0.70 \sim 0.75$　　（b）隐极电机:$\frac{\gamma}{\tau} = 0.70 \sim 0.75$

图6.18　凸极电机的极靴外形和隐极电机的励磁绕组的布置

因此,对称三相绕组无论采用星形还是三角形连接,线电动势中都不存在3次及3的倍数次谐波。但由于采用三角形连接时,闭合回路中的环流会引起附加损耗,所以现代同步发电机一般多采用星形连接。

③采用短距绕组来削弱高次谐波电动势。

前面在讲三相双层绕组时,已经提过采用短距绕组可削弱高次谐波电动势。其原因就在于当取线圈(元件)的跨距 $y_1 = \dfrac{\nu-1}{\nu}\tau$ 时,$k_{y\nu} = \sin[(\nu-1)\times 90°] = 0$,则 ν 次谐波电动势为零。因为三相绕组采用星形或三角形连接时,线电压中已消除了 3 次及 3 的倍数次谐波。所以在选择绕组节距时,主要考虑同时削弱 5 次和 7 次谐波电动势。因此,通常取 $y_1 = \dfrac{5}{6}\tau$,此时 5 次和 7 次谐波电动势都得到较大的削弱,如表 6.4 所示。

表 6.4　基波和部分高次谐波的短距系数 $k_{y\nu}$

ν \ $\dfrac{y_1}{\tau}$	1	$\dfrac{8}{9}$	$\dfrac{5}{6}$	$\dfrac{4}{5}$	$\dfrac{7}{9}$	$\dfrac{2}{3}$
1	1	0.985	0.966	0.951	0.940	0.866
3	1	-0.866	-0.707	-0.588	-0.500	0
5	1	0.643	0.259	0	-0.174	-0.866
7	1	-0.342	0.259	0.588	0.766	0.866

④采用分布绕组来削弱高次谐波电动势。

从数学分析中可以发现,当电机每极每相槽数 q 增加时,基波的分布系数 k_{q1} 下降不多,但高次谐波的分布系数却显著减少。因此,采用分布绕组可以削弱高次谐波电动势。但是,随着 q 的增大,电枢槽数 Z 也增多,这将使冲剪工时和绝缘材料消耗量增加,从而使电机成本提高。实际上,当 $q>6$ 时,高次谐波的下降已经不太显著。因此,一般交流电机的 q 均在 $2\sim 6$ 之间,如表 6.5 所示。

表 6.5　基波和部分高次谐波的分布系数 $k_{q\nu}$

ν \ q	2	3	4	5	6	7	8	∞
1	0.966	0.960	0.958	0.957	0.957	0.957	0.956	0.955
3	0.707	0.667	0.654	0.646	0.644	0.642	0.641	0.636
5	0.259	0.217	0.205	0.200	0.197	0.195	0.194	0.191
7	-0.259	-0.177	-0.158	-0.149	-0.145	-0.143	-0.141	-0.136

⑤采用斜槽或分数槽绕组来削弱齿谐波电动势。

在同步发电机运行中发现,空载电动势的高次谐波中,次数为 $\nu = k\dfrac{Z}{p} \pm 1 = 2mqk \pm 1$ 的谐波较强,由于它与一对极下的齿数有特定的关系,所以称为齿谐波电动势。

通过数学分析可以发现,当 $\nu = k\dfrac{Z}{p} \pm 1 = 2mqk \pm 1$ 时,因为 $k_{N\nu} = k_{N1}$,故不能用分布及短距去削弱。

目前,用来削弱齿谐波电动势的方法主要有:

①用斜槽削弱齿谐波电动势。这种方法常用于中、小型感应电机及小型同步电机,一般斜一个齿距 t_1(一对齿谐波的极距 $2\tau_\nu$),如图6.19所示。

斜槽以后,同一根导体内各点所感应的齿谐波电动势相位不同,可以大部分互相抵消而使导体总电动势中的齿谐波大为削弱。同理,斜槽对基波电动势和其他谐波电动势也起削弱的作用,只是削弱的程度有所不同。为计及这一影响,计算电动势时,对于斜槽的绕组,还应乘以斜槽系数。通常选用斜一个定子齿距 $t_1 = \dfrac{2\tau}{2mq}$。

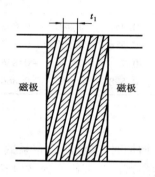
（a）斜槽

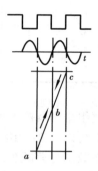
（b）削弱齿谐波电动势的原理

图6.19　削弱齿谐波的斜槽

②采用分数槽绕组。这是一种很有效的削弱齿谐波电动势的方法。在水轮发电机和低速同步电机中得到广泛的应用。其作用原理与斜槽相似。对于分数槽绕组,因为 q 不等于整数,所以磁极下各相带所占槽数不同,例如有的多一槽,有的少一槽。因此,各线圈组在磁极下处于不同的相对位置,各个线圈组内的齿谐波电动势不同相位,各线圈组的齿谐波电动势是相量相加减,可以大部分互相抵消,从而使相绕组中的齿谐波电动势大为削弱。

习　题

6.1　时间和空间电角度是怎样定义的？机械角度与电角度有什么关系？

6.2　整数槽双层绕组和单层绕组的最大并联支路数与极对数有何关系？

6.3　为什么单层绕组采用短距线圈不能削弱电动势和磁动势中的高次谐波？

6.4　何谓相带？在三相电机中为什么常用60°相带绕组,而不用120°相带绕组？

6.5　试说明谐波电动势产生的原因及其削弱方法。

6.6　试述分布系数和短距系数的意义。若采用长距线圈,其短距系数是否会大于1？

6.7　齿谐波电动势是由什么原因引起的？在中、小型感应电机和小型凸极同步电机中,常用转子斜槽来削弱齿谐波电动势,斜多少合适？

6.8　已知 $Z = 24$, $2p = 4$, $a = 1$, 试绘制三相单层绕组展开图。

6.9　有一双层绕组, $Z = 24$, $2p = 4$, $a = 2$, $y_1 = \dfrac{5}{6}\tau$。试绘出:①绕组的槽电动势星形图, 并分相;②画出其叠绕组 A 相展开图。

6.10　一台两极汽轮发电机,频率为 50 Hz,定子槽数为 54 槽,每槽内有两根有效导体, $a = 1$, $y_1 = 22$, Y 接法,空载线电压为 $U_0 = 6\ 300$ V。试求基波磁通量 Φ_1。

6.11　一台三相同步发电机, $f = 50$ Hz, $n_N = 1\ 500$ r/min,定子采用双层短距分布绕组, $q = 3$, $y_1 = \dfrac{8}{9}\tau$,每相串联匝数 $N = 108$, Y 接法,每极磁通量 $\Phi_1 = 1.015 \times 10^{-2}$ Wb, $\Phi_3 = 0.66 \times 10^{-3}$ Wb, $\Phi_5 = 0.24 \times 10^{-3}$ Wb, $\Phi_7 = 1.015 \times 10^{-4}$ Wb,试求:①电机的极对数;②定子槽数; ③绕组系数 k_{N1}, k_{N3}, k_{N5}, k_{N7};④相电动势 $E_{\phi 1}$, $E_{\phi 3}$, $E_{\phi 5}$, $E_{\phi 7}$ 及合成相电动势 E_ϕ 和线电动势 E_l。

第 **7** 章
交流绕组的磁动势

我们知道,电机是一种能量转换装置,而这种能量转换必须有磁场的参与,因此,研究电机就必须研究分析电机中磁场的分布及性质。在上一章我们已经分析了交流绕组和电动势,在分析中均假定气隙磁通的分布是已知的。但实际上气隙磁通的建立是很复杂的。它可由定子磁动势建立,也可由转子磁动势建立,或者由定子和转子磁动势共同建立。不论是定子磁动势还是转子磁动势,它们的性质都取决于产生它们的电流的类型及电流的分布,而气隙磁通则不仅与磁动势的分布有关,还与所经过的磁路的性质和磁阻有关。同步电机的定子绕组和异步电机的定、转子绕组均为交流绕组,它们中的电流是随时间变化的交流电,因此,交流绕组的磁动势及气隙磁通既是时间的函数,又是空间的函数,分析比较复杂。

本章以定子电流产生的磁动势为例来分析交流绕组的气隙磁通,所得的结论同样适用于转子磁动势。根据由浅入深的原则,我们将按照整距线圈、单相绕组、三相绕组的顺序,依次分析它们的磁动势。为了简化分析,我们作出下列假设:①绕组中的电流随时间按正弦规律变化(实际上就是只考虑绕组中的基波电流);②槽内电流集中在槽中心处;③转子呈圆柱形,气隙均匀;④铁芯不饱和,铁芯中磁压降可忽略不计(即认为磁动势全部降落在气隙上)。

7.1 单相绕组的脉振磁动势

7.1.1 单个线圈(元件)的磁动势

线圈是构成绕组的最基本单位,所以磁动势的分析首先从线圈开始。由于整距线圈的磁动势比短距线圈磁动势简单,因此可以先来分析整距线圈的磁动势。

图 7.1(a) 是一台两极电机的示意图,电机的定子上放置了一整距线圈,当线圈中有电流流过时,就产生了一个两极磁场。磁场方向和电流方向满足右手螺旋定则。

由全电流定律可知,作用于任一闭合路径的磁动势,等于其所包围的全部电流,即 $\oint_l H dl = \sum I$。从图 7.1(a) 中,可以看到电机中每条磁力线路径所包围的电流都等于 $N_c i_c$,其中 N_c 为线圈匝数,i_c 为导体中流过的电流。由于忽略了铁芯上的磁压降,所以总的磁动势 $N_c i_c$ 可认为是

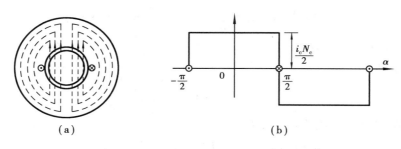

图 7.1　整距线圈的磁动势

全部降落在两段气隙中,每段气隙磁动势的大小为 $\frac{1}{2}N_c i_c$。将图 7.1(a)予以展开,可得到如图 7.1(b)所示的磁动势波形图。从图中可以看到,整距线圈的磁动势在空间上的分布为一矩形波,其幅值为 $\frac{1}{2}N_c i_c$。当线圈中的电流随时间按正弦规律变化时,矩形波的幅值也随时间按正弦规律变化。当电流达到最大值时,矩形波的幅值也达到最大值;当电流为零时,矩形波的幅值也为零;当电流为负数时,磁动势也随之改变方向。由此看来,该磁动势既和空间位置有关,又和时间有关。这种空间位置不变,而幅值随时间变化的磁动势称为脉振磁动势。

若线圈中流过的电流为

$$i_c = I_{cm}\sin \omega t = \sqrt{2}I_c\sin \omega t$$

则气隙中的磁动势为

$$f_c = \pm\frac{1}{2}N_c i_c = \pm\frac{\sqrt{2}}{2}N_c I_c\sin \omega t = \pm F_{cm}\sin \omega t \qquad (7.1)$$

式中　F_{cm}——磁动势的最大幅值,

$$F_{cm} = \frac{\sqrt{2}}{2}N_c I_c \qquad (7.2)$$

以上分析的是一对极的电机。当电机的极对数大于 1 时,由于各对极下的情况完全相同,所以只要取一对极来分析就可以了。它的分析方法和两极电机完全一样。

一般每一线圈组总是由放置在相邻槽内的 q 个线圈组成。如果把 q 个空间位置不同的矩形波相加,合成波形就会发生变化,这将给分析带来困难。因此,为了便于分析,一般将矩形磁动势波形通过傅立叶级数将其进行分解,化为一系列正弦形的基波和高次谐波,然后将不同槽内的基波磁动势和谐波磁动势分别相加。由于正弦波磁动势相加后仍为正弦波,因此可简化对磁动势的分析。

将图 7.1(b)所示的矩形波用傅立叶级数进行分解,若坐标原点取在线圈中心线上,横坐标取空间电角度 α,可得基波和一系列奇次谐波(因为磁动势为奇函数),如图 7.2 所示。其中基波和各奇次谐波磁动势幅值按傅立叶级数求系数的方法得出,其计算如下:

$$F_{c\nu} = \frac{1}{\pi}\int_0^{2\pi} F_{cm}(\alpha)\cos \nu\alpha\mathrm{d}\alpha = \frac{1}{\nu}\frac{4}{\pi}F_{cm}\sin \nu\frac{\pi}{2} = \frac{1}{\nu}\frac{4}{\pi}\frac{\sqrt{2}}{2}N_c I_c\sin \nu\frac{\pi}{2} \qquad (7.3)$$

将基波和各奇次谐波的幅值算出来后,可得出磁动势幅值的表达式为

$$F_{cm}(\alpha) = F_{c1}\cos \alpha + F_{c3}\cos 3\alpha + F_{c5}\cos 5\alpha + \cdots + F_{c\nu}\cos \nu\alpha$$

$$= 0.9 I_c N_c \left(\cos \alpha - \frac{1}{3} \cos 3\alpha + \frac{1}{5} \cos 5\alpha + \cdots \right) \tag{7.4}$$

式中 $F_{c1} = 0.9 I_c N_c$——基波幅值。

其他谐波幅值为

$$F_{c\nu} = \pm \frac{F_{c1}}{\nu}$$

所以整距线圈磁动势瞬时值的表达式为:

$$f_c(\alpha, t) = 0.9 I_c N_c \left(\cos \alpha - \frac{1}{3} \cos 3\alpha + \frac{1}{5} \cos 5\alpha + \cdots \right) \sin \omega t \tag{7.5}$$

若把横坐标由电角度 α 换成距离 x,显然 $\alpha = \left(\frac{\pi}{\tau} \right) x$,则

$$f_c(x, t) = 0.9 I_c N_c \left(\cos \frac{\pi}{\tau} x - \frac{1}{3} \cos \frac{\pi}{\tau} 3x + \frac{1}{5} \cos \frac{\pi}{\tau} 5x + \cdots \right) \sin \omega t \tag{7.6}$$

由上述分析可得出以下结论:

①整距线圈产生的磁动势是一个在空间上按矩形分布,幅值随时间以电流频率按正弦规律变化的脉振波;

②矩形磁动势波形可以分解成在空间上按正弦规律分布的基波和一系列奇次谐波,各次谐波均为同频率的脉振波,其对应的极对数 $p_\nu = \nu p$,极距为 $\tau_\nu = \frac{\tau}{\nu}$;

③电机 ν 次谐波的幅值 $F_{c\nu} = 0.9 \frac{I_c N_c}{\nu}$;

④各次谐波都有一个波幅在线圈轴线上,其正负由 $\sin \nu \frac{\pi}{2}$ 决定。

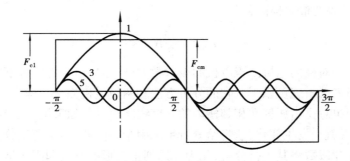

图 7.2　矩形波分解为基波和谐波

7.1.2　相绕组的磁动势

(1)单层绕组一相的磁动势

如前所述,交流绕组有单层和双层两种。单层绕组一般是整距、分布绕组。现在以这种绕组为例来说明单层绕组一相磁动势的计算。

单层绕组一相有 p 个线圈组,一个线圈组由 q 个线圈串联而成,如图 7.3(a)所示,3 个线圈串联成为线圈组。由于相邻的线圈在空间位置上相隔一个槽距角 α 电角度,因而每个线圈产生的矩形波磁动势也相互移过一个 α 电角度。将这 3 个线圈的磁动势相加,就得到如

图 7.3(a)中所示的阶梯形波。

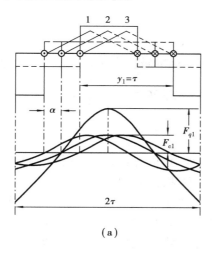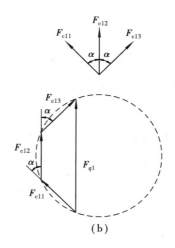

图 7.3　单层绕组线圈组的基波磁动势

由于矩形波可利用傅立叶级数分解为基波和一系列奇次谐波,其中基波之间在空间上的位移角也是 α 电角度。如图 7.3(a)所示,把 q 个线圈的基波磁动势逐点相加,就可求得基波合成磁动势的最大幅值 F_{q1}。因为基波磁动势在空间按正弦规律分布,所以可用空间矢量相加来代替波形图中磁动势的逐点相加。如图 7.3(b)所示,空间矢量的长度代表各个基波的幅值,矢量的位置代表正波幅所在位置,所以各空间矢量相互之间的夹角等于 α 电角度。将这 q 个空间矢量相加,就可得到如图 7.3(b)所示的磁动势矢量图,由此得出一个线圈组的基波磁动势的幅值为

$$F_{q1} = qF_{c1}k_{q1} = 0.9I_c qN_c k_{q1} \tag{7.7}$$

式中　$k_{q1} = \dfrac{\sin\dfrac{q\alpha}{2}}{q\sin\dfrac{\alpha}{2}}$——基波磁动势的分布系数,与式(6.21)所示的电动势分布系数完全

相同。

相绕组的磁动势不是一相绕组的总磁动势,而是一对磁极下该相绕组产生的磁动势。对单层绕组而言,就是 q 个线圈产生的磁动势,即

$$F_{\phi1} = F_{q1} = 0.9I_c qN_c k_{q1} = 0.9\frac{I}{a}qN_c k_{q1} = 0.9\frac{IN}{p}k_{q1} \tag{7.8}$$

式中　N——电机每相串联匝数,$N = \dfrac{pqN_c}{a}$;

　　　I——相电流,$I = aI_c$;

　　　a——电机每相并联支路数。

同理可推出单层绕组一相绕组磁动势的高次谐波幅值为

$$F_{\phi\nu} = F_{q\nu} = 0.9\frac{IN}{\nu p}k_{q\nu} \tag{7.9}$$

式中 $\quad k_{q\nu} = \dfrac{\sin \dfrac{\nu q\alpha}{2}}{q\sin \dfrac{\nu\alpha}{2}}$——$\nu$ 次谐波的分布系数。

若空间坐标的原点取在相绕组的轴线上,则单层绕组一相的磁动势的瞬时值表达式为

$$f_\phi(t,\alpha) = 0.9\frac{IN}{p}\Big(k_{q1}\cos\alpha - \frac{1}{3}k_{q3}\cos 3\alpha + \frac{1}{5}k_{q5}\cos 5\alpha - \cdots + \frac{1}{\nu}k_{q\nu}\cos\nu\alpha\Big)\sin\omega t$$

$$(7.10)$$

(2)双层短距绕组一相的磁动势及短距系数

大型电机的定子绕组,一般采用双层分布短距绕组,所以有必要讨论采用短距绕组对磁动势所造成的影响。现以图7.4(a)所示的双层绕组为例来予以说明。双层绕组的线圈总是由一个槽的上边和另一个槽的下边组成。但磁动势的大小只取决于线圈边电流在空间的分布,与线圈边之间的连接顺序无关。为了分析问题的方便,可以认为上层线圈边组成了一个 $q=3$ 的整距线圈组,而下层线圈边又组成另一个 $q=3$ 的线圈组。这两个线圈组都是单层整距绕组,它们在空间相差的电角度正好等于线圈节距比整距缩短的电角度。根据单层绕组一相磁动势的求法可得出各个单层绕组磁动势的基波,叠加起来即可得到双层短距绕组一相的磁动势的基波,如图7.4(a)所示。若把这两个基波磁动势用空间矢量表示,则这两个矢量的夹角正好等于两个基波磁动势在空间的位移 β,如图7.4(b)所示。因而一相绕组基波磁动势的最大幅值为

$$F_{\phi 1} = 2F_{q1}\cos\frac{\beta}{2} = 2F_{q1}\sin\frac{\gamma_1}{\tau}\frac{\pi}{2} = 0.9I_c(2qN_c)k_{q1}k_{y1} = 0.9I_c(2qN_c)k_{N1} \quad (7.11)$$

式中 $\quad k_{y1},k_{N1}$——基波磁动势的短距系数和绕组系数。它们和前面所学的感应电动势短距系数和绕组系数的计算公式完全一样。

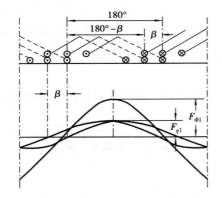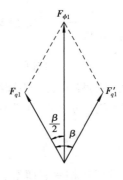

图7.4 双层短距绕组一相的基波磁动势

进一步可得

$$F_{\phi 1} = 0.9\frac{I}{a}\frac{p(2qN_c)}{p}k_{N1} = 0.9\frac{IN}{p}k_{N1} \quad (7.12)$$

式中 $\quad N$——电机每相串联匝数,$N = \dfrac{2pqN_c}{a}$;

$\qquad I$——相电流,$I = aI_c$;

a——电机每相并联支路数。

同理可推出双层绕组一相磁动势的高次谐波幅值为

$$F_{\phi\nu} = 0.9 \frac{IN}{\nu p} k_{q\nu} k_{y\nu} = 0.9 \frac{IN}{\nu p} k_{N\nu} \qquad (7.13)$$

综上所述,磁动势的短距系数和磁动势的分布系数一样,对基波的影响较小,但可使高次谐波磁动势有很大的削弱。因此,采用短距绕组也可以改善磁动势的波形。

若将空间坐标的原点放在一相绕组的轴线上,可得一相绕组磁动势瞬时值的一般表达式为

$$f_{\phi}(\alpha,t) = 0.9 \frac{IN}{p} \left(k_{N1} \cos \alpha + \frac{1}{3} k_{N3} \cos 3\alpha + \frac{1}{5} k_{N5} \cos 5\alpha + \cdots + \frac{1}{\nu} k_{N\nu} \cos \nu\alpha \right) \sin \omega t$$

$$(7.14)$$

通过以上分析,对单相绕组的磁动势可得出下列结论:

①单相绕组的磁动势是空间位置固定的脉振磁动势,其在电机的气隙空间按阶梯形波分布,幅值随时间以电流的频率按正弦规律变化。

②单相绕组的脉振磁动势可分解为基波和一系列奇次谐波。每次波的频率相同,都等于电流的频率。其中磁动势基波的幅值 $F_{\phi 1} = 0.9 \frac{IN}{p} k_{N1}$,$\nu$ 次谐波的幅值为 $F_{\phi\nu} = \frac{k_{N\nu}}{\nu k_{N1}} F_{\phi 1}$。从对幅值的分析中可以发现,采用短距和分布绕组对基波磁动势的影响较小,而对各高次谐波磁动势有较大的削弱,从而改善了磁动势的波形。

③基波的极对数就是电机的极对数,而 ν 次谐波的极对数 $p_{\nu} = \nu p$。

④各次波都有一个波幅在相绕组的轴线上,其正负由绕组系数 $k_{N\nu}$ 决定。

7.1.3　脉振磁动势的分解

一相绕组产生的脉振磁动势的基波表达式为

$$f_{\phi 1} = F_{\phi 1} \cos \alpha \sin \omega t$$

根据三角公式可变化为

$$f_{\phi 1} = \frac{1}{2} F_{\phi 1} \sin(\omega t - \alpha) + \frac{1}{2} F_{\phi 1} \sin(\omega t + \alpha) = f_{\phi 1}^{+} + f_{\phi 1}^{-}$$

第一项 $f_{\phi 1}^{+}$ 是一个行波的表达式。当给定一个时刻,磁动势沿气隙圆周方向按正弦波分布,其幅值为原脉振磁动势最大幅值的一半。但随着时间的推移,这个在空间按正弦波分布的磁动势的位置却发生了变化,而幅值不变。例如,当 $\omega t = 0°$ 时,$f_{\phi 1}^{+} = \frac{1}{2} F_{\phi 1} \sin(-\alpha) = -\frac{1}{2} F_{\phi 1} \sin \alpha$,其正幅值位于 $\alpha = -90°$ 处;当 $\omega t = 90°$ 时,$f_{\phi 1}^{+} = \frac{1}{2} F_{\phi 1} \sin(90° - \alpha) = \frac{1}{2} F_{\phi 1} \cos \alpha$,

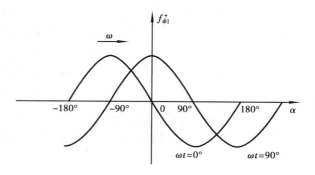

图 7.5　$\omega t = 0°$ 和 $\omega t = 90°$ 时 $f_{\phi 1}^{+}$ 的分布波形及位置

其正幅值位于 $\alpha = 0°$ 处。由此可见，$f_{\phi 1}^{+}$ 是一个幅值不变，沿 $+\alpha$ 方向移动的旋转磁动势。同理，$f_{\phi 1}^{-}$ 也是一个幅值不变的旋转磁动势，只不过是沿 $-\alpha$ 方向移动。它们的转速都是 ω，如图 7.5 所示。

沿空间按正弦波分布的磁动势也可用空间矢量表示，如图 7.6 所示。

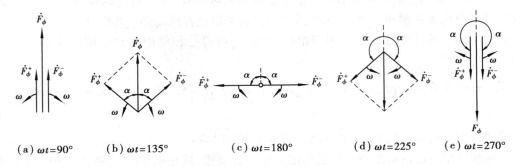

(a) $\omega t = 90°$ (b) $\omega t = 135°$ (c) $\omega t = 180°$ (d) $\omega t = 225°$ (e) $\omega t = 270°$

图 7.6　一个脉振磁动势分解为两个圆形旋转磁动势

7.2　三相电枢绕组产生的基波合成磁动势

由于现代电力系统采用三相制，这样，无论是同步电机还是异步电机大多采用三相绕组，因此，分析三相绕组的合成磁动势是研究交流电机的基础。由于基波磁动势对电机的性能有决定性的影响，因此，本节将首先分析基波磁动势。

三相绕组合成磁动势的分析方法主要有 3 种，即数学分析法、波形叠加法和空间矢量法。本节将采用数学分析法和空间矢量法来对三相绕组合成磁动势的基波进行分析。

7.2.1　数学分析法

三相电机的绕组一般采用对称三相绕组，即三相绕组在空间上互差 120°电角度，绕组中三相电流在时间上也互差 120°电角度。

在列磁动势表达式之前必须首先确定参考坐标系。若把空间坐标的原点取在 A 相绕组的轴线上，并以顺相序方向作为 α 的正方向，同时选取 A 相绕组电流为零的瞬间作为时间起始点，则 A,B,C 三相绕组各自产生的脉振磁动势的基波表达式为

$$\left.\begin{aligned} f_{A1}(t,\alpha) &= F_{\phi 1}\cos\alpha\sin\omega t \\ f_{B1}(t,\alpha) &= F_{\phi 1}\cos(\alpha - 120°)\sin(\omega t - 120°) \\ f_{C1}(t,\alpha) &= F_{\phi 1}\cos(\alpha - 240°)\sin(\omega t - 240°) \end{aligned}\right\} \qquad (7.15)$$

式中　$F_{\phi 1}$——每相磁动势基波的最大波幅。

利用三角公式将每相脉振磁动势分解为两个旋转磁动势，得

$$f_{A1}(t,\alpha) = \frac{F_{\phi1}}{2}\sin(\omega t - \alpha) + \frac{F_{\phi1}}{2}\sin(\omega t + \alpha)$$

$$f_{B1}(t,\alpha) = \frac{F_{\phi1}}{2}\sin(\omega t - \alpha) + \frac{F_{\phi1}}{2}\sin(\omega t + \alpha - 240°)$$

$$f_{C1}(t,\alpha) = \frac{F_{\phi1}}{2}\sin(\omega t - \alpha) + \frac{F_{\phi1}}{2}\sin(\omega t + \alpha - 120°)$$

(7.16)

下面再来分析三相合成磁动势的基波。把式(7.16)的 3 式相加,由于后 3 项代表的 3 个旋转磁动势空间互差 120°,其和为零,于是三相合成磁动势的基波为

$$f_1(t,\alpha) = f_{A1}(t,\alpha) + f_{B1}(t,\alpha) + f_{C1}(t,\alpha) = \frac{3}{2}F_{\phi1}\sin(\omega t - \alpha) = F_1\sin(\omega t - \alpha)$$

(7.17)

式中 F_1——三相合成磁动势基波的幅值,即

$$F_1 = \frac{3}{2}F_{\phi1} = 1.35\frac{IN}{p}k_{N1}$$

(7.18)

ω——三相合成磁动势基波在相平面上旋转的电角速度。

因为 $\omega = 2\pi f$,并考虑到电机的极对数为 p,则三相合成磁动势基波的转速为

$$n_1 = \frac{60 \times 2\pi f}{2\pi p} = \frac{60f}{p}$$

(7.19)

其单位为 r/min,即每分钟转速。

由上面的分析可知,三相合成磁动势基波是一个圆形旋转磁动势,其幅值为单相磁动势基波幅值的 $\frac{3}{2}$ 倍,转速 $n_1 = \frac{60f}{p}$,转向为 α 的正方向。

7.2.2 空间矢量法

用空间矢量法来分析三相绕组合成磁动势,即用空间矢量把一个脉振磁动势分解为两个旋转磁动势,然后进行矢量相加。这个方法比数学分析法更直观。

从前面的分析可知,单相绕组脉振磁动势的基波可分解为两个幅值相等、转速相同、转向相反的旋转磁动势。

相磁动势的基波各自分解为正、反向的两个旋转磁动势,然后将每个旋转磁动势用一个旋转的空间矢量来表示。画空间矢量图时,只能画出某一时刻旋转磁动势的大小和位置。无论画哪个时刻的都可以,各矢量间的相对关系是不会变的。例如画 $\omega t = 90°$ 的时刻,即 A 相电流达到正的最大值 $i_A = \sqrt{2}I$,A 相的两个旋转磁动势分量 $\dot{F}_A^+$ 和 $\dot{F}_A^-$ 位于 A 相的相轴上。由于 i_B 在时间上经过 120°后才能达到最大值,因此 $\dot{F}_B^+$ 和 $\dot{F}_B^-$ 需经过 120°后才能到达 B 轴,它们各自应从 B 相的

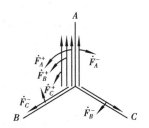

图 7.7 用空间矢量法来分析
三相绕组合成磁动势

轴线上后退 120°。同理,i_C 在时间上经过 240°后才能达到最大值,因此 $\dot{F}_C^+$ 和 $\dot{F}_C^-$ 需经过 240°后才能到达 C 轴,它们各自应从 C 相的轴线上后退 240°,如图 7.7 所示。从图中可以清楚地看到,3 个反向旋转磁动势 $\dot{F}_A^-,\dot{F}_B^-,\dot{F}_C^-$ 互差 120°,恰好抵消;而 3 个正向旋转磁动势则同相位,

它们直接相加后即为三相合成磁动势的基波。所得结论与前面完全一致。

通过以上分析,我们可以得出以下结论:

①对称的三相绕组内通有对称的三相电流时,三相绕组合成磁动势的基波是一个正弦分布、幅值恒定的圆形旋转磁动势,其幅值为每相基波脉振磁动势最大幅值的$\frac{3}{2}$倍,即

$$F_1 = \frac{3}{2}F_{\phi 1} = 1.35\frac{IN}{p}k_{N1}$$

②合成磁动势的转速,即同步转速$n_1 = \frac{60f}{p}$。

③合成磁动势的转向取决于三相电流的相序及三相绕组在空间的排列。合成磁动势是从电流超前相的绕组轴线转向电流滞后相的绕组轴线。改变电流相序即可改变旋转磁动势转向。

④旋转磁动势的瞬时位置视相绕组电流大小而定,当某相电流达到正最大值时,合成磁动势的正幅值就与该相绕组轴线重合。

7.3 三相电枢绕组合成磁动势的高次谐波

从前面的分析可知,每相的脉振磁动势中,除了基波外,还有3,5,7,…等奇次谐波。这些谐波磁动势都随着绕组中的电流频率而脉振,除了极对数为基波的ν倍外,其他性质同基波并无差别,所以上节中分析三相基波磁动势的方法,完全适用于分析三相高次谐波磁动势。下面将分别研究三相绕组中合成磁动势的高次谐波。

7.3.1 三相绕组3次谐波磁动势

当$\nu = 3$时,仿照式(7.15)可得各相绕组3次谐波磁动势为

$$\left. \begin{aligned} f_{A3}(t,\alpha) &= F_{\phi 3}\cos 3\alpha\sin\omega t \\ f_{B3}(t,\alpha) &= F_{\phi 3}\cos 3(\alpha - 120°)\sin(\omega t - 120°) = F_{\phi 3}\cos 3\alpha\sin(\omega t - 120°) \\ f_{C3}(t,\alpha) &= F_{\phi 3}\cos 3(\alpha - 240°)\sin(\omega t - 240°) = F_{\phi 3}\cos 3\alpha\sin(\omega t - 240°) \end{aligned} \right\} \quad (7.20)$$

将式(7.20)3式相加,可得三相绕组3次谐波合成磁动势为

$$\begin{aligned} f_3(t,\alpha) &= f_{A3}(t,\alpha) + f_{B3}(t,\alpha) + f_{C3}(t,\alpha) \\ &= F_{\phi 3}\cos 3\alpha[\sin\omega t + \sin(\omega t - 120°) + \sin(\omega t - 240°)] = 0 \quad (7.21) \end{aligned}$$

可见,在对称三相绕组合成磁动势中,不存在3次及3的倍数次谐波合成磁动势。

7.3.2 三相绕组5次谐波磁动势

当$\nu = 5$时,仿照式(7.15)可得各相绕组5次谐波磁动势为

$$f_{A5}(t,\alpha) = F_{\phi 3}\cos 5\alpha \sin\omega t$$

$$= \frac{1}{2}F_{\phi 5}\sin(\omega t + 5\alpha) + \frac{1}{2}F_{\phi 5}\sin(\omega t - 5\alpha)$$

$$f_{B5}(t,\alpha) = F_{\phi 3}\cos 5(\alpha - 120°)\sin(\omega t - 120°)$$

$$= \frac{1}{2}F_{\phi 5}\sin(\omega t + 5\alpha - 6\times 120°) + \frac{1}{2}F_{\phi 5}\sin(\omega t - 5\alpha + 4\times 120°)$$

$$f_{C5}(t,\alpha) = F_{\phi 3}\cos 5(\alpha - 240°)\sin(\omega t - 240°)$$

$$= \frac{1}{2}F_{\phi 5}\sin(\omega t + 5\alpha - 6\times 240°) + \frac{1}{2}F_{\phi 5}\sin(\omega t - 5\alpha + 4\times 240°)$$

$$(7.22)$$

将式(7.22)3 式相加,可得三相绕组 5 次谐波合成磁动势为

$$f_5(t,\alpha) = f_{A5}(t,\alpha) + f_{B5}(t,\alpha) + f_{C5}(t,\alpha) = \frac{3}{2}F_{\phi 5}\sin(\omega t + 5\alpha) \qquad (7.23)$$

式(7.23)表明,三相绕组的 5 次谐波合成磁动势也是一个正弦分布、波幅恒定的旋转磁动势。但由于磁动势的极对数为基波的 5 倍,故其转速为基波的 $\frac{1}{5}$,即 $n_5 = \dfrac{60f}{5p}$。又因为 5α 前为正号,所以 5 次谐波磁动势的转向与基波相反。

7.3.3　三相绕组 7 次谐波磁动势

当 $\nu = 7$ 时,仿照式(7.15)可得各相绕组 7 次谐波磁动势为

$$f_{A7}(t,\alpha) = F_{\phi 7}\cos 7\alpha \sin\omega t$$

$$= \frac{1}{2}F_{\phi 7}\sin(\omega t - 7\alpha) + \frac{1}{2}F_{\phi 5}\sin(\omega t + 7\alpha)$$

$$f_{B7}(t,\alpha) = F_{\phi 7}\cos 7(\alpha - 120°)\sin(\omega t - 120°)$$

$$= \frac{1}{2}F_{\phi 7}\sin(\omega t - 7\alpha + 6\times 120°) + \frac{1}{2}F_{\phi 7}\sin(\omega t - 7\alpha - 8\times 120°)$$

$$f_{C7}(t,\alpha) = F_{\phi 7}\cos 7(\alpha - 240°)\sin(\omega t - 240°)$$

$$= \frac{1}{2}F_{\phi 7}\sin(\omega t - 7\alpha + 6\times 240°) + \frac{1}{2}F_{\phi 7}\sin(\omega t - 7\alpha - 8\times 240°)$$

$$(7.24)$$

将式(7.24)的 3 式相加,可得三相绕组 7 次谐波合成磁动势为

$$f_7(t,\alpha) = f_{A7}(t,\alpha) + f_{B7}(t,\alpha) + f_{C7}(t,\alpha) = \frac{3}{2}F_{\phi 7}\sin(\omega t - 7\alpha) \qquad (7.25)$$

式(7.25)表明,三相绕组的 7 次谐波合成磁动势是一个正弦分布、波幅恒定的旋转磁动势。由于磁动势的极对数为基波的 7 倍,故其转速为基波的 $\frac{1}{7}$,即 $n_7 = \dfrac{60f}{7p}$。又因为 7α 前为负号,所以 7 次谐波磁动势的转向与基波相同。

7.3.4　三相绕组 $(6k\pm 1)$ 次谐波磁动势

由上述分析可以归纳如下:

①$\nu = 6k\pm 1$ 次对称三相绕组合成谐波磁动势是一个空间正弦分布的旋转磁动势,

$$f_\nu(t,\alpha) = \frac{3}{2}F_{\phi\nu}\sin(\omega t \pm \nu\alpha) \qquad (7.26)$$

②旋转磁动势的转向,当:

$\nu = 6k + 1$,则为反向(即和基波磁动势方向相反),式(7.26)中 $\pm \nu\alpha$ 取 $+$ 号;

$\nu = 6k - 1$,则为正向(即和基波磁动势方向相同),式(7.26)中 $\pm \nu\alpha$ 取 $-$ 号。

③旋转磁动势的转速

$$n_{\nu} = \frac{1}{\nu}n_1 \qquad (7.27)$$

④旋转磁动势的极对数

$$p_{\nu} = \nu p_1 \qquad (7.28)$$

⑤旋转磁动势的幅值

$$F_{\nu} = \frac{3}{2}F_{\phi\nu} = \frac{3\sqrt{2}}{\pi}\frac{IN}{\nu p}k_{N\nu} \qquad (7.29)$$

⑥绕组谐波磁动势在气隙中的旋转磁场,也在绕组中感应出电动势,不过这种感应电动势具有自感应性质,感应电动势的频率

$$f_{\nu} = \frac{p_{\nu}n_{\nu}}{60} = \frac{\nu p_1 \times \frac{1}{\nu}n_1}{60} = \frac{p_1 n_1}{60} = f_1 \qquad (7.30)$$

即绕组谐波磁场在绕组自身的感应电动势的频率与产生绕组谐波磁动势的基波电流频率相同,因此,它可与基波电动势相量相加。由于这些原因,我们把绕组谐波磁场归并到绕组漏磁场中,成为电枢绕组漏抗的一部分。

7.4　两相电枢绕组产生的磁动势

前面分析了三相电枢绕组产生的合成磁动势。交流电机电枢绕组除了采用三相绕组外,也可由两相绕组构成。下面将对两相电枢绕组产生的磁动势进行分析。

7.4.1　两相绕组产生的圆形旋转磁动势

(1)数学分析法

对称两相绕组在空间上互差90°电角度,绕组中对称两相电流在时间上互差90°电角度。

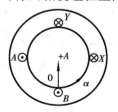

图7.8　两相对称绕组

如图7.8所示,若把空间坐标的原点取在 A 相绕组的轴线上,并以顺相序方向作为 α 的正方向,同时选取 A 相绕组电流为零的瞬间作为时间的起始点,则 A,B 两相绕组各自产生的脉振磁动势的基波表达式为

$$\left.\begin{array}{l} f_{A1} = F_{\phi1}\cos\alpha\sin\omega t \\ f_{B1} = F_{\phi1}\cos(\alpha - 90°)\sin(\omega t - 90°) \end{array}\right\} \qquad (7.31)$$

因此,合成基波磁动势为

$$\begin{aligned} f_1 &= f_{A1} + f_{B1} = F_{\phi1}\cos\alpha\sin\omega t + F_{\phi1}\cos(\alpha - 90°)\sin(\omega t - 90°) \\ &= F_{\phi1}\sin(\omega t - \alpha) \end{aligned} \qquad (7.32)$$

可见,空间相距90°电角度的两相对称组,当分别通入时间相差90°电角度的正弦交流电流

时,产生的合成基波磁动势是一个圆形旋转磁动势。如果 B 相绕组在 A 相绕组的前面90°(顺 α 正方向)电角度,B 相电流滞后 A 相电流90°电角度,则合成基波圆形旋转磁动势是一个从 A 相向 B 相方向旋转(朝 α 正方向旋转)的磁动势,磁动势旋转速度为 $n_1 = \dfrac{60f}{p}$,其中 f 为电流频率。

（2）**空间矢量法**

将两相磁动势的基波各自分解为正、反向的两个旋转磁动势,然后将每个旋转磁动势用旋转空间矢量来表示。在 $\omega t = 90°$ 时,即 A 相电流达到最大值,故 A 相的两个分量 $\dot{F}_A^+$ 和 $\dot{F}_A^-$ 位于 A 相的相轴上。由于 i_B 在时间上要经过90°后才能达到最大值,因此,$\dot{F}_B^+$ 和 $\dot{F}_B^-$ 需经过90°后才能到达 B 相相轴,它们各自应从 B 相的轴线上后退90°,如图7.9所示。从图中可以清楚地看到,两个反向旋转磁动势互差180°,恰好抵消;两个正向旋转磁动势则同相位,它们直接相加后即为两相合成磁动势的基波。所得结论与前面完全一致。由此可见,空间相距90°电角度的两相绕组,通以时间上相差90°电角度的两相电流,且每相的磁动势彼此相等,产生的合成基波磁动势有以下特点:

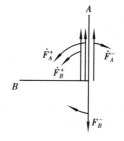

图7.9　空间矢量法

①两相绕组合成磁动势的基波是一个正弦分布、幅值恒定的旋转磁动势,其幅值等于每相基波脉振磁动势的最大幅值,即

$$F_1 = F_{\phi 1} = 0.9 \frac{IN}{p} k_{N1}$$

②合成磁动势的转速,即同步转速 $n_1 = \dfrac{60f}{p}$,单位为 r/min。

③合成磁动势的转向取决于两相电流的相序及两相绕组在空间的排列。合成磁动势是从电流超前相的绕组轴线转向电流滞后相的绕组轴线。改变电流相序即可改变旋转磁动势转向。

④旋转磁动势的瞬时位置视相绕组电流大小而定,当某相电流达到正最大值时,合成磁动势的正幅值就与该相绕组轴线重合。

7.4.2　椭圆形旋转磁动势

如果 A,B 相绕组位置如图7.7所示,其串联有效匝数分别为 $N_A k_{NA}$,$N_B k_{NB}$,两相绕组流过的电流分别为

$$i_A = \sqrt{2} I_A \sin \omega t$$

$$i_B = \sqrt{2} I_B \sin(\omega t - 90°)$$

并且 $I_A N_A k_{N1} > I_B N_B k_{N1}$。则 A,B 两相的磁动势分别为

$$\left. \begin{aligned} f_{A1} &= F_A \cos \alpha \sin \omega t \\ f_{B1} &= F_B \cos(\alpha - 90°) \sin(\omega t - 90°) \end{aligned} \right\} \tag{7.33}$$

其中

$$F_A = 0.9 \frac{I_A N_A}{p} k_{N1} \atop F_B = 0.9 \frac{I_B N_B}{p} k_{N1} \Bigg\}$$

(7.34)

下面采用矢量分析法来分析这种情况下两相绕组产生的合成基波磁动势。

仍将两相磁动势的基波各自分解为正、反向的两个旋转磁动势,然后将每个旋转磁动势用一个旋转的空间矢量来表示。在 $\omega t = 90°$ 瞬间,各旋转矢量如图 7.9 所示。从图中可以看到,空间矢量 $\dot{F}_A^+$, $\dot{F}_A^-$ 比 $\dot{F}_B^+$, $\dot{F}_B^-$ 的幅值大,但它们之间的相对位置和前面对称情况下各矢量的相对位置相同。

正转合成基波磁动势等于 $\dot{F}_A^+$ 和 $\dot{F}_B^+$ 这两个正转磁动势相加,即

$$\dot{F}_1^+ = \dot{F}_A^+ + \dot{F}_B^+$$

显然,正转合成基波磁动势是一个圆形旋转磁动势。

而反转合成基波磁动势等于 $\dot{F}_A^-$ 和 $\dot{F}_B^-$ 这两个反转磁动势相加,即

$$\dot{F}_1^- = \dot{F}_A^- + \dot{F}_B^-$$

反转合成基波磁动势仍为圆形旋转磁动势。与前面对称情况下不同的是此时反转合成基波磁动势的幅值不为零。

既然在电机里同时存在着正、反转合成基波磁动势,就应该把它们相加,从而得出总磁动势为 $\dot{F}_1$。由于 $\dot{F}_1^+$ 和 $\dot{F}_1^-$ 的旋转方向相反,因此在相加时,只能固定某个瞬间,找到 $\dot{F}_1^+$ 和 $\dot{F}_1^-$ 的大小和位置,再进行相加,得出该瞬间的 $\dot{F}_1$。

从图 7.10 中可以看到,当 $\omega t = 90°$ 时,$\dot{F}_1^+$ 与 $\dot{F}_1^-$ 都位于 A 相相轴的正方向上,两者同方向,相加所得 $\dot{F}_1$ 最大。

同理可知,$\omega t = 180°$ 时,$\dot{F}_1^+$ 和 $\dot{F}_1^-$ 方向相反,相加后所得的 $\dot{F}_1$ 最小。

在其他瞬间,$\dot{F}_1$ 的幅值介于上述两种情况之间。

从图 7.10 中可以发现,合成磁动势 $\dot{F}_1$ 的轨迹是一个椭圆,因此被称为椭圆形旋转磁动势。当 $\dot{F}_1^+$ 和 $\dot{F}_1^-$ 同相时,为椭圆的长轴;反方向时为椭圆的短轴。

另外,椭圆形磁动势 $\dot{F}_1$ 的旋转方向和正转磁动势 $\dot{F}_1^+$ 的旋转方向相同,即仍从电流超前相绕组向电流滞后相绕组旋转。但椭圆形磁动势的转速不是均匀的,其平均转速为 $n_1 = \dfrac{60f}{p}$。

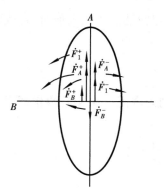

图 7.10 两相绕组的椭圆磁动势

用同样的方法也可以分析两相磁动势在幅值相等,相位差不为 90°时的合成磁动势也为一椭圆形旋转磁动势。另外,如果两相磁动势在幅值上不相等,相位差也不为 90°时的合成磁动势一般为椭圆形旋转磁动势,但也有可能为圆形旋转磁动势,这里就不作详细的分析了。

前面介绍的三相对称绕组通以三相对称电流产生的合成磁动势为一圆形旋转磁动势,如果不满足这两个对称条件,产生的合成磁动势一般也为椭圆形旋转磁动势,读者可以自行分析证明。

总之,当 $\dot{F}_1^+$ 和 $\dot{F}_1^-$ 中有一个为零时,合成磁动势为圆形旋转磁动势;当 $\dot{F}_1^+ \neq \dot{F}_1^-$ 时,合成磁动势为椭圆形旋转磁动势;当 $\dot{F}_1^+ = \dot{F}_1^-$ 时,合成磁动势为脉振磁动势。

习　题

7.1　为什么说交流绕组产生的磁动势既是时间的函数,又是空间的函数? 试以三相合成磁动势的基波来说明。

7.2　脉振磁动势和旋转磁动势各有哪些基本特性? 产生脉振磁动势、圆形旋转磁动势和椭圆形旋转磁动势的条件有什么不同?

7.3　一台 △ 连接的定子绕组,接到对称的三相电源上,当绕组内有一相断线时,将产生什么性质的磁动势?

7.4　把一台三相交流电机定子绕组的 3 个首端和末端分别连在一起,通以交流电流,合成磁动势基波是多少? 如将三相绕组依次串联起来后通以交流电流,合成磁动势基波又是多少? 为什么?

7.5　把三相感应电动机接到电源的 3 个接线头对调两根后,电动机的转向是否会改变? 为什么?

7.6　试述三相绕组产生的高次谐波磁动势的极对数、转向、转速和幅值。它们所建立的磁场在定子绕组内的感应电动势的频率为多少?

7.7　短距系数和分布系数的物理意义是什么? 为什么现代交流电机一般采用短距、分布绕组?

7.8　一台 50 Hz 的三相电机,通以 60 Hz 的三相交流电流,若保持电流的有效值不变,试分析其基波磁动势的幅值大小,极对数、转速和转向将如何变化?

7.9　一台两相交流电机的定子绕组在空间上相差 90°电角度,若两相匝数相等,通入什么样的电流可形成圆形旋转磁场? 通入什么样的电流可形成脉振磁场? 若两相匝数不等,通入什么样的电流可形成圆形旋转磁场? 通入什么样的电流可形成脉振磁场?

7.10　一台三相四极感应电动机,$P_N = 132$ kW,$U_N = 380$ V,$I_N = 235$ A,定子绕组采用三角形连接,双层叠绕组,槽数 $Z = 72$,$y_1 = 15$,每槽导体数为 72,$a = 4$,试求:

①脉振磁动势基波和 3,5,7 等次谐波的振幅,并写出各相基波脉振磁动势的表达式;

②三相合成磁动势基波及 5,7 次谐波的幅值,写出它们的表达式,并说明各次谐波的转向、极对数和转速;

③分析基波和 5,7,11 次谐波的绕组系数值,说明采用短距和分布绕组对磁动势波形有什么影响。

7.11　一台三相四极汽轮发电机,$P_N = 50\ 000$ kW,$U_N = 10.5$ kV,Y 接法,$\cos \phi_N = 0.85$(滞后),槽数 $Z = 72$,$y_1 = 28$,$N_C = 1$,$a = 2$,双层绕组。试求额定电流时:

①相绕组磁动势的基波幅值及瞬时值表达式;

②三相合成磁动势的基波幅值及瞬时值表达式;

③画出 A 相电流为最大值时的三相磁动势空间矢量及其合成磁动势空间矢量图。

7.12 一台三相交流电机,$2p=4$,$Z=36$,定子绕组为单层,$N_c=40$,$a=1$,Y 接法,若通以三相不对称电流:$\dot{I}_A=10\angle 0°$ A,$\dot{I}_B=8\angle -110°$ A,$\dot{I}_C=9\angle -250°$ A,试写出三相合成磁动势基波表达式,并分析该磁动势的转向。

7.13 电枢绕组若为两相绕组,匝数相同,但空间相距 120° 电角度,A 相流入 $i_A=\sqrt{2}I\cos\omega t$,问:

①若 $i_B=\sqrt{2}I\cos(\omega t-120°)$,合成磁动势的性质是什么样的?画出磁动势相量图,并标出正、反转磁动势分量;

②若要产生圆形旋转磁动势,且其转向为从 $+A$ 轴经 120°到 $+B$ 轴的方向,电流 i_B 应是怎样的?写出瞬时值表达式(可从磁动势相量图上分析)。

总　结

本篇所述为交流电机的共同问题,即交流电机的绕组、绕组中的感应电动势及绕组电流产生的磁动势,它们是后面分析交流同步电机和异步电机的基础,因此具有很重要的作用。读者只有熟练地掌握这一部分的内容,才能很好地掌握后面交流电机的其他内容。下面,我们将对本篇内容作一个总结。

(1)电机的绕组

1)绕组的分类

交流绕组按层数分,可分为单层绕组和双层绕组,其中单层绕组又可分为链式绕组、交叉式绕组和同心式绕组;双层绕组一般可分为叠绕组和波绕组。

2)交流绕组的功用

交流绕组主要有以下功用:①感应电动势;②通过电流产生磁动势及电磁转矩;③实现机电能量转换。

3)交流绕组构成原则

为了获得对称的多相电动势和磁动势,交流绕组每相应具有相同的线圈数、相同的线圈分布,且各相绕组的轴线在空间彼此相差相同的电角度,对三相绕组而言即互差 120°电角度,对两相绕组则互差 90°电角度。为了充分利用材料和得到良好的电机性能,应在一定导体数下获得最大的基波电动势和磁动势、较小的谐波电动势和磁动势,且连接用铜较少,机械、绝缘性能可靠,制造工艺简单。

4)交流绕组的构成方法

①利用槽电动势星形图分相。由于构成绕组的各线圈的线圈边分布在铁芯上均匀分布的槽内,相邻槽中线圈边感应电动势的相位差为槽距角 $\alpha=\dfrac{p\times 360°}{Z}$,一对极下 $\dfrac{Z}{p}$ 个槽的线圈边电动势相量构成一个辐射星形图。为了得到三相对称电动势,将槽电动势星形图等分为 6 份,

即每相在每极下占有 $60°$，$q = \dfrac{Z}{6p}$ 个槽，一对极下 $360°$ 范围内，三相的分配为 A,Z,B,X,C,Y。这样构成的绕组称为 $60°$ 相带绕组。

②三相单层绕组。一个极下一相所属槽的线圈边与相邻极下同一相所属槽的线圈边构成线圈，q 线圈按电动势相加的原则串联即构成一个线圈组，p 个线圈再串（或并）联成一相绕组。构成线圈是以 y_1 最小、节省端部用铜为原则，根据 q 不同有链式、交叉式和同心式之分。

③三相双层绕组。双层绕组线圈节距 y_1 可根据需要任意选取，为获得较好的电动势和磁动势波形，一般取 $y_1 \approx \dfrac{5}{6}\tau$。根据线圈的连接顺序不同分为①叠绕组：同一相带内 q 个线圈依次串联成一个线圈组，$2p$ 个线圈组再串（或并）联成一相绕组，其最大并联支路数为 $a_{max} = 2p$；②波绕组：同一相内相串联的两个线圈在圆周上相距约一对极距，各对极下属于同名相带的线圈串联构成一个线圈组，故波绕组总共有两个线圈组，二者再串（或并）联成一相绕组，其最大并联支路数为 $a_{max} = 2$。

（2）交流绕组的感应电动势

1）感应电动势的有效值

①相电动势基波：$E_{\phi 1} = 4.4 N k_{N1} f \Phi_1$。

②相电动势谐波：

$$E_{\phi \nu} = 4.4 N k_{N\nu} f_\nu \Phi_\nu$$

式中，$k_{N\nu} = k_{y\nu} k_{q\nu}$，$k_{y\nu} = \dfrac{\nu y_1}{\tau} 90°$，$k_{q\nu} = \dfrac{\sin \dfrac{\nu q \alpha}{2}}{q \sin \nu \dfrac{\alpha}{2}}$，$\nu = 1$ 为基波，$\nu = 3,5,7,\cdots$ 为谐波。

③相电动势 E_ϕ 与线电动势 E_l

$$E_\phi = \sqrt{E_{\phi 1}^2 + E_{\phi 3}^2 + E_{\phi 5}^2 + \cdots}$$
$$E_l = \sqrt{3} \sqrt{E_{\phi 1}^2 + E_{\phi 5}^2 + E_{\phi 7}^2 + \cdots} \qquad （Y 接法）$$

即线电动势中不存在 3 及 3 的奇数倍次谐波。

2）感应电动势的频率

①基波频率：$f_1 = \dfrac{pn}{60}$

②谐波频率：$f_\nu = \dfrac{p_\nu n_\nu}{60}$，其中 $p_\nu = \nu p$。

3）感应电动势的波形

为了获得正弦形的电动势波形，应尽量削弱电动势中的高次谐波。首先应改善气隙磁场波形，使其尽量接近于正弦分布；其次，采用短距和分布绕组降低谐波的绕组系数；另外，三相绕组的连接可消除线电动势中的 3 及 3 的奇数倍次谐波；用斜槽和分数槽绕组削弱电动势中的齿谐波。

4）感应电动势的相位

由于三相绕组在空间互差 $120°$ 空间电角度，三相感应电动势在时间相位上互差 $120°$ 时间电角度，无论三相绕组连接成 Y 或 △ 形，均可获得三相对称电动势。

(3) 交流电机绕组磁动势

交流绕组是分布绕组,电流是交变电流,故交流绕组的磁动势既是空间的函数,又是时间的函数。

1) 单相绕组的脉振磁动势

一个线圈电流产生的磁动势在空间成矩形波分布,一相绕组产生的磁动势在空间按阶梯形波分布,其幅值随时间以电流的频率脉振。阶梯形分布的空间波可以分解为基波和一系列奇次谐波。

一相绕组脉振磁动势的基波为

$$f_{\phi 1}(t,\alpha) = F_{\phi 1}\cos\alpha\sin\omega t = \frac{F_{\phi 1}}{2}\sin(\omega t - \alpha) + \frac{F_{\phi 1}}{2}\sin(\omega t + \alpha)$$

其特点是:①空间按 $\cos\alpha$ 的规律分布,极对数为电机的极对数 p;②幅值随时间按 $\sin\omega t$ 的规律变化,最大幅值 $F_{\phi 1} = 0.9\frac{IN}{p}k_{N1}$,幅值位置在相绕组轴线上;③一个脉振磁动势可分解为两个幅值相等 $\left(\frac{F_{\phi 1}}{2}\right)$、转速相同 $\left(n_1 = \frac{60f}{p}\right)$、转向相反的旋转磁动势。

一相绕组脉振磁动势的高次谐波为

$$f_{\phi\nu}(t,\alpha) = F_{\phi\nu}\cos\nu\alpha\sin\omega t = \frac{F_{\phi\nu}}{2}\sin(\omega t - \nu\alpha) + \frac{F_{\phi\nu}}{2}\sin(\omega t + \nu\alpha)$$

式中 $\nu = 3,5,7,\cdots$ 等奇数。

它与基波的区别是:极对数为基波的 ν 倍,即 $p_\nu = \nu p$;最大幅值为 $F_{\phi\nu} = \frac{k_{N\nu}}{\nu k_{N1}}F_{\phi 1}$;分解为两个旋转磁动势的转速 $n_\nu = \frac{60f}{p_\nu} = \frac{n_1}{\nu}$。

2) 三相绕组合成磁动势的基波

三相对称绕组通以三相对称电流时产生的合成磁动势的基波为圆形旋转磁动势,可表示为

$$f_1(t,\alpha) = F_1\sin(\omega t - \alpha)$$

其幅值 $F_1 = \frac{3}{2}F_{\phi 1} = 1.35\frac{IN}{p}k_{N1}$,转速 $n_1 = \frac{60f}{p}$,转向由电流超前相的绕组轴线转向电流滞后相的绕组轴线,哪相电流达到正最大值,旋转磁动势的正幅值就位于该相绕组的轴线上。

3) 两相绕组合成磁动势的基波

两相对称绕组通以两相对称电流时产生的合成磁动势的基波为圆形旋转磁动势,可表示为

$$f_1(t,\alpha) = F_1\sin(\omega t - \alpha)$$

其幅值 $F_1 = F_{\phi 1} = 0.9\frac{IN}{p}k_{N1}$,转速 $n_1 = \frac{60f}{p}$,转向由电流超前相的绕组轴线转向电流滞后相的绕组轴线,哪相电流达到正最大值,旋转磁动势的正幅值就位于该相绕组的轴线上。

4) 椭圆形旋转磁动势

当两相或三相绕组不对称,或者是电流不对称时,其合成磁动势的基波包含一个正转的圆形磁动势和一个反转的圆形磁动势,两者幅值不等时,合成磁动势为一椭圆形旋转磁动势。

5）三相合成磁动势的高次谐波

三相合成磁动势中存在 $\nu = 6k \pm 1$ 次谐波（$k = 1,2,\cdots$ 正整数），其中 $\nu = 6k + 1$ 次谐波，转向与基波相同，$\nu = 6k - 1$ 次谐波，转向与基波相反。谐波磁动势幅值 $F_\nu = \dfrac{3}{2}F_{\phi\nu} = 1.35\dfrac{IN}{\nu p}k_{N\nu}$，转速 $n_\nu = \dfrac{n_1}{\nu}$。为削弱合成磁动势中的高次谐波，可采用短距和分布绕组，降低 $k_{N\nu}$。

第 **3** 篇
异步电机

第 **8** 章
异步电动机的基本工作原理和主要结构

8.1 异步电动机的基本工作原理

三相异步电动机定子接三相电源后,电机内便形成圆形旋转磁动势,圆形旋转磁密,设其方向为逆时针方向,如图8.1所示。若转子不转,转子鼠笼导条与旋转磁密有相对运动,导条中有感应电动势 e,方向由右手定则确定。由于转子导条彼此在端部短路,于是导条中有电流 i,不考虑电动势与电流的相位差时,电流方向同电动势方向。这样,导条就在磁场中受力 f,用左手定则确定受力方向,如图8.1所示。转子受力,产生转矩 T,为电磁转矩,方向与旋转磁动势同方向,转子便在该方向上旋转起来。

转子旋转后,转速为 n,只要 $n < n_1$(n_1 为旋转磁动势同步转速),转子导条与磁场仍有相对运动,产生与转子不转时相同方向的电动势、电流及受力,电磁转矩 T 仍旧为逆时针方向,

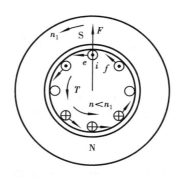

图 8.1 异步电动机的工作原理

转子继续旋转,稳定运行在 $T = T_L$ 情况下。

8.2 异步电动机的主要用途与分类

异步电机主要用作电动机,去拖动各种生产机械。例如,在工业方面,用于拖动中小型轧钢设备、各种金属切削机床、轻工机械、矿山机械等;在农业方面,用于拖动水泵、脱粒机、粉碎机以及其他农副产品的加工机械等;在民用电器方面的电扇、洗衣机、电冰箱、空调机等也都是异步电动机拖动的。

异步电动机的特点是结构简单、容易制造、价格低廉、运行可靠、坚固耐用、运行效率较高和具有适用的工作特征。缺点是功率因数较差。异步电动机运行时,必须从电网里吸收滞后性的无功功率,它的功率因数总是小于 1。由于电网的功率因数可用别的办法进行补偿,因此这并不妨碍异步电动机的广泛使用。

对那些单机容量较大、转速又恒定的生产机械,一般采用同步电动机拖动为好。因为同步电机的功率因数是可调的(可使 $\cos\varphi = 1$ 或超前)。但并不是说,异步电动机就不能拖动这类生产机械,而是要根据具体情况进行分析比较,以确定采用哪种电机。

异步电动机运行时,定子绕组接到交流电源上,转子绕组自身短路,由于电磁感应的关系,在转子绕组中产生电动势、电流,从而产生电磁转矩。所以,异步电机又叫感应电机。

异步电动机的种类很多,从不同角度看,有不同的分类法。例如:

①按定子相数分有　a. 单相异步电动机;b. 两相异步电动机;c. 三相异步电动机。

②按转子结构分有　a. 绕线式异步电动机;b. 鼠笼式异步电动机。后者又包括单鼠笼异步电动机、双鼠笼异步电动机和深槽式异步电动机。

此外,根据电机定子绕组上所加电压的大小,又有高压异步电动机、低压异步电动机之分。从其他角度看,还有高起动转矩异步电机、高转差率异步电机、高转速异步电机,等等。

异步电机也可作为异步发电机使用。单机使用时,常用于电网尚未到达的地区,又找不到同步发电机的情况,或用于风力发电等特殊场合。在异步电动机的电力拖动中,有时利用异步电机回馈制动,即运行在异步发电机状态。

下面针对无换向器的三相异步电动机进行分析。

8.3 异步电动机的主要结构

图8.2是一台鼠笼式三相异步电动机的结构图。它主要由定子和转子两大部分组成,定、转子中间是空气隙。此外,还有端盖、轴承、机座、风扇等部件,分别简述如下:

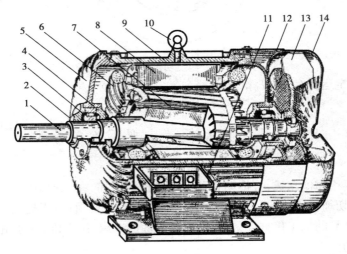

图8.2 鼠笼式三相异步电动机的结构图

1—轴;2—轴承盖;3—轴承;4—轴承盖;5—端盖;

6—定子绕组;7—转子;8—定子铁芯;9—机座;10—吊环;

11—出线盒;12—端盖;13—风扇;14—风罩

(1)异步电动机的定子

异步电动机的定子由机座、定子铁芯和定子绕组3个部分组成。

定子铁芯是电动机磁路的一部分,装在机座里,如图8.3所示。为了降低定子铁芯里的铁耗,定子铁芯用0.5 mm厚的硅钢片叠压而成,在硅钢片的两面还应涂上绝缘漆。图8.4所示为定子槽,其中(a)是开口槽,用于大、中型容量的高压异步电动机中;(b)是半开口槽,用于中型500 V以下的异步电动机中;(c)是半闭口槽,用于低压小型异步电动机中。

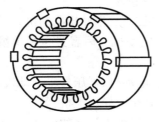

图8.3 定子铁芯

(a)　　　　(b)　　　　(c)

图8.4 定子槽

1—层间绝缘;2—槽楔;3—扁铜线;

4—槽绝缘;5—槽楔;6—圆导线

高压大、中型容量的异步电动机定子绕组常采用 Y 接,只有 3 根引出线,如图8.5(a)所示。对中、小容量低压异步电动机,通常把定子三相绕组的 6 根出线头都引出来,根据需要可接成 Y 形或△形,如图 8.5(b)所示。定子绕组用铜(或铝)的绝缘导线绕成,嵌在定子槽内。绕组与槽壁间用绝缘隔开。

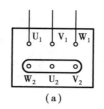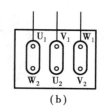

图 8.5 三相异步电动机的引出线

机座的作用主要是为了固定与支撑定子铁芯。如果是端盖轴承电机,还要支撑电机的转子部分。因此,机座应有足够的机械强度和刚度。对中、小型异步电动机,通常用铸铁机座。对大型电机,一般采用钢板焊接的机座,整个机座和座式轴承都固定在同一个底板上。

(2)气隙

异步电动机的气隙比同容量直流电动机的气隙小得多,在中、小型异步电动机中,气隙一般为 0.2 ~ 1.5 mm。

(a)绕线式异步　(b)单鼠笼转　(c)双鼠笼转
电动机转子　　子槽形　　　子槽形
槽形

图 8.6 转子冲片上的槽形图

(3)**异步电动机的转子**

异步电动机的转子由转子铁芯、转子绕组和转轴组成,转子铁芯也是电动机磁路的一部分,它用 0.5 mm 厚的硅钢片叠压而成。图 8.6 所示是转子槽形图,其中(a)是绕线式异步电动机转子槽形,(b)是单鼠笼转子槽形,(c)是双鼠笼转子槽形。整个转子铁芯固定在转轴上,或固定在转子支架上,转子支架再套在转轴上。

如果是绕线式异步电动机,则转子绕组也是三相绕组,一般都连接成 Y 形。转子绕组的 3 条引线分别接到 3 个滑环上,用一套电刷装置引出来,如图 8.7 所示。这样就可以把外接电阻串联到转子绕组回路里去。串电阻的目的是改善电动机的起动性能或调节电动机的转速。

鼠笼式绕组与定子绕组大不相同,它是一个自己短路的绕组。在转子的每个槽里放上一根导体,每根导体都比铁芯长,在铁芯的两端用两个端环把所有的导条都短路起来,形成一个自己短路的绕组。如果把转子铁芯拿掉,则可看出,剩下来的绕组形状像松鼠笼子,如图 8.8(a)所示,因此叫鼠笼转子。导条的材料有用铜的,也有用铝的。如果用的是铜料,就需要把事先做好的裸铜条插入转子铁芯上的槽里,再把铜端环套在伸了两端的铜条上,最后焊在一起,如图 8.8(b)所示。如果用的是铝料,就用熔化了的铝液直接浇铸在转子铁芯上的槽里,连同端环、风扇一次铸成,如图 8.8(c)所示。

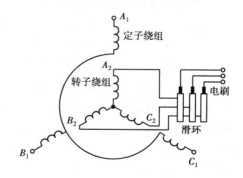

图 8.7 绕线式异步电动机定、转子绕组接线方式

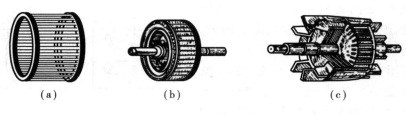

图 8.8 鼠笼转子

8.4 异步电动机的额定值

三相异步电动机的额定值、电机的型号标在电机的铭牌上。

8.4.1 异步电动机的型号

电机产品的型号一般由大写印刷体的汉语拼音字母和阿拉伯数字组成,其中汉语拼音字母是根据电机的全名称选择有代表意义的汉字,再用该汉字的第一个拼音字母组成。如 Y 系列三相异步电动机的型号表示如下:

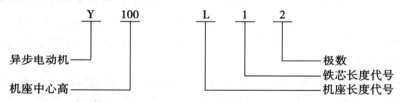

我国生产的异步电动机种类很多,下面列出一些常见的产品系列。

Y 系列为小型鼠笼全封闭自冷式三相异步电动机。用于金属切削机床、通用机械、矿山机械、农业机械等。也可用于拖动静止负载或惯性负载较大的机械,如压缩机、传送带、磨床、锤击机、粉碎机、小型起重机、运输机械等。

JQ_2 和 JQO_2 系列是高起动转矩异步电动机,用在起动静止负载或惯性负载较大的机械上。JQ_2 是防护式的,JQO_2 是封闭式的。

JS 系列是中型防护式三相鼠笼异步电动机。

JR 系列是防护式三相绕线式异步电动机。用在电源容量小、不能用同容量鼠笼式电动机起动的生产机械上。

JSL_2 和 JRL_2 系列是中型立式水泵用的三相异步电动机,其中 JSL_2 是鼠笼式,JRL_2 是绕线式。

JZ_2 和 JZL_2 系列是起重和冶金用的三相异步电动机,JZ_2 是鼠笼式,JZL_2 是绕线式。

JD_2 和 JDO_2 系列是防护式和封闭式多速异步电动机。

BJO_2 系列是防爆式鼠笼异步电动机。

JPZ 系列是旁磁式制动异步电动机。

JZZ 系列是锥形转子制动异步电动机。

JZT 系列是电磁调速异步电动机。

其他类型的异步电动机可参阅产品目录。

8.4.2 异步电动机的额定值

异步电动机的额定值包含下列内容：

①额定功率 P_N，指电动机在额定运行时轴上输出的机械功率，单位是 kW；

②额定电压 U_N，指额定运行状态下加在定子绕组上的线电压，单位为 V；

③额定电流 I_N，指电动机在定子绕组上加额定电压、轴上输出额定功率时，定子绕组中的线电流，单位为 A；

④额定频率 f_N，指我国规定工业用电的频率，是 50 Hz；

⑤额定转速 n_N，指电动机定子加额定频率的额定电压，且轴端输出额定功率时电机的转速，单位为 r/min；

⑥额定功率因数 $\cos \varphi_N$，指电动机带额定负载时，定子边的功率因数。

此外，铭牌上还标明了绝缘等级、温升、工作方式和连接方法等。对绕线式异步电动机还要标明转子绕组的接法、转子绕组额定电动势 E_{2N}（指定子加额定电压时，转子绕组的开路线电动势）和转子的额定电流 I_{2N}。

如何根据电机的铭牌进行定子的接线？ 如果电动机定子绕组有 6 根引出线，并已知其首、末端，应分以下几种情况讨论。

①当电动机铭牌上标明"电压 380/220 V，接法 Y/△"时，这种情况下，究竟是接成 Y，还是△，要看电源电压的大小。若电源电压为 380 V，则接成 Y 接；若电源电压为 220 V，则接成 △接。

②当电动机铭牌上标明"电压 380 V，接法△"时，则只有△接法。但在电动机起动过程中，可接成 Y 接，接在 380 V 电源上，起动完毕，恢复△接法。

对有些高压电动机，往往定子绕组有 3 根引出线，只要电源电压符合电动机铭牌电压值，便可使用。

例 8.1   已知一台三相异步电动机的额定频率 $P_N = 4$ kW，额定电压 $U_N = 380$ V，额定功率因数 $\cos \varphi_N = 0.77$，额定效率 $\eta_N = 0.84$，额定转速 $n_N = 960$ r/min，求额定电流 I_N 为多少？

解   额定电流为

$$I_N = \frac{P_N}{\sqrt{3} U_N \cos \varphi_N \eta_N} = \frac{4 \times 10^3}{\sqrt{3} \times 380 \times 0.77 \times 0.84} = 9.4 \text{ A}$$

习　题

8.1   为什么感应电动机的转速一定低于同步转速，而感应发电机的转速则一定高于同步转速？ 如果没有外力帮助，转子转速能够达到同步转速吗？

8.2   简述异步电机的结构。如果气隙过大，会带来怎样的后果？

8.3   感应电动机额定电压、额定电流和额定功率的定义是什么？

8.4   绕线转子感应电机，如果定子绕组短路，在转子边接上电源，旋转磁场相对于转子顺时针方向旋转，此时转子会旋转吗？ 转向又如何？

8.5 一台三相感应电动机，$P_N = 75$ kW，$n_N = 975$ r/min，$U_N = 3\,000$ V，$I_N = 18.5$ A，$\cos\varphi = 0.87$，$f_N = 50$ Hz。试问：

①电动机的极数是多少？

②额定负载下的转差率 s_N 是多少？

③额定负载下的效率 η_N 是多少？

第 **9** 章
异步电动机的运行分析

9.1 三相异步电动机转子不转、转子绕组开路时的电磁关系

正常运行的异步电动机转子总是旋转的。但是,为了便于理解,先从转子不转时进行分析,最后再分析转子旋转的情况。在下面的分析过程中,先讨论绕线式异步电动机,再讨论鼠笼式异步电动机。

9.1.1 正方向的规定

图 9.1 是一台绕线式三相异步电动机,定、转子绕组都是 Y 接,定子绕组接在三相对称电源上,转子绕组开路。其中(a)图是定、转子三相等效绕组在定、转子铁芯中的布置图。这个图是从电机的轴向看过去的,其铁芯和导体的轴向长度用 l 表示。(b)图仅画出定、转子三相绕组的连接方式,并在图中标明各有关物理量的正方向。这两图是一致的,是从不同的角度画出的。

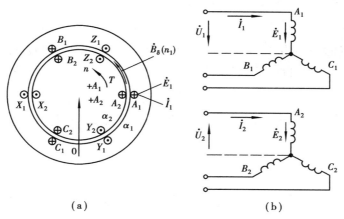

(a)   (b)

图 9.1　转子绕组开路时绕线式三相异步电动机的正方向

图 9.1 中, $\dot{U}_1, \dot{E}_1, \dot{I}_1$ 分别是定子绕组的相电压、相电动势和相电流; $\dot{U}_1, \dot{E}_1, \dot{I}_1$ 分别是转子绕组的相电压、相电动势和相电流; 图中的箭头指向, 表示各量的正方向。还规定磁动势、磁通和磁密都是从定子出来而进入转子的方向为它们的正方向。另外, 把定、转子空间坐标轴的纵轴都选在 A 相绕组的轴线处, 如图 9.1(a) 中的 $+A_1$ 和 $+A_2$。其中 $+A_1$ 是定子空间坐标轴; $+A_2$ 是转子空间坐标轴。为了简便起见, 假设 $+A_1$, $+A_2$ 两个轴重叠在一起。

9.1.2 磁通及磁动势

(1)励磁磁动势

当三相异步电动机的定子绕组接到三相对称的电源上时, 定子绕组里就会有三相对称电流流过, 三相电流的有效值分别用 I_{0A}, I_{0B}, I_{0C} 表示。由于对称, 只考虑 A 相的电流 $\dot{I}_{0A}$ 即可。为了简便起见, A 相电流下标中的 A 也不标出, 用 $\dot{I}_0$ 表示, 并画在图 9.2(a) 的时间参考轴上。从对交流绕组产生磁动势的分析中知道, 三相对称电流流过三相对称绕组能产生合成旋转磁动势。

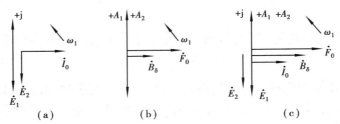

图 9.2 励磁电流、励磁磁动势以及定、转子绕组电动势向量图

三相异步电机定子绕组里流过三相对称电流 $\dot{I}_{0A}, \dot{I}_{0B}, \dot{I}_{0C}$, 产生的空间合成旋转磁动势用 $\dot{F}_0$ 表示。其特点如下:

①幅值为

$$F_0 = \frac{3}{2} \frac{4}{\pi} \frac{\sqrt{2}}{2} \frac{N_1 k_{N1}}{p} I_0$$

式中 N_1, k_{N1}——定子一相绕组串联匝数和绕组系数。

②转向

由于定子电流的相序为 $A_1 \rightarrow B_1 \rightarrow C_1$ 的次序, 所以磁动势 $\dot{F}_0$ 的转向是从 $+A_1 \rightarrow +B_1 \rightarrow +C_1$。在图 9.1(a) 里, 是逆时针方向旋转。

③转速

相对于定子绕组以角频率 $\omega_1 = \dfrac{2\pi p n_1}{60}$ (单位是 rad/s) 旋转, n_1 是磁动势 $\dot{F}_0$ 的同步转速, 单位是 r/min。

④瞬间位置

图 9.2(a) 中定子 A_1 相电流 $\dot{I}_0$ 再过 90° 时间电角度, 就转到 $+j$ 轴上, 即达到正最大值, 那时三相合成旋转磁动势 $\dot{F}_0$ 就应在 $+A_1$ 的轴上。所以画图的瞬间, 三相合成旋转磁动势 $\dot{F}_0$ 就

应画在图 9.2(b)中 $+A_1$ 的轴后面 90°空间电角度的位置。

为了简便起见,在下面的分析中,把时间参考轴 $+j$,空间坐标轴 $+A_1$,$+A_2$ 三者重叠在一起,如图 9.2(c)所示。显然,磁动势 $\dot{F}_0$ 正好与 $\dot{I}_0$ 同方向。尽管 $\dot{F}_0$ 与 $\dot{I}_0$ 间角度为零(同方向)没有任何物理意义,但画图时很方便。

由于转子绕组是开路的,转子绕组里不可能有电流,当然也不会产生旋转磁动势。此时作用在磁路上只有定子磁动势 $\dot{F}_0$,于是 $\dot{F}_0$ 就要在电机的磁路里产生磁通。为此,$\dot{F}_0$ 也称为励磁磁动势,电流 $\dot{I}_0$ 称为励磁电流。

转子不转的三相异步电机,相当于一台副边开路的三相变压器,其中定子绕组是原绕组,转子绕组是副绕组,只是在磁路中,异步电机定、转子铁芯中多了一个空气隙磁路而已。

(2)主磁通与定子漏磁通

作用在磁通路上的励磁磁动势 $\dot{F}_0$ 产生的磁通如图 9.3 所示。像双绕组变压器那样,我们把通过气隙,同时交链着定、转子两个绕组的磁通叫主磁通,气隙里每极主磁通量用 Φ_1 表示,把不交链转子绕组而只交链定子绕组本身的磁通叫定子绕组漏磁通,用 $\Phi_{1\sigma}$ 表示。漏磁通主要有槽部漏磁通和端接漏磁通。

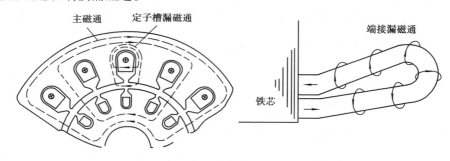

图 9.3 异步电机的主磁通与漏磁通

由于气隙是均匀的,励磁磁动势 $\dot{F}_0$ 产生的主磁通 Φ_1 所对应的气隙磁密是一个在气隙中旋转、在空间按正弦规律分布的磁密波,用空间向量表示为 $\dot{B}_\delta$,B_δ 为气隙磁密的最大值,$\dot{B}_\delta$ 的位置在其最大值处。

暂不考虑主磁路里磁滞、涡流的影响,气隙磁密 $\dot{B}_\delta$ 应与励磁磁动势 $\dot{F}_0$ 同方向,画在图 9.2(b)与(c)里。这是因为,励磁磁动势 $\dot{F}_0$ 的幅值所在处,该处气隙磁密也为最大值。

气隙里每极主磁通 Φ_1 为

$$\Phi_1 = \frac{2}{\pi}B_\delta \tau l$$

式中 $\dfrac{2}{\pi}B_\delta$——气隙平均磁密;

τ——定子的极矩;

l——电机轴向的有效长度。

9.1.3　感应电动势

旋转着的气隙每极主磁通 Φ_1 在定、转子绕组中感应电动势的有效值分别为 E_1 和 E_2（理解为 A_1 相和 A_2 相的相电动势）：

$$E_1 = 4.44f_1N_1k_{N1}\Phi_1$$

$$E_2 = 4.44f_1N_2k_{N2}\Phi_1$$

式中　N_2, k_{N2}——转子绕组每相串联匝数和绕组系数。

定子、转子每相电动势之比叫电压变比，用 k_e 表示，即

$$k_e = \frac{E_1}{E_2} = \frac{N_1k_{N1}}{N_2k_{N2}} \tag{9.1}$$

下面分析 $\dot{E}_1$ 和 $\dot{E}_2$ 的相位问题。图 6.16 中，若用磁密向量 $\dot{B}$ 表示其中的正弦波磁密，则 $\dot{B}$ 向量的位置此瞬间正处在 $\alpha = 90°$ 的地方，也就是单匝线圈 AX 的轴线上，而此时 AX 线圈的电动势 $\dot{E}_{Ax}$ 相量还差 $90°$ 电角度才到达 $+j$ 轴上。如果把空间向量图的 AX 线圈轴线与时空向量图的 $+j$ 轴重合到一起，画出一个时间-空间向量图，磁密向量 $\dot{B}$ 比电动势相量 $\dot{E}_{Ax}$ 超前 $90°$ 电角度。这个结论与线圈匝数没有关系。由于图 9.1（a）的正方向与图 6.16 的正方向一样，因此，三相异步电动机空间气隙磁密 $\dot{B}_\delta$ 及其在绕组中的感应电动势 $\dot{E}_1$ 和 $\dot{E}_2$ 之间的关系也具有同样的结论，即只要是 $+j$ 轴与绕组轴线 $+A_1, A_2$ 重合，气隙磁密向量 $\dot{B}_\delta$ 一定超前电动势 $\dot{E}_1, \dot{E}_2$ 两相量 $90°$，$\dot{E}_1$ 和 $\dot{E}_2$ 相位相同。

已知 $\dot{E}_1$ 和 $\dot{E}_2$ 的大小及相位以后，可在图 9.2（c）的时间-空间向量图上画出来。此瞬间 $\dot{B}_\delta$ 还差 $90°$ 才到达 $+A_1$ 和 A_2 轴上，因此，$\dot{E}_1$ 和 $\dot{E}_2$ 还差 $180°$ 才到达 $+j$ 轴上。（c）图完成后，可看出 $\dot{E}_1$ 与 $\dot{E}_2$ 滞后于 $\dot{I}_0$ $90°$，在（a）图填上 $\dot{E}_1$ 和 $\dot{E}_2$ 相量，完成（a）图。

为了分析问题方便，采用折合算法把转子绕组向定子边折合，即把转子原来 N_2k_{N2} 看成和定子边的 N_1k_{N1} 一样，转子绕组每相感应电动势便为

$$\dot{E}_2' = \dot{E}_1 = k_e\dot{E}_2 \tag{9.1*}$$

9.1.4　励磁电流

由于气隙磁密 $\dot{B}_\delta$ 与定子、转子都有相对运动，定子、转子铁芯中产生磁滞和涡流损耗，即铁耗。与变压器一样，这部分损耗是电源送入的，励磁电流也由 I_{Fe} 和 I_μ 两分量组成。I_{Fe} 提供铁耗，是有功分量；I_μ 建立磁动势产生磁通 Φ_1，是无功分量。因此

$$\dot{I}_0 = \dot{I}_{Fe} + \dot{I}_\mu$$

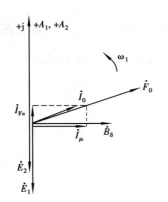

图 9.4　计及铁耗后的时空向量图

有功分量 I_{Fe} 很小，因此 $\dot{I}_0$ 领先 $\dot{I}_\mu$ 一个不大的角度。在时

间-空间向量图上,$\dot{I}_0$ 与 $\dot{F}_0$ 相位相同,$\dot{I}_\mu$ 与 $\dot{B}_\delta$ 相位一样,$\dot{I}_0$ 和 $\dot{F}_0$ 领先 $\dot{B}_\delta$ 一个不大的角度,如图 9.4 所示。

9.1.5 电压方程式

定子绕组的漏磁通在定子绕组里的感应电动势,用 $\dot{E}_{1\sigma}$ 表示,称为定子漏电动势。一般来说,由于漏磁通走的磁路大部分是空气,因此漏磁通本身比较小,并且由漏磁通产生的漏电动势的大小与定子电流 I_0 成正比。用变压器里学过的方法,把漏磁通在定子绕组里的感应漏电动势看成是定子电流 I_0 在漏电抗 $x_{1\sigma}$ 上的压降。根据图 9.1(b)中规定的电动势、电流正方向,$\dot{E}_{1\sigma}$ 在相位上要滞后 $\dot{I}_0$ 90°时间电角度,写成

$$\dot{E}_{1\sigma} = -j\dot{I}_0 x_{1\sigma}$$

式中 $x_{1\sigma}$——定子每相的漏电抗,它主要包括定子槽漏抗、端接漏抗。

这里要说明的是,$x_{1\sigma}$ 虽然是定子一相的漏电抗,但它所对应的漏磁通却是由三相电流共同产生的。有了漏电抗这个参数,就能把电流产生磁通,磁通又在绕组中感应电动势的复杂关系,简化成电流在电抗上的压降形式,这对以后的分析计算都很方便。

定子绕组电阻 R_1 上的压降为 $\dot{I}_0 R_1$。

根据图 9.1(b)给出的各量正方向,可以列出定子一相回路的电压方程式为

$$\begin{aligned}
\dot{U}_1 &= -\dot{E}_1 + \dot{I}_0 R_1 - \dot{E}_{1\sigma} \\
&= -\dot{E}_1 + \dot{I}_0 R_1 + j\dot{I}_0 x_{1\sigma} \\
&= -\dot{E}_1 + \dot{I}_0 (R_1 + jx_{1\sigma}) \\
&= -\dot{E}_1 + \dot{I}_0 Z_1
\end{aligned}$$

式中 $Z_1 = R_1 + jx_{1\sigma}$——定子一相绕组的漏阻抗。

上式用相量表示时,画成相量图如图 9.5 所示。

异步电机转子绕组开路时的电压方程式以及相量图,与三相变压器副绕组开路时的情况完全一样。

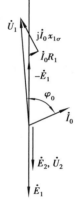

图 9.5 转子绕组开路时的相量图

9.1.6 等值电路

与三相变压器空载时一样,也能找出并联或串联的等值电路。如果用励磁电流 $\dot{I}_0$ 在参数 Z_m 上的压降表示 $-\dot{E}_1$,则

$$-\dot{E}_1 = \dot{I}_0 (R_m + jx_m) = \dot{I}_0 Z_m \tag{9.2}$$

式中 $Z_m = R_m + jx_m$——励磁阻抗;

R_m——励磁电阻,它是等效铁耗的参数;

x_m——励磁电抗。

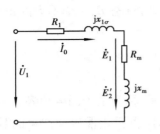

图 9.6 转子绕组开路时的等值电路

于是,定子一相电压平衡方程式为

$$\dot{U}_1 = -\dot{E}_1 + \dot{I}_0(R_1 + jx_{1\sigma})$$

$$= \dot{I}_0(R_m + jx_m) + \dot{I}_0(R_1 + jx_{1\sigma})$$

$$= \dot{I}_0(Z_m + Z_1)$$

转子回路电压方程式为

$$\dot{U}_2 = \dot{E}_2$$

图 9.6 是这种情况的等值电路。

9.2　三相异步电动机转子堵转时的电磁关系

9.2.1　磁动势与磁通

(1)磁动势

图 9.7 是异步电动机转子三相绕组短路的接线图。定子接额定电压,转子堵住不转,各量的正方向标在图中。既然转子绕组自己短路,它的线电压为零,由于对称,相电压也为零,即 $U_2 = 0$。转子绕组感应电动势 $\dot{E}_2$ 并不为零,于是在转子三相绕组里产生三相对称电流,每相电流的有效值用 I_2 表示。这种情况与变压器副边短路情况相类似。

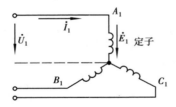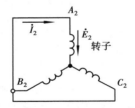

图 9.7　转子短路并堵转的三相异步电动机

在三相对称的转子绕组里流过三相对称电流 $\dot{I}_2$ 时,产生的转子空间旋转磁动势 $\dot{F}_2$ 的特点:

①幅值

$$F_2 = \frac{3}{2}\ \frac{4}{\pi}\ \frac{\sqrt{2}}{2}\ \frac{N_2 k_{N2}}{p} I_2$$

②转向

假设气隙旋转磁密 $\dot{B}_\delta$ 逆时针方向旋转,在转子绕组里感应电动势及产生电流 $\dot{I}_2$,$\dot{I}_2$ 的相序为 $A_2 \to B_2 \to C_2$,则磁动势 $\dot{F}_2$ 也是逆时针方向旋转,即从 $+A_2$ 转到 $+B_2$,再转到 $+C_2$。

③转速

因为转子电流的频率 $f_2 = f_1$,所以磁动势 $\dot{F}_2$ 相对于转子绕组的转速为 $n_2 = \dfrac{60 f_2}{p} = \dfrac{60 f_1}{p} =$

n_1。用角频率表示时为 $\omega_2 = \dfrac{2\pi p n_2}{60} = \omega_1$，单位为 rad/s。

④瞬间位置

同样把转子电流 $\dot{I}_2$ 理解为转子边 A_2 相绕组里的电流。当 $\dot{I}_2$ 达到正最大值时，即在 $+j$ 轴上，那时转子旋转磁动势 $\dot{F}_2$ 应转到 A_2 相绕组的轴线处，即 $+A_2$ 轴上。可见，画时空向量图时，应该使磁动势 $\dot{F}_2$ 与 $\dot{I}_2$ 重合，如图 9.8 所示。

与副边短路的三相变压器一样，当异步电机转子绕组短路时，定子边电流不再是 $\dot{I}_0$，而用 $\dot{I}_1$ 表示。由定子电流 $\dot{I}_1$ 产生的气隙空间旋转磁动势用 $\dot{F}_1$ 表示，叫定子旋转磁动势。

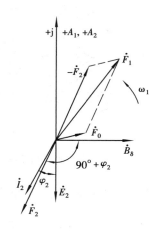

图 9.8　转子堵转时转子电动势、电流以及磁动势时空向量图

定子旋转磁动势 $\dot{F}_1$ 的特点：

①幅值

$$F_1 = \frac{3}{2}\, \frac{4}{\pi}\, \frac{\sqrt{2}}{2}\, \frac{N_1 k_{N1}}{p} I_1$$

②转向

逆时针方向旋转。

③转速

相对于定子绕组的角频率为 ω_1，用转速表示为 n_1。

④瞬间位置

当定子 A_1 相电流 $\dot{I}_1$ 达到正最大值时，$\dot{F}_1$ 应在 A_1 相绕组的轴线处。画向量图时，$\dot{F}_1$ 应与 $\dot{I}_1$ 重合。

转子绕组短路的三相异步电机，作用在磁路上的磁动势有两个：一为定子旋转磁动势 $\dot{F}_1$；一为转子旋转磁动势 $\dot{F}_2$。由于它们的旋转方向相同，转速又相等，只是一前一后地旋转，故称它们为同步旋转。

既然它们是同步旋转，又作用在同一个磁路上，把它们按向量的关系加起来，得到合成的磁动势，仍用 $\dot{F}_0$ 表示，即

$$\dot{F}_0 = \dot{F}_1 + \dot{F}_2$$

这个合成的旋转磁动势 $\dot{F}_0$，才是产生气隙每极主磁通 Φ_1 的磁动势。主磁通 Φ_1 在定、转子相绕组里感应电动势 $\dot{E}_1$ 和 $\dot{E}_2$。

由此可见，转子绕组短路后，气隙里的主磁通 Φ_1 是由定、转子旋转磁动势共同产生的。这和转子绕组开路时的情况不一样。

（2）漏磁通

定子电流为 $\dot{I}_1$ 时产生的漏磁通，表现的漏电抗仍为 $x_{1\sigma}$，由于漏磁路是线性的，故 $x_{1\sigma}$ 为常数。

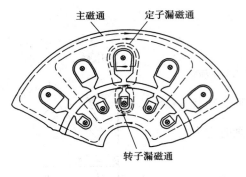

图 9.9　漏磁通

同样,转子绕组中有电流 $\dot{I}_2$ 时,也要产生漏磁通,如图 9.9 所示,表现的漏电抗为 $x_{2\sigma}$ (转子不转时,转子一相的漏电抗)。

对绕线式异步电动机,当然也是三相转子电流在产生一相的漏电抗时都起作用。一般情况下,转子漏电抗 $x_{2\sigma}$ 也是常数。只有当定、转子电流非常大时,例如直接起动异步电动机,由于起动电流很大(为额定电流的 4~7 倍),定、转子的漏磁路也会出现饱和现象,使定、转子漏电抗 $x_{1\sigma}$,$x_{2\sigma}$ 数值变小。

在异步电动机里,把磁通分成主磁通和漏磁通的方法与变压器中的分析方法是一样的。但要注意,变压器中的主磁通 $\dot{\Phi}_1$ 是脉振磁通,Φ_1 是它的最大振幅。在异步电动机中,气隙里的主磁通 $\dot{\Phi}_1$ 却是旋转磁通,它对应的磁密波沿气隙圆周方向是正弦分布,以同步转速 n_1 相对于定子旋转,Φ_1 表示气隙里每极的磁通量。

9.2.2　定、转子回路方程

当转子绕组里有电流 $\dot{I}_2$ 时,在转子绕组每相电阻 r_2 上的压降为 $\dot{I}_2 r_2$,在每相漏电抗 $x_{2\sigma}$ 上的压降为 $\mathrm{j}\dot{I}_2 x_{2\sigma}$,于是,根据图 9.7 给定的正方向转子绕组一相的回路电压方程式为

$$\dot{E}_2 - \dot{I}_2(r_2 + \mathrm{j}x_{2\sigma}) = \dot{E}_2 - \dot{I}_2 Z_2 = 0 \tag{9.3}$$

式中　$Z_2 = r_2 + \mathrm{j}x_{2\sigma}$——转子绕组的漏阻抗。

转子相电流 $\dot{I}_2$ 为

$$\dot{I}_2 = \frac{\dot{E}_2}{r_2 + \mathrm{j}x_{2\sigma}} = \frac{E_2}{\sqrt{r_2^2 + x_{2\sigma}^2}} e^{-\mathrm{j}\varphi_2}$$

$$\varphi_2 = \arctan \frac{x_{2\sigma}}{r_2}$$

式中　φ_2——转子绕组回路的功率因数角。

上式中 $\dot{E}_2$,$\dot{I}_2$,$x_{2\sigma}$ 等的频率都是 $f_2 = f_1$,即与定子同频率。在图 9.8 中,转子电流 $\dot{I}_2$ 滞后电动势 $\dot{E}_2$ φ_2 时间电角度。图中磁动势 $\dot{F}_2$ 与 $\dot{I}_2$ 同方向。

把合成的励磁磁动势 $\dot{F}_0$、气隙旋转磁密 $\dot{B}_\delta$ 都画在图 9.8 中。

根据定、转子磁动势合成关系,有

$$\dot{F}_1 + \dot{F}_2 = \dot{F}_0$$

改写成

$$\dot{F}_1 = \dot{F}_0 + (-\dot{F}_2)$$

这样就可以认为定子旋转磁动势里包含两个分量:一个分量是大小等于 F_2,方向与 $\dot{F}_2$ 相反,用 $-\dot{F}_2$ 表示,它的作用是抵消转子旋转磁动势 $\dot{F}_2$ 对主磁通的影响;另一个分量是励磁磁动势 $\dot{F}_0$,它用来产生气隙旋转磁密 $\dot{B}_\delta$。把 3 个磁动势 $\dot{F}_1$,$-\dot{F}_2$,$\dot{F}_0$ 都画在图 9.8 里。由于这种情况下定子磁动势已变为 $\dot{F}_1$,故定子绕组里的电流也变为 $\dot{I}_1$。

定子回路的电压方程式为

$$\dot{U}_1 = -\dot{E}_1 + \dot{I}_1(r_1 + jx_{1\sigma}) \tag{9.4}$$

例 9.1　有一台三相四极 50 Hz 的绕线式异步电动机,转子每相电阻 $r_2 = 0.02\ \Omega$,转子不转时每相的漏电抗 $x_{2\sigma} = 0.08\ \Omega$,电动势变比 $k_e = \dfrac{E_1}{E_2} = 10$。当 $E_1 = 200\ \text{V}$ 时,求转子不转时的转子一相电动势、转子相电流以及转子功率因数。

解　①转子相电动势

$$E_2 = \frac{E_1}{k_e} = \frac{200\ \text{V}}{10} = 20\ V$$

②转子相电流

$$I_2 = \frac{E_2}{\sqrt{r_2^2 + x_{2\sigma}^2}} = \frac{20}{\sqrt{0.02^2 + 0.08^2}}\ \text{A} = 242.5\ \text{A}$$

③功率因数

$$\cos\varphi_2 = \frac{r_2}{\sqrt{r_2^2 + x_{2\sigma}^2}} = \frac{0.02}{\sqrt{0.02^2 + 0.08^2}} = 0.243$$

9.2.3　转子绕组的折合

异步电动机定、转子之间没有电路上的直接联系,只有磁的联系,这点和变压器的情况类似。从定子边看转子,只有转子旋转磁动势 $\dot{F}_2$ 与定子旋转磁动势 $\dot{F}_1$ 起作用,只要维持转子旋转磁动势 $\dot{F}_2$ 的大小、相位不变,至于转子边的电动势、电流以及每相串联有效匝数是多少都无关紧要。根据这个道理,设想把实际电动机的转子抽出,换上一个新转子,它的相数、每相串联匝数以及绕组系数都分别和定子的一样(新转子也是三相、N_1,k_{N1})。此时在新换的转子中,每相的感应电动势为 E_2',电流为 I_2',转子漏阻抗为 $Z_2' = r_2' + jx_{2\sigma}'$,但产生的转子旋转磁动势 $\dot{F}_2$ 却和原转子产生的一样。虽然换成了新转子,但转子旋转磁动势并没有改变,所以不影响定子边,这就是进行折合的依据。

根据定、转子磁动势的关系

$$\dot{F}_1 + \dot{F}_2 = \dot{F}_0$$

可以写成

$$\frac{3}{2}\frac{4}{\pi}\frac{\sqrt{2}}{2}\frac{N_1 k_{N1}}{p}\dot{I}_1 + \frac{m_2}{2}\frac{4}{\pi}\frac{\sqrt{2}}{2}\frac{N_2 k_{N2}}{p}\dot{I}_2 = \frac{3}{2}\frac{4}{\pi}\frac{\sqrt{2}}{2}\frac{N_1 k_{N1}}{p}\dot{I}_0$$

令
$$\frac{m_2}{2} \frac{4}{\pi} \frac{\sqrt{2}}{2} \frac{N_2 k_{N2}}{p} \dot{I}_2 = \frac{3}{2} \frac{4}{\pi} \frac{\sqrt{2}}{2} \frac{N_1 k_{N1}}{p} \dot{I}_2' \tag{9.5}$$

则可得

$$\frac{3}{2} \frac{4}{\pi} \frac{\sqrt{2}}{2} \frac{N_1 k_{N1}}{p} \dot{I}_1 + \frac{3}{2} \frac{4}{\pi} \frac{\sqrt{2}}{2} \frac{N_1 k_{N1}}{p} \dot{I}_2' = \frac{3}{2} \frac{4}{\pi} \frac{\sqrt{2}}{2} \frac{N_1 k_{N1}}{p} \dot{I}_0$$

简化为
$$\dot{I}_1 + \dot{I}_2' = \dot{I}_0 \tag{9.6}$$

至于电流 $\dot{I}_2'$ 与原来电流 $\dot{I}_2$ 的关系,可以从式(9.5)得到:

$$\dot{I}_2' = \frac{m_2}{3} \frac{N_2 k_{N2}}{N_1 k_{N1}} \dot{I}_2 = \frac{1}{k_i} \dot{I}_2$$

式中　　$k_i = \dfrac{\dot{I}_2}{\dot{I}_2'} = \dfrac{3 N_1 k_{N1}}{m_2 N_2 k_{N2}} = \dfrac{3}{m_2} k_e$ ——电流变比;

　　　　m_2——转子绕组的相数,只有绕线式三相异步电动机转子绕组是三相,鼠笼式异步电动机转子绕组一般不是三相,而是 m_2 相。

从式(9.6)看出,本来异步电动机定、转子之间存在着磁的联系,没有电路上的直接联系,经过上述的变换,把复杂的相匝数和绕组系数统统消掉后,剩下来的是电流之间的联系。从表面上看,好像定、转子之间真的在电路上有了联系。因此,式(9.6)的关系只是一种存在于等效电路上的联系。

在计算异步电动机时,若能求得转子折合电流 $\dot{I}_2'$,又想找出原转子的实际电流 $\dot{I}_2$,这并不困难,只要知道电流变比 k_i ,用 k_i 去乘 $\dot{I}_2'$ 就可得到电流 $\dot{I}_2$ 。电流变比 k_i 除了用计算的方法得到外,也能用试验方法求得。

以上把异步电动机转子绕组的实际相数 m_2 、匝数 N_2 和绕组系数 k_{N2} 看成和定子的相数 3、匝数 N_1 和绕组系数 k_{N1} 完全一样的方法,称为转子绕组向定子绕组折合, $\dot{I}_2'$ 称转子折合电流。

前面已经介绍过,折合过的转子绕组感应电动势为 $\dot{E}_2'$ 。

既然对异步电动机的转子相数、匝数和绕组系数都进行了折合,折合后的电动势为 $\dot{E}_2'$,电流为 $\dot{I}_2'$,显然,新转子的漏阻抗也不应再是原来的漏阻抗 $Z_2 = r_2 = jx_{2\sigma}$ 了,也存在着折合的问题。转子绕组漏阻抗的折合值,用 $Z_2' = r_2' + jx_{2\sigma}'$ 表示。于是转子回路的电压方程式由式(9.3)变为

$$\dot{E}_2' - \dot{I}_2'(r_2' + jx_{2\sigma}') = 0 \tag{9.7}$$

Z_2' 与 Z_2 的关系为

$$Z_2' = r_2' + jx_{2\sigma}' = \frac{\dot{E}_2'}{\dot{I}_2'} = \frac{k_e \dot{E}_2'}{\dfrac{\dot{I}}{k_i}} = k_e k_i (r_2 + jx_{2\sigma})$$

$$= k_e k_i r_2 + jk_e k_i x_{2\sigma}$$

于是折合后转子漏阻抗与折合前转子漏阻抗的关系为

$$r_2' = k_e k_i r_2$$

$$x_2' = k_e k_i x_{2\sigma}$$

折合后的阻抗角

$$\varphi_2' = \arctan \frac{x_2'}{r_2'} = \arctan \frac{k_e k_i x_{2\sigma}}{k_e k_i r_2} = \varphi_2$$

即折合前后漏阻抗的阻抗角没有改变。

折合前后的功率关系不变。如转子里的铜耗,用折合后的关系式表示为

$$3I_2'r_2' = 3\left(\frac{I_2}{k_i}\right)^2 k_e k_i r_2 = m_2 I_2^2 r_2$$

即折合前后的无功功率也不变。如转子漏抗上的无功功率,用折合后的关系式表示为

$$3I_2'^2 x_{2\sigma}' = 3\left(\frac{I_2}{k_i}\right)^2 k_e k_i x_{2\sigma} = m_2 I_2^2 x_{2\sigma}$$

它说明折合前后在转子绕组电阻里的有功损耗不变,在电抗里的无功功率也不变。

9.2.4 基本方程式、等值电路和相量图

异步电动机进行折合,前面列出的式(9.4)、式(9.2)、式(9.1*)、式(9.7)和式(9.6)是当电动机转子不转而转子短路时的 5 个基本方程式。再把它们列写如下:

$$\dot{U}_1 = -\dot{E}_1 + \dot{I}_1(r_1 + jx_{1\sigma})$$

$$-\dot{E}_1 = \dot{I}_0(R_m + jx_m)$$

$$\dot{E}_1 = \dot{E}_2'$$

$$\dot{E}_2' = \dot{I}_2'(r_2' + jx_{2\sigma}')$$

$$\dot{I}_1 + \dot{I}_2' = \dot{I}_0$$

根据以上 5 个方程式,可画出如图 9.10 所示的等值电路。

图 9.11 是根据上述 5 个基本方程式画出的转子不转、转子绕组短路时的相量图。

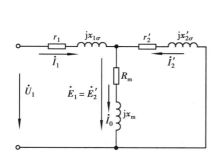

图 9.10 转子不转、转子绕组短路时的等值电路

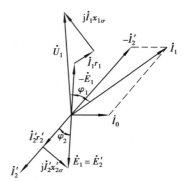

图 9.11 转子不转、转子绕组短路时的相量图

异步电动机定、转子的漏阻抗标幺值都比较小,如果在它的定子绕组加上额定电压,这时定、转子的电流都很大,大约是额定电流的 4~7 倍。这就是异步电动机加额定电压直接起动而转速等于零的瞬间情况。如果使电动机长期工作在这种状态,则有可能将电机烧坏。

有时为了测量异步电动机的参数,采用转子绕组短路并堵转试验。为了不使电动机定、转子产生过电流,必须把加在定子绕组上的电压降低,以限制定、转子绕组中的电流。

例 9.2 一台绕线式三相异步电动机,当定子加额定电压而转子开路时,滑环上电压为 260 V,转子绕组为 Y 接,不转时转子每相漏阻抗为 $0.06 + j0.2\ \Omega$(设定子每相漏阻抗 $Z_1 = Z_2'$)。求:

①定子加额定电压,转子不转时转子相电流的大小。

②当在转子回路串入三相对称电阻,每相阻值为 $0.2\ \Omega$,计算转子每相电流。

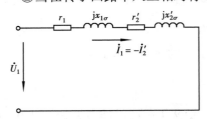

图 9.12 简化等值电路

解 计算转子电流,可采用图 9.10 所示等值电路。由于异步电动机的漏阻抗比励磁阻抗小得多,这种情况下,可忽略励磁阻抗 Z_m,等值电路如图 9.12 所示。

本题所计算的量是电机转子边的量,为此,采用把异步电机定子边向转子边折合的数值。

①定子加额定电压,转子不转时转子相电流的计算,转子开路时每相电动势为

$$E_2 = \frac{260}{\sqrt{3}} = 150.1\ \text{V} \quad (260\ \text{V 是线电压})$$

定子每相额定电压的折合值近似为

$$U_1' \approx E_1' = E_2 = 150.1\ \text{V}$$

$$I_2 = \frac{U_1'}{2Z_2} = \frac{150.1}{2\sqrt{0.06^2 + 0.2^2}}\ \text{A} = 359\ \text{A}$$

②串电阻后的转子电流有效值

$$I_2 = \frac{U_1'}{\sqrt{(2r_2 + R)^2 + (2x_{2\sigma})^2}}$$

$$= \frac{150.1}{\sqrt{(2 \times 0.06 + 0.2)^2 + (2 \times 0.2)^2}}\ \text{A} = 293\ \text{A}$$

9.3　三相异步电动机转子旋转时的电磁关系

9.3.1　转差率

前面介绍过,当异步电动机的定子绕组接到三相对称电源,转子绕组短路时,便有电磁转矩作用在转子上。如果不再把转子堵住,则转子就要朝气隙旋转磁密 $\dot{B}_\delta$ 旋转的方向转起来,例如为逆时针方向旋转。

转子转速不能达到同步转速 n_1,而是 $n < n_1$。只有 $n < n_1$,转子绕组与气隙旋转磁密之间

才有相对运动,才能在转子绕组里感应电动势、电流,产生电磁转矩。可见,异步电动机转子转速 n 总是小于同步转速 n_1。异步电动机的名称就是由此而得来的。

当异步电动机转子的转速 n 为某一确定值时,产生的电磁转矩 T 恰好等于作用在电机转轴上的负载转矩(还包括由电机本身摩擦及附加损耗引起的转矩),于是异步电动机转子的转速 n 便会稳定运行在这个恒定的转速下。

通常把同步转速 n_1 和电动机转子转速 n 之差与同步转速 n_1 的比值称为转差率(也叫转差或滑差),用 s 表示。

关于转差率 s 的定义可理解如下:

当电机的定子绕组接电源时,站在定子绕组边看,首先看到气隙旋转磁密 $\dot{B}_\delta$ 的转向和旋转的快慢(用 n_1 表示);其次是看转子本身的转向和旋转的快慢(用 n 表示)。如果两者同转向,则转差率 s 为

$$s = \frac{n_1 - n}{n_1}$$

如果两者的转向相反,则

$$s = \frac{n_1 + n}{n_1}$$

式中的 n_1,n 都理解为转速的绝对值。

s 是一个没有量纲的数,它的大小也能反映电动机转子的转速。例如当 $n = 0$ 时,$s = 1$;当 $n = n_1$ 时,$s = 0$;当 $n > n_1$ 时,s 为负;电动机转子的转向与气隙旋转磁密 $\dot{B}_\delta$ 的转向相反时,$s > 1$。

正常运行的异步电动机,转子转速 n 接近于同步转速 n_1,转差率很小,一般 $s = 0.01 \sim 0.05$。

9.3.2　转子电动势

当异步电动机转子以转速 n 恒速运转时,转子回路的电压方程式为

$$\dot{E}_{2s} = \dot{I}_{2s}(r_2 + jx_{2\sigma s}) \tag{9.8}$$

式中　$\dot{E}_{2s}$——转子转速为 n 时,转子绕组的相电动势;

$\dot{I}_{2s}$——上述情况下转子的相电流;

$x_{2\sigma s}$——转子转速为 n 时,转子绕组一相的漏电抗(注意,$x_{2\sigma s}$ 与 $x_{2\sigma}$ 的数值不同,下面还要介绍);

r_2——转子一相绕组的电阻。

转子以转速 n 恒速旋转时,转子绕组的感应电动势、电流和漏电抗的频率(下面简称转子频率)用 f_2 表示,这就和转子不转时的不一样。异步电动机运行时,转子的转向与气隙旋转磁密 $\dot{B}_\delta$ 的转向一致,它们之间的相对转速为 $n_2 = n_1 - n$,表现在电动机转子上的频率 f_2 为

$$f_2 = \frac{pn_2}{60} = \frac{p(n_1 - n)}{60} = \frac{pn_1}{60} \frac{n_1 - n}{n_1} = f_1 s \tag{9.9}$$

转子频率 f_2 等于定子频率 f_1 乘以转差率 s，为此，转子频率也叫转差频率。当然，s 为任何值时，上式的关系都成立。

正常运行的异步电动机，转子频率 f_2 约为 $0.5 \sim 2.5\ \text{Hz}$。

转子旋转时转子绕组中感应电动势为

$$
\begin{aligned}
E_{2s} &= 4.44 f_2 N_2 k_{N2} \Phi_1 \\
&= 4.44 s f_1 N_2 k_{N2} \Phi_1 \\
&= s E_2
\end{aligned}
$$

式中　E_2——转子不转时转子绕组中的感应电动势。

上式说明了当转子旋转时，每相感应电动势与转差率 s 成正比。

值得注意的是，电动势 E_2 并不是异步电机堵转时的真正电动势。因为电机堵转时，气隙主磁通 Φ_1 的大小要发生变化，在以后还要叙述。上式中的 $E_{2s} = 4.44 f_2 N_2 k_{N2} \Phi_1$，其中 Φ_1 就是电机正常运行时气隙里每极磁通量，认为是常数。

转子漏抗 $x_{2\sigma s}$ 是对应转子频率 f_2 时的漏电抗。它与转子不转时转子漏电抗 $x_{2\sigma}$（对应于频率 $f_1 = 50\ \text{Hz}$）的关系为

$$
x_{2\sigma s} = s x_{2\sigma}
$$

可见，当转子以不同的转速旋转时，转子的漏电抗 $x_{2\sigma s}$ 是个变数，它与转差率 s 成正比变化。正常运行的异步电动机，$x_{2\sigma s} \ll x_{2\sigma}$。

9.3.3　定、转子磁动势及磁动势关系

下面对转子旋转时，定、转子绕组电流产生的空间合成磁动势进行分析。

(1)定子磁动势 $\dot{F}_1$

当异步电机旋转起来后，定子绕组里流过的电流为 $\dot{I}_1$，产生旋转磁动势 $\dot{F}_1$。它的特点在前面已经分析过了。这里我们仍假设它相对于定子绕组以同步转速 n_1 逆时针方向旋转。

(2)转子旋转磁动势 $\dot{F}_2$

1)幅值

当异步电动机以转速 n 旋转时，由转子电流 $\dot{I}_{2s}$ 产生的三相合成旋转磁动势的幅值为

$$
F_2 = \frac{3}{2} \frac{4}{\pi} \frac{\sqrt{2}}{2} \frac{N_2 k_{N2}}{p} I_{2s}
$$

2)转向

在前面分析转子绕组短路、转速 $n = 0$ 的情况时知道，气隙旋转磁密 $\dot{B}_\delta$ 逆时针旋转时，在转子绕组里感应电动势，产生电流的相序为 $A_2 \to B_2 \to C_2$。现在分析的情况是，转子已经旋转起来，有一定的转速 n。由于是电动机状态，转子旋转的方向与气隙旋转磁密 $\dot{B}_\delta$ 同方向，仅仅是转子的转速 n 小于气隙旋转磁密 $\dot{B}_\delta$ 的转速 n_1。这时，如果站在转子上看气隙旋转磁密 $\dot{B}_\delta$，它相对于转子的转速为 $(n_1 - n)$，转向为逆时针方向。这样，由气隙旋转磁密 $\dot{B}_\delta$ 在转子每相绕组感应电动势，产生电流的相序仍为 $A_2 \to B_2 \to C_2$，如图 9.1(a)所示。

既然转子电流 $\dot{I}_{2s}$ 的相序为 $A_2 \to B_2 \to C_2$，由转子电流产生的三相合成旋转磁动势 $\dot{F}_2$ 的转向，相对于转子绕组而言，也是由 $+A_2$ 到 $+B_2$，再转到 $+C_2$，为逆时针方向旋转。

3）转速

转子电流 $\dot{I}_{2s}$ 的频率为 f_2，显然，由转子电流 $\dot{I}_{2s}$ 产生的三相合成旋转磁动势 $\dot{F}_2$ 相对于转子绕组的转速，用 n_2 表示为

$$n_2 = \frac{60f_2}{p}$$

4）瞬间位置

当转子绕组哪相电流达到正的最大值时，$\dot{F}_2$ 正好位于该相绕组的轴线上。

（3）合成磁动势

搞清楚了定、转子三相合成旋转磁动势 $\dot{F}_1$，$\dot{F}_2$ 的特点后，现在希望站在定子绕组的角度上看定、转子旋转磁动势 $\dot{F}_1$ 和 $\dot{F}_2$。

1）幅值

关于定、转子磁动势 $\dot{F}_1$，$\dot{F}_2$ 的幅值，不因站在定子上看而有什么改变，仍为前面分析的结果。

2）转向

$\dot{F}_1$，$\dot{F}_2$ 二者的转向相对于定子都为逆时针方向旋转。

3）转速

定子旋转磁动势 $\dot{F}_1$ 相对于定子绕组的转速为 n_1。

转子旋转磁动势 $\dot{F}_2$ 相对于转子绕组的逆时针转速为 n_2。由于转子本身相对于定子绕组有一逆时针转速 n，因此，站在定子绕组上看转子旋转磁动势 $\dot{F}_2$ 的转速为 $n_2 + n$。

已知

$$n_2 = \frac{60f_2}{p} = \frac{60f_1}{p} = sn_1$$

$$s = \frac{n_1 - n}{n_1}$$

于是，转子旋转磁动势 $\dot{F}_2$ 相对于定子绕组的转速为

$$n_2 + n = sn_1 + n$$

$$= \frac{n_1 - n}{n_1}n_1 + n$$

$$= n_1$$

这就是说，站在定子绕组上看转子旋转磁动势 $\dot{F}_2$，它也是逆时针方向，以转速 n_1 旋转。

可见，定子旋转磁动势 $\dot{F}_1$ 和转子旋转磁动势 $\dot{F}_2$ 相对定子来说，都是同转向，以相同的转速 n_1

一前一后地旋转,称为同步旋转。

作用在异步电动机磁路上的定、转子旋转磁动势 $\dot{F}_1$ 与 $\dot{F}_2$,既然以同步转速一道旋转,就应该把它们按向量的办法加起来,得到一个合成的总磁动势,仍用 $\dot{F}_0$ 来表示。即

$$\dot{F}_1 + \dot{F}_2 = \dot{F}_0$$

由此可见,当三相异步电动机转子以转速 n 旋转时,定、转子磁动势关系并未改变,只是每个磁动势的大小及相互之间的相位有所不同而已。

这种情况下的合成磁动势 $\dot{F}_0$,与前面介绍过的两种情况下的励磁磁动势 $\dot{F}_0$,就实质来说都一样,都是产生气隙每极主磁通 Φ_1 的励磁磁动势。但3种情况下的励磁磁动势 $\dot{F}_0$,就大小来说,不一定都一样大。现在介绍的励磁磁动势 $\dot{F}_0$,才是异步电动机运行时的励磁磁动势,对应的电流 $\dot{I}_0$ 是励磁电流。对于一般的异步电动机,I_0 的大小约为 $(20\% \sim 50\%)I_N$。

例9.3 一台三相异步电机,定子绕组接到频率为 $f_1 = 50$ Hz 的三相对称电源上,已知它运行在额定转速 $n_N = 960$ r/min。问:

①该电动机的极对数 p 是多少?

②额定转差率 s_N 是多少?

③额定转速运行时,转子电动势的频率 f_2 是多少?

解 ①求极对数 p

已知异步电动机额定转差率较小,根据电动机的额定转速 $n_N = 960$ r/min 便可判断出它的气隙旋转磁密 $\dot{B}_\delta$ 的转速 $n_1 = 1\,000$ r/min。于是

$$p = \frac{60 f_1}{n_1} = \frac{60 \times 50}{1\,000} = 3$$

②额定转差率

$$s_N = \frac{n_1 - n_N}{n} = \frac{1\,000 - 960}{1\,000} = 0.04$$

③转子电动势的频率

$$f_2 = s_N f_1 = 0.04 \times 50 = 2 \text{ Hz}$$

例9.4 假设例7.4中的三相异步电动机实际运行时,它的转子转向、转速 n 有下述几种情况,试分别求它们的转差率 s。

①转子的转向与 $\dot{B}_\delta$ 的转向相同,转速 n 分别为:950 r/min,1 000 r/min,1 040 r/min 和 0。

②转子的转向与 $\dot{B}_\delta$ 的转向相反,转速 $n = 500$ r/min。

解 ①转子的转向与 $\dot{B}_\delta$ 的转向相同

若 $n = 950$ r/min,则

$$s = \frac{n_1 - n}{n_1} = \frac{1\,000 - 950}{1\,000} = 0.05$$

若 $n = 1\,000$ r/min,则

$$s = \frac{n_1 - n}{n_1} = \frac{1\ 000 - 1\ 000}{1\ 000} = 0$$

若 $n = 1\ 040$ r/min,则

$$s = \frac{n_1 - n}{n_1} = \frac{1\ 000 - 1\ 040}{1\ 000} = -0.04$$

若 $n = 0$,则

$$s = \frac{n_1 - n}{n_1} = \frac{1\ 000 - 0}{1\ 000} = 1$$

②转子的转向与 $\dot{B}_\delta$ 的转向相反,$n = 5\ 00$ r/min,则

$$s = \frac{n_1 + n}{n_1} = \frac{1\ 000 + 500}{1\ 000} = 1.5$$

9.3.4　转子绕组频率的折合

前面已经分析过转子电流频率 f_2 的大小仅影响转子旋转磁动势 $\dot{F}_2$ 相对于转子本身的转速,转子旋转磁动势 $\dot{F}_2$ 相对于定子的相对转速永远为 n_1,而与 f_2 的大小无关。另外,定、转子之间的联系是通过磁动势相联系,只要保持转子旋转磁动势 $\dot{F}_2$ 的大小不变,至于电流的频率是多少无所谓。根据这个概念,把式(9.8)变换为

$$\dot{I}_{2s} = \frac{\dot{E}_{2s}}{r_2 + \mathrm{j}x_{2\sigma s}} = \frac{s\dot{E}_2}{r_2 + \mathrm{j}sx_{2\sigma}}$$

$$= \frac{\dot{E}_2}{\dfrac{r_2}{s} + \mathrm{j}x_{2\sigma}} = \dot{I}_2$$

式中　$\dot{E}_{2s}, \dot{I}_{2s}, x_{2\sigma s}$——异步电动机转子旋转时,转子绕组一相的电动势、电流和漏电抗;

　　　$\dot{E}_2, \dot{I}_2, x_{2\sigma}$——电动机转子不转时,转子绕组一相的电动势、电流和漏电抗。

由上式还可看出,在频率变换的过程中,除了电流有效值保持不变外,转子电路的功率因数角 φ_2 也没有发生任何变化,即

$$\varphi_2 = \arctan \frac{x_{2\sigma s}}{r_2} = \arctan \frac{sx_{2\sigma}}{r_2} = \arctan \frac{x_{2\sigma}}{\dfrac{r_2}{s}}$$

在上式的推导过程中,并没做任何的假设,结果证明了两个电流 $\dot{I}_{2s}$ 和 $\dot{I}_2$ 的有效值以及初相角完全相等。

下面来分析一下这两个有效值相等的电流 $\dot{I}_{2s}$ 和 $\dot{I}_2$ 的频率如何。

关于电流 $\dot{I}_{2s}$,它是由转子绕组的转差电动势 $\dot{E}_{2s}$ 和转子绕组本身的电阻 r_2,以及实际运行时转子的漏电抗 $x_{2\sigma s}$ 求得的。对应的电路如图 9.13(a)所示。

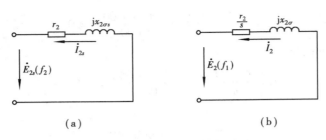

图 9.13 转子绕组频率的折合

关于电流 $\dot{I}_2$，却是由转子不转时的电动势 $\dot{E}_2$ 和转子的等效电阻 r_2，以及转子不转时转子漏电抗 $x_{2\sigma}$（注意，$x_{2\sigma} = \dfrac{x_{2\sigma s}}{s}$）得到的，对应的电路如图 9.13（b）所示。

图 9.13（a）、（b）两个电路中，（a）是异步电动机实际运行时，转子一相的电路，（b）则是等效电路。所谓等效，就是两个电路的电流有效值大小彼此相等而已。再看图 9.13（a），（b）两个电路的频率，其中（a）是 f_2，（b）则是 f_1。两个电流的频率虽然不同，由于有效值相等，在产生转子旋转磁动势 $\dot{F}_2$ 的幅值上又都是一样的。转子电路虽然经过这种变换，但从定子边看转子旋转磁动势并没有任何变化。所以图 9.13 中，从（a）电路变成（b）电路的形式，就产生转子旋转磁动势 $\dot{F}_2$ 幅值大小来说，完全是一样的。这就是转子电路的频率折合，即把转子旋转时实际频率为 f_2 的电路，变成了转子不转，频率为 f_1 的电路。

以上这种把图 9.13（a）折合成（b）电路的所谓频率折合，折合后的（b）电路，它的电动势为转子不转时的 $\dot{E}_2$（注意，不是转子堵转时的电动势），转子回路的电阻变成 $\dfrac{r_2}{s}$，漏电抗变成 $x_{2\sigma} = \dfrac{x_{2\sigma s}}{s}$。对其中转子回路电阻来说，除了原来转子绕组本身的电阻 r_2 外，相当于多串联一个大小为 $\left(\dfrac{1-s}{s}\right) r_2$ 的电阻；漏电抗也变成了转子不转时的漏电抗 $x_{2\sigma}$（即对应的频率为 f_1）。

再考虑把转子绕组的相数、匝数以及绕组系数都折合到定子边，转子回路的电压方程式则变为

$$\dot{E}'_2 = \dot{I}'_2 \left(\frac{r'_2}{s} + \mathrm{j}x'_{2\sigma} \right) \tag{9.10}$$

当异步电动机转子电路进行了频率折合后，转子旋转磁动势 $\dot{F}_2$ 的幅值可写成

$$F_2 = \frac{m_2}{2} \frac{4}{\pi} \frac{\sqrt{2}}{2} \frac{N_2 k_{N2}}{p} I_2$$

再考虑转子绕组的相数、匝数折合，则

$$F_2 = \frac{3}{2} \frac{4}{\pi} \frac{\sqrt{2}}{2} \frac{N_1 k_{N1}}{p} I'_2$$

这样一来，定、转子旋转磁动势的关系 $\dot{F}_1 + \dot{F}_2 = \dot{F}_0$，又可写成

$$\dot{I}_1 + \dot{I}'_2 = \dot{I}_0$$

即为电流关系了。

例9.5　一台三相绕线式异步电动机,当定子绕组加频率为 50 Hz 的额定电压,转子绕组开路时,转子绕组滑环上的电动势为 260 V(已知转子绕组为 Y 接),转子不转时转子一相的电阻 $r_2 = 0.06\ \Omega$, $x_{2\sigma} = 0.2\ \Omega$,电动机的额定转差率 $s_N = 0.04$。问这台电动机额定运行时转子电动势 $\dot{E}_{2sN}$,转子电流 $\dot{I}_{2sN}$ 的有效值及频率为多少?

解　①转子电动势、电流的频率

$$f_2 = s_N f_1 = 0.04 \times 50\ \text{Hz} = 2\ \text{Hz}$$

②转子额定运行时,转子的电动势 E_{2sN}(相电动势)

$$E_{2sN} = s_N E_2 = 0.04 \times \frac{260}{\sqrt{3}}\ \text{V} = 6\ \text{V}$$

式中 260 V 是线值,除以 $\sqrt{3}$ 变为相值。

③额定运行时,转子电流

$$I_{2sN} = \frac{E_{2sN}}{Z_{2s}} \approx \frac{6}{0.06}\ \text{A} = 100\ \text{A}$$

式中

$$Z_{2s} = \sqrt{r_2^2 + (s_N x_{2\sigma})^2} = \sqrt{0.06^2 + (0.04 \times 0.2)^2}\ \Omega \approx 0.06\ \Omega$$

9.3.5　基本方程式、等值电路和时间-空间向量图

与异步电动机转子绕组短路并把转子堵住不转时相比较,在基本方程式中,只有转子绕组回路的电压方程式有所差别,其他几个方程式都一样。可见,用式(9.10)代替式(9.7),就能得到异步电动机转子旋转时的基本方程式,为

$$\dot{U}_1 = -\dot{E}_1 + \dot{I}_1(r_1 + jx_{1\sigma})$$

$$-\dot{E}_1 = \dot{I}_0(R_m + jx_m)$$

$$\dot{E}_1 = \dot{E}_2'$$

$$\dot{E}_2' = \dot{I}_2'\left(\frac{r_2'}{s} + jx_{2\sigma}'\right)$$

$$\dot{I}_1 + \dot{I}_2' = \dot{I}_0$$

根据以上 5 个方程式,可以画出如图 9.14 所示的等值电路,与图 9.10 相比较,在转子回路里增加了一项值为 $\frac{(1-s)}{s}r_2'$ 的电阻。

从图 9.14 等值电路看出,当异步电动机空载时,转子的转速接近同步转速,转差率 s 很小,$\frac{r_2'}{s}$

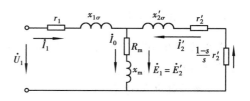

图 9.14　三相异步电动机的 T 型等值电路

趋于 ∞,电流 $\dot{I}_2'$ 可认为等于零,此时定子电流 $\dot{I}_1$ 就是励磁电流 $\dot{I}_0$,电动机的功率因数很低。

当电动机运行于额定负载时,转差率 $s \approx 0.05$,$\dfrac{r_2'}{s}$约为r_2'的 20 倍左右,等值电路里转子边呈电阻性,功率因数 $\cos \varphi_2$ 较高。此时定子边的功率因数 $\cos \varphi_1$ 也比较高,可达 $0.8 \sim 0.85$。

已知气隙主磁通$\dot{\Phi}_1$的大小与电动势$\dot{E}_1$的大小成正比,而$-\dot{E}_1$的大小又取决于$\dot{U}_1$与$\dot{I}_1 Z_1$的相量差。由于异步电动机定子漏阻抗 Z_1 不是很大,因此定子电流$\dot{I}_1$从空载到额定负载时,在定子漏阻抗上产生的压降 $I_1 Z_1$ 与$\dot{U}_1$的大小相比也是较小的,可见$\dot{U}_1$约等于$-\dot{E}_1$。这就是说,异步电动机从空载到额定负载运行时,由于定子电压 U_1 不变,主磁通 Φ_1 基本上也是固定的数值。因此,励磁电流也差不多是常数。但是,当异步电动机运行于低速时,如刚起动时,转速 $n=0(s=1)$,此时定子电压 U_1 全部降落在定、转子的漏阻抗上。已知定、转子漏阻抗 $Z_1' \approx Z_2'$,这样,定、转子漏阻抗上的电压降近似为定子电压 U_1 的 $\dfrac{1}{2}$。也就是说,E_1 近似为 U_1 的 $\dfrac{1}{2}$,气隙主磁通 Φ_1 也将变为空载时的一半左右。

既然异步电动机稳态运行可用一个等值电路表示,那么,当知道了电动机的参数时,通过等值电路就可以计算出电动机的性能。

图 9.15 是根据上述 5 个基本方程式画出的异步电动机时间-空间相量图。

为简化计算,工程上常采用如图 9.16 所示的 Γ 型等值电路。

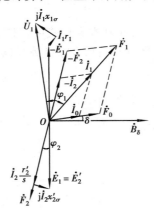

图 9.15　三相异步电动机时-空相量图

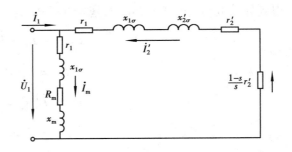

图 9.16　三相异步电动机的 Γ 型等值电路

9.3.6　鼠笼转子

绕线式异步电动机转子绕组的极数、相数通常与定子绕组的极数、相数相等。鼠笼转子绕组有其特殊性,需要单独加以讨论。

(1)鼠笼转子的极数

图 9.17 是某一瞬间气隙基波磁密$\dot{B}_\delta$、转子导条感应电动势$\dot{E}_{2s}$,以及导条电流$\dot{I}_2$的空间分布波形。$\dot{E}_{2s}$与$\dot{B}_\delta$在空间相位相同。由于鼠笼转子绕组存在漏阻抗,故导条中的电流在时间上滞后该导条电动势 ψ_2 相位角,按瞬时值大小绘出的空间波$\dot{I}_2$与$\dot{E}_{2s}$也相差一个空间相位

角 ψ_2，则转子导条电流形成的磁极数与气隙磁场的极数相同，即鼠笼转子的极数恒与定子绕组的极数相等。

（2）**鼠笼转子的相数**

鼠笼转子绕组每相邻两根导条电动势（电流）相位相差的电角度与它们在空间上相差的电角度是相同的，导条均匀分布。若一对磁极范围内有 m_2 根鼠笼条，转子就感应产生 m_2 相对称的感应电动势和电流。若一对磁极范围内鼠笼条不为整数，则取 m_2 等于转子槽数 Z_r。m_2 相对称的鼠笼绕组在流过 m_2 相对称电流时同样产生圆形旋转磁动势。

由于鼠笼转子绕组每相只有一根导体，故每相绕组匝数为 $\frac{1}{2}$，绕组系数为1。

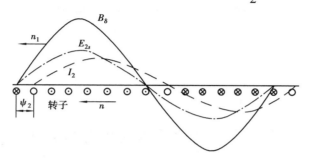

图9.17 鼠笼转子的极数

习 题

9.1 转子静止与转动时，转子边的电量和参数有何变化？

9.2 感应电动机转速变化时，为什么定、转子磁动势之间没有相对运动？

9.3 当感应电机在发电及制动状态运行时，定、转子磁动势之间也没有相对运动，试证明之。

9.4 用等效静止的转子来代替实际旋转的转子，为什么不会影响定子边各物理量的大小？定子边的电磁过程和功率传递关系会改变吗？

9.5 感应电机等效电路中 $\frac{1-s}{s}r_2'$ 代表什么意义？能不能不用电阻而用电感或电容来表示？为什么？

9.6 当感应电动机机械负载增加时，定子侧输入电流增⁺ ⁻输入功率增加，其中的物理过程是怎样的？从空载到满载，气隙磁通有何变化？

9.7 和同容量的变压器相比较，感应电机的空载电⁻

9.8 感应电机定子、转子边的频率并不相同，⁻ ⁻在一起？根据是什么？

9.9 一台三相异步电动机，$P_N = 10$ kW，$U_N = 380$ V，$n_⁻$ /min，$r_1 = 1.33$ Ω，$r_2' =$ 1.12 Ω，$R_m = 7$ Ω，$x_{1\sigma} = 2.43$ Ω，$x_{2\sigma}' = 4.4$ Ω，$x_m = 90$ Ω。定子绕⁻ △接法，试计算额定负载时的定子电流、转子电流、励磁电流、功率因数、输入功率和效率。

第 **10** 章
三相异步电动机的功率、转矩及工作特性

10.1　三相异步电动机的功率与转矩平衡方程

10.1.1　功率关系

当三相异步电动机以转速 n 稳定运行时,从电源输入的功率为 P_1

$$P_1 = 3U_1 I_1 \cos \varphi_1$$

定子铜耗 p_{Cu1} 为

$$p_{\text{Cu1}} = 3I_1^2 r_1$$

正常运行情况下的异步电动机,由于转子转速接近于同步转速、气隙旋转磁密 $\dot{B}_\delta$ 与转子铁芯的相对转速很小,再加上转子铁芯和定子铁芯同样是用 0.5 mm 厚的硅钢片(大、中型异步电动机还需涂漆)叠压而成,所以转子铁耗很小,可忽略不计,因此,电动机的铁耗只有定子铁耗 p_{Fe1},即

$$p_{\text{Fe}} = p_{\text{Fe1}} = 3I_0^2 R_{\text{m}}$$

从图 9.14 所示等值电路看出,传输给转子回路的电磁功率 P_{M} 等于转子回路全部电阻上的损耗,即

$$
\begin{aligned}
P_{\text{M}} &= P_1 - p_{\text{Cu1}} - p_{\text{Fe}} \\
&= 3I_2'^2 \left[r_2' + \frac{(1-s)}{s} r_2' \right] \\
&= 3I_2'^2 \frac{r_2'}{s}
\end{aligned}
$$

电磁功率也可表示为

$$P_{\text{M}} = 3E_2' I_2' \cos \varphi_2 = m_2 E_2 I_2 \cos \varphi_2$$

转子绕组中的铜耗为

$$p_{\mathrm{Cu2}} = 3I_2'^2 r_2' = sP_{\mathrm{M}}$$

电磁功率 P_{M} 减去转子绕组中的铜耗 p_{Cu2}，就是等效电阻 $\dfrac{(1-s)}{s} r_2'$ 上的损耗。这部分等效损耗实际上是传输给电机转轴上的机械功率，用 P_{m} 表示。它是转子绕组中电流与气隙旋转磁密共同作用产生的电磁转矩，带动转子以转速 n 旋转所对应的功率：

$$\begin{aligned} P_{\mathrm{m}} &= P_{\mathrm{M}} - p_{\mathrm{Cu2}} \\ &= 3I_2'^2 \frac{(1-s)}{s} r_2' \\ &= (1-s)P_{\mathrm{M}} \end{aligned}$$

电动机在运行时，会产生轴承以及风阻等摩擦阻转矩，这也要损耗一部分功率，把这部分功率叫做机械损耗，用 p_{m} 表示。

在异步电动机中，除了上述各部分损耗外，由于定、转子开了槽和定、转子磁动势中含有谐波磁动势，还要产生一些附加损耗，用 p_{ad} 表示。p_{ad} 一般不易计算，往往根据经验估算，在大型异步电动机中，p_{ad} 约为输出额定功率的 0.5%；在小型异步电动机中，满载时，p_{ad} 可达输出额定功率的 1%~3% 或更大些。

转子的机械功率 P_{m} 减去机械损耗 p_{m} 和附加损耗 p_{ad}，才是转轴上真正输出的功率，用 P_2 表示，即

$$P_2 = P_{\mathrm{m}} - p_{\mathrm{m}} - p_{\mathrm{ad}} \tag{10.1}$$

可见异步电动机运行时，从电源输入电功率 P_1，到转轴上输出功率 P_2 的全过程为

$$P_2 = P_1 - p_{\mathrm{Cu1}} - p_{\mathrm{Fe}} - p_{\mathrm{Cu2}} - p_{\mathrm{m}} - p_{\mathrm{ad}}$$

用功率流程图表示如图 10.1 所示。

从以上功率关系定量分析中看出，异步电动机运行时电磁功率、转子回路铜耗和机械功率 3 者之间的定量关系是

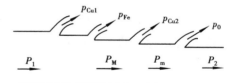

$$P_{\mathrm{M}} : p_{\mathrm{Cu2}} : P_{\mathrm{m}} = 1 : s : (1-s) \tag{10.2}$$

图 10.1　异步电动机的功率流程

这个式子说明，若电磁功率一定，转差率 s 越小，转子回路铜耗越小，机械功率越大。电机运行时，若 s 大，则效率一定不高。

10.1.2　转矩关系

机械功率 P_{m} 除以轴的角速度 Ω 就是电磁转矩 T，即

$$T = \frac{P_{\mathrm{m}}}{\Omega}$$

还可以找出电磁转矩与电磁功率的关系，为

$$T = \frac{P_{\mathrm{m}}}{\Omega} = \frac{P_{\mathrm{m}}}{\dfrac{2\pi n}{60}} = \frac{P_{\mathrm{m}}}{(1-s)\dfrac{2\pi n_1}{60}} = \frac{P_{\mathrm{M}}}{\Omega_1} \tag{10.3}$$

式中　Ω_1——同步角速度（用机械角表示）。

式（10.1）两边除以角速度，得

$$T_2 = T - T_0 \tag{10.4}$$

式中　T_0——空载转矩,$T_0 = \dfrac{p_m + p_{ad}}{\Omega} = \dfrac{p_0}{\Omega}$;

　　　T_2——输出转矩。

从动力学的角度分析,电气传动系统的运动规律可以用运动方程来描述,即

$$T - T_L = J\frac{d\omega}{dt} \qquad \text{或} \qquad T - T_L = \frac{GD^2}{375}\frac{dn}{dt}$$

式中　GD^2——系统飞轮矩;

　　　J——系统转动惯量;

　　　$T_L = T_2 + T_0$——包括空载转矩在内的总负载转矩。

当 $T > T_L$ 时,$\dfrac{dn}{dt} > 0$,系统加速;当 $T < T_L$ 时,$\dfrac{dn}{dt} < 0$,系统减速。这两种情况系统都处在变速运动状态,称为动态。

当 $T = T_L$ 时,$\dfrac{dn}{dt} = 0$,系统静止或匀速运行,称为稳态或静态。此即式(10.4)所表示的稳态时的转矩平衡方程。

例 10.1　已知一台三相 50 Hz 绕线式异步电动机,额定电压 $U_{1N} = 380$ V,额定功率 $P_N = 100$ kW,额定转速 $n_N = 950$ r/min,在额定转速下运行时,机械摩擦损耗 $p_m = 1$ kW,忽略附加损耗。求额定运行时:①额定转差率 s_N;②电磁功率 P_M;③转子铜耗 p_{Cu2}。

解　①额定转差率

$$s_N = \frac{n_1 - n}{n_1} = \frac{1\ 000 - 950}{1\ 000} = 0.05$$

式中　n_1——同步转速,判断为 $n_1 = 1\ 000$ r/min。

②额定运行时的电磁功率 P_M

已知

$$P_M = P_2 + p_m + p_{Cu2}$$
$$p_{Cu2} = s_N P_M$$

而

代入上式得

$$P_M = P_2 + p_m + s_N P_M$$

因此

$$P_M = \frac{P_2 + p_m}{1 - s_N} = \frac{100 + 1}{1 - 0.05}\ \text{kW} = 106.3\ \text{kW}$$

③额定运行时转子铜耗

$$p_{Cu2} = s_N P_M = 0.05 \times 106.3 = 5.3\ \text{kW}$$

例 10.2　上题中的异步电动机,在额定运行时的电磁转矩、输出转矩及空载转矩各为多少?

解　①额定电磁转矩

$$T_N = \frac{P_M}{\Omega_1} = \frac{P_M}{\dfrac{2\pi n_1}{60}} = 9.55 \times \frac{P_M}{n_1} = 9.55 \times \frac{106.3 \times 1\ 000}{1\ 000}\ \text{N·m} = 1\ 015.2\ \text{N·m}$$

②额定输出转矩

$$T_{2N} = \frac{P_N}{\Omega_N} = \frac{P_N}{\dfrac{2\pi n_N}{60}} = 9.55 \times \frac{P_N}{n_N} = 9.55 \times \frac{100 \times 1\,000}{950} \text{ N} \cdot \text{m} = 1\,005.3 \text{ N} \cdot \text{m}$$

③额定运行时的空载转矩

$$T_0 = \frac{p_m}{\Omega_N} = \frac{p_m}{\dfrac{2\pi n_N}{60}} = 9.55 \times \frac{1 \times 1\,000}{950} \text{ N} \cdot \text{m} = 10.1 \text{ N} \cdot \text{m}$$

10.1.3　电磁转矩的物理表达式

电磁功率 P_M 除以同步机械角速度 Ω_1 得电磁转矩

$$T = \frac{P_M}{\Omega_1} = \frac{3I_2'^2 \dfrac{r_2'}{s}}{\dfrac{2\pi n_1}{60}} = \frac{3E_2 I_2 \cos\varphi_2}{\dfrac{2\pi n_1}{60}}$$

$$= \frac{3 \times \sqrt{2}\pi f_1 N_2 k_{N2} \Phi_1 I_2 \cos\varphi_2}{\dfrac{2\pi n_1}{60}}$$

$$= \frac{3}{\sqrt{2}} p N_2 k_{N2} \Phi_1 I_2 \cos\varphi_2 = C_T \Phi_1 I_2 \cos\varphi_2 \tag{10.5}$$

式中　n_1——同步转速；

　　　C_T——转矩系数，$C_T = \dfrac{3}{\sqrt{2}} p N_2 k_{N2}$，为一常数。

当磁通单位为 Wb，电流单位为 A 时，上式转矩的单位为 N·m。

从上式看出，异步电动机的电磁转矩 T 与气隙每极磁通 Φ_1、转子电流 I_2 以及转子功率因数 $\cos\varphi_2$ 成正比，或者说与气隙每极磁通和转子电流的有功分量的乘积成正比。

10.2　三相异步电动机的机械特性

三相异步电动机的机械特性是指在定子电压、频率和参数固定的条件下，电磁转矩 T 与转速 n（或转差率 s）之间的函数关系。

10.2.1　机械特性的参数表达式

我们知道，电磁转矩与转子电流的关系为

$$T = \frac{3I_2'^2 \dfrac{r_2'}{s}}{\dfrac{2\pi n_1}{60}} = \frac{3I_2'^2 \dfrac{r_2'}{s}}{\dfrac{2\pi f_1}{p}}$$

由 Γ 型等效电路

$$I'_2 = \frac{U_1}{\sqrt{\left(r_1 + \dfrac{r'_2}{s}\right)^2 + (x_{1\sigma} + x'_{2\sigma})^2}}$$

代入上面电磁转矩公式中去,得

$$T = \frac{3U_1^2 \dfrac{r'_2}{s}}{\dfrac{2\pi n_1}{60}\left[\left(r_1 + \dfrac{r'_2}{s}\right)^2 + (x_{1\sigma} + x'_{2\sigma})^2\right]}$$

$$= \frac{3pU_1^2 \dfrac{r'_2}{s}}{2\pi f_1\left[\left(r_1 + \dfrac{r'_2}{s}\right)^2 + (x_{1\sigma} + x'_{2\sigma})^2\right]} \tag{10.6}$$

这就是机械特性的参数表达式。固定 U_1,f_1 及阻抗等参数,$T = f(s)$ 画成曲线便为 T-s 曲线。

10.2.2　固有机械特性

(1)固有机械特性曲线

三相异步电动机在电压、频率均为额定值不变,定、转子回路不串入任何电路元件时的机械特性称为固有机械特性,其 T-s 曲线(也即 T-n 曲线)如图10.2所示。其中1为电源正相序时的曲线,2为负相序时的曲线。

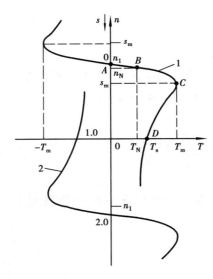

图10.2　三相异步电动机固有机械特性

从图10.2中看出三相异步电动机固有机械特性不是一条直线,它具有以下特点:

①在 $0 < s \leqslant 1$,即 $n_1 > n \geqslant 0$ 的范围内,特性在第Ⅰ象限,电磁转矩 T 和转速 n 都为正,从正方向规定判断,T 与 n 同方向,n 与同步转速 n_1 同方向,如图10.2所示。电动机工作在该范围内是电动状态。

②在 $s < 0$ 范围内,$n > n_1$,特性在第Ⅱ象限,电磁转矩为负值,是制动性转矩,电磁功率也是负值,是发电状态,如图10.3(a)所示。机械特性在 $s < 0$ 和 $s > 0$ 两个范围内近似对称。

③在 $s > 1$ 范围内,$n < 0$,特性在第Ⅳ象限,$T > 0$,也是一种制动状态,其电磁量方向如图10.3(b)所示。在第Ⅰ象限电动状态的特性上,B 点为额定运行点,其电磁转矩与转速均为额定值。A 点 $n = n_1$,$T = 0$,为理想空载运行点。C 点是电磁转矩最大点。D 点 $n = 0$,转矩为 T_s,是起动点,如见图10.2所示。

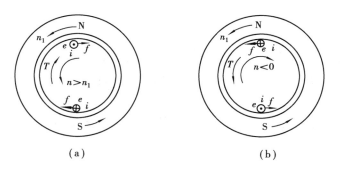

图 10.3　三相异步电动机制动电磁转矩

（2）最大电磁转矩

正、负最大电磁转矩可以从参数表达式求得，令

$$\frac{\mathrm{d}T}{\mathrm{d}s} = 0$$

得到最大电磁转矩

$$T_{\mathrm{m}} = \pm \frac{1}{2} \frac{3pU_1^2}{2\pi f_1 \left[\pm r_1 + \sqrt{r_1^2 + (x_{1\sigma} + x'_{2\sigma})^2} \right]} \tag{10.7}$$

最大电磁转矩对应的转差率称为临界转差率，为

$$s_{\mathrm{m}} = \pm \frac{r'_2}{\sqrt{r_1^2 + (x_{1\sigma} + x'_{2\sigma})^2}} \tag{10.8}$$

式中，"＋"号适用于电动机状态，"－"号适用于发电机状态。

一般情况下，r_1^2 不超过 $(x_{1\sigma} + x'_{2\sigma})^2$ 的 5%，可以忽略 r_1 的影响。这样一来，有

$$T_{\mathrm{m}} = \pm \frac{1}{2} \frac{3pU_1^2}{2\pi f_1 (x_{1\sigma} + x'_{2\sigma})}$$

$$s_{\mathrm{m}} = \pm \frac{r'_2}{x_{1\sigma} + x'_{2\sigma}}$$

也就是说，异步发电机状态和电动机状态的最大电磁转矩绝对值可近似认为相等，临界转差率也近似认为相等，机械特性具有对称性。

以上两式说明：最大电磁转矩与电压平方成正比，与漏电抗 $(x_{1\sigma} + x'_{2\sigma})$ 成反比；临界转差率与电阻 r'_2 成正比，与漏电抗 $(x_{1\sigma} + x'_{2\sigma})$ 成反比，与电压大小无关。

最大电磁转矩与额定电磁转矩的比值即为最大转矩倍数，又称过载能力，用 λ 表示为

$$\lambda = \frac{T_{\mathrm{m}}}{T_{\mathrm{N}}}$$

一般三相异步电动机 $\lambda = 1.6 \sim 2.2$，起重、冶金用的异步电动机 $\lambda = 2.2 \sim 2.8$。应用于不同场合的三相异步电动机都有足够大的过载能力，这样，当电压突然降低或负载转矩突然增大时，电动机转速变化不大，待干扰消失后又恢复正常运行。但要注意，绝不能让电动机长期工作在最大转矩处，这样电流过大，温升超出允许值，将会烧毁电机，同时在最大转矩处运行也不稳定。

（3）起动转矩

电动机起动时 $n = 0$，$s = 1$ 的电磁转矩称为起动转矩，将 $s = 1$ 代入式（7.14）中，得到起动

转矩 T_s,为

$$T_s = \frac{3pU_1^2 r_2'}{2\pi f_1 [(r_1 + r_2')^2 + (x_{1\sigma} + x_{2\sigma}')^2]} \tag{10.9}$$

从式中可以看出,T_s 与电压平方成正比,而且转子电阻越大,起动转矩越大;漏电抗越大,起动转矩越小。

起动转矩与额定转矩的比值称为起动转矩倍数,用 K_T 表示,为

$$K_T = \frac{T_s}{T_N}$$

电动机起动时,T_s 大于(1.1~1.2)倍的负载转矩就可顺利起动。一般异步电动机起动转矩倍数 $K_T = 0.8 \sim 1.2$。

例 10.3 一台三相六极鼠笼式异步电动机定子绕组 Y 接,额定电压 $U_N = 380$ V,额定转速 $n_N = 975$ r/min,电源频率 $f_1 = 50$ Hz,定子电阻 $r_1 = 2.08$ Ω,定子漏电抗 $x_{1\sigma} = 3.12$ Ω,转子电阻折合值 $r_2' = 1.53$ Ω,转子漏电抗折合值 $x_{2\sigma}' = 4.25$ Ω。计算:

①额定电磁转矩;

②最大电磁转矩及过载能力;

③临界转差率;

④起动转矩及起动转矩倍数。

解 气隙旋转磁密 $\dot{B}_\delta$ 的转速

$$n_1 = \frac{60 f_1}{p} = \frac{60 \times 50}{3} \text{ r/min} = 1\ 000 \text{ r/min}$$

额定转差率

$$s_N = \frac{n_1 - n_N}{n_1} = \frac{1\ 000 - 957}{1\ 000} = 0.043$$

定子绕组额定相电压

$$U_1 = \frac{380}{\sqrt{3}} \text{ V} = 220 \text{ V}$$

①额定转矩

$$T_N = \frac{3pU_1^2 \dfrac{r_2'}{s_N}}{2\pi f_1 \left[\left(r_1 + \dfrac{r_2'}{s_N} \right)^2 + (x_{1\sigma} + x_{2\sigma}')^2 \right]}$$

$$= \frac{3 \times 3 \times 220^2 \times \dfrac{1.53}{0.043}}{2\pi \times 50 \left[\left(2.08 + \dfrac{1.53}{0.043} \right)^2 + (3.12 + 4.25)^2 \right]} \text{ N} \cdot \text{m} = 33.5 \text{ N} \cdot \text{m}$$

②最大电磁转矩

$$T_m = \frac{1}{2} \frac{3pU_1^2}{2\pi f_1 (x_{1\sigma} + x_{2\sigma}')} = \frac{1}{2} \frac{3 \times 3 \times 220^2}{2\pi \times 50 \times (3.12 + 4.25)} \text{ N} \cdot \text{m} = 94 \text{ N} \cdot \text{m}$$

过载能力

$$\lambda = \frac{T_m}{T_N} = \frac{94}{33.5} = 2.8$$

③临界转差率

$$s_m = \frac{r_2'}{x_{1\sigma} + x_{2\sigma}'} = \frac{1.53}{3.12 + 4.25} = 0.2$$

④起动转矩

$$T_s = \frac{3pU_1^2 r_2'}{2\pi f_1 \left[(r_1 + r_2')^2 + (x_{1\sigma} + x_{2\sigma}')^2 \right]}$$

$$= \frac{3 \times 3 \times 220^2 \times 1.53}{2\pi \times 50 \times \left[(2.08 + 1.53)^2 + (3.12 + 4.25)^2 \right]} \text{ N} \cdot \text{m} = 31.5 \text{ N} \cdot \text{m}$$

起动转矩倍数

$$K_T = \frac{T_s}{T_N} = \frac{31.5}{33.5} = 0.94$$

10.2.3　人为机械特性

（1）降低定子端电压 U_1 的人为机械特性

式（10.6）里除了自变量与因变量外,保持其他量都不变,只改变定子电压 U_1 的大小,研究这种情况下的机械特性。由于异步电机的磁路在额定电压下已接近饱和,故不宜再升高电压。下面只讨论降低定子端电压 U_1 时的人为机械特性。

已知异步电机的同步转速 n_1 与电压 U_1 毫无关系,可见,不管 U_1 变为多少,都不会改变 n_1 的大小,也就是说,不同电压 U_1 的人为机械特性,都通过 n_1 点。由于电磁转矩 T 与 U_1^2 成正比,因此,最大转矩 T_m 以及起动转矩 T_s 都要随 U_1 的降低而按 U_1^2 的规律减小。至于最大转矩对应的转差率 s_m 与电压 U_1 无关,并不改变大小。电压 U_1 的人为特性如图 10.4 所示。

如果异步电机原来拖动额定负载工作在 A 点,如图 10.4 所示,当负载转矩 T_L 不变,仅把电机的端电压 U_1 降低时,电机的转速略降低。由于负载转矩不变,电压 U_1 虽然减小了,但电磁转矩依然不变。从转矩 $T = C_T \Phi_1 I_2 \cos \varphi_2$ 看出,当定子端电压降低后,气隙主磁通 Φ_1 减小了,但转子功率因数 $\cos \varphi_2$ 却变化不大（因转速 n 变化不大）,所以转子电流 I_2 要增大,同时定子电流也要增大。从电机的损耗来看,主磁通的减小能降低铁耗,但随着定、转子电流的增大,铜耗与电流的平方成正比,增加很快。如果电压降低过多,拖动额定负载的异步电动机长

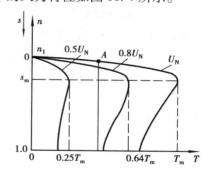

图 10.4　降低定子端电压的人为特性

期处于低电压下运行,由于铜耗增大很多,有可能烧坏电机。相反地,如果异步电机处于半载或轻负载下运行,降低它的定子端电压 U_1,使主磁通 Φ_1 减小以降低电机的铁耗,从节能的角度看,又是有好处的。

（2）转子回路串入三相对称电阻时的人为机械特性

绕线式三相异步电动机通过滑环,可以把三相对称电阻串入转子回路,而后三相再短路。

从式（10.7）可知,最大电磁转矩与转子每相电阻值无关,即转子串入电阻后,T_m 不变。从式（10.8）可得,临界转差率

$$s_m \propto r_2' \propto r_2$$

这里的 r_2 是指转子回路一相的总电阻,包括了外边串入的电阻 R。为了更清楚起见,可以写为

$$s_m \propto (r_2 + R)$$

转子回路串电阻并不改变同步转速 n_1。转子回路串三相对称电阻后的人为机械特性如图 10.5 所示。

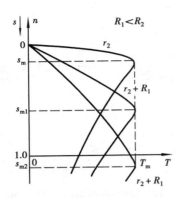

图 10.5　转子回路串电阻的人为特性

从图 10.5 可知,转子回路稍串入一些电阻,可以增大起动转矩,串的电阻合适时,可使

$$s_m = \frac{r_2' + R'}{x_{1\sigma} + x_{2\sigma}'} = 1$$

$$T_s = T_m$$

即起动转矩为最大电磁转矩,其中 $R' = k_e k_i R$。但若串入转子回路的电阻再增大,则 $s_m > 1$,$T_s < T_m$。因此,转子回路串电阻增大起动转矩并非是电阻越大越好,而是有一个限度。三相异步电动机改变定子电源频率和改变电机极对数的人为机械特性将在异步电动机起动与调速方法中介绍。

10.2.4　机械特性的实用公式

(1)实用公式

实际应用时,三相异步电机的参数不易得到,所以式(10.4)使用不便。若利用异步电机产品目录中给出的数据,找出异步电动机的机械特性公式,即便是粗糙些,但也很有用,这就是实用公式。下面进行推导。

用式(10.7)去除式(10.6)得

$$\frac{T}{T_m} = \frac{2r_2' \left[r_1 + \sqrt{r_1^2 + (x_{1\sigma} + x_{2\sigma}')^2} \right]}{s \left[\left(r_1 + \frac{r_2'}{s} \right)^2 + (x_{1\sigma} + x_{2\sigma}')^2 \right]}$$

从式(10.8)可知

$$\sqrt{r_1^2 + (x_{1\sigma} + x_{2\sigma}')^2} = \frac{r_2'}{s_m}$$

代入上式,于是上式变为

$$\frac{T}{T_m} = \frac{2r_2' \left(r_1 + \frac{r_2'}{s} \right)}{\frac{s(r_2')^2}{s_m^2} + \frac{(r_2')^2}{s} + 2r_1 r_2'} = \frac{2 \left(1 + \frac{r_1}{r_2'} s_m \right)}{\frac{s}{s_m} + \frac{s_m}{s} + 2\frac{r_1}{r_2'} s_m} = \frac{2 + q}{\frac{s}{s_m} + \frac{s_m}{s} + q}$$

式中,$q = \frac{2r_1}{r_2'} s_m \approx 2s_m$,其中 s_m 大约为 $0.1 \sim 0.2$,上式中,s 为任何值时,都有

$$\frac{s}{s_m} + \frac{s_m}{s} \geq 2$$

而 $q \ll 2$ 可忽略,于是可得

$$\frac{T}{T_m} = \frac{2}{\frac{s}{s_m} + \frac{s_m}{s}} \tag{10.10}$$

这就是三相异步电动机机械特性的实用公式。

(2)实用公式的使用

从实用公式可知,必须先知道最大转矩及临界转差率才能计算,而额定输出转矩可以通过

额定功率和额定转速计算。在实际应用中,忽略空载转矩,近似认为 $T_N = T_{2N}$。过载能力 λ 可从产品目录中查到,故 $T_m = \lambda T_N$ 便可确定。

下面再推导临界转差率 s_m 的计算公式。

若用额定工作点的 s_N 和 T_N,将其代入式(10.10),得

$$\frac{1}{\lambda} = \frac{2}{\dfrac{s_N}{s_m} + \dfrac{s_m}{s_N}}$$

解上式得

$$s_m = s_N(\lambda + \sqrt{\lambda^2 - 1}) \tag{10.11}$$

此式使用时,额定工作点的数据是已知的。

若使用实用公式时,不知道额定工作点数据,更多的情况是在人为机械特性上运行(机械特性同样可以用实用公式计算),但该特性上没有额定运行点,此时可将任一已知点的 T 和 s 代入式(10.10),找出 s_m 的表达式,过程如下:

$$\frac{T}{T_m} = \frac{2}{\dfrac{s}{s_m} + \dfrac{s_m}{s}}$$

$$\frac{T}{\lambda T_N} = \frac{2}{\dfrac{s}{s_m} + \dfrac{s_m}{s}}$$

解上式,得这种情况下最大转矩对应的转差率 s_m 为

$$s_m = s\left[\lambda \frac{T_N}{T} + \sqrt{\lambda^2 \left(\frac{T_N}{T}\right)^2 - 1}\right] \tag{10.12}$$

异步电动机的电磁转矩实用公式很简单,使用起来也较方便。

当三相异步电动机在额定负载范围内运行时,它的转差率小于额定转差率($s_N = 0.01 \sim 0.05$),即

$$\frac{s}{s_m} \ll \frac{s_m}{s}$$

忽略 $\dfrac{s}{s_m}$,式(10.10)变成为

$$T = \frac{2T_m s}{s_m} \tag{10.13}$$

经过以上简化,使三相异步电动机的机械特性呈线性变化关系,使用起来更为方便。但是,上式只能用于转差率 $s_N \geqslant s > 0$ 的情况。在这个条件下,把额定工作点的值代入上式得到对应于最大转矩的转差率 s_m 为

$$s_m = 2\lambda s_N \tag{10.14}$$

例 10.4　一台三相绕线式异步电动机,已知额定功率 $P_N = 150 \text{ kW}$,额定电压 $U_N = 380 \text{ V}$,额定频率 $f_1 = 50 \text{ Hz}$,额定转速 $n_N = 1\ 460 \text{ r/min}$,过载能力 $\lambda = 2.3$。求电动机的转差率 $s = 0.02$ 时的电磁转矩及拖动恒转矩负载 860 N·m 时电动机的转速。

解　根据额定转速 n_N 的大小可判断出气隙旋转磁密 $\dot{B}_\delta$ 的转速 $n_1 = 1\ 500 \text{ r/min}$,则额定转差率

$$s_N = \frac{n_1 - n_N}{n_1} = \frac{1\ 500 - 1\ 460}{1\ 500} = 0.027$$

临界转差率

$$s_m = s_N(\lambda + \sqrt{\lambda^2 - 1}) = 0.027 \times (2.3 + \sqrt{2.3^2 - 1}) = 0.118$$

忽略空载转矩,额定转矩

$$T_N = 9\ 550 \times \frac{P_N}{n_N} = 9\ 550 \times \frac{150}{1\ 460}\ \text{N} \cdot \text{m} = 981.2\ \text{N} \cdot \text{m}$$

当 $s = 0.02$ 时的电磁转矩

$$T = \frac{2T_m}{\frac{s}{s_m} + \frac{s_m}{s}} = \frac{2 \times 2.3 \times 981.2}{\frac{0.02}{0.118} + \frac{0.118}{0.02}}\ \text{N} \cdot \text{m} = 743.6\ \text{N} \cdot \text{m}$$

设电磁转矩为 860 N·m 时转差率为 s',则

$$T = \frac{2\lambda T_N}{\frac{s'}{s_m} + \frac{s_m}{s'}}$$

即

$$860 = \frac{2 \times 2.3 \times 981.2}{\frac{s'}{0.118} + \frac{0.118}{s'}}$$

解得 $s' = 0.023\ 4$(另一解为 0.596,不合理,舍去)。

电动机转速

$$n = n_1 - s'n_1 = (1 - s')n_1 = (1 - 0.023\ 4) \times 1\ 500 = 1\ 465\ \text{r/min}$$

10.2.5　稳定运行问题

(1)电气传动系统的负载特性

负载特性指电气传动系统同一转轴上负载转矩与转速之间的关系,即 $n = f(T_L)$。常分为下列 3 类:

1)恒转矩负载特性

此类负载特性的特点是 T_L = 常数,且与转速变化无关。依据负载转矩与运动方向的关系,恒转矩负载又分为以下 2 种:

①反抗性恒转矩负载

反抗性负载转矩又称摩擦转矩,其特点是负载转矩的方向总是与运动方向相反,即总是阻碍运动。当运动方向发生改变时,负载转矩的方向也随之改变。特性曲线在第 Ⅰ 象限和第 Ⅲ 象限。如图 10.6(a)所示。

②位能性恒转矩负载

位能性负载转矩是由物体的重力和弹性体的压缩、拉伸与扭转等作用产生的。其特点是负载转矩的作用方向恒定,与转速方向无关。如起重机提升或下放重物时,重物的重力所产生的负载转矩 T_L 总是作用在重物下降方向。负载特性在第 Ⅰ 象限和第 Ⅳ 象限,如图 10.6(b)所示。

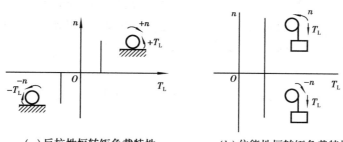

（a）反抗性恒转矩负载特性　　　（b）位能性恒转矩负载特性

图 10.6　恒转矩负载特性

2）恒功率负载特性

这类负载得名于在改变转速时，负载功率 P_L 保持不变。例如车床在粗加工时，切削量大，负载阻力大，应为低速；在精加工时，切削量小，阻力也小，常为高速，以保证高、低速下功率不变。T_L 与 n 的关系为一双曲线，称为恒功率负载特性，如图 10.7 所示。

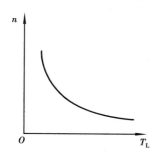

图 10.7　恒功率负载特性

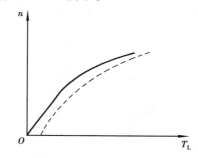

图 10.8　通风机负载特性

3）通风机负载特性

属于这类负载的生产机械是按离心力原理工作的，如风机、水泵、油泵等。其负载转矩基本上与转速的平方成正比，即

$$T_L = kn^2$$

通风机负载特性为一抛物线，如图 10.8 所示。

除了上述 3 种典型的负载特性以外，还有直线型负载特性，即 $T_L = cn$。另外，实际负载可能是单类型的，也可能是几种类型的综合，如实际通风机除了主要是通风机性质的负载特性外，轴上还存在摩擦转矩 T_0，所以其负载特性为 $T_L = T_0 + kn^2$，如图 10.8 中虚线所示。

（2）**运行的稳定性分析**

电动机机械特性与负载转矩特性的交点即为电动机的运行点，如图10.9中的 a,b,c,d 点。从三相异步电动机机械特性上看，当 $0 < s < s_m$，机械特性下斜，拖动恒转矩负载和泵类负载运行时均能稳定运行，如图10.9中的 a,c 点。当 $s_m < s < 1$，机械特性上翘，拖动恒转矩负载时不能稳定运行，如图 10.9 中的 b 点。但拖动泵类负载时，满足 $T = T_L$ 处 $\dfrac{dT}{dn} < \dfrac{dT_L}{dn}$ 的条件，即可稳定运

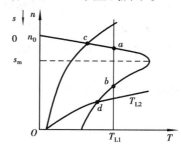

图 10.9　电动机运行的稳定性分析

行,如图 10.9 中的 d 点。但由于此时转速低,转差率大,转子电动势 $E_{2s} = sE_2$ 比正常运行时大很多,造成转子电流、定子电流均很大,不能长期运行。因此,三相异步电动机稳定运行区在 $0 < s < s_m$ 范围内。在 $0 < s < s_N$ 范围内能长期稳定运行。

10.3 三相异步电动机的工作特性及其测试方法

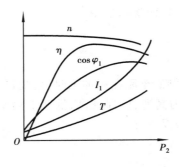

图 10.10 异步电动机的工作特性

异步电动机的工作特性是指,在电动机的定子绕组加额定电压,电压的频率又为额定值时,电动机的转速 n、定子电流 I_1、功率因数 $\cos\varphi_1$、电磁转矩 T、效率 η 等与输出功率 P_2 的关系,即 $U_1 = U_N$,$f_1 = f_N$ 时,n,I_1,$\cos\varphi_1$,T,$\eta = f(P_2)$。

可以通过直接给异步电动机带负载测得工作特性,也可以利用等值电路计算而得。

图 10.10 是三相异步电动机的工作特性曲线,分别叙述如下。

10.3.1 工作特性的分析

(1)转速特性 $n = f(P_2)$

三相异步电动机空载时,转子的转速 n 接近于同步转速 n_1。随着负载的增加,转速 n 要略微降低,此时转子电动势 E_{2s} 增大,转子电流 I_{2s} 增大,以产生较大的电磁转矩来平衡负载转矩。因此,随着 P_2 的增加,转子转速 n 下降,转差率 s 增大。

(2)定子电流特性 $I_1 = f(P_2)$

当电动机空载时,转子电流 I_2' 约等于零;定子电流 I_1 等于励磁电流 I_0。随着负载的增加,转速下降,转子电流增大,定子电流也增大。

(3)定子边功率因数 $\cos\varphi_1 = f(P_2)$

三相异步电动机运行时必须从电网中吸收无功功率,它的功率因数永远小于 1。空载时,定子功率因数很低,不超过 0.2。当负载增大时,定子电流中的有功电流增加,使功率因数提高。接近额定负载时,$\cos\varphi_1$ 最高。如果负载进一步增大,由于转差率 s 的增大,使 φ_1 增大,如图 9.15 所示,结果 $\cos\varphi_1$ 又开始减小。

(4)电磁转矩特性 $T = f(P_2)$

稳定运行时异步电动机的转矩方程为

$$T = T_0 + T_2$$

输出功率 $P_2 = T_2\Omega$,所以

$$T = T_0 + \frac{P_2}{\Omega}$$

当电动机空载时,电磁转矩 $T = T_0$。随着负载增加,P_2 增大,由于机械角速度 Ω 变化不大,电磁转矩 T 随 P_2 的变化近似为一条直线。

（5）**效率特性** $\eta = f(P_2)$

根据 $\eta = \dfrac{P_2}{P_1} = 1 - \dfrac{\sum p}{P_2 + \sum p}$ 知道,电动机空载时,$P_2 = 0$,$\eta = 0$,随着输出功率 P_2 的增加,效率 η 也在增大。在正常运行范围内因主磁通变化很小,所以铁耗变化不大,机械损耗变化也很小,合起来称为不变损耗。定、转子铜耗与电流平方成正比,变化很大,称为可变损耗。当不变损耗等于可变损耗时,电动机的效率达到最大。对中、小型异步电动机,大约 $P_2 = 0.75 P_N$ 时,效率最高。如果负载继续增大,效率反而要降低。一般来说,电动机的容量越大,效率越高。

10.3.2　用试验法测三相异步电动机的工作特性

如果用直接负载法求异步电动机的工作特性,要先测出电动机的定子电阻、铁耗和机械损耗。这些参数都能从电动机的空载试验中得到。

直接负载试验是在电源电压为额定电压 U_N 和额定频率 f_N 的条件下,给电动机的轴上带不同的机械负载,测量不同负载下的输入功率 P_1、定子电流 I_1 和转速 n,即可算出各种工作特性,并画成曲线。

如果用试验法能测出异步电动机的参数以及机械损耗和附加损耗（附加损耗也可估算）,利用异步电动机的等值电路,也能够间接地计算出电动机的工作特性。

10.4　三相异步电动机的参数测定

前面已经说明,为了用等值电路计算异步电动机的工作特性,应先知道它的参数。和变压器一样,通过做空载和短路（堵转）两个试验,就能求出异步电动机的 $r_1, x_{1\sigma}, r_2', x_{2\sigma}', r_m$ 和 x_m。

10.4.1　短路（堵转）试验

短路试验又叫堵转试验,即把绕线式异步电机的转子绕组短路,并把转子卡住,不使其旋转,鼠笼式电机转子本身已短路。为了在做短路试验时不出现过电流,可把加在异步电动机定子上的电压降低。一般从 $U_1 = 0.4U_N$ 开始,然后逐渐降低电压。试验时,记录定子绕组加的端电压 U_1、定子电流 I_{1k} 和定子输入功率 P_{1k}。试验时,还应量测定子绕组每相电阻 r_1 的大小。根据试验的数据,画出异步电动机的短路特性 $I_{1k} = f(U_1)$、$P_{1k} = f(U_1)$,如图 10.11 所示。

图 9.10 就是异步电动机堵转时的等值电路。因电压低,铁耗可忽略,为了简单起见,可认为 $Z_m \gg Z_2'$,$I_0 \approx 0$,即图 9.10 等值电路的励磁支路开路。由于试验时,转速 $n = 0$,机械损耗 $p_m = 0$,定子全部的输入功率 P_{1k} 都损耗在定、转子的电阻上,即

$$P_{1k} = 3I_1^2 r_1 + 3 I_2'^2 r_2'$$

因为　　　　　$I_0 \approx 0$,　$I_2' \approx I_1 = I_{1k}$

所以　　　　　$P_{1k} = 3I_{1k}^2(r_1 + r_2')$

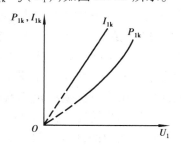

图 10.11　异步电动机的短路特性

根据短路试验测得的数据,可以算出短路阻抗 Z_k、短路电阻 r_k 和短路电抗 x_k,即

$$Z_k = \frac{U_1}{I_{1k}}$$

$$r_k = \frac{P_{1k}}{3I_{1k}^2}$$

$$x_k = \sqrt{Z_k^2 - r_k^2}$$

式中 $r_k = r_1 + r_2'$, $x_k = x_{1\sigma} + x_{2\sigma}'$

从 r_k 减去定子电阻 r_1,即得 r_2'。对于 $x_{1\sigma}$ 和 $x_{2\sigma}'$,在大、中型异步电动机中,可认为

$$x_{1\sigma} \approx x_{2\sigma}' \approx \frac{x_k}{2}$$

10.4.2　空载试验

空载试验的目的是为了测量励磁阻抗 r_m,x_m,机械损耗 p_m 和铁耗 p_{Fe}。试验时,电动机的转轴上不加任何负载,即电动机处于空载运行,把定子绕组接到频率为额定频率的三相对称电

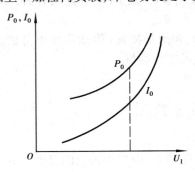

图 10.12　异步电动机的空载特性

源上,当电源电压为额定值时,让电动机运行一段时间,使其机械损耗达到稳定值。用调压器改变加在电动机定子绕组上的电压,使其从 $1.1U_N \sim 1.3U_N$ 开始,逐渐降低电压,直到电动机的转速发生明显的变化为止。记录电动机的端电压 U_1、空载电流 I_0、空载功率 P_0 和转速 n,并画出曲线。如图 10.12 所示,即异步电动机的空载特性。

由于异步电动机处于空载状态,转子电流很小,转子里的铜耗可忽略不计。在这种情况下,定子输入的功率 P_0 消耗在定子铜耗 $3I_0^2 r_1$、铁耗 p_{Fe} 和机械损耗 p_m 中,即

$$P_0 = 3I_0^2 r_1 + p_{Fe} + p_m$$

从输入功率 P_0 中减去定子铜耗 $3I_0^2 r_1$,并用 P_0' 表示,得

$$P_0' = P_0 - 3I_0^2 r_1 = p_{Fe} + p_m$$

上述损耗中,p_{Fe} 随着定子端电压的改变而发生变化,p_m 的大小与电压 U_1 无关,只要电动机的转速不变或变化不大时,就认为是常数。由于铁耗 p_{Fe} 可认为与磁密的平方成正比,因此可近似地看成与电动机的端电压 U_1^2 成正比。这样可以把 P_0' 对 U_1^2 的关系画成曲线,如图 10.13 所示。把图 10.13 中曲线延长,与纵坐标轴交于点 O',过 O' 做一水平虚线,把曲线的纵坐标分成两部分。由于机械损耗 p_m 与转速有关,电动机空载时,转速接近于同步转速,对应的机械损耗不变,即可由虚线与横坐标轴之间的部分来表示该损耗,其余部分即为铁耗 p_{Fe}。

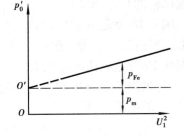

图 10.13　$P_0' = f(U_1^2)$ 曲线

定子加额定电压时,根据空载试验测得的数据 I_0 和 P_0,可得

$$Z_0 = \frac{U_1}{I_0}$$

$$r_0 = \frac{P_0 - p_\mathrm{m}}{3I_0^2}$$

$$x_0 = \sqrt{Z_0^2 - r_0^2}$$

式中　P_0——测得的三相功率;

　　　I_0, U_1——相电流和相电压。

电动机空载时,$s \approx 0$,从图 9.14 T 型等值电路中看出,此时

$$\frac{(1-s)}{s}r_2' \approx \infty$$

可见

$$x_0 = x_\mathrm{m} + x_{1\sigma}$$

式中,$x_{1\sigma}$ 可从短路(堵转)试验中测出,于是励磁电抗

$$x_\mathrm{m} = x_0 - x_{1\sigma}$$

励磁电阻则为

$$r_\mathrm{m} = r_0 - r_1$$

习　题

10.1　什么叫转差功率? 转差功率消耗到哪里去了? 增大这部分消耗,异步电动机会出现什么现象?

10.2　异步电动机的电磁转矩物理表达式的物理意义是什么?

10.3　异步电动机拖动额定负载运行时,若电源电压下降过多,会产生什么后果?

10.4　一台三相二极异步电动机,额定数据为 $P_N = 10$ kW,$U_{1N} = 380$ V,$I_{1N} = 19.5$ A,定子绕组 D 接,$n_N = 2\,932$ r/min,$f_{1N} = 50$ Hz,$\cos\varphi_{1N} = 0.89$。空载试验数据:$U_1 = 380$ V,$p_0 = 824$ W,$I_0 = 5.5$ A,机械损耗 $p_\mathrm{m} = 156$ W。短路试验数据:$U_{1k} = 89.5$ V,$I_{1k} = 19.5$ A,$p_{1k} = 605$ W。$t = 75$ ℃时,$r = 0.963$ Ω。试计算:①额定输入功率;②定、转子铜耗;③电磁功率和总机械功率;④效率 η;⑤画出等值电路图,并计算参数 r_2',$x_{1\sigma}$,$x_{2\sigma}'$,r_m,x_m。

10.5　一台三相六极异步电动机,额定数据为 $U_{1N} = 380$ V,$f_1 = 50$ Hz,$P_N = 7.5$ kW,$n_N = 962$ r/min,$\cos\varphi_{1N} = 0.827$,定子绕组 D 接。定子铜耗 470 W,铁耗 234 W,机械损耗 45 W,附加损耗 80 W。计算在额定负载时的转差率、转子电流频率、转子铜耗、效率和定子电流。

10.6　一台三相极异步电动机,有关数据为 $P_N = 3$ kW,$U_{1N} = 380$ V,$I_{1N} = 7.25$ A,定子绕组 Y 接,$r_1 = 2.01$ Ω。空载试验数据:$U_1 = 380$ V,$p_0 = 246$ W,$I_0 = 3.64$ A,$p_\mathrm{m} = 11$ W。短路试验数据:$U_{1k} = 100$ V,$I_{1k} = 7.05$ A,$p_{1k} = 470$ W。假设附加损耗忽略不计,短路特性为线性,且 $x_1 \approx x_2'$,试求:①r_2',$x_{1\sigma}$,$x_{2\sigma}'$,r_m 及 x_m 之值;②$\cos\varphi_{1N}$ 及 η_N 之值。

第 $\boldsymbol{11}$ 章
三相异步电动机的起动、制动与调速

以交流电动机为原动机的电力拖动系统为交流电力拖动系统。交流电动机有异步电动机和同步电动机,这两种类型的电动机相比较,异步电动机结构简单,价格便宜,而且其性能良好、运行可靠,因此,交流电力拖动系统中的电动机主要是三相异步电动机。

在三相异步电动机电力拖动系统中,电动机转速、电磁转矩、负载转矩等物理量的正方向,都按电动机惯例规定。本章讨论三相异步电动机的起动、调速以及各种运行状态。

11.1　三相异步电动机的直接起动

从三相异步电动机固有机械特性的分析中知道,如果在额定电压下直接起动三相异步电动机,由于最初起动瞬间主磁通 Φ_m 约减少到额定值的一半,功率因数 $\cos\varphi_2$ 很低,造成了起动电流相当大而起动转矩并不大的结果。以普通鼠笼式三相异步电动机为例,起动电流 $I_s = K_T I_N = (4 \sim 7) I_N$($K_T$ 为起动转矩倍数),起动转矩 $T_s = K_T T_N = (0.9 \sim 1.3) T_N$,图 11.1 所示为三相异步电动机直接起动时的固有机械特性与电流特性,其中 I_1 为定子每相电流,而 $\dot{I}_1 + \dot{I}_2' = \dot{I}_0$。

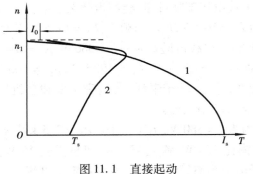

图 11.1　直接起动
1—电流特性;2—固有机械特性

起动电流 I_s 较大有什么影响呢?

首先看一下,起动过程中出现较大的电流,对电动机本身有没有影响。由于异步电动机不存在换向问题,对不频繁起动的异步电动机来说,短时大电流对其没什么影响;对频繁起动的异步电动机来说,频繁出现短时大电流会使电动机内部发热较多而过热,但只要限制每小时最高起动次数,电动机也能承受。因此,若只考虑电动机本身,则可以直接起动。

再看对供电变压器的影响。整个交流电网的容量相对于单个三相异步电动机来说是非常大的。但具体到直接供电的变压器,容量却是有限的。配电变压器的容量是按其供电的负载总容量设置的,正常运行条件下,变压器由于电流不超过额定电流,其输出电压比较稳定,电压变化率在允许的范围之内。三相异步电动机起动时,变压器提供较大的起动电流,会使变压器输出电压下降。若变压器额定容量相对不够大、电动机额定功率相对不算小时,电动机短时较大的起动电流,会使变压器输出电压短时下降幅度较大,超过了正常规定值,例如 $\Delta U > 10\%$ 或更严重。这样一来,有以下几方面的影响:

①起动电动机本身,由于电压太低,起动转矩下降很多($T_s \propto U_1^2$),当负载较重时,则无法起动。

②影响由同一台配电变压器供电的其他负载,如电灯会变暗,数控设备可能失常,重载的异步电动机可能停转等。

起动转矩不大有什么影响呢?

我们知道,只有在 $T_s \geq (1.1 \sim 1.2) T_L$ 的条件下,电动机才能正常起动。一般地说,如果异步电动机轻载和空载起动,直接起动时的起动转矩足够大,但如果是重载起动,如 $T_L = T_N$,且要求起动过程快时,某些异步电动机,如绕线式三相异步电动机,K_T 往往小于1,直接起动的起动转矩就不够大。

一般地说,容量在 7.5 kW 以下的小容量鼠笼式异步电动机都可直接起动。如果容量大于 7.5 kW,在供电变压器容量较大,满足下式要求时,电动机也可直接起动。

$$K_T = \frac{I_{1s}}{I_{1N}} \leq \frac{1}{4}\Big[3 + \frac{\text{电源总容量(kVA)}}{\text{起动电动机容量(kVA)}}\Big] \tag{11.1}$$

直接起动,不需要专门的起动设备,这是三相异步电动机的最大优点之一。

如果不能满足式(11.1)的要求,则必须采用降压起动的方法,把起动电流降低到允许的数值。

11.2 三相鼠笼式异步电动机的降压起动

11.2.1 定子串接电抗器起动

三相异步电动机定子串电抗器起动,起动时电抗器接入定子电路;起动后,切除电抗器,进入正常运行。

三相异步电动机直接起动时,其每相等值电路如图 11.2(a)所示,电源电压 $\dot{U}_1$ 直接加在短路阻抗 $Z_k = r_k + jx_k$ 上。定子边串入电抗 x 起动时,每相等值电路如图 11.2(b)所示,$\dot{U}_1$ 加在 $(jx + Z_k)$ 上,而 Z_k 上的电压是 $\dot{U}_1'$。定子边串电抗起动可理解为增大定子边电抗值,也可理解为降低定子实际所加电压,其目的是减小起动电流。

根据图 11.2 等值电路,可以得出

$$\dot{U}_1 = \dot{I}_{1s}'(Z_k + jx)$$

$$\dot{U}_1' = \dot{I}_{1s}' Z_k$$

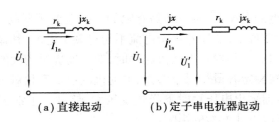

（a）直接起动　　　（b）定子串电抗器起动

图 11.2　定子串电抗器起动时的等值电路

我们知道，三相异步电动机直接起动时转子功率因数很低，这是由于电动机设计时，短路阻抗 $Z_k = r_k + jx_k$ 中 $x_k \approx Z_k$ 所致，一般地说，$x_k > 0.9Z_k$。因此，串电抗器起动时，可以近似把 Z_k 看成是电抗性质的，把 Z_k 的模直接与 x 相加，而不考虑阻抗角，误差不大。设串电抗器时电动机定子电压与直接起动时电压比值为 u，则

$$\left.\begin{array}{l} \dfrac{U_1'}{U_1} = u = \dfrac{Z_k}{Z_k + x} \\[3mm] \dfrac{I_{1s}'}{I_{1s}} = \dfrac{U_1'}{U_1} = u = \dfrac{Z_k}{Z_k + x} \\[3mm] \dfrac{T_s'}{T_s} = \left(\dfrac{U_1'}{U_1}\right)^2 = u^2 = \left(\dfrac{Z_k}{Z_k + x}\right)^2 \end{array}\right\} \tag{11.2}$$

三相异步电动机直接起动的起动电流大，对供电变压器冲击大，采用降压起动减小起动电流。上面 3 个关系式中的电压、电流均指相值，需要换成线值。三相异步电动机定子串电抗器降电压起动时，电动机端电压线值从 U_N 降到 U'，起动电流线值从 I_s 降到 I_s'。这样，上面 3 式变为

$$\left.\begin{array}{l} \dfrac{U'}{U_N} = u = \dfrac{Z_k}{Z_k + x} \\[3mm] \dfrac{I_s'}{I_s} = u = \dfrac{Z_k}{Z_k + x} \\[3mm] \dfrac{T_s'}{T_s} = u^2 = \left(\dfrac{Z_k}{Z_k + x}\right)^2 \end{array}\right\} \tag{11.3}$$

显然，定子串电抗器起动，降低了起动电流，但却付出了较大的代价——起动转矩降低得更多。因此，定子串电抗器起动，只能用于空载和轻载。

工程实际中，往往先给定线路允许电动机起动电流的大小 I_s'，再计算电抗 x 的大小。计算公式推导如下：

$$\dfrac{I_s'}{I_s} = u = \dfrac{Z_k}{Z_k + x}$$

$$uZ_k + ux = Z_k$$

得

$$x = \dfrac{1 - u}{u}Z_k \tag{11.4}$$

其中短路阻抗为

$$Z_k = \dfrac{U_N}{\sqrt{3}I_s} = \dfrac{U_N}{\sqrt{3}K_T I_N}$$

若定子回路串电阻起动,也属于降压起动,也可以降低起动电流。但由于外串的电阻上有较大的有功功率损耗,特别对中、大型异步电动机更不经济,因此这里不予介绍。

11.2.2　Y-△起动

对于运行时定子绕组接成△形的三相鼠笼式异步电动机,为了减少起动电流,可以采用 Y-△起动,即起动时,定子绕组 Y 接,起动后换成△接,其接线图如图 11.3 所示。开关 K2 合到下边,电动机定子绕组 Y 接,电动机开始起动;当转速升高到一定程度后,开关 K2 从下边断开合向上边,定子绕组△接,电动机进入正常运行。

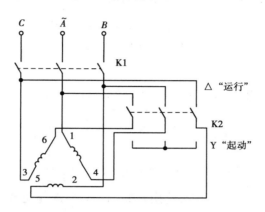

图 11.3　Y-△起动时起动接线图

电动机直接起动时,定子绕组△接,如图 11.4(a)所示,每一相绕组起动电压大小为 $U_1 = U_N$,每相起动电流为 $I_\triangle$,线上的起动电流为 $I_s = \sqrt{3} I_\triangle$。采用 Y-△起动,起动时定子绕组 Y 接,

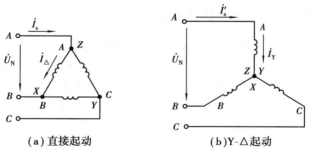

（a）直接起动　　　（b)Y-△起动

图 11.4　Y-△起动的起动电流

如图 11.4(b)所示,每相起动电压为

$$U_1' = \frac{U_1}{\sqrt{3}} = \frac{U_N}{\sqrt{3}}$$

每相起动电流为 I_Y,则

$$\frac{I_Y}{I_\triangle} = \frac{U_1'}{U_1} = \frac{\dfrac{U_N}{\sqrt{3}}}{U_N} = \frac{1}{\sqrt{3}}$$

线起动电流为 I_s',则

$$I'_s = I_Y = \frac{1}{\sqrt{3}} I_\triangle$$

所以

$$\frac{I'_s}{I_s} = \frac{\frac{1}{\sqrt{3}} I_\triangle}{\sqrt{3} I_\triangle} = \frac{1}{3} \tag{11.5}$$

上式说明,Y-△起动时,尽管相电压和相电流与直接起动时相比降低到原来的 $\frac{1}{\sqrt{3}}$,但对供电

变压器造成冲击的起动电流则降低到直接起动时的 $\frac{1}{3}$。

直接起动时起动转矩为 T_s,Y-△起动时起动转矩为 T'_s,则

$$\frac{T'_s}{T_s} = \left(\frac{U'_1}{U_1}\right)^2 = \frac{1}{3} \tag{11.6}$$

式(11.5)与式(11.6)表明,起动转矩与起动电流降低的倍数一样,都是直接起动时的 $\frac{1}{3}$。显

然,当需要限制起动电流不得超过直接起动电流的 $\frac{1}{3}$ 时,Y-△起动的起动转矩是定子串电抗

起动时起动转矩的 3 倍。Y-△起动可用于拖动 $T_L \leqslant \dfrac{T'_s}{1.1} = \dfrac{T_s}{1.1 \times 3} = 0.3 T_s$ 的轻负载。

Y-△起动方法简单,只需一个 Y-△轮换开关(做成 Y-△起动器),价格便宜,因此在轻载起动条件下,应该优先采用。

但是,Y-△起动的电动机定子绕组 6 个出线端都要引出来,对于高电压的电动机有一定困难。因此,我国采用 Y-△起动方法的电动机额定电压都是 380 V,绕组都是 △接法。

11.2.3 自耦变压器(起动补偿器)降压起动

三相鼠笼式异步电动机采用自耦变压器降压起动的接线图如图 11.5 所示。起动时,开关 K 投向起动一边,电动机的定子绕组通过自耦变压器接到三相电源上,属降压起动。当转速升高到一定程度后,开关 K 投向运行边,自耦变压器被切除,电动机定子直接接在电源上,电动机进入正常运行。自耦变压器降压起动时,一相电路如图 11.6 所示,电动机起动电压下降为 U',与直接起动时电压 U_N 的关系为

$$\frac{U'}{U_N} = \frac{N_2}{N_1}$$

电动机降压起动电流为 I''_s,与直接起动的起动电流 I_s 之间的关系是

$$\frac{I''_s}{I_s} = \frac{U'}{U_N} = \frac{N_2}{N_1}$$

自耦变压器原边的起动电流为 I'_s,与 I''_s 之间关系为

$$\frac{I'_s}{I''_s} = \frac{N_2}{N_1}$$

因此降压起动与直接起动相比,供电变压器的起动电流的关系为

$$\frac{I'_s}{I_s} = \left(\frac{N_2}{N_1}\right)^2 \tag{11.7}$$

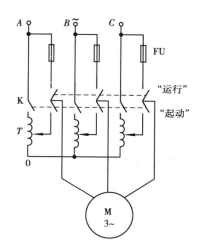

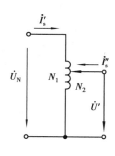

图 11.5　自耦变压器降压起动　　图 11.6　自耦变压器降压起动一相线路

自耦变压器起动时记起动转矩为 T'_s，与直接起动时起动转矩 T_s 之间的关系为

$$\frac{T'_s}{T_s} = \left(\frac{U'}{U_N}\right)^2 = \left(\frac{N_2}{N_1}\right)^2 \tag{11.8}$$

式(11.7)和式(11.8)表明，采用自耦变压器降压起动时，与直接起动相比较，电压降低到 $\frac{N_2}{N_1}$ 倍，起动电流与起动转矩降低到 $\left(\frac{N_2}{N_1}\right)^2$ 倍。

实际上起动用的自耦变压器，备有几个抽头供选用。如 QJ 2 型有 3 种抽头，分别为 55%（即 $\frac{N_2}{N_1}=55\%$），64%，73%（出厂时接在 73% 的抽头上）；QJ 3 型也有 3 种抽头，分别为 40%，60%，80%（出厂时接在 60% 的抽头上）等。

自耦变压器降压起动，与定子串电抗起动相比较，当限定的起动电流相同时，起动转矩损失较少；与 Y-△ 起动相比较，有几种抽头供选用比较灵活，并且 $\frac{N_2}{N_1}$ 较大时，可以拖动较大的负载起动。但自耦变压器体积大、价格高，也不能带重负载起动。自耦变压器降压起动在较大容量的鼠笼式异步电动机上应用广泛。

11.2.4　异步电动机的软起动方法

前面所介绍的几种鼠笼式异步电动机降压起动方法都属于有级的降压起动方法，起动的平滑性较差。应用自动控制线路组成的软起动器可以实现无级平滑起动，称为软起动方法。现代带电流闭环的电子控制软起动器可以限制起动电流并保持恒值，直到转速升高后电流自动衰减下来（如图 11.7 中曲线 c），起动时间也短于一级降压起动。主电路采用晶闸管交流调压器，用连续地改变其输出电压来保证恒流起动，稳定运行时可用接触器给晶闸管旁路，以免晶闸管不必要地长期工作。

根据起动时所带负载的大小，起动电流可在 $(0.5\sim4)\,I_{1N}$ 之间调整，以获得最佳的起动效果，但无论如何调整都不宜满载起动。负载略重或静摩擦转矩较大时，可在起动时突加短时的脉冲电流，以缩短起动时间。

159

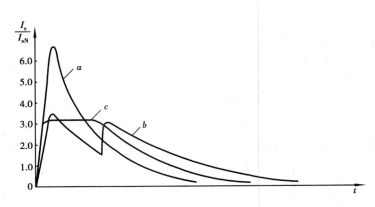

图 11.7　起动性能比较

a—直接起动;b——级降压起动;c—软起动

目前,一些生产厂家已经生产出各种类型的软起动装置,供不同类型的用户选用。软起动的功能同样也可用于制动,用以实现软停车。

到目前为止,前面所介绍的几种鼠笼式异步电动机降压起动方法,主要目的都是减小起动电流,但同时又都不同程度地降低了起动转矩,因此只适合空载或轻载起动。对于重载起动,尤其要求在起动过程很快的情况下,需要起动转矩较大的异步电动机。

由起动电流和起动转矩表达式

$$I_{1s} \approx I'_{2s} = \frac{U_1}{\sqrt{(r_1 + r'_2)^2 + (x_{1\sigma} + x'_{2\sigma})^2}}$$

$$T_s = \frac{3pU_1^2 r'_2}{2\pi f_1 \left[(r_1 + r'_2)^2 + (x_{1\sigma} + x'_{2\sigma})^2 \right]} \tag{11.9}$$

可知,加大起动转矩的方法是增大转子电阻。对于绕线式异步电动机,则可在转子回路内串电阻。对于鼠笼式异步电动机,只有设法加大鼠笼本身的电阻值,这类电动机有高转差率鼠笼式异步电动机、双鼠笼式异步电动机和深槽式鼠笼异步电动机。下面先介绍绕线式三相异步电动机的起动。

11.3　绕线式三相异步电动机的起动

绕线式三相异步电动机,转子回路中可以外串三相对称电阻,以增大电动机的起动转矩。如果外串电阻 R_s 的大小合适,$r'_2 + R'_s = x_{1\sigma} + x'_{2\sigma}$,则可以做到 $T_s = T_m$,起动转矩达到可能的最大值。同时,从式(11.9)可以看出,由于 R_s 比较大,起动电流也明显减小了。起动结束后,可以切除外串电阻,电动机的效率不受影响。绕线式三相异步电动机可以应用在重载和频繁起动的生产机械上。

绕线式三相异步电动机主要有两种串电阻的起动方法,下边分别加以介绍。

11.3.1　转子串频敏变阻器起动

对于单纯为了限制起动电流、增大起动转矩的绕线式异步电动机,可以采用转子串频敏变阻器起动。

频敏变阻器是一个三相铁芯线圈,它的铁芯是由实心铁板或钢板叠成,板的厚度为 30 ～ 50 mm。绕线式三相异步电动机转子串频敏变阻器起动接线如图 11.8 所示。接触器触点 K 断开时,电动机转子串入频敏变阻器起动。起动过程结束后,接触器触点 K 再闭合,切除频敏变阻器,电动机进入正常运行。

频敏变阻器每一相的等值电路与变压器空载运行时的等值电路是一致的,忽略绕组漏阻抗时,其励磁阻抗为励磁电阻与励磁电抗串联组成,用 $Z_p = r_p + jx_p$ 表示。但与一般变压器励磁阻抗不完全相同,主要表现在以下两点:

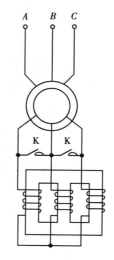

图 11.8　绕线式三相异步电动机转子串频敏变阻器起动

①频率为 50 Hz 的电流通过时,阻抗 $Z_p = r_p + jx_p$ 比一般变压器励磁阻抗小得多。这样串在转子回路中,既限制了起动电流,又不致使起动电流过小而减小起动转矩。

②频率为 50 Hz 的电流通过时,$r_p > x_p$,其原因是:频敏变阻器中磁密取得较高,铁芯处于饱和状态,励磁电流越大,因此励磁电抗 x_f 较小。而铁芯是厚铁板或厚钢板制成的,磁滞、涡流损耗都很大,频敏变阻器的单位重量铁芯中的损耗,与一般变压器相比较要大几百倍,因此 r_p 较大。

绕线式三相异步电动机转子串频敏变阻器起动时,$s = 1$,转子回路中的电流 $\dot{I}_2$ 的频率为 50 Hz。转子回路串入 $Z_p = r_p + jx_p$,而 $r_p \gg x_p$,因此转子回路主要是串入了电阻,转子回路功率因数大大提高,既限制了起动电流,又提高了起动转矩。由于 x_p 存在,电动机最大转矩稍有下降。

起动过程中,随着转速升高,转子回路电流频率逐渐降低。由于频敏变阻器中铁耗的大小与频率的平方成正比,频率低,损耗小,电阻 r_p 也小;电抗 $x_p = \omega L_p$,频率低,x_p 也小。因此,起动过程中,频敏变阻器是随着电流频率 sf_1 的降低,$Z_p = r_p + jx_p$ 也自动减小。电动机在几乎整个起动过程中始终保持较大电磁转矩。起动结束后,sf_1 很低,$Z_p = r_p + jx_p$ 很小,近似认为 $Z_p \approx 0$,频敏变阻器自动不起作用。这时,可以闭合接触器触点 K,予以切除。

11.3.2　转子串电阻分级起动

为了使整个起动过程中尽量保持较大的起动转矩,绕线式异步电动机可以采用逐级切除起动电阻的转子串电阻分级起动。

图 11.9 所示为绕线式三相异步电动机转子串电阻分级起动的接线图和机械特性,起动过程如下:

①接触器触点 K_1, K_2, K_3 断开,绕线式异步电动机定子接额定电压,转子每相串入起动电阻 $(R' + R'' + R''')$,电动机开始起动。起动点为机械特性曲线 3 上的 a 点,起动转矩为 $T_1, T_1 < T_m$。

②转速上升,到 b 点时,$T = T_2 (> T_L)$,为了加大电磁转矩加速起动过程,接触器触点 K_3 闭合,切除起动电阻 R'''。忽略异步电动机的电磁惯性,只计拖动系统的机械惯性,则电动机运行点从 b 点变到机械特性曲线 2 上的 c 点,该点上电动机电磁转矩 $T = T_1$。

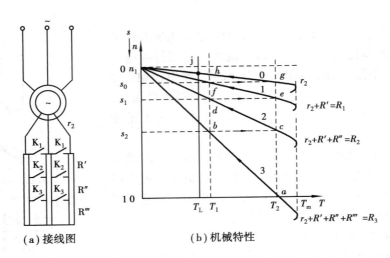

（a）接线图　　　　　　（b）机械特性

图 11.9　绕线式三相异步电动机转子串电阻分级起动

③转速继续上升,到 d 点,$T = T_2$ 时,接触器触点 K_2 闭合,切除起动电阻 R''。电动机运行点从 d 点变到机械特性曲线 1 上的 e 点,该点上电磁转矩 $T = T_1$。

④转速继续上升,到 f 点,$T = T_2$,接触器触点 K_1 闭合,切除起动电阻 R',运行点 f 变为固有机械特性曲线上的 g 点,该点上 $T = T_1$。

⑤转速继续上升,经 h 点最后稳定运行在 j 点。上述起动过程中,转子回路外串电阻分三级切除,故称为三级起动。T_1 为最大起动转矩,T_2 为最小起动转矩或切换转矩。

起动电阻的计算方法可参考有关文献。

11.4　深槽式和双鼠笼异步电动机

为使电机起动性能好,希望转子电阻较大,以提高起动转矩,减小起动电流。为使电机运行性能好,又希望运行时转子电阻较小,以降低转子铜耗,提高电机效率。绕线式异步电动机可以方便地改变转子回路内串电阻,以兼顾起动性能和运行性能的要求。但绕线式异步电动机转子结构复杂、维护不便,且成本较高。鼠笼式异步电动机虽然结构简单、维护方便、价格便宜,但转子电阻无法改变。而深槽式和双鼠笼式异步电动机就可以克服上述二者的缺点。

11.4.1　深槽式异步电动机

电流沿槽口分布的深槽式异步电动机仍属于鼠笼式异步电动机的一种,只是它的槽形窄而深。一般深槽式异步电动机的槽深和槽宽之比为 $\dfrac{h}{b} = 10 \sim 12$,如图 11.10（a）所示。导体下部所交链的漏磁通多,上部交链的漏磁通少,如果将导条看成沿槽高方向是由若干小的导体并联而成,则靠近槽底部分的漏抗大,而靠近槽口部分的漏抗小。电机起动时,$s = 1$,转子电流频率较高,即 $f_2 = f_1$,这时转子导条中的漏抗大于导条中的电阻,导体中的电流分布主要由漏抗决定。由于靠近槽口部分漏抗小,分布的电流多,而靠近槽口的漏抗大,分布的电流少,电流沿槽口的分布如图 11.10（b）所示。这种现象称为集肤效应,或挤流效应,即电流被挤向槽的上

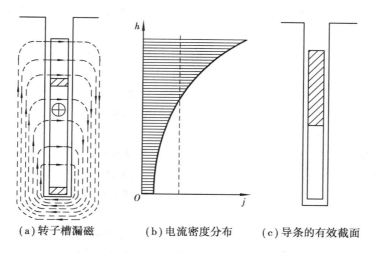

(a) 转子槽漏磁　　　(b) 电流密度分布　　　(c) 导条的有效截面

图 11.10　深槽式转子导条中电流分布

部。这种挤流效应,在频率越高,槽越深时,尤为显著。挤流的结果,如同转子导体有效截面减小,如图 11.10(c) 所示,因而使转子电阻增大,起动时达到限制电流,增大起动转矩的作用。

当电机转速升高达到正常运转时,由于转差率 s 很小,转子电流频率很低,转子漏抗比电阻小很多,导条中电流分布主要取决于导条电阻,因此挤流效应消失,导条中电流分布均匀,转子电阻变小。

深槽式电动机与同容量的普通笼型电动机相比,具有较大的起动转矩和较小的起动电流。但由于转子的槽深而窄,槽漏磁通相对增加,使转子漏抗增大,因此其功率因数和最大转矩要稍低一些。

11.4.2　双鼠笼异步电动机

双鼠笼型电动机的转子上有两层笼型绕组,如图 11.11(a) 所示的外层笼 1 和内层笼 2,外层笼型绕组导条截面较小,一般用黄铜或青铜等电阻率较高的材料制作,故电阻较大;内层笼型绕组导条截面较大,且用电阻率较低的紫铜制成,故电阻较小,通常两层笼型导条有各自的端环。另外,两层笼型导条也可用铸铝。外层笼型导条的截面较小,内层笼型导条的截面较大。

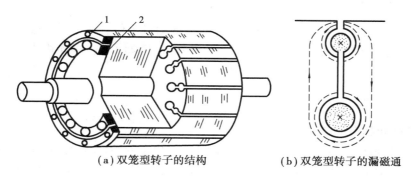

(a) 双笼型转子的结构　　　　　(b) 双笼型转子的漏磁通

图 11.11　双笼型转子的结构和漏磁通

和深槽式电动机转子相似,外层笼漏抗小,而内层的漏抗大得多。起动时,转子频率较高,

$f_2 = f_1$，转子导条的漏电抗大于电阻，所以电流分配主要取决于漏电抗。由于内层笼型导条的漏抗大于外层笼条的漏抗，电流被挤到外层笼型导条中，因此外层笼条起主要作用。由于它的电阻较大，就能产生较大的起动转矩，故称外层笼型绕组为起动笼。

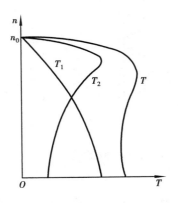

图 11.12　双笼型电动机的机械特性

正常运行时，由于转子电流频率很低，转子漏电抗比电阻小很多，大部分电流从内层笼型导条通过，产生正常运行时的电磁转矩，因此内层笼型绕组又称运行笼。

双笼电动机的 $T = f(s)$ 曲线可以看成是起动笼和运行笼共同产生的。图 11.12 中曲线 1 和 2 分别表示起动笼和运行笼产生的 $T = f(s)$ 曲线，曲线 3 为合成的 $T = f(s)$ 曲线。

从曲线可见，双笼电动机与深槽式电动机相似，具有较大的起动转矩，而且有较好的运行性能，但比普通的笼型电动机转子漏抗稍大，因而功率因数和最大转矩稍低。

双笼型异步电动机的起动性能比深槽式好，但深槽式结构简单，制造成本低。二者共同的缺点是功率因数和过载能力低。

11.5　三相异步电动机的各种运行状态

从三相异步电动机机械特性分析中知道，三相异步电动机的固有机械特性与各种人为机械特性遍布于 T-n 坐标平面的 4 个象限。因此，交流电力拖动系统运行时，在拖动各种不同负载的条件下，若改变异步电动机电源电压的大小，相序及频率，或者改变绕线式异步电动机转子回路所串电阻等参数，三相异步电动机就会运行在 4 个象限的各种不同状态。

三相异步电动机各种运行状态的定义是，若电磁转矩 T 与转速 n 的方向一致时，电动机运行于电动状态；若 T 与 n 的方向相反时，电动机运行于制动状态。制动运行状态中，根据 T 与 n 的不同情况，又分成了回馈制动、反接制动、倒拉反转制动及能耗制动等。

11.5.1　电动运行

图 11.13 所示为三相异步电动机机械特性，当电动机工作点在第 I 象限时，例如 A，B 点，电动机为正向电动运行状态；当工作点在第 III 象限时，例如 C 点，电动机为反向电动运行状态。电动运行状态下，电磁转矩为拖动性转矩。

11.5.2　能耗制动

（1）能耗制动基本原理

如图 11.14 所示，三相异步电动机处于电动运行状态的转速为 n。如果突然切断电动机的三相交流电源，同时把直流电 $I_=$ 通入它的定子绕组，例如开关 K1 打开，K2 闭合，结果，电源切换后的瞬间，三相异步电动机内形成了一个不旋转的空间固定磁动势，最大幅值大小为 $F_=$，磁动势用 $\dot{F}_=$ 表示。

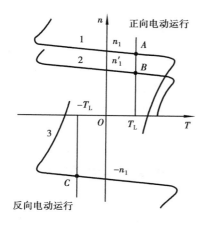

图 11.13　三相异步电动机电动运行
1—固有机械特性;2—降低电源频率的人为机械特性;
3—电源相序为负序($A \rightarrow C \rightarrow B$)时的固有机械特性

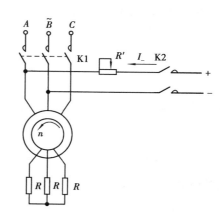

图 11.14　能耗制动

在电源切换后的瞬间,电动机转子由于机械惯性,其转速不能突变,而继续维持原逆时针方向旋转。这样一来,空间固定不旋转的磁动势 $\dot{F}_=$ 相对于旋转的转子来说变成了一个旋转磁动势,旋转方向为顺时针,转速大小为 n。正如三相异步电动机运行于电动状态下一样,转子与空间磁动势 $\dot{F}_=$ 有相对运动,转子绕组则感应电动势 $\dot{E}_2$,产生电流 $\dot{I}_2$,进而使转子受到电磁转矩 T 的作用。T 的方向与磁动势 $\dot{F}_=$ 相对于转子的旋转方向一样,即转子产生顺时针方向的电磁转矩 T。

转子转向为逆时针方向,受到的转矩为顺时针方向,显然 T 与 n 反方向,电动机处于制动运行状态,T 为制动性的阻转矩。如果电动机拖动的负载为反抗性恒转矩负载,在负载转矩和制动转矩作用下,电动机减速运行。直至转速 $n = 0$ 时,磁动势 $\dot{F}_=$ 与转子相对静止,$\dot{E}_2 = 0$,$\dot{I}_2 = 0$,$T = 0$,减速过程才完全终止。

上述制动停车过程中,系统原来储存的动能消耗了,这部分能量主要被电动机转换为电能消耗在转子回路中。因此,上述过程亦称为能耗制动过程。

三相异步电动机能耗制动过程中电磁转矩 T 的产生,是由于转子与定子磁动势之间有相对运动,至于定子磁动势相对于定子本身是旋转的还是静止的,以及相对转速是多少,都无关紧要。因此,分析能耗制动状态下运行的三相异步电动机,可以用三相交流电流产生的旋转磁动势 $\dot{F}_\sim$ 等效替代直流磁动势 $\dot{F}_=$。在等效替代后,就可以使用电动运行状态时的分析方法与所得结论。

等效替代的条件是:

①保持磁动势幅值不变,即 $\dot{F}_\sim = \dot{F}_=$;

②保持磁动势与转子之间的相对转速(即转差)不变,为 $0 - n = -n$。

（2）能耗制动的机械特性

能耗制动时的机械特性表达式如下：

$$T = \frac{3 I_1^2 x_m^2 \dfrac{r_2'}{\nu}}{\Omega_1 \left[\left(\dfrac{r_2'}{\nu} \right)^2 + (x_m + x_{2\sigma}')^2 \right]} \tag{11.10}$$

式中，能耗制动时的转差率用 ν 表示，定义为

$$\nu = -\frac{n}{n_1} \tag{11.11}$$

式（11.10）与电动运行状态时的机械特性方程式是一致的。只是用等效的定子电流 I_1 来代替电源电压 U_1，I_1 视为已知量。

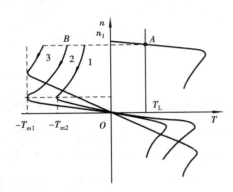

图 11.15　能耗制动时的机械特性

对式（11.10）微分，并使 $\dfrac{\mathrm{d}T}{\mathrm{d}\nu} = 0$，则得到能耗制动运行时的最大转矩 T_m 及相应的转差率 ν_m 为

$$\left. \begin{aligned} T_m &= \frac{3}{\Omega_1} \frac{I_1^2 x_m^2}{2(x_m + x_{2\sigma}')} \\ \nu_m &= \frac{r_2'}{x_m + x_{2\sigma}'} \end{aligned} \right\} \tag{11.12}$$

根据式（11.10）画出三相异步电动机能耗制动时的机械特性，如图 11.15 所示。电磁转矩 $T = 0$ 所对应的转差率 $\nu = 0$，其相应的转速 $n = 0$。曲线 1 与曲线 2 相比，ν_m 一样，但 T_m 不同，前者 I_1 小、磁动势弱，后者 I_1 大、磁动势强。电动机若为绕线式的，如曲线 2 与曲线 3，前者转子回路没串电阻，后者转子回路串入了电阻。可知，改变直流励磁电流的大小，或者改变绕线式异步电动机转子回路每相所串的电阻值，就可以调节能耗制动时制动转矩的大小。

11.5.3　反接制动

交流异步电动机电力拖动系统电气制动的方法除了能耗制动外，还有反接制动。

处于正向电动运行状态的三相绕线式异步电动机，当改变三相电源的相序时，电动机便进入了反接制动过程。如图 11.16（a）所示，接触器触点 K1 闭合为正向电动运行，K1 断开 K2 闭合，则改变了电源相序。（b）图为拖动反抗性恒转矩负载，反接制动的同时转子回路串入较大电阻时的反接制动机械特性。电动机的运行点从 $A \to B \to C$，到 C 点后，$-T_L < T < T_L$，可以准确停车。

反接制动过程中，电动机电源相序为负序，因此转速 $n \geqslant 0$ 时，相应的转差率 $s \geqslant 1$。从异步电动机等值电路上看出，在 $s > 1$ 的反接制动过程中，若转子回路总电阻折合值为 r_2'，机械功率则为

$$P_m = 3 I_2'^2 \frac{1-s}{s} r_2' < 0$$

即负载向电动机内输入机械功率。显然负载提供机械功率是靠转动部分动能的减少。从定子到转子的电磁功率为

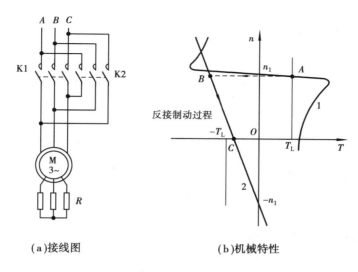

（a）接线图　　　　　　（b）机械特性

图 11.16　绕线式三相异步电动机反接制动过程

$$P_M = 3I_2'^2 \frac{r_2'}{s} > 0$$

转子回路铜耗

$$p_{Cu2} = 3I_2'^2 r_2' = P_M - P_m = P_M + |P_m|$$

可知，转子回路中消耗了从电源输入的电磁功率及由负载送入的机械功率，其数值很大，故在转子回路中必须串入大电阻，以消耗大部分转子回路铜耗，保护电动机不致由于过热而损坏。所谓大电阻是指比起动电阻阻值还要大。

从转子回路串电阻反接制动的机械特性可以看出，为了使整个制动过程都保持比较大的电磁转矩 $|T|$，可以采用转子回路串入大电阻并分级切除的分级制动方式。

如果电动机拖动负载转矩 $|T_L|$ 较小的反抗性恒转矩负载运行，或者拖动位能性恒转矩负载运行，这两种情况下，如果进行反接制动停车，那么必须在降速到 $n = 0$ 时切断电动机电源并停车，否则电动机将会反向起动，见图 11.17 反接制动机械特性。

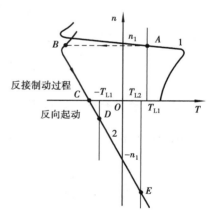

图 11.17　电动机反接制动机械特性

三相异步电动机反接制动停车比能耗制动停车速度快，但能量损失较大。一些频繁正、反转的生产机械，经常采用反接制动停车接着反向起动，就是为了迅速改变转向，提高生产率。

反接制动停车的制动电阻计算，根据所要求的最大制动转矩进行。为了简便起见，可以认为反接制动后的瞬间，其转差率 $s \approx 2$，处于反接制动机械特性的 $s = 0 \sim s_m$ 之间。

鼠笼式异步电动机转子回路无法串电阻，因此反接制动不能过于频繁。

例 11.1　JZR51—8 型绕线式异步电动机，$P_N = 22$ kW，$n_N = 723$ r/min，$E_{2N} = 197$ V，$I_{2N} = 70.5$ A，$\lambda = 3$。如果拖动额定负载运行时采用反接制动停车，要求制动开始时最大制动

转矩为 $2T_N$，求转子每相串入的制动电阻值。

解 电动机额定转差率

$$s_N = \frac{n_1 - n_N}{n_1} = \frac{750 - 723}{750} = 0.036$$

转子每相电阻

$$r_2 = \frac{E_{2N} s_N}{\sqrt{3} I_{2N}} = \frac{197 \times 0.036}{\sqrt{3} \times 70.5} \ \Omega = 0.058\ 1\ \Omega$$

制动后的瞬间，电动机转差率

$$s = \frac{n_1 + n_N}{n_1} = \frac{750 + 723}{750} = 1.964$$

过制动开始点$(s = 1.964, T = 2T_N)$的反接制动机械特性的临界转差率为

$$s'_m = s \left[\frac{\lambda T_N}{T} + \sqrt{\left(\frac{\lambda T_N}{T} \right)^2 - 1} \right]$$

$$= 1.964 \times \left[\frac{3}{2} + \sqrt{\left(\frac{3}{2} \right)^2 - 1} \right] = 5.142$$

固有机械特性的 s_m 为

$$s_m = s_N(\lambda + \sqrt{\lambda^2 - 1}) = 0.036 \times \left(3 + \sqrt{3^2 - 1} \right) = 0.21$$

转子串入反接制动电阻为

$$R = \left(\frac{s'_m}{s_m} - 1 \right) r_2 = \left(\frac{5.142}{0.21} - 1 \right) \times 0.058\ 1\ \Omega = 1.365\ \Omega$$

11.5.4 倒拉反转制动运行

拖动位能性恒转矩负载运行的三相绕线式异步电动机，若在转子回路内串入一定值的电阻，电动机转速可以降低。如果所串的电阻超过某一数值后，电动机还要反转，运行于第Ⅳ象限，如图 11.18 的 B 点，称之为倒拉反转制动运行状态。

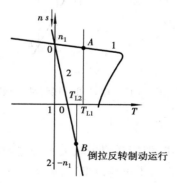

图 11.18 异步电动机倒拉反转制动运行

倒拉反转制动运行是转差率 $s > 1$ 的一种稳态运行状态，其功率关系与反接制动过程一样，电磁功率 $P_M > 0$，机械功率 $P_m < 0$，转子回路总铜耗 $p_{Cu2} = P_M + |P_m|$。但倒拉反转制动运行时负载向电动机送入的机械功率是靠负载储存的位能的减少，是位能性负载倒过来拉着电动机反转。

11.5.5　回馈制动运行

(1)正向回馈制动过程

正向回馈制动过程出现在异步电动机改变极对数或改变电源频率的调速过程中。图 11.19(a)中画出了三相鼠笼式异步电动机 YY-△ 变极调速时的机械特性(将在下一节中介绍)。当电动机拖动恒转矩负载 T_L 运行时,如果原来运行于定子绕组 YY 接方式,工作点为 A,转速接近于 $2n_1$;突然把定子绕组接线改为 △ 接方式以后,电动机运行点将从 $A \to B \to C \to D$,最后稳定运行在 D 点,转速接近于 n_1,在这个降速过程中,电动机运行在第 Ⅱ 象限 $B \to C$ 这一段机械特性上时,转速 $n > 0$,电磁转矩 $T < 0$,是制动运行状态,称之为正向回馈制动过程。整个回馈制动过程中,始终有 $n > n_1$。

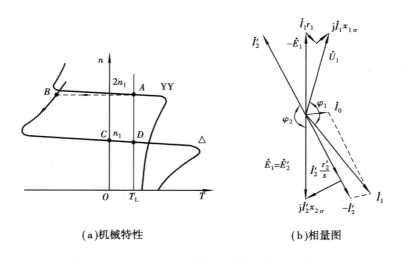

(a)机械特性　　　　　　　　　(b)相量图

图 11.19　三相异步电动机的正向回馈制动

正向回馈制动过程中,电动机的转速 $n > n_1$,转差率 $s = \dfrac{n_1 - n}{n_1} < 0$。从三相异步电动机等值电路上可以看出,电动机输出的机械功率为

$$P_m = 3I_2'^2 \frac{1-s}{s} r_2' < 0$$

从定子到转子的电磁功率为

$$P_M = 3I_2'^2 \frac{r_2'}{s} < 0$$

从 $P_m < 0$ 及 $P_M < 0$ 知道,实际是系统减少了动能而向电动机送入机械功率,扣除转子回路电阻铜耗 $p_{Cu2} = 3I_2'^2 r_2'$ 后,变成从转子送往定子的电磁功率 $|P_M|$。那么 $|P_M|$ 主要送到哪里去了呢? 为此,先看看转子功率因数角 φ_2 的情况。

从前面已知

$$\cos \varphi_2 = \frac{\dfrac{r_2'}{s}}{\sqrt{\left(\dfrac{r_2'}{s}\right)^2 + x_{2\sigma}'^2}} < 0$$

169

$$\dot{E}_2' = \dot{I}_2'\frac{r_2'}{s} + j\dot{I}_2'x_{2\sigma}'$$

根据以上两式,画出正向回馈制动时异步电动机的相量图,如图 11.19(b)所示,得出结论为

$$\varphi_2 > 90°, \qquad \cos\varphi_2 < 0$$

从相量图上可以看出,如果不夸大 $\dot{I}_0$ 及 $\dot{I}_1r_1$,$j\dot{I}_1x_{1\sigma}$ 各量,$\varphi_1 \approx \varphi_2$,因此

$$\cos\varphi_1 < 0$$

这样一来,电动机的输入功率则为

$$P_1 = 3U_1I_1\cos\varphi_1 < 0$$

$P_1 < 0$,说明有功功率 $|P_1|$ 是电动机送给交流电网。也就是说,回馈制动过程中,转子边送过来的电磁功率 $|P_M|$,除了定子绕组上铜耗 p_{Cu1} 消耗外,其余部分 $|P_1|$ 回馈给了电源。从上面对正向回馈制动过程中有功功率传递关系的分析看出,此时的三相异步电动机实际上是一台发电机,它把系统减小的动能转变为电能送入交流电网。

（2）反向回馈制动运行

以上是第 Ⅱ 象限的正向回馈制动过程分析。当三相异步电动机拖动位能性恒转矩负载,

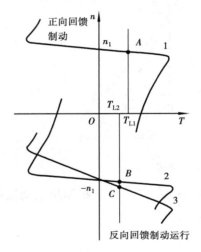

图 11.20　反向回馈制动运行

电源为负相序(A,C,B)时,电动机运行于第Ⅳ象限,如图11.20中的 B 点,电磁转矩 $T > 0$,转速 $n < 0$,称为反向回馈制动运行。

起重机高速下放重物($|n| > n_1$)时,经常采用反向回馈制动运行方式。若负载大小不变,转子回路串入电阻后,转速绝对值加大,如图 11.20 中的 C 点,串入电阻值越大,转速绝对值越高。

反向回馈制动运行时,电动机的功率关系与正向回馈制动过程一样,电动机是一台发电机,它把从负载位能减少而输入的机械功率转变为电功率,然后回送给电网。从节能的观点看,反向回馈制动下放重物比能耗制动下放重物要好。

运行在正向电动状态的三相异步电动机,当拖动的负载是位能性恒转矩性质时,如果进行反接制动停车,当转速降到 $n = 0$ 时,若不采取停车措施,任其自然,那么电动机将会反向起动,并最后运行于反向回馈制动状态。如图 11.17 中从 $A \to B \to C \to D \to E$ 的过程,最后运行于 E 点。

例 11.2　某起重机吊钩由一台绕线式三相异步电动机拖动,电动机额定数据为:$P_N = 40$ kW,$n_N = 1\,464$ r/min,$\lambda = 2.2$,$K_T = 1$,$r_2 = 0.06\ \Omega$。电动机的负载转矩 T_L 的情况是:提升重物 $T_L = T_1 = 261$ N·m,下放重物 $T_L = T_2 = 208$ N·m。

①提升重物,要求有低速、高速两挡,且高速时转速 n_A 为工作在固有特性上的转速,低速时转速 $n_B = 0.25n_A$,工作于转子回路串电阻的特性上。求两挡转速各为多少及转子回路应串入的电阻值。

②下放重物要求有低速、高速二挡,且高速时转速 n_C 为工作在负相序电源的固有机械特

性上的转速，低速时转速 $n_D = -n_B$，仍然工作于转子回路串电阻的特性上。求两挡转速及转子应串入的电阻值。说明电动机运行在哪种状态。

解　首先根据题意画出该电动机运行时相应的机械特性，如图 11.21 所示。点 A,B 是提升重物时的两个工作点，点 C,D 是下放重物时的两个工作点。

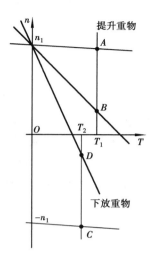

其次，计算固有机械特性的有关数据：

额定转差率

$$s_N = \frac{n_1 - n_2}{n_1} = \frac{1\,500 - 1\,464}{1\,500} = 0.024$$

固有机械特性的临界转差率

$$s_m = s_N(\lambda + \sqrt{\lambda^2 - 1})$$
$$= 0.024 \times (2.2 + \sqrt{2.2^2 - 1}) = 0.1$$

额定转矩

$$T_N = 9\,550 \times \frac{P_N}{n_N} = 9\,550 \times \frac{40}{1\,464} = 261 \text{ N} \cdot \text{m}$$

图 11.21　例 11.2 中电动机的机械特性

①提升重物时的转速及转子回路串入电阻的

计算提升重物时负载转矩

$$T_1 = 261 \text{ N} \cdot \text{m} = T_N$$

高速为

$$n_A = n_N = 1\,464 \text{ r/min}$$

低速时转子每相串入电阻 R_B 的计算：

转速为

$$n_B = 0.25 n_A = 0.25 \times 1\,464 \text{ r/min} = 366 \text{ r/min}$$

低速时 B 点的转差率

$$s_B = \frac{n_1 - n_B}{n_1} = \frac{1\,500 - 366}{1\,500} = 0.756$$

过 B 点的机械特性的临界转差率为

$$s_{mB} = s_B(\lambda + \sqrt{\lambda^2 - 1})$$
$$= 0.756 \times (2.2 + \sqrt{2.2^2 - 1}) = 3.145$$

低速时每相串入电阻 R_B，则

$$\frac{s_m}{s_{mB}} = \frac{r_2}{r_2 + R_B}$$

$$R_B = \left(\frac{s_{mB}}{s_m} - 1\right)r_2 = \left(\frac{3.145}{0.1} - 1\right) \times 0.06 \text{ } \Omega = 1.827 \text{ } \Omega$$

②下放重物两挡速度及串入电阻的计算

下放重物时负载转矩　　　　$T_2 = 208 \text{ N} \cdot \text{m} = 0.8 T_N$

负载转矩为 $0.8 T_N$，在固有机械特性上运行时的转差率为

$$0.8T_N = \frac{2\lambda T_N}{\dfrac{s}{s_m} + \dfrac{s_m}{s}}$$

代入相应数据得

$$0.8 = \frac{2 \times 2.2}{\dfrac{s}{0.1} + \dfrac{0.1}{s}}$$

即

$$0.8s^2 - 4.4 \times 0.1s + 0.8 \times 0.1^2 = 0$$

解得

$$s = 0.018\,8(另一解不合理,舍去)$$

相应转速降落为 $\quad \Delta n = sn_1 = 0.018\,8 \times 1\,500\ \text{r/min} = 28\ \text{r/min}$

负相序电源高速下放重物时电动机运行于反向回馈制动运行状态,其转速为

$$n_C = -n_1 - \Delta n = -1\,500\ \text{r/min} - 28\ \text{r/min} = -1\,528\ \text{r/min}$$

低速下放重物时电动机运行于倒拉反转制动运行状态,低速下放转速为

$$n_D = -n_B = -366\ \text{r/min}$$

相应转差率为

$$s_D = \frac{n_1 - n_D}{n_1} = \frac{1\,500 - (-366)}{1\,500} = 1.244$$

过 D 点的机械特性的临界转差率为

$$s_{mD} = s_D \left[\frac{\lambda T_N}{T_2} + \sqrt{\left(\frac{\lambda T_N}{T_2}\right)^2 - 1} \right]$$

$$= 1.244 \times \left[\frac{2.2}{0.8} + \sqrt{\left(\frac{2.2}{0.8}\right)^2 - 1} \right] = 6.608$$

低速下放重物时转子每相串入电阻为 R_D,则

$$\frac{s_{mD}}{s_m} = \frac{r_2 + R_D}{r_2}$$

$$R_D = \left(\frac{s_{mD}}{s_m} - 1\right)r_2 = \left(\frac{6.608}{0.1} - 1\right) \times 0.06\ \Omega = 3.905\ \Omega$$

11.6　三相异步电动机的调速

　　目前交流调速系统在工业应用中,大体上有三大领域:①凡是能用直流调速的场合,都能改用交流调速;②直流调速达不到,如大容量、高转速、高电压以及环境十分恶劣的场所,都能使用交流调速;③原来不调速的风机、泵类拖动,采用交流调速后,可以大幅度节能。由于异步电动机的转速为

$$n = n_1(1 - s) = \frac{60f_1}{p}(1 - s) \tag{11.13}$$

因此,三相异步电动机的调速方法大致可以分成以下几种类型:

　　①改变转差率 s 调速,包括降低电源电压、绕线式异步电动机转子回路串电阻等方法;

　　②改变旋转磁动势同步转速调速,包括改变定子绕组极对数、改变供电电源频率等方法;

③双馈调速,包括串级调速,属改变理想空载转速的一种调速方法;

④利用转差离合器调速。

下面简要介绍异步电机的几种常用调速方法。

11.6.1　鼠笼式异步电动机的变极调速

(1)变极原理

由式(11.13)可知,改变异步电动机的定子绕组的极对数 p,可以改变磁动势的同步转速 n_1,由于转差率 s 近似不变,则转速得到了调节。

三相鼠笼式异步电动机定子绕组极对数的改变,是通过改变绕组的接线方式实现的。如图 11.22(a) 所示的一个四极电机 A 相定子绕组的两个线圈头尾相连时(正向串联),具有 4 个磁极($2p=4$);如果将定子绕组的连接方式改成如图 11.22(b) 或 11.22(c) 的形式,根据每相绕组中一半线圈的电流反向,用右手螺旋定则确定出磁通方向,此时定子绕组具有两个磁极($2p=2$)。由此可见,让半相绕组的电流反向,就能使极对数减半,从而使同步转速增加一倍,运行的转速也接近成倍变化。

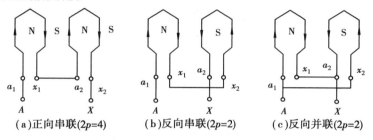

(a)正向串联(2p=4)　　(b)反向串联(2p=2)　　(c)反向并联(2p=2)

图 11.22　定子绕组变极原理图

变极调速中,当定子绕组的接线方式改变的同时,还需要改变定子绕组的相序,即倒换定子电流的相序,以保证变极调速前后电动机的转向不变,即要求磁通旋转方向不变。

(2)两种典型的变极调速方法及其机械特性

改变定子绕组接线方式使半相绕组电流反向,从而实现变极的具体方法很多。这里只定性分析 Y-YY 及 △-YY 两种典型方法。对于 Y-YY 接法或 △-YY 接法,Y 接法或 △ 接法,每相中的两个半相绕组正向串联,极对数为 $2p$,同步转速为 n_1,接线图如图 11.23(a)、(b)所示;当定子绕组以 Y 接法变成 YY 接法或从 △ 接法变成 YY 接法时,每相中的两个半相绕组反向并联,极对数为 p,同步转速为 $2n_1$,接线图如图 11.23(c)所示。

无论是 Y 接法还是 △ 接法,定性分析中可以近似假定每半相绕组的参数都相等,分别为 $\dfrac{r_1}{2}$,$\dfrac{r_2'}{2}$,$\dfrac{x_{1\sigma}}{2}$ 和 $\dfrac{x_{2\sigma}'}{2}$,每相绕组参数为半相参数的 2 倍(串联),即为 r_1,r_2',$x_{1\sigma}$ 和 $x_{2\sigma}'$;YY 接法时,每相绕组的参数为半相绕组参数的 $\dfrac{1}{2}$(并联),即为 $\dfrac{r_1}{4}$,$\dfrac{r_2'}{4}$,$\dfrac{x_{1\sigma}}{4}$ 和 $\dfrac{x_{2\sigma}'}{4}$。

下面分析 Y-YY 接法变极调速时的机械特性。

Y-YY 接法时,Y 接法与 YY 接法,其每相电压相等,$U_1=\dfrac{U_N}{\sqrt{3}}$,定子相数为 m_1,则电动机最大转矩、起动转矩及临界转差率如下:

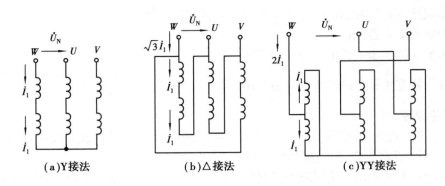

图 11.23 异步电动机 Y-YY 或 △-YY 接线图

Y 接法

$$T_{\mathrm{mY}} = \frac{1}{2} \frac{m_1 2 p U_1^2}{2\pi f_1 \left[r_1 + \sqrt{r_1^2 + (x_{1\sigma} + x_{2\sigma}')^2} \right]}$$

$$T_{\mathrm{sY}} = \frac{m_1 2 p U_1^2 r_2'}{2\pi f_1 \left[(r_1 + r_2')^2 + (x_{1\sigma} + x_{2\sigma}')^2 \right]}$$

$$s_{\mathrm{mY}} = \frac{r_2'}{\sqrt{r_1^2 + (x_{1\sigma} + x_{2\sigma}')^2}}$$

YY 接法

$$T_{\mathrm{mYY}} = \frac{1}{2} \frac{m_1 p U_1^2}{2\pi f_1 \left[\left(\frac{r_1}{4} \right) + \sqrt{\left(\frac{r_1}{4} \right)^2 + \left(\frac{x_{1\sigma}}{4} + \frac{x_{2\sigma}'}{4} \right)^2} \right]} = 2 T_{\mathrm{mY}}$$

$$T_{\mathrm{sYY}} = \frac{m_1 p U_1^2 \frac{r_2'}{4}}{2\pi f_1 \left[\left(\frac{r_1}{4} + \frac{r_2'}{4} \right)^2 + \left(\frac{x_{1\sigma}}{4} + \frac{x_{2\sigma}'}{4} \right)^2 \right]} = 2 T_{\mathrm{sY}}$$

$$s_{\mathrm{mYY}} = \frac{\frac{r_2'}{4}}{\sqrt{\left(\frac{r_1}{4} \right)^2 + \left(\frac{x_{1\sigma}}{4} + \frac{x_{2\sigma}'}{4} \right)^2}} = s_{\mathrm{mY}}$$

根据上述的分析结果,定性画出 Y-YY 变极调速时异步电动机机械特性如图 11.24(a)所示。可见,若拖动恒转矩负载运行,从 Y 向 YY 变极调速,转速 n 几乎增加了一倍。

同理可定性画出 △-YY 接法变极调速时的机械特性,如图 11.24(b)所示。

(3)变极调速的特点和性能

①变极调速设备简单、体积小、重量轻,运行可靠,操作方便;

②变极调速的机械特性较硬,可实现恒转矩调速和接近恒功率调速,且转差功率损耗基本不变,效率较高;

③变极调速方法为有级调速,且调速的级数不多,一般最多为四级,普遍应用于各种机床、起重机和输送机等设备上;

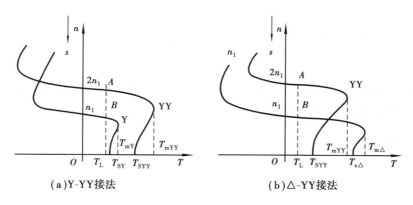

图 11.24　变极调速机械特性

④变极调速的平滑性较差,为了改进调速的平滑性,可采用变极调速与降压调速相结合的方法,从而扩大了调速范围,又减小了低速损耗。

（4）变极电机切换时注意事项

①一般异步电动机在断开电源后,转子电流不会立即降为零,而是按一定的时间常数衰减。这个电流产生的磁通随转子一起旋转,并在定子绕组中产生感应电动势。

②如果转子电流没有衰减到零以前再次合上定子电源,则电源电压和感应电动势（残留电压）叠加可能产生比起动电流还大的冲击电流,影响电网和电机寿命。

③应该按照铭牌规定的接线方式接线,否则会导致严重后果。

11.6.2　变频调速

三相异步电动机同步转速为 $n_1 = \dfrac{60f_1}{p}$,因此,改变三相异步电动机电源频率 f_1,可以改变旋转磁动势的同步转速,达到调速的目的。额定频率称为基频,变频调速时,可以从基频向下调,也可以从基频向上调。

（1）从基频向下变频调速

三相异步电动机每相电压

$$U_1 \approx E_1 = 4.44 f_1 N_1 k_{N1} \varPhi_m \tag{11.14}$$

如果降低电源频率时还保持电源电压为额定值,则随着 f_1 下降,气隙每极磁通 $\varPhi_m$ 增加。电动机磁路本来就处在刚进入饱和的状态,$\varPhi_m$ 增加,使磁路过饱和,励磁电流会急剧增加,这是不能允许的。因此,降低电源频率时,必须同时降低电源电压。降低电源电压 U_1 有两种控制方法。

1）保持 $\dfrac{E_1}{f_1} =$ 常数

降低频率 f_1 调速,保持 $\dfrac{E_1}{f_1} =$ 常数,则 $\varPhi_m =$ 常数,是恒磁通控制方式。在这种变频调速过程中,电动机的电磁转矩

$$T = \frac{P_M}{\varOmega_1} = \frac{m_1 (I_2')^2 \dfrac{r_2'}{s}}{\dfrac{2\pi n_1}{60}} = \frac{m_1 p}{2\pi f_1} \left[\frac{E_2'}{\sqrt{\left(\dfrac{r_2'}{s}\right)^2 + (x_{2\sigma}')^2}} \right]^2 \frac{r_2'}{s}$$

$$= \frac{m_1 p f_1}{2\pi}\left(\frac{E_1}{f_1}\right)^2 \frac{\dfrac{r_2'}{s}}{\left(\dfrac{r_2'}{s}\right)^2 + (x_{2\sigma}')^2} = \frac{m_1 p f_1}{2\pi}\left(\frac{E_1}{f_1}\right)^2 \frac{1}{\dfrac{r_2'}{s} + \dfrac{s(x_{2\sigma}')^2}{r_2'}} \qquad (11.15)$$

式(11.15)是保持气隙每极磁通为常数变频调速时的机械特性方程式。下面根据该方程式,具体分析最大转矩 T_m 及相应的转差率 s_m。

令 $\dfrac{dT}{ds} = 0$,则

$$s_m = \frac{r_2'}{x_{2\sigma}'} \qquad (11.16)$$

$$T_m = \frac{1}{2}\frac{m_1 p}{2\pi}\left(\frac{E_1}{f_1}\right)^2 \frac{1}{2\pi L_{2\sigma}'} = 常数 \qquad (11.17)$$

式中 $L_{2\sigma}'$——转子静止时转子一相绕组漏电感系数折合值。

最大转矩处的转速降落为

$$\Delta n_m = s_m n_1 = \frac{r_2'}{x_{2\sigma}'}\frac{60 f_1}{p} = \frac{r_2'}{2\pi L_{2\sigma}'}\frac{60}{p} = 常数 \qquad (11.18)$$

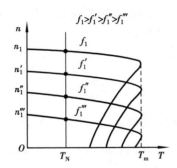

图 11.25 保持 $\dfrac{E_1}{f_1}$ = 常数时

变频调速的机械特性

从式(11.17)和式(11.18)可以看出,当改变频率 f_1 时,若保持 $\dfrac{E_1}{f_1}$ = 常数,则最大转矩 T_m = 常数,与频率无关,并且最大转矩对应的转速降落相等,即不同频率的各条机械特性是平行的,硬度相同。

根据式(11.15)画出保持恒磁通变频调速的机械特性,如图 11.25 所示。这种调速方法机械特性较硬,在一定的静差率要求下,调速范围宽,而且稳定性好。由于频率可以连续调节,因此变频调速为无级调速,平滑性好。另外,电动机在正常负载运行时,转差率 s 较小,因此转差功率 P_s 较小,效率较高。

恒磁通变频调速是属于什么性质的调速方式呢?为此,下面先分析电磁转矩为常数时,转差率 s 与电源频率 f_1 的关系。

当 $\dfrac{E_1}{f_1}$ = 常数时,由式(11.15)可知,若 T = 常数,即

$$T = \frac{m_1 p}{2\pi}\left(\frac{E_1}{f_1}\right)^2 \frac{f_1\dfrac{r_2'}{s}}{\left(\dfrac{r_2'}{s}\right)^2 + (x_{2\sigma}')^2} = 常数 = C$$

则

$$s = \frac{f_1 r_2' + \sqrt{(f_1 r_2')^2 - 4C(2\pi f_1 L_{2\sigma}')^2 (r_2)^2}}{2C(2\pi f_1 L_{2\sigma}')^2} = \frac{K}{f_1}$$

其中

$$K = \frac{r_2' + \sqrt{(r_2')^2 - 4C^2(2\pi L_{2\sigma}')^2 (r_2')^2}}{2C(2\pi L_{2\sigma}')^2} = 常数$$

转子电流

$$I_2' = \frac{E_1}{\sqrt{\left(\dfrac{r_2'}{s}\right)^2 + (x_{2\sigma}')^2}} = \frac{kf_1}{\sqrt{\left(\dfrac{r_2'f_1}{K}\right)^2 + (2\pi f_1 L_{2\sigma}')^2}} = 常数$$

因此　　　　　　　$T = T_N,$　　　　$I_2' = I_{2N}',$　　　　$I_1 = I_{1N}$

电机得到充分利用,为恒转矩调速方式。

2) 保持 $\dfrac{U_1}{f_1}$ = 常数

当降低电源频率 f_1,保持 $\dfrac{U_1}{f_1}$ = 常数,则每极磁通 $\Phi_m \approx$ 常数。此时电动机的电磁转矩为

$$T = \frac{m_1 p U_1^2 \dfrac{r_2'}{s}}{2\pi f_1 \left[\left(r_1 + \dfrac{r_2'}{s}\right)^2 + (x_{1\sigma} + x_{2\sigma}')^2\right]}$$

$$= \frac{m_1 p}{2\pi}\left(\frac{U_1}{f_1}\right)^2 \frac{f_1 \dfrac{r_2'}{s}}{\left(r_1 + \dfrac{r_2'}{s}\right)^2 + (x_{1\sigma} + x_{2\sigma}')^2} \tag{11.19}$$

最大转矩 T_m 为

$$T_m = \frac{1}{2}\frac{m_1 p U_1^2}{2\pi f_1 \left[r_1 + \sqrt{r_1^2 + (x_{1\sigma} + x_{2\sigma}')^2}\right]}$$

$$= \frac{1}{2}\frac{m_1 p}{2\pi}\left(\frac{U_1}{f_1}\right)^2 \frac{f_1}{r_1 + \sqrt{r_1^2 + (x_{1\sigma} + x_{2\sigma}')^2}} \tag{11.20}$$

由上式可以看出,保持 $\dfrac{U_1}{f_1}$ = 常数,当 f_1 减小时,最大转矩 T_m 不等于常数。已知 $(x_{1\sigma} + x_{2\sigma}')$ 与 f_1 成正比变化,r_1 与 f_1 无关。因此,在 f_1 接近额定频率时,$r_1 \ll (x_{1\sigma} + x_{2\sigma}')$,随着 f_1 的减小,T_m 减少得不多,但是,当 f_1 较低时,$(x_{1\sigma} + x_{2\sigma}')$ 比较小,r_1 相对变大了。这样一来,随着 f_1 的降低,T_m 就减小了。

根据式 (11.19),画出保持 $\dfrac{U_1}{f_1}$ = 常数降低频率调速时的 机械特性如图 11.26 所示。其中虚线部分是恒磁通调速时 T_m = 常数的机械特性,以示比较。显然,保持 $\dfrac{U_1}{f_1}$ = 常数时的 机械特性不如保持 $\dfrac{E_1}{f_1}$ = 常数时的机械特性,特别在低频低速 时的机械特性变差了。

保持 $\dfrac{U_1}{f_1}$ = 常数降低频率调速近似为恒转矩调速方式,证 明略。

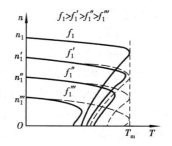

图 11.26　保持 $\dfrac{U_1}{f_1}$ = 常数时变频调 速的机械特性

（2）从基频向上变频调速

从基频向上变频调速时，只能保持电压为 U_N 不变，频率

越高，磁通 Φ_m 越低，是一种降低磁通升速的方法，类似于他励直流电动机弱磁升速情况。

保持 U_N 不变，升高频率时，

$$T = \frac{m_1 p U_1^2 \dfrac{r_2'}{s}}{2\pi f_1 \left[\left(r_1 + \dfrac{r_2'}{s}\right)^2 + (x_{1\sigma} + x_{2\sigma}')^2\right]}$$

$$T_m = \frac{1}{2} \frac{m_1 p U_1^2}{2\pi f_1 \left[r_1 + \sqrt{r_1^2 + (x_{1\sigma} + x_{2\sigma}')^2}\right]}$$

$$\approx \frac{1}{2} \frac{m_1 p U_1^2}{2\pi f_1 (x_{1\sigma} + x_{2\sigma}')} \propto \frac{1}{f_1^2}$$

$$s_m = \frac{r_2'}{\sqrt{r_1^2 + (x_{1\sigma} + x_{2\sigma}')^2}} \approx \frac{r_2'}{x_{1\sigma} + x_{2\sigma}'}$$

$$= \frac{r_2'}{2\pi f_1 (L_{1\sigma} + L_{2\sigma}')} \propto \frac{1}{f_1}$$

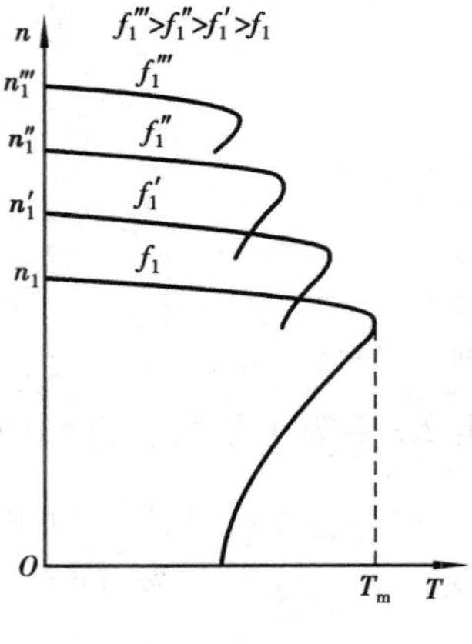

图 11.27　U_N 不变升高频率时的机械特性

因此，频率越高时，T_m 越小，s_m 也减小，最大转矩对应的转速降落为

$$\Delta n_m = s_m n_1 \approx \frac{r_2'}{2\pi f_1 (L_{1\sigma} + L_{2\sigma}')} \frac{60 f_1}{p} = 常数$$

根据电磁转矩方程式画出升高电源频率的机械特性，其运行段近似平行，如图 11.27 所示。

升高频率保持 U_N 不变时，近似为恒功率调速方式，证明略。

综上所述，三相异步电动机变频调速具有以下几个特点：

①从基频向下调速，为恒转矩调速方式；从基频向上调速，近似为恒功率调速方式。

②调速范围大。

③转速稳定性好。

④运行时 s 小，效率高。

⑤频率 f_1 可以连续调节，变频调速为无级调速。

异步电动机变频调速的电源是一种可变电压、可变频率的装置。近年来，多采用由晶闸管元件或自关断的功率晶体管器件组成的变压变频器。变频调速已经在很多领域内获得广泛应用，如轧钢机、辊道、纺织机、球磨机、鼓风机及化工企业中的某些设备等。可以预期，随着生产技术水平不断提高，变频调速必将获得更大的发展。

11.6.3　降低定子电压调速

(1)调速原理及机械特性

根据三相异步电动机降低定子电源电压的人为机械特性,同步转速 n_1 不变的条件下,电磁转矩 $T \propto U_1^2$。降低电源电压可以降低转速,定子电压为 U_N,U_1,U_2(且 $U_N > U_1 > U_2$)的机械特性如图 11.28(a)所示。对于恒转矩负载,在不同电压下的稳定运行点为 A,B,C;对于泵类负载,在不同电压下的稳定运行点为 A',B',C'。可见,当定子电压降低时,稳定运行时的转速将降低,从而实现了转速的调节。

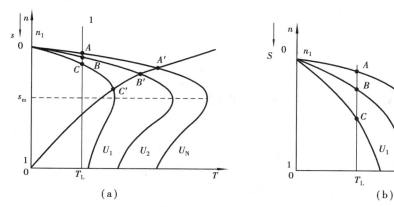

图 11.28　异步电动机降压调速

(2)调速方法的特点及特性

①三相异步电动机降压调速方法比较简单;

②对于一般的鼠笼式异步电动机,拖动恒转矩负载时,调速范围很小,没有多大实用价值;

③若拖动泵类负载,如通风机,降压调速有较好调速效果,但在低速运行时,由于转差率 s 增大,消耗在转子电路的转差功率增大,电机发热严重;

④低速时,机械性能太软,其调速范围和静差率达不到生产工艺的要求;

⑤采用下述闭环控制系统的调速范围一般为 10∶1。

(3)降压调速方法的改进

①对于要求拖动恒转矩负载且调速范围要求较宽的场合,可采用高转差率鼠笼式异步电动机电机(表现出高转子电阻);对于采用绕线式异步电动机,可在转子回路串入电阻。其机械特性如图 11.28(b)所示。由于低速下转子发热严重,多采用绕线式异步电动机,使大部分转差功率消耗在电机外部的电阻上。

②若要求低速时机械特性较硬,即在一定静差率下有较宽的调速范围,又保证电机具有一定的过载能力,可采用转速负反馈降压调速闭环控制系统,如图 11.29 所示。其中,(a)为闭环控制系统原理框图,(b)为系统静特性。

这种调速方法既非恒转矩调速方法,也非恒功率调速方法,多用于泵类负载的场合。

179

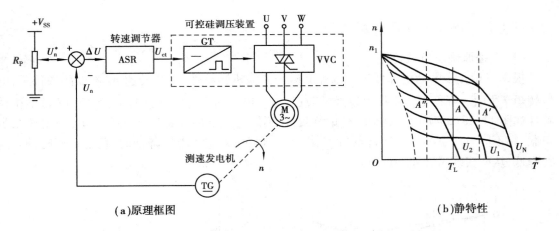

（a）原理框图　　　　　　　　　　　（b）静特性

图 11.29　转速负反馈降压调速闭环控制系统

11.6.4　绕线式异步电动机转子回路串电阻调速

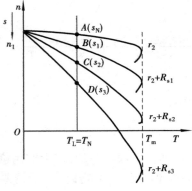

图 11.30　异步电动机转子串电阻调速

改变转子回路串入电阻值的大小,例如转子绕组本身电阻为 r_2,分别串入电阻 R_{s1},R_{s2},R_{s3} 时,其机械特性如图 11.30 所示。当拖动恒转矩负载,且为额定负载转矩,即 $T_L = T_N$ 时电动机的转差率由 s_N 分别变为 s_1,s_2,s_3。显然,所串电阻越大,转速越低。

已知电磁转矩 T 为

$$T \propto \Phi_m \cos \varphi_2$$

当电源电压一定时,主磁通 Φ_m 基本上是定值,转子电流 I_2 可以维持在它的额定值工作。至于 $\cos \varphi_2$,作如下推导。

根据转子电流

$$I_2 = I_{2N} = \frac{E_2}{\sqrt{\left(\dfrac{r_2}{s_N}\right)^2 + x_{2\sigma}^2}} = \frac{E_2}{\sqrt{\left(\dfrac{r_2 + r_s}{s}\right)^2 + x_{2\sigma}^2}}$$

从上式可以看出,转子串电阻调速时,如果保持电机转子电流为额定值,必有

$$\frac{r_2}{s_N} = \frac{r_2 + r_s}{s} = 常数 \tag{11.21}$$

式中　r_s——转子回路所串联的电阻。

当电机转子回路串了电阻后,转子回路的功率因数为

$$\cos \varphi_2 = \frac{\dfrac{(r_2 + r_s)}{s}}{\sqrt{\left(\dfrac{r_2 + r_s}{s}\right)^2 + x_{2\sigma}^2}}$$

考虑式(11.21)后,则

$$\cos\varphi_2 = \frac{\dfrac{r_2 + r_s}{s}}{\sqrt{\left(\dfrac{r_2 + r_s}{s}\right)^2 + x_{2\sigma}^2}} = \frac{\dfrac{r_2}{s_N}}{\sqrt{\left(\dfrac{r_2}{s_N}\right)^2 + x_{2\sigma}^2}} = \cos\varphi_{2N}$$

可见,转子回路串电阻调速是恒转矩调速方法。

图 11.30 中,当负载转矩 $T_L = T_N$ 时,根据式(11.21)则有

$$\frac{r_2}{s_N} = \frac{r_2 + R_{s1}}{s_1} = \frac{r_2 + R_{s2}}{s_2} = \frac{r_2 + R_{s3}}{s_3} = \cdots$$

这种调速方法的调速范围不大,一般为(2~3):1。负载小时,调速范围就更小了。由于转子回路电流很大,使电阻的体积笨重,抽头不易,所以调速的平滑性不好,属有级调速,且效率低,多用于断续工作的生产机械,在低速运行的时间不长,且要求调速性能不高的场合,如用于桥式起重机。

11.6.5　异步电动机双馈调速及串级调速原理

(1)双馈调速的基本原理

绕线式异步电动机多用于要求起动转矩大或要求调速的负载场合,例如,用来拖动球磨机、矿井提升机、桥式起重机等。传统的办法是在转子回路中串联电阻,这种调速方法显然是低效率的,且调速性能也不理想。如果采用双馈调速法,则效果较好。所谓双馈,是指绕线式异步电动机的定、转子三相绕组分别接到 2 个独立的三相对称电源上,其中定子绕组的电源为固定频率的工业电源,而转子电源电压的幅值、频率和相位则需按运行要求分别进行调节。对转子电源频率的要求很严格,即要求在任何情况下都应与转子感应电动势同频率。随着电力电子技术的发展,大功率半导体器件构成的变频器,与绕线式异步电动机组成的双馈调速系统,得到了人们的重视,并已经取得了重要的技术成就。下面讨论这一问题。

绕线式异步电动机双馈调速系统不仅能调节电动机的转速,还能改变电动机定子边的功率因数。

我们知道,当普通异步电动机定子边加额定电压且带上机械负载时,转子有功电流的有效值 I_{2a} 为

$$I_{2a} = \frac{sE_2}{\sqrt{r_2^2 + x_{2\sigma s}^2}} \frac{r_2}{\sqrt{r_2^2 + x_{2\sigma s}^2}} = \frac{sE_2 r_2}{r_2^2 + x_{2\sigma s}^2}$$

式中　E_2——转子不转一相感应电动势;

　　　$r_2, x_{2\sigma s}$——转子一相的电阻和转差频率时的漏电抗;

　　　s——转差率。

为了简化分析和突出主要概念,忽略转子漏电抗 $x_{2\sigma s}$ 的影响。当定子电源电压及负载转矩保持不变的条件下,I_{2a} 应为常数,即

$$I_{2a} \approx \frac{sE_2}{r_2} = 常数$$

现在分析绕线式异步电动机转子回路接有外电源的情况。为了简便起见,在下面的分析中,凡是转子的各物理量都应理解为已经进行过折合,不再用带撇的符号表示。定、转子电压、电动势和电流的正方向如图 11.31 所示。其中 U_2 是转子外加三相对称电源相电压的有效值。

下面分几种情况讨论。

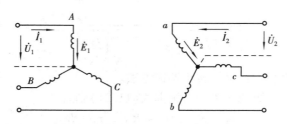

图 11.31　定、转子各量的正方向

1）转子外接电压 $\dot{U}_2$ 与转子电动势 $s\dot{E}_2$ 反相

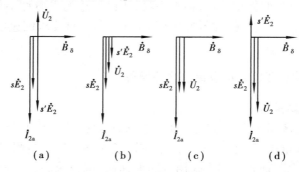

图 11.32　绕线式异步电动机转子接转差频率电压调速

　　这种情况的相量图如图 11.32（a）所示。一开始，由于转子回路合成电动势的减小，使电流 I_{2a} 减小，于是电磁转矩随之减小，因负载转矩不变，转子便减速。随着转速的降低，转子回路感应电动势增大，当转差率增大到 s' 时，转子感应电动势为 $s'\dot{E}_2$。直到 $s'\dot{E}_2 + \dot{U}_2$ 等于原先的 $s\dot{E}_2$，就能保持转子电流 I_{2a} 不变。电磁转矩与负载转矩达到了新的平衡，电机在新的转差率 s' 下运行，即 $s' > s$，转速降低了。注意，这里的转差率 s 不再是电动机实际运行的转差率，它的含义是在同样负载转矩下，转子回路未接电压 $\dot{U}_2$ 时的转差率，是固定值。

　　这种情况下转子电流为

$$\dot{I}_{2a} = \frac{s'\dot{E}_2 + \dot{U}_2}{r_2} = \frac{s\dot{E}_2}{r_2}$$

或

$$I_{2a} = \frac{s'E_2 - U_2}{r_2} = \frac{sE_2}{r_2}$$

所以电机实际运行的转差率 s' 为

$$s' = s + \frac{U_2}{E_2}$$

　　由上式可以看出，当电机空载运行时，I_{2a} 接近于零，转差率 s 值很小，此时电机的空载转差率 s_0' 为

$$s_0' \approx \frac{U_2}{E_2}$$

　　可见，即使电机空载运行，也能进行调速。增大 U_2，s' 增大，显然，可以有 s' 等于 1 或大于 1

的运行情况。

2）转子外接电压 $\dot{U}_2$ 与转子电动势 $s\dot{E}_2$ 同相

分几种情况讨论。首先看图 11.32（b）中 $U_2 < sE_2$ 的情况。刚开始时，由于转子回路合成电动势增大，使 $\dot{I}_{2a}$ 增大，电磁转矩增大，在负载转矩不变的条件下，转子加速。随着转速的增加（转差率减小为 s'），转子回路感应电动势减小，直到 $s'\dot{E}_2 + \dot{U}_2$ 等于原先的 $s\dot{E}_2$，才能保持 $\dot{I}_{2a}$ 不变，电磁转矩与负载转矩达到新的平衡，电机在新的转差率 s' 下运行。这时，$s' < s$，即电机的转速升高了。

当 $U_2 = sE_2$ 时，仅由 $\dot{U}_2$ 的作用就能产生 $\dot{I}_{2a}$，电机的转速达到同步转速，$s'\dot{E}_2$ 为零，如图 11.32（c）所示。

显然，当 $U_2 > sE_2$ 时，在负载转矩不变的条件下，电机的转速可以超过同步转速，转差率 $s' < 0$，如图 11.32（d）所示。

这种情况下，转子电流为

$$\dot{I}_{2a} = \frac{s'\dot{E}_2 + \dot{U}_2}{r_2} = \frac{s\dot{E}_2}{r_2}$$

或

$$I_{2a} = \frac{s'E_2 + U_2}{r_2} = \frac{sE_2}{r_2}$$

电机实际运行的转差率 s' 为

$$s' = s - \frac{U_2}{E_2}$$

由上式可以看出，当电机空载运行时，I_{2a} 接近于零，s 很小，s_0' 为

$$s_0' \approx \frac{U_2}{E_2}$$

同样能把电机的转速调到高于同步转速。

3）转子外接电压 $\dot{U}_2$ 与转子电动势 $s\dot{E}_2$ 相位差 $90°$。

分析时仍假设负载转矩不变，即 $s\dot{E}_2$ 不变。图 11.33（a）是 $\dot{U}_2$ 领先 $s\dot{E}_2$ $90°$ 的情况。这种情况下转子回路的合成电动势 $\sum\dot{E}_2$ 产生的转子电流 $\dot{I}_2$ 者同相（仅考虑 r_2 的作用），其中有功电流为 $\dot{I}_{2a}$，无功电流为 $\dot{I}_{2r}$。由于无功电流 $\dot{I}_{2r}$ 与气隙磁密 $\dot{B}_\delta$ 同相，起了励磁电流的作用。已知电机定子电流 $\dot{I}_1$ 为

$$\dot{I}_1 = \dot{I}_0 + (-\dot{I}_2')$$

式中　$\dot{I}_0$——定子励磁电流。

忽略定子边漏阻抗压降，将定子端电压 $\dot{U}_1$、电流 $\dot{I}_1$ 都画在图 11.33（a）里。可见，定子边的功率因数 $\cos\varphi_1$ 得到了改善。

若令 $\dot{U}_2$ 滞后 $s\dot{E}$ $90°$，读者可自己分析，这时，使定子边功率因数 $\cos\varphi_1$ 减小。这种情况是

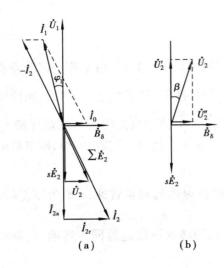

图 11.33 $\dot{U}_2$对 $\cos\varphi_1$ 的影响

不可取的。

若 $\dot{U}_2$ 与 $s\dot{E}_2$ 的相位差为某一角度,如图 11.33 (b)所示,可以将 $\dot{U}_2$ 分解成两个分量:$\dot{U}_2'$ 和 $\dot{U}_2''$,分别按上述的方法进行考虑。图 11.33(b)所示的情况是电机运行于次同步转速,既能调速,又能提高定子功率因数。

在调速范围较大时,不能忽略转子漏阻抗的影响,因为它对转子电流 $\dot{I}_2$ 的大小及相位都有影响。

(2)串级调速的基本原理

前述的双馈调速要求加在电机转子绕组的电压频率与转子绕组感应电动势的频率相同。如果把异步电机转子感应电动势变为直流电动势,同时把转子外加电压也变为直流电压,也能满足同频率的要求,

即所有量的频率都为零,当然是可以的,这就是串级调速的基本思路。

图 11.34 是异步电动机串级调速框图。图中的整流器把异步电动机转子的转差电动势、电流变成直流,逆变器的作用是给电机转子回路提供直流电动势,同时给转子电流提供通路,并把转差功率 sP_M(扣除转子绕组铜耗)大部分反送回交流电源。

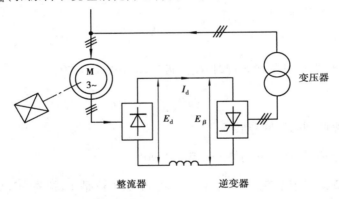

图 11.34 晶闸管异步电动机串级调速

异步电动机转子相电动势 $E_{2s} = sE_2$,经三相整流器后变为直流电动势 E_d,

$$E_d = k_1 E_{2s} = k_1 s E_2$$

逆变器直流侧直流电动势 E_β 为

$$E_\beta = k_2 U_2 \cos\beta$$

式中 k_1, k_2——整流系数和逆变器的系数;

$\qquad U_2$——变压器副边相电压;

$\qquad \beta$——逆变角。

于是直流回路电流 I_d 为

$$I_d = \frac{E_d - E_\beta}{R}$$

式中　R——直流回路等效电阻。

上式可写成

$$E_d = E_\beta + I_d R$$

因 R 较小,可忽略不计,上式变为

$$E_d = E_\beta = k_1 s E_2 = k_2 U_2 \cos\beta$$

当整流器、逆变器都为三相桥式电路时,$k_1 = k_2$,得转差率 s 为

$$s = \frac{U_2}{E_2} \cos\beta$$

由上式可知,改变逆变角 β 的大小,就能改变电动机的转差率 s,从而达到调节转速的目的。

这种调速方法适合于高电压、大容量绕线式异步电动机拖动风机、泵类负载等调速要求不高的场合。

11.6.6　电磁转差离合器调速

(1)调速原理及机械特性

电磁转差离合器是一个鼠笼式异步电动机与负载之间互相连接的电器设备,如图 11.35 (a)所示,电磁转差离合器主要由电枢和磁极两个旋转部分组成,电枢部分与三相异步电动机

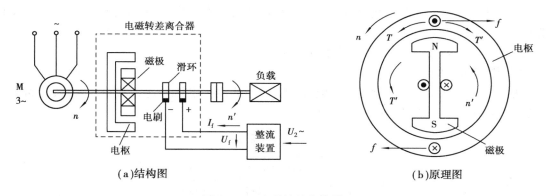

(a)结构图　　　　　　　　　　　　　(b)原理图

图 11.35　电磁转差离合器

相连,是主动部分。电枢部分相当于由无穷多单元导体组成的鼠笼转子,其中流过的涡流类似于鼠笼式绕组的电流。磁极部分与负载连接,是从动部分,磁极上励磁绕组通过滑环、电刷与整流装置连接,由整流装置提供励磁电流。电枢通常可以装鼠笼式绕组,也可以是整块铸钢。电枢与磁极之间有一个很小的气隙,约 0.5 mm。电磁转差离合器的工作原理与异步电动机的相似。当异步电动机运行时,电枢部分随异步电动机的转子同速旋转,转速为 n,转向设为逆时针方向。若磁极部分的励磁绕组通入的励磁电流 $I_f = 0$,则磁极的磁场为零,电枢与磁极二者之间既无电的联系,又无磁的联系,无电磁转矩产生,磁极及关联的负载不会转动,这时,负载相当于与电机"离开"。若磁极部分的励磁绕组通入的励磁电流 $I_f \neq 0$,磁极部分则产生磁场,磁极与电枢二者之间就有了磁的联系。由于电枢与磁极之间有相对运动,电枢导体要感应电动势,并产生电流,用右手法则可判定感应电流的方向如图 11.35(b)所示。电枢载流导体受磁极的磁场作用产生作用于电枢上的电磁力 f 和电磁转矩 T',用左手定则可以判定 T' 的方

向与电枢的旋转方向相反,是制动转矩,它与作用在电枢上的输入转矩 T 相平衡。而磁极部分则受到与电枢部分大小相等、方向相反的电磁转矩,也就是逆时针方向的电磁转矩 T'。在

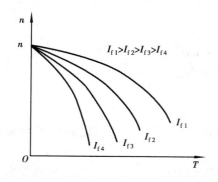

图 11.36　电磁转差离合器的机械特性

它的作用下,磁极部分的负载跟随电枢转动,转速为 n',此时负载相当于被"合上",而且负载转速 n' 始终小于电动机转速 n,即电枢与磁极之间一定要有转差 $\Delta n = n - n'$。这种基于电磁感应原理,使电枢与磁极之间产生转差的设备称为电磁转差离合器。

由于异步电动机的固有机械特性较硬,可以认为电枢的转速 n 是恒定不变的,而磁极的转速 n' 取决于磁极绕组的电流 I_f 的大小。只要改变磁极电流 I_f 的大小,就可以改变磁场的强弱,则磁极和负载转速 n' 就不同,从而达到调速的目的。

电磁转差离合器改变励磁电流时的机械特性如图 11.36 所示。

（2）**调速方法的特点和性能**

①电磁转差离合器设备简单,控制方便,可平滑调速;

②电磁转差离合器的机械特性较软,转速稳定性较差,调速范围较小。采用下述闭环控制系统的调速范围一般可达到 10∶1;

③电磁转差离合器与三相鼠笼式异步电动机装成一体,即同一个机壳时,称为滑差电动机或电磁调速异步电动机;

④低速时转差功率损耗较大,效率较低。

（3）**调速方法的改进**

为了提高机械特性的硬度,扩大调速范围,与降低定子电压调速方法一样,工程上常采用转速负反馈闭环调速系统,如图 11.37 所示。

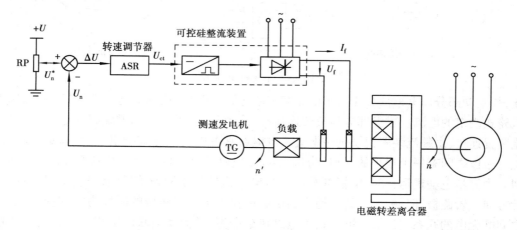

图 11.37　电磁转差离合器闭环控制系统

这种调速方法广泛应用于纺织、造纸、烟草等机械上以及具有泵类负载特性的设备上。

习　题

11.1　在额定转矩不变的条件下,如果把外施电压提高或降低,电动机的运行情况(P_1,P_2,n,η,$\cos\varphi$)会发生怎样的变化?

11.2　为什么异步电动机最初起动电流很大,而最初起动转矩却并不太大?

11.3　在绕线式异步电动机转子回路内串电阻起动,可以提高最初起动转矩,减少最初起动电流,这是什么原因? 串电感或电容起动,是否也有同样效果?

11.4　起动电阻不加在转子内,而串联在定子回路中,是否也可以达到同样的目的?

11.5　两台相同的异步电动机,转轴机械耦合在一起,如果起动时将它们的定子绕组串联以后接在电网上,起动完毕以后再改成并联,试问这样的起动方式,对最初起动电流和转矩有怎样的影响?

11.6　绕线式异步电动机,如果将它的三相转子绕组接成△形短路与接成 Y 形短路,对起动性能和运行性能有何影响? 为什么?

11.7　简述绕线式异步电动机转子回路中串电阻调速时,电动机内所发生的物理过程。如果负载转矩不变,在调速前后转子电流是否改变? 电磁转矩及定子电流会变吗?

11.8　在绕线式异步电动机转子串入电抗器是否能调速? 此时 $T=f(s)$ 曲线,$\cos\varphi$ 等性能会发生怎样的变化?

11.9　某一鼠笼式异步电动机的转子绕组的材料原为铜条,今因转子损坏改用一结构、形状及尺寸完全相同的铸铝转子,试问:这种改变对电机的工作和起动性能有何影响?

11.10　变频调速有哪两种控制方法? 试述其性能区别。

11.11　有一台三相异步电动机,$U_N=380$ V,$n_N=1\,460$ r/min,定子绕组 Y 形连接,转子为绕线式。已知等效电路的参数为 $r_1=r'_2=0.02$ Ω,$x_{1\sigma}=x'_{2\sigma}=0.06$ Ω。略去励磁电流,起动电机时,在转子回路中接入电阻,当 $I_{st}=2I_N$ 时,最初起动转矩是多少?

11.12　一台三相异步电动机,定子绕组 Y 接,$U_N=380$ V,$n_N=1\,460$ r/min 转子为绕线式。已知等效电路的参数为 $r_1=r'_2=0.02$ Ω,$x_{1\sigma}=x'_{2\sigma}=0.06$ Ω,电流及电动势变比 $k_i=k_e=1.1$,今要求在起动电机时有 $I_{st}=3.5I_N$,试问:

①若转子绕组是 Y 形接法,每相应接入多大的起动电阻?

②此时最初起动转矩是多大?

11.13　一台三相异步电动机,$p=2$,$P_N=28$ kW,$U_N=380$ V,$\eta_N=90\%$,$\cos\varphi_N=0.88$,定子绕组△形连接。已知在额定电压下直接起动时,电网所供给的线电流是电动机额定电流的 5.6 倍。今改用 Y-△法起动,求电网所供给的线电流。

11.14　一台绕线式三相异步电动机,定子绕组 Y 极,四极,其额定数据如下:$f_1=50$ Hz,$P_N=150$ kW,$U_N=380$ V,$n_N=1\,455$ r/min,$\lambda=2.6$,$E_{2N}=213$ V,$I_{2N}=420$ A。求:

①起动转矩;

②欲使起动转矩增大一倍,转子每相串入多大电阻?

11.15　某绕线式三相异步电动机,技术数据为:$P_N=60$ kW,$n_N=960$ r/min,$E_{2N}=200$ V,$I_{2N}=195$ A,$\lambda=2.5$。其拖动起重机主钩,当提升重物时电动机负载转矩 $T_L=530$ N·m,求:

①电动机工作在固有机械特性上提升该重物时,电动机的转速;

②提升机构传动效率提升时为 0.87,如果改变电源相序,下放该重物,下放速度是多少?

③若下放速度为 $n = -280$ r/min,不改变电源相序,转子回路应串入多大电阻?

④若在电动机不断电的条件下,欲使重物停在空中,应如何处理,并作定量计算。

⑤如果改变电源相序,在反向回馈制动状态下放同一重物,转子回路每相串接电阻为 0.06 Ω,求下放重物时电动机的转速。

11.16 一台绕线式三相异步电动机,其额定数据为:$P_N = 750$ W,$n_N = 720$ r/min,$U_N = 380$ V,$I_N = 148$ A,$\lambda = 2.4$,$E_{2N} = 213$ V,$I_{2N} = 220$ A。拖动恒转矩负载 $T_L = 0.85T_N$ 时,欲使电动机运行在 $n = 540$ r/min。

①采用转子回路串电阻,求每相电阻值;

②采用变频调速,保持 $\dfrac{U}{f} = $ 常数,求频率与电压各为多少。

总　结

感应电动机的工作原理是:定子绕组所产生的旋转磁场,以转差速率切割转子导体,于是在转子导体中感应电动势,产生电流,转子导体中的电流与旋转磁场相作用而产生电磁转矩,使转子旋转。当 $n < n_1$ 时,为电动机运行;当 $n > n_1$ 时,为发电机运行;当转子逆着磁场方向旋转时,便是制动运行。根据转差率 s,可以计算感应电机的转速,推断感应电机的运行方式。感应电机的许多性能与 s 有关,因此它是感应电机的一个极为重要的参数。在基本结构中,应该明了的问题是:感应电机由哪几部分组成,各部件的功用及所应用的材料是什么,笼型转子与绕线转子有何不同,为什么感应电机气隙很小等内容。

通过研究正常运行时感应电机内部的电磁过程,导出了感应电动机的电动势平衡方程式、磁动势平衡方程式、等效电路和相量图。这些内容都是感应电机的基本理论,是深入分析感应电机各种性能的理论基础,必须牢固掌握。

从感应电动机的基本原理及分析方法来看,感应电机与变压器极为类似。它们的电动势、磁动势平衡方程式以及等效电路、相量图,不论形式或推导过程都很相似。不过,在了解感应电机和变压器原理相似的同时,还必须注意它们之间的差别,主要方面有:

①由于感应电机的转子是旋转的,因此,转子中的电动势频率不仅与电源频率有关,还取决于转子的转速,即与转差率有关;

②感应电机气隙中的主磁场是旋转磁场,而变压器中是脉振磁场;

③感应电机是分布短距绕组,而变压器则是集中绕组,因此感应电机的电动势计算公式也与变压器有些差别。

基本方程式、等效电路和相量图是同一内容的 3 种不同表示方式,是相辅相成的。工程计算时用得最多的是等效电路,所以它是分析感应电动机运行性能的有效工具。

当外加电压及频率不变时,电磁转矩是转差率 s 的函数。电磁转矩随转差率变化的曲线是一条重要的特性曲线,称为感应电机的机械特性。电网电压及转子电阻对机械特性曲线的形状、最大转矩和最初起动转矩的影响都是必须牢固掌握的内容。

在异步电动机的功率与转速关系中,要充分了解电磁转矩与电磁功率及总机械功率的关系,它是电机进行机电能量转换的关键。有 3 个表达式:①物理表达式(物理概念明确);②参数表达式(电磁转矩与电机参数的关系清楚,是研究电机各种特性的依据);③实用表达式(形式简单、根据产品目录数据便可绘制 $T=f(s)$ 曲线)。

异步电动机的工作特性是指电源电压和频率均为额定值时,其转速、定子电流、功率因数、电磁转矩及效率与输出功率的关系。

对异步电动机起动特性的要求是:希望起动电流小,起动转矩大。但是,在起动时若不采取任何措施,电动机的起动特性有时不能满足上述要求。

对于鼠笼式异步电动机,如果电网容量允许,应尽量采用直接起动。当电网容量较小时,应采用降低定子电压的方法来减小起动电流,较常用的方法有 Y-△法,或自耦变压器起动等。但是,降压起动时电动机的起动转矩随电压平方成正比地减小。绕线式电动机起动时,在转子回路中串入电阻,不但使起动电流减小,而且使起动转矩增大。因此,在起动困难的机械中,常采用绕线式电动机。但绕线式异步电动机转子结构复杂、维护不便、成本较高。而深槽式和双鼠笼式异步电动机,利用集肤效应,使转子电阻随转子频率的变化而自动变化,因此既具有较好的起动性能,又具有较好的工作性能。

应用自动控制线路组成的软起动器可以实现无级平滑起动,称为软起动方法。现代带电流闭环的电子控制软起动器可以根据起动时所带负载的大小,起动电流可在 $(0.5 \sim 4)I_{1N}$ 之间调整,以获得最佳的起动效果。

三相异步电机有能耗制动、定子两相反接的反接制动、转速反向的反接制动及回馈制动,它们的共同特点是电磁转矩与转速方向相反。应着重掌握制动生产条件、机械特性、功率关系及制动电阻计算。

异步电动机的调速,根据转速公式, $n = \dfrac{60f_1}{p}(1 - s)$ 知道,可以通过改变电动机的极数、转差率或电源频率的方法来实现。

我们重点分析了变频调速鼠笼式电动机的优异性能。由于变频器的发展,价格降低,变频调速已成为异步电动机主要的调速方法。对定子降压调速、变极调速、电磁转差离合器调速也作了简单介绍。绕线转子异步电动机可采用转子回路串电阻调速及可控硅串级调速。特别是可控硅串级调速,调速性能可达到与变频调速相当的程度。目前大型风机、水泵常采用串级调速,以达到节省电能的目的。

第**4**篇
同步电机

第**12**章
同步电机的基本工作原理和主要结构

12.1 同步电机的基本工作原理

图 12.1(a)是三相同步发电机工作原理示意图。图中静止的部分称为定子,旋转的部分称为转子。在一般同步发电机中,旋转的部分是磁极,以恒定不变的转速在旋转。转子上有绕组,绕组中通以直流电流以后便可激励一磁场。定子上有许多槽,槽中安置导体,其目的是为了在其中感应电动势。根据右手定则可知:当导体被 N 极磁场切割时,它的感应电动势方向为流出纸面(图 12.1(a)中导体 A);当导体为 S 极磁场切割时,它的感应电动势方向为流入纸面。转子旋转时,导体交替地为 N 极和 S 极磁场所切割,因此每根导体中的感应电动势方向是交变的。

在图 12.1(a)中,磁通首先切割 A 相导体,当转子转过 120°及 240°后,磁通再依次切割 B 相导体和 C 相导体。因此,A 相的感应电动势便超前 B 相感应电动势 120°,B 相的感应电动势又超前 C 相感应电动势 120°,于是得到如图 12.1(b)所示的相量关系。三相电动势的大小相等,相位互差 120°,这就是三相同步发电机的简单工作原理。

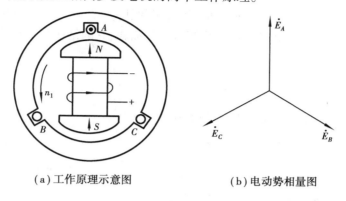

　(a)工作原理示意图　　　　　　　(b)电动势相量图

图 12.1　同步发电机

交流电机的感应电动势由电动势的频率、电动势的波形和电动势的大小 3 个基本要素决定。

12.2　同步电机的主要结构

在图 12.1 中,已简单地介绍了同步电机的结构概貌。像感应电机一样,同步电机也是由定子和转子两大部分所组成。定子上有三相交流绕组,转子上则有励磁绕组,通入直流电流后,能产生磁场。它们的结构分述于下:

12.2.1　定子

同步电机的定子有时也称为电枢,它和感应电机的定子在构造上完全一样,也是由定子铁芯、电枢三相绕组、机座和端盖等部件组成。

同步电机的定子铁芯是由硅钢片冲制后叠装而成。当大型同步电机冲片外圆的直径大于 1 m 时,由于材料标准尺寸的限制,必须做成扇形冲片,如图 12.2 所示,然后按圆周拼合起来叠装而成。

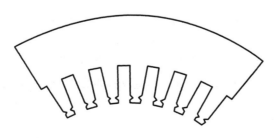

图 12.2　定子扇形冲片

小型同步电机定子绕组的电压较低,例如 400 V;但大型同步电机定子绕组的电压则较高,所以对绕组的绝缘材料就提出了较高的要求。可以认为大型电机定子绕组的制造问题,主要是它的绝缘问题。一般高压定子绕组常采用云母带作为绝缘材料。关于定子绕组的绕法,在前面已作了介绍。

电机的机座是支持和固定定子铁芯和定子绕组的部分,中、小型同步电机的机座和端盖与异步电机的一样;大型同步电机的机座常用钢板焊接而成,它的结构型式与采用的通风系统有密切联系。

12.2.2　转子

同步电机的转子有两种结构型式,即凸极式和隐极式。

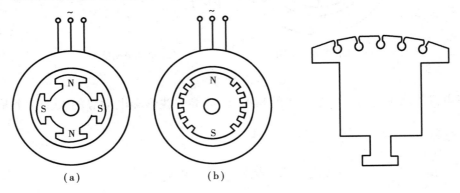

图 12.3　同步电机的转子结构　　　　图 12.4　磁极冲片

图 12.3(a)为凸极式转子的示意图。沿着转子的圆周安装有凸出的磁极,由直流电励磁产生磁通。此磁通对转子是不变化的,因此转子不需要用硅钢片来制造。在一般情况下,转子的磁极铁芯是由普通的薄钢片冲制成如图 12.4 表示的形状,然后再一片片叠装而成。磁极铁芯上放置集中的励磁绕组。整个磁极利用 T 形尾部固定在磁轭上,如图 12.5 所示。磁极的表面常装设类似笼型感应电机转子上的短路绕组,在发电机中称为阻尼绕组,在电动机中称为起动绕组,图 12.6 所示为阻尼绕组的结构概貌。

图 12.3(b)为隐极式转子示意图。转子上没有凸出的磁极,沿着转子的圆周上刻有槽和齿,刻有槽的部分约占圆周的 $\frac{2}{3}$。励磁绕组是分布绕组,分布在各槽中。圆周上没有绕组的部分形成所谓大齿,是磁极的中心区域。

凸极结构转子的优点是制造方便,缺点是机械强度较差,因此多用在离心力较小、转速较低的中、小型电机中;或用在受水轮机的限制,具有极数较多、转速较慢的大功率水轮发电机中。隐极转子的优点是机械强度好,但制造工艺较复杂,因此多用在离心力较大、转速较高的电机中,如受汽轮机的限制,汽轮发电机的转速较高,离心力较大,因此多采用隐极结构。

12.2.3　冷却问题简述

在中、小型电机中,都采用空气作为冷却介质。当空气从电机内部流过时,将电机所产生的热量带走。当电机的容量很大时,电机内部的损耗及发热量迅速增加,冷却问题显得格外重

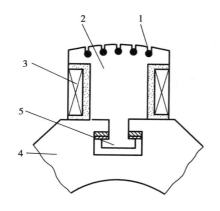

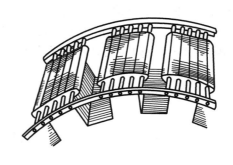

图 12.5　凸极同步电机磁极装配　　　　图 12.6　同步电机转子上的阻尼绕阻
1—阻尼绕组;2—磁极铁芯;3—励磁绕组;
4—磁轭;5—磁极 T 形尾部固定部分

要,此时必须加强通风或采用其他的冷却方式,否则电机的出力将受限制,容量不可能造得很大。

在大型汽轮发电机中,为了提高其冷却效率,往往不用空气作为冷却介质,而采用氢气冷却,因为氢气的比重比空气的小,所以在旋转时产生的风摩擦损耗大为减小;同时氢气的导热率比空气大,散热也良好。所以采用氢气冷却后,可以降低电机的通风损耗及温升,发电机容量可以得到提高。但氢气与空气混合后,有爆炸危险,必须有一套控制设备来保证外界空气不会渗入到电机内部。

目前在更大容量的发电机中,可以采用导线内部直接冷却。所谓内部直接冷却是指冷却介质直接与铜线相接触。例如采用空心导体,

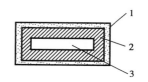

图 12.7　空心导线
1—导线绝缘;
2—铜线;3—空心

如图 12.7 所示,冷却介质直接在导体中流通而把热量带走,这样能更有效地降低电机的温升。所采用的冷却介质一般有氢气和水等。

12.3　同步电机的额定值

同步电机的额定值有:

1)额定电压 U_N　额定电压是指在正常运行时,按制造厂的规定,定子三相绕组上的线电压,单位为 V 或 kV。

2)额定电流 I_N　额定电流是指在正常运行时,按制造厂的规定,流过定子绕组的线电流,单位为 A。

3)额定功率 P_N　额定功率是指在正常运行时,电机的输出功率,单位为 kW。对于发电机而言,是指输出的电功率;对于电动机而言,是指输出的机械功率。它们与额定电压和额定电流之间有如下关系:

发电机　　　　　　$P_N = \sqrt{3} U_N I_N \cos \varphi_N \times 10^{-3}$

电动机 $\qquad P_N = \sqrt{3} U_N I_N \eta_N \cos \varphi_N \times 10^{-3}$

4）相数 m　同步电机的相数一般为 $m = 3$。

5）额定频率 f_N　我国规定额定工业频率 $f_N = 50$ Hz。

6）额定转速 n_N　即为电机的同步转速，在一定极数及频率时是定值，即

$$n_N = \frac{60 f_N}{p}$$

习　题

12.1　什么叫同步电机？一台 250 r/min，50 Hz 的同步电机，其极数是多少？

12.2　汽轮发电机和水轮发电机的主要结构特点是什么？

第13章
同步发电机的运行原理与特性

13.1 同步发电机的电枢反应

在同步电机的转子上装有直流电励磁的磁极。正常运行时,转子以同步转速旋转,因此,当励磁绕组通入直流电以后,在气隙中将出现一个以同步转速旋转的、直流励磁的旋转磁场,称之为机械旋转磁场。

转子所产生的磁场以同步转速旋转,它切割定子绕组而在其中感应出三相对称电动势。接上负载以后,便有三相电流流过定子上的三相绕组。当三相对称电流通过三相对称绕组时,也产生一个旋转磁动势。这个磁动势是由交流电激励而产生的,称之为交流励磁的旋转磁动势,或电气旋转磁动势。

下面进一步分析定、转子磁动势间的转速关系。如果转子转速为 n r/min,则转子磁动势的转速也是 n r/min,从而定子电流频率应为 $f=\dfrac{pn}{60}$,由定子电流产生的定子旋转磁动势的转速便为

$$n_1 = \frac{60f}{p} = \frac{60}{p}\frac{pn}{60} = n$$

它与转子转速相等。因此,转子磁动势与定子磁动势以相同的速率旋转,两者之间没有相对运动。由于定子磁动势的转速就等于转子的转速,因此,定子磁场不会切割转子绕组,在转子绕组中便没有感应电动势。

同步电机在空载时,定子电流为零,气隙中仅存在转子磁动势。负载以后,除转子磁动势外,定子三相电流也产生电枢磁动势。同步电机在负载时,随着电枢磁动势的产生,使气隙中的磁动势从空载时的磁动势变为负载时的合成磁动势。因此,电枢磁动势的存在,将使气隙中磁场的大小及位置发生变化,这种现象称为电枢反应。

电枢反应会对电机性能产生重大影响,下面以同步发电机为例研究电枢反应的性质。

电枢反应的性质主要取决于空载电动势 $\dot{E}_0$ 和负载电流 $\dot{I}_a$ 之间的夹角 ψ,即取决于负载的

性质。下面从 3 种极限情况出发进行研究：

①$\dot{I}_a$ 和 $\dot{E}_0$ 同相位，即 $\psi = 0°$;

②$\dot{I}_a$ 滞后 $\dot{E}_0$ 90° 电角度，即 $\psi = 90°$;

③$\dot{I}_a$ 超前 $\dot{E}_0$ 90° 电角度，即 $\psi = -90°$。

13.1.1 $\dot{I}_a$ 和 $\dot{E}_0$ 同相位 ($\psi = 0°$) 时的电枢反应

图 13.1(a) 所示为 $\dot{I}_a$ 和 $\dot{E}_0$ 同相位时的相量图，图 13.2 中 $\dot{E}_0$ 滞后于主磁通 $\dot{\Phi}_f$ 90° 电角度。图13.1(b) 所示为三相同步发电机的示意图，为了清楚起见，定子上只画了一相绕组 $A—X$。当转子转到图所示的位置时，两个线圈边正好位于磁极中心之下，切割着最大磁通密度，所以感应电动势也为最大值。由于现在所研究的是 $\psi = 0°$ 时的情况，即 $\dot{I}_a$ 和 $\dot{E}_0$ 同相位，因此，电流也在此瞬间达到最大值。从前面的分析可知，当某相绕组中的电流达到最大值时，电枢旋转磁动势的轴线就和该相绕组的中心线相重合，在所研究的瞬间，A 相电流达到最大值，所以电枢磁动势 $\dot{F}_a$ 就与 A 相绕组中心线相重合。因此，由图 13.1(b) 可以看出：当 $\psi = 0°$ 时，电枢磁动势 $\dot{F}_a$ 滞后于转子磁动势 $\dot{F}_f$ 90°。由于电枢磁动势与转子都以同步转速旋转，因此，通过该图判断出这一瞬间定、转子磁动势的相对位置后，它们的相对位置将一直维持不变。因此，在 $\psi = 0°$ 时，两磁动势的轴线在空间永远正交。习惯上称转子磁极轴线为直轴，以符号 d 表示；称 N,S 极之间的中线为交轴，以符号 q 表示。当 $\psi = 0°$ 时，电枢旋转磁动势作用在 q 轴上，称为交轴电枢磁动势。从图 13.1 可以看出，电枢磁动势 $\dot{F}_a$ 与转子磁动势 $\dot{F}_f$ 相加后才是气隙中的合成磁动势 $\dot{F}_\delta$，显然，由于交轴电枢磁动势的存在，将使合成磁动势的轴线位置产生一定的位移，幅值发生一定的变化。

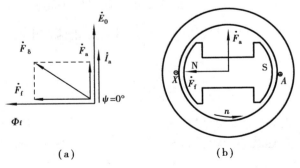

$$(a) \qquad\qquad (b)$$

图 13.1 $\psi = 0°$ 时的电枢反应

13.1.2 $\dot{I}_a$ 滞后 $\dot{E}_0$ 90° 电角度 ($\psi = 90°$) 时的电枢反应

图 13.2(a) 所示为 $\dot{I}_a$ 滞后 $\dot{E}_0$ 90° 电角度时的相量图。图中 $\dot{E}_0$ 滞后于 $\dot{\Phi}_f$ 90° 电角度，所以 $\dot{I}_a$ 滞后于 $\dot{\Phi}_f$ 180° 电角度。与图 13.1(b) 所示的情况一样，当线圈边位于磁极中心之下，为最大

磁通密度所切割时,绕组中感应电动势达到最大值。但由于现在所研究的是 $\psi = 90°$ 时的情况,即电流 $\dot{I}_a$ 滞后 $\dot{E}_0$ 90° 电角度,因此,电流要比电动势晚 90° 才能达到最大值,亦即要等主磁极从图 13.1(b) 的位置向前转过 90° 电角度(相当于半个极距)时,绕组中的电流才能达到最大值,这样便得到图 13.2(b)。在图 13.2(b) 所示的这一瞬间,A 相绕组电流达到最大值,于是电枢旋转磁动势的轴线便与该相绕组中心线相重合。因此,从图 13.2 可以看出:当 $\psi = 90°$ 时,电枢磁动势与主磁极轴线(即直轴)相重合,并产生去磁作用。此时的电枢磁动势就称为直轴去磁电枢磁动势。

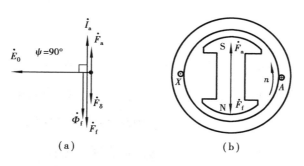

图 13.2　$\psi = 90°$时的电枢反应

13.1.3　$\dot{I}_a$ 超前 $\dot{E}_0$ 90° 电角度($\psi = -90°$) 时的电枢反应

图 13.3(a) 所示为 $\dot{I}_a$ 超前 $\dot{E}_0$ 90° 电角度时的相量图。图中 $\dot{\Phi}_f$ 也超前于 $\dot{E}_0$ 90° 电角度,所以 $\dot{I}_a$ 和 $\dot{\Phi}_f$ 同相位。与图 13.1(b) 所示的情况一样,当线圈边正好位于磁极中心之下,切割主磁极的最大磁通密度时,绕组中感应电动势达到最大值。但由于现在所研究的是 $\psi = -90°$ 时的情况,即电流 $\dot{I}_a$ 超前于电动势 $\dot{E}_0$ 90° 电角度达到最大值。于是,导体电流达到最大值时的转子位置便如图 13.3(b) 所示,即导体尚未被最大磁通密度切割时,电流便已先达到最大值,待转子向前再转过 90° 电角度时,导体中的感应电动势才可达到最大值。由于在图 13.3(b) 所表示的位置,线圈电流达到最大值,于是电枢磁动势轴线便和该相线圈中心线相重合。因此,从图 13.3 可以看出:当 $\psi = -90°$ 时,电枢磁动势也与主磁极轴线相重合,但是产生增磁作用。此时的电枢磁动势就称为直轴增磁电枢磁动势。

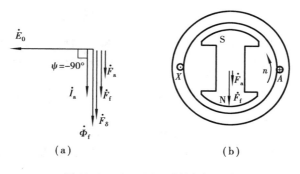

图 13.3　$\psi = -90°$时的电枢反应

13.1.4 一般情况下（ψ = 任意角度）的电枢反应

首先研究 $\dot{I}_a$ 滞后于 $\dot{E}_0$（即 $90° > \psi > 0°$）时的情况，此时，可以利用叠加原理，将 $\dot{I}_a$ 按角 ψ 分解成两个分量，即与 $\dot{E}_0$ 同相的分量 $\dot{I}_q$ 和滞后于 $\dot{E}_0$ 90° 电角度的分量 $\dot{I}_d$，如图 13.4 所示，它们有如下关系：

$$\dot{I}_a = \dot{I}_d + \dot{I}_q \tag{13.1}$$

$$\left.\begin{array}{l} I_d = I_a \sin\psi \\ I_q = I_a \cos\psi \end{array}\right\} \tag{13.2}$$

由图 13.4 可以看出：此时 $\dot{I}_d$ 滞后于 $\dot{E}_0$ 90°，这与图 13.2（a）所示的情况一样，即当电流 $\dot{I}_d$ 流过电枢绕组时，产生直轴电枢磁动势，对主磁极起去磁作用。同样，由图 13.4 还可以看出：$\dot{I}_q$ 与 $\dot{E}_0$ 同相位，这与图 13.1（a）所示的情况一样，因此，电流 $\dot{I}_q$ 流过电枢绕组时，产生交轴电枢磁动势，起交磁作用。所以电枢电流 $\dot{I}_a$ 按 ψ 角分解成直轴及交轴两个分量 $\dot{I}_d$ 和 $\dot{I}_q$，可以理解为电枢磁动势 $\dot{F}_a$ 按 ψ 角分解成作用在直轴磁路的磁动势 $\dot{F}_{ad}$ 及作用在交轴磁路的磁动势 $\dot{F}_{aq}$，它们和电流分解式（13.2）有着相同的形式，即

$$\left.\begin{array}{l} F_{ad} = F_a \sin\psi \\ F_{aq} = F_a \cos\psi \end{array}\right\} \tag{13.3}$$

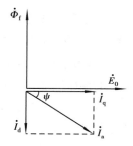
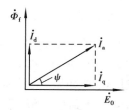

图 13.4　$90° > \psi > 0°$时的相量图　　　　图 13.5　$0° > \psi > -90°$时的相量图

同理可以分析当 $\dot{I}_a$ 超前于 E_0（即 $0° > \psi > -90°$）时的情况。由图 13.5 可以看出：当 $\dot{I}_a$ 超前于 $\dot{E}_0$ 时，电流仍可按 ψ 角分解成直轴及交轴两个分量。此时直轴分量电流 $\dot{I}_d$ 超前 $\dot{E}_0$ 90°，这与图 13.3（a）所示的情况一样，由它产生的直轴磁动势对主磁极磁动势起增磁作用。交轴分量电流 $\dot{I}_q$ 与 $\dot{E}_0$ 同相位，这与图 13.1（a）所示的情况一样，由它产生的交轴磁动势对主磁极磁动势起交磁作用。

综合以上分析可以看出：当同步发电机供给滞后电流时，电枢磁动势除了一部分产生交轴电枢反应外，还有一部分产生直轴去磁电枢反应；当电机供给超前电流时，电枢磁动势除了一部分产生交轴电枢反应外，还有一部分产生直轴增磁电枢反应。这个结论十分重要，它对发电机性能的影响将在后面几章介绍。

13.1.5 时-空统一相量图

在图 13.1(a)、13.2(a) 和 13.3(a) 中,所画出的相量 $\dot{\Phi}_f, \dot{E}_0, \dot{I}_a$ 都是时间相量。在图 13.1(b)、13.2(b) 及 13.3(b) 中,$\dot{F}_a$ 及 $\dot{F}_f$ 代表的则为空间相量(因为其用如同随时间按正弦规律变化的量来表示)。在略去谐波的情况下,定、转子磁动势在空间为正弦分布,故可用空间相量 $\dot{F}_a$ 及 $\dot{F}_f$ 来表示。比较这 3 个图中的图(a) 和图(b) 可以看到下面两个特点:

①时间相量 $\dot{\Phi}_f$ 和 $\dot{I}_a$ 之间的夹角,正好等于空间相量 $\dot{F}_a$ 和 $\dot{F}_f$ 之间的夹角。

② 以电角度计算,两组相量均以相同的速度在旋转。

根据以上两个特点,可以把时间相量和空间相量画在一起而得到时-空统一相量图,如图 13.6 所示。在图中,$\dot{F}_f$ 与 $\dot{\Phi}_f$ 相重合,$\dot{F}_a$ 与 $\dot{I}_a$ 相重合。在同步电机中多采用时 - 空统一相量图进行研究。相量 $\dot{I}_a$ 常用来同时表达电枢电流(时间相量)和电枢磁动势的空间位置(空间相量)。$\dot{\Phi}_f$ 常用来同时表达定子绕组所交链的磁通(时间相量)和磁极的空间位置。

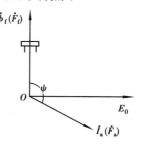

图 13.6　时-空统一相量图

13.2　同步电抗的概念

同步电抗是同步电机中一个极为重要的参数,它的大小对同步电机的性能有很大影响,因此,在未具体研究同步电机性能之前,先对同步电抗的概念作一介绍。

13.2.1 隐极同步电机

同步发电机在空载时,转子励磁后,在气隙中仅存在磁极磁通 Φ_f,并在定子绕组中感应空载电动势 E_0。当接上负载以后,三相电枢电流产生旋转磁动势 F_a 及磁通 Φ_a。这一放置磁场以同步转速切割定子绕组,在其中感应出电动势 E_a,E_a 称为电枢反应电动势。由于电枢反应电动势正比于电枢反应磁通,在不考虑饱和时,电枢反应磁通又正比于电枢反应磁动势及电流,因此,电枢反应电动势 $\dot{E}_a$ 和电枢电流 $\dot{I}_a$ 之间成正比关系。同时,由于电动势 $\dot{E}_a$ 滞后于磁通 $\dot{\Phi}_a$ 90°电角度,亦即滞后于电流 $\dot{I}_a$ 90° 电角度,所以电动势就可以写成电抗压降的形式,即

$$\dot{E}_a = - j\dot{I}_a x_a \tag{13.4}$$

x_a 称为电枢反应电抗。在同样大小电流 I_a 的情况下,如果 x_a 越大,电枢反应电动势也越大,表示电枢磁动势所产生的电枢磁通很强。因此 x_a 的大小可以说明电枢反应的强弱。

电枢电流 $\dot{I}_a$ 除产生电枢反应磁通 $\dot{\Phi}_a$ 外,还在定子槽的周围、绕组端部等处产生漏磁通 $\dot{\Phi}_\sigma$。由于漏磁通的交变作用,在电枢绕组中也产生感应电动势 $\dot{E}_\sigma$,并且 $\dot{E}_\sigma$ 和 $\dot{\Phi}_\sigma$ 或 $\dot{I}_a$ 成正比,

在相位上滞后于 $\dot{I}_a$ 90° 电角度,因此,也可以通过一个电抗压降的形式来表示 $\dot{E}_\sigma$ 的大小及相位,即

$$\dot{E}_\sigma = -\mathrm{j}\dot{I}_a x_\sigma \tag{13.5}$$

式中　x_σ——定子绕组的漏磁电抗,它和感应电机的定子漏抗有着相同的含意。

所以,在三相对称电流通过电枢绕组后,所产生的交链定子绕组的磁通为 $(\dot{\Phi}_a + \dot{\Phi}_\sigma)$,两者在电枢绕组中所产生的全部电动势为

$$\begin{aligned}
\dot{E}_a + \dot{E}_\sigma &= -(\mathrm{j}\dot{I}_a x_a + \mathrm{j}\dot{I}_a x_\sigma) \\
&= -\mathrm{j}\dot{I}_a(x_a + x_\sigma) = -\mathrm{j}\dot{I}_a x_s
\end{aligned} \tag{13.6}$$

其中,$x_s = x_a + x_\sigma$ 称为隐极同步电机的同步电抗。这样,同步发电机在负载下,电枢反应磁通及漏磁通所产生的作用,可以通过同步电抗压降的形式来表示了。

同步电机在正常状态下工作,磁路略呈饱和。磁路的饱和程度越高,它的磁阻便越大,所对应的电抗便越小。所以 x_a 或 x_s 的大小是随着磁路饱和程度的改变而改变的。

13.2.2　凸极同步电机

在凸极电机中,直轴及交轴上的气隙是不相等的。直轴上的气隙较小,而交轴上的气隙较大,因此,直轴上的磁阻比交轴上的磁阻小,从而同样大小的电枢磁动势作用在直轴磁路上和作用在交轴磁路上,所产生电枢反应磁通的大小并不一样。这就决定了在分析凸极电机时,不能采用上面所介绍的分析隐极电机的方法。因为从前面可知,随着负载性质的不同,电枢磁动势作用在不同的位置,对应着不同的磁阻,而不同的磁阻将对应着不同的电抗。因此,在研究凸极电机时,如果也采用上面分析隐极电机的方法,所得到的同步电抗 x_s 将是一个变数,随着负载性质的不同而变化,这将给研究计算工作带来困难。

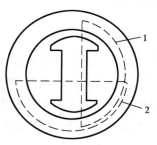

图 13.7　同步电机磁路
1—直轴磁路;2—交轴磁路

因此,在分析凸极电机时,根据直轴和交轴磁导的不同,将 $\dot{F}_a$ 分解成 $F_{ad} = F_a \sin\psi$ 及 $F_{aq} = F_a \cos\psi$ 两个分量来分别研究。直轴电枢磁动势 $\dot{F}_{ad}$ 固定地作用在直轴磁路上,对应于一个恒定不变的磁阻,产生磁通 $\dot{\Phi}_{ad}$。交轴电枢磁动势 $\dot{F}_{aq}$ 固定地作用在交轴磁路,也对应于一个恒定不变的磁阻,产生磁通 $\dot{\Phi}_{aq}$。磁通 $\dot{\Phi}_{ad}$ 与 $\dot{\Phi}_{aq}$ 分别切割定子组而在其中感应出电动势 $\dot{E}_{ad}$ 及 $\dot{E}_{aq}$。由于交轴及直轴的磁阻都恒定不变,所以 $\dot{E}_{ad}$ 正比于 $\dot{\Phi}_{ad}$,正比于 $\dot{F}_{ad}$,正比于 $\dot{I}_d$;$\dot{E}_{aq}$ 正比于 $\dot{\Phi}_{aq}$,正比于 $\dot{F}_{aq}$,正比于 $\dot{I}_q$。因此,在凸极同步电机中,必须用两个电抗来表示电枢感应电动势与电流间的关系,这两个电抗称为直轴电枢反应电抗 x_{ad} 和交轴电枢反应电抗 x_{aq}。这样,电动势 $\dot{E}_{ad}$ 及 $\dot{E}_{aq}$ 就可以写成下列电抗压降的形式,即

$$\left.\begin{array}{l} \dot{E}_{ad} = -j\dot{I}_d x_{ad} \\ \dot{E}_{aq} = -j\dot{I}_d x_{aq} \end{array}\right\} \tag{13.7}$$

和隐极电机一样，直轴和交轴电枢反应电抗分别与定子漏抗相加，便可得到直轴同步电抗 x_d 和交轴同步电抗 x_q，即

$$\left.\begin{array}{l} x_d = x_{ad} + x_\sigma \\ x_q = x_{aq} + x_\sigma \end{array}\right\} \tag{13.8}$$

从图 13.7 可以看出：在直轴磁路上，由于气隙小，磁阻小，所以 x_{ad} 较大。在交轴磁路上，由于气隙很大，磁阻大，所以 x_{aq} 较小。当直轴和交轴的气隙相等时，则 $x_d = x_q = x_s$，该情况下即为隐极电机。

13.3　隐极同步发电机的负载运行

13.3.1　负载电流对端电压的影响

一台同步发电机在无载运行时调节励磁电流，使它的无载电压为额定值，然后保持励磁电流不变，电机的转速也不变，给发电机分别带上可变的电阻负载、电感负载或电容负载，同时观察发电机端电压和负载电流变化情况，可知发电机的端电压是随着负载电流的变化而变化。在 3 种不同负载情况下，其变化规律也不同。在电阻负载时，负载电流增大，端电压下降；在电感负载时，负载电流增大，端电压下降得更厉害；在电容负载时，负载电流增大时，端电压不但不下降，反而会上升。这说明发电机端电压的变化，不但与负载电流的大小有关，还与负载电流的性质有关。

13.3.2　隐极同步发电机的电动势方程式

同步发电机在对称负载下运行，气隙中存在着两种磁动势，即定子上的电枢磁动势和转子的磁极磁动势。在不考虑磁路的饱和现象时，应用叠加原理，认为它们各自独立地产生相应磁通，并在电枢绕组内产生感应电动势。因此，负载以后，电枢绕组的感应电动势有：①由磁极磁通 $\dot{\Phi}_f$ 产生的电动势 $\dot{E}_0$；②由电枢反应磁通 $\dot{\Phi}_a$ 产生的电动势 $\dot{E}_a$；③由定子绕组漏磁通 $\dot{\Phi}_\sigma$ 产生的电动势 $\dot{E}_\sigma$。因为电枢绕组的电阻很小，如果忽略电阻压降，则每相感应电动势的总和即为发电机的端电压 $\dot{U}$，即

$$\dot{E}_0 + \dot{E}_a + \dot{E}_\sigma = \dot{U} \tag{13.9}$$

将式（13.6）代入式（13.9），可以得到同步电机的电动势平衡方程式为

$$\dot{E}_0 = \dot{U} + j\dot{I}_a x_s \tag{13.10}$$

式（13.10）表示：由磁极磁通所感应的电动势 $\dot{E}_0$ 等于端电压 $\dot{U}$ 与同步电抗压降 $j\dot{I}_a x_s$ 之和。同步电抗 x_s 就是定子绕组的电抗。当负载电流通过定子绕组后，将产生电抗压降，故负载时，端

电压 $\dot{U}$ 与同步电抗压降 $j\dot{I}_a x_s$ 之和才等于感应电动势 $\dot{E}_0$。

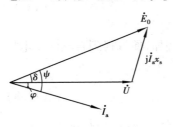

图 13.8　隐极同步发电机的相量图

根据式(13.10),可以画出隐极同步发电机的相量图,如图 13.8 所示。作图步骤如下:

①根据给定的功率因数,作出端电压 $\dot{U}$ 及电流相量 $\dot{I}_a$;

②在电压相量 $\dot{U}$ 的末端,加上同步电抗压降 $j\dot{I}_a x_s$,它超前于电流 $\dot{I}_a$ 90° 电角度;

③根据式(13.10),端电压 $\dot{U}$ 与同步电抗压降 $j\dot{I}_a x_s$ 之和便是感应电动势 $\dot{E}_0$。

在图 13.8 中,$\dot{E}_0$ 与 $\dot{I}_a$ 的夹角用 ψ 表示;$\dot{E}_0$ 与 $\dot{U}$ 的夹角用 δ 表示;$\dot{U}$ 与 $\dot{I}_a$ 的夹角用 φ 表示。在以上 3 个角度间存在有如下关系:

$$\psi = \delta + \varphi \tag{13.11}$$

根据图 13.8 的相量关系,将电压 $\dot{U}$ 按 φ 角分解成 $U\cos\varphi$ 及 $U\sin\varphi$ 后,可以得到 ψ 和 E_0 的计算公式

$$\psi = \arctan \frac{I_a x_s + U\sin\varphi}{U\cos\varphi} \tag{13.12}$$

$$E_0 = \sqrt{(U\cos\varphi)^2 + (U\sin\varphi + I_a x_s)^2}$$

式(13.12)在性能计算中时常用到。

13.4　凸极同步发电机的负载运行

当凸极同步发电机在对称负载下运行时,气隙中也存在着两种旋转磁动势,即转子上的磁极磁动势和定子上的电枢磁动势。由于凸极电机中,转子直轴和交轴上的气隙不等,在分析电枢磁动势影响时,必须按照式(13.3)分解成 F_{ad} 和 F_{aq} 两个分量,然后和处理隐极电机一样,不计及磁路的饱和现象,应用叠加原理,认为它们各自独立地产生相应的磁通,并在电枢绕组内产生感应电动势。因此,负载以后,电枢绕组内的感应电动势有:① 由主磁极磁通 Φ_f 产生的电动势 $\dot{E}_0$;② 由电枢反应交轴磁通分量 $\dot{\Phi}_{aq}$ 产生的电动势 $\dot{E}_{aq}$;③ 由电枢反应直轴磁通分量 $\dot{\Phi}_{ad}$ 产生的电动势 $\dot{E}_{ad}$;④ 由定子绕组漏磁通 $\dot{\Phi}_\sigma$ 产生的电动势 $\dot{E}_\sigma$。因为电枢绕组的电阻很小,如果忽略电阻压降,则每相感应电动势的总和即为发电机的端电压 $\dot{U}$,即

$$\dot{E}_0 + \dot{E}_{ad} + \dot{E}_{aq} + \dot{E}_\sigma = \dot{U} \tag{13.13}$$

将式(13.5)及式(13.7)代入式(13.13)中,移项后可得

$$\dot{E}_0 = \dot{U} + j\dot{I}_d x_{ad} + j\dot{I}_q x_{aq} + j\dot{I}_a x_\sigma \tag{13.14}$$

考虑式(13.1)的关系,可以把漏抗压降分解成两个分量,即

$$-\dot{E}_\sigma = j\dot{I}_a x_\sigma = j(\dot{I}_d + \dot{I}_q)x_\sigma$$
$$= j\dot{I}_d x_\sigma + j\dot{I}_q x_\sigma$$

将上面的关系代入式(13.14),得到

$$\dot{E}_0 = \dot{U} + j\dot{I}_d(x_{ad} + x_\sigma) + j\dot{I}_q(x_{aq} + x_\sigma)$$
$$= \dot{U} + j\dot{I}_d x_d + j\dot{I}_q x_q \qquad (13.15)$$

式(13.15)是凸极同步发电机的电动势平衡方程式。如果发电机的端电压 $\dot{U}$、电流 $\dot{I}_a$、参数 x_d 和 x_q 以及功率因数为已知时,利用式(13.15),可以画出凸极同步发电机的相量图。不过从式(13.15)可以看出:要画出相量图,首先必须知道 $\dot{I}_d$ 及 $\dot{I}_q$ 两个电流分量,也就是要知道 $\dot{E}_0$ 与 $\dot{I}_a$ 之间的夹角 ψ。但在相量图尚未画出前,又无法知道相量 $\dot{E}_0$ 的位置。因此,为了确定 ψ 角的大小,必须将式(13.15)再进行变换。如果在式(13.15)的两边都减去 $j\dot{I}_d x_d$,再加上 $j\dot{I}_d x_q$,得到

$$\dot{E}_0 - j\dot{I}_d x_d + j\dot{I}_d x_q = \dot{U} + j\dot{I}_d x_d + j\dot{I}_q x_q - j\dot{I}_d x_d + j\dot{I}_d x_q$$

即

$$\dot{E}_0 - j\dot{I}_d(x_d - x_q) = \dot{U} + j\dot{I}_q x_q + j\dot{I}_d x_q$$
$$= \dot{U} + j(\dot{I}_q + \dot{I}_d)x_q = \dot{U} + j\dot{I}_a x_q \qquad (13.16)$$

亦即

$$\dot{E}_0 - j\dot{I}_d(x_d - x_q) = \dot{U} + j\dot{I}_a x_q$$

因为相量 $\dot{E}_0$ 与 $\dot{I}_d$ 相垂直(图13.4),所以相量 $-j\dot{I}_d(x_d - x_q)$ 必与相量 $\dot{E}_0$ 在同一方向。因此,只要能找到 $\dot{E}_0 - j\dot{I}_d(x_d - x_q)$,就能找到 $\dot{E}_0$ 的位置,而 $\dot{E}_0 - j\dot{I}_d(x_d - x_q) = \dot{U} + j\dot{I}_a x_q$,所以将 $\dot{U}$ 和 $j\dot{I}_a x_q$ 相加以后,就能找出 $\dot{E}_0$ 的相位。

根据以上分析,由式(13.16)及式(13.15)可以作出凸极同步发电机的相量图,如图13.9所示。作图步骤如下:

①以电压 $\dot{U}$ 作参考量,在水平方向作出相量 $\dot{U}$;

②当已知功率因数角 φ 后,画出电流相量 $\dot{I}_a$;

③根据式(13.16)可知,相量 $\dot{U}$ 和 $j\dot{I}_a x_q$ 相加可以确定 $\dot{E}_0$ 的位置,即确定 ψ 角;

④按 ψ 角将电流 $\dot{I}_a$ 分解成 $\dot{I}_d$ 及 $\dot{I}_q$;

⑤根据式(13.15),在电压相量 $\dot{U}$ 上加上 $j\dot{I}_q x_q$ 及 $j\dot{I}_d x_d$,最后求得 $\dot{E}_0$。

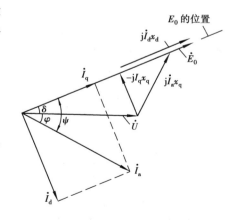

图13.9 凸极同步发电机的相量图

在图 13.9 中,将电压 $\dot{U}$ 按 φ 角分解成 $U\sin\varphi$ 和 $U\cos\varphi$ 以后,可以求得 ψ 和 E_0 的计算式

$$\left. \begin{aligned} \psi &= \arctan\frac{I_a x_q + U\sin\varphi}{U\cos\varphi} \\ E_0 &= U\cos\delta + I_d x_d \end{aligned} \right\} \tag{13.17}$$

13.5　同步发电机的空载特性、短路特性和零功率因数负载特性

13.5.1　同步发电机的空载特性和短路特性

同步发电机的开路、短路及零功率因数特性都是同步发电机的基本特性,通过它们可以求出同步电机的同步电抗及漏电抗,以确定同步发电机的其他特性。

(1)空载特性

当同步发电机运行于 $n = n_1$, $I_a = 0$ 时,即称为空载运行。此时如果改变它的励磁电流 I_f,则气隙中的旋转磁通 Φ_f 以及电枢绕组中感应的电动势 E_0 都随着改变。开路特性就是空载时不同励磁电流 I_f 和产生空载电动势 E_0 之间的关系,即 $E_0 = f(I_f)$ 曲线(图 13.10 中曲线 1)。因 E_0 正比于 Φ_f,而励磁电流 I_f 又正比于励磁磁动势 F_f,所以开路特性曲线 $E_0 = f(I_f)$ 与电机的磁化曲线 $\Phi_f = f(F_f)$ 在形状上完全相同。开路特性主要有两个用处:

①开路特性可以反映出电机设计是否合理。在额定励磁时,电机一般运行在磁化曲线的弯曲部分,这样既可获得较大的磁通密度,又不致需要太大的励磁电流,从而可以节省铁芯和励磁绕组的材料。电机产生额定磁通所需的空载励磁电流与气隙线相应的励磁电流之比 $k_\mu = \dfrac{I_{f0}}{I'_{f0}}$,称为饱和系数,它表示电机磁路的饱和程度。一般 $k_\mu = 1.1 \sim 1.25$。

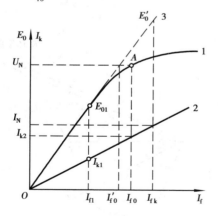

图 13.10　开路特性与短路特性

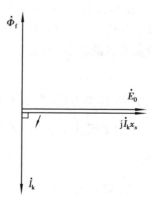

图 13.11　三相短路时的相量图

②同步电抗是同步电机中一个极为重要的参数,同步电机的许多性能由它决定。开路特性配合短路特性可以求出同步电抗。

（2）**短路特性**

当同步发电机运行于 $n = n_1$、电枢三相绕组持续稳态短路（即 $U = 0$）时，称为短路运行。若改变它的励磁电流 I_f，三相短路电流 I_k 也随之改变。短路特性就是研究这两个量之间的变化关系，即 $I_k = f(I_f)$ 曲线。

如果略去电枢电阻，并将 $\dot{U}_0 = 0$，$\dot{I}_a = \dot{I}_k$ 代入式（13.10），可以得到

$$\dot{E}_0 = j\dot{I}_k x_s \tag{13.18}$$

根据式（13.18）可以画出短路运行时的相量图如图 13.11 所示。因为忽略了电阻效应，电枢是纯电感电路，短路电流 $\dot{I}_k$ 滞后于电动势 $\dot{E}_0$ 90° 电角度，所以产生的电枢反应是直轴去磁效应。此时电机内的磁通很弱，磁路不饱和，所以同步电抗 x_s 为一常数。式（13.18）表示 I_k 正比于 E_0，而 E_0 又正比于 I_f，所以 I_k 正比于 I_f，因此，短路特性 $I_k = f(I_f)$ 是一条通过原点的直线，如图 13.10 中直线 2 所示。

三相短路时，由于 $\dot{I}_k$ 滞后于 $\dot{E}_0$ 90° 电角度，即 $\psi = 90°$，因此，在凸极电机中，短路电流全是直轴分量，而交轴分量为零，即 $I_d = I_k$，$I_q = 0$。所以，将 $U = 0$，$I_d = I_k$，$I_q = 0$ 代入式（13.15），得

$$\dot{E}_0 = j\dot{I}_k x_d \tag{13.19}$$

和隐极电机一样，凸极同步电机在三相短路时，由于电枢磁动势的直轴去磁作用，使电机中磁通小，磁路也不饱和，所以式（13.19）中 x_d 也是一个常数。

同步发电机在三相稳态短路时，由于短路电流所产生的电枢磁动势对主磁极去磁，减少了电机中的磁通及感应电动势，使短路电流不致过大，所以稳态的三相短路是没有危险的。

（3）**由开路及短路特性求取同步电抗和短路比**

式（13.18）及式（13.19）表示

$$x_s \text{ 或 } x_{d\text{不饱和值}} = \frac{E_{01}}{I_{k1}} \tag{13.20}$$

因此在同一电流 I_f 下，从开路特性找到 E_{01}，从短路特性找到 I_{k1}，代入式（13.20）中，即可求出同步电抗 x_s 或 x_d。但必须注意：随着 I_f 的增加，磁路逐渐饱和，开路特性曲线逐渐弯曲，因此，在利用开路特性时存在着饱和的问题。而短路时磁路是不饱和的，故短路特性总是一条直线。因此，在求同步电抗的不饱和值时应在开路特性不饱和部分（直线部分）或气隙线 3 上读取 E_0 值。

x_s 或 x_d 的饱和值可以按下述方法近似求得。在开路特性上找出对应于额定电压下的励磁电流 I_{f0}，再从短路特性上找出与该励磁电流对应的短路电流 I_k，则

$$x_s \text{ 或 } x_{d\text{饱和值}} = \frac{U_N}{I_k}$$

在凸极电机中，通过开路试验及短路试验只能求出直轴同步电抗 x_d。根据经验公式，可以得到交轴同步电抗为

$$x_q \approx 0.65 x_d \tag{13.21}$$

同步发电机的短路比是指在空载额定电压下的短路电流与额定电流之比，即

$$k_C = \frac{I_k}{I_N} = \frac{I_{f0}}{I_{fk}} = \frac{I_{f0}}{I'_{f0}} \times \frac{I'_{f0}}{I_{fk}} = k_\mu \frac{U_N}{E'_0}$$

$$= k_\mu \frac{U_N}{I_N x_d} = k_\mu \frac{1}{x_d^*} \qquad (13.22)$$

k_C 的大小影响电机的性能和成本。k_C 小,则 x_d 大,短路电流小,电机的成本和尺寸降低,但负载运行时电压变化大,过载能力下降;k_C 大,则情况相反。一般汽轮发电机取 $k_C = 0.4 \sim 1.0$,水轮发电机取 $k_C = 0.8 \sim 1.8$。

13.5.2　零功率因数特性

所谓零功率因数特性是指:在 $n = n_1$,$I_a =$ 恒定值、$\cos \varphi = 0$ 的条件下所得到的 $U = f(I_f)$ 特性。发电机以同步转速旋转,并接以三相对称纯电感负载。当增加励磁电流 I_f 时,感应电动势 E_0 及端电压 U 均增加,如果同时增大负载的电抗值,则可以维持电枢电流为定值(一般取 $I_a = I_N$)。在 $I_a =$ 定值条件下,把电压 U 及励磁电流 I_f 的变化关系描绘成曲线,便得到零功率因数特性,如图 13.12 中的曲线 2 所示。

由于同步电机是在电感负载下运行,而电机本身的阻抗也是电感性的,因此,电动势 $\dot{E}_0$ 和电流 $\dot{I}_a$ 之间夹角 $\psi = 90°$,所以电枢反应是纯粹的直轴去磁效应。此时的相量图如图 13.13 所示。

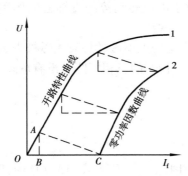

图 13.12　同步发电机零功率因数特性
1—开路特性;2—零功率因数特性

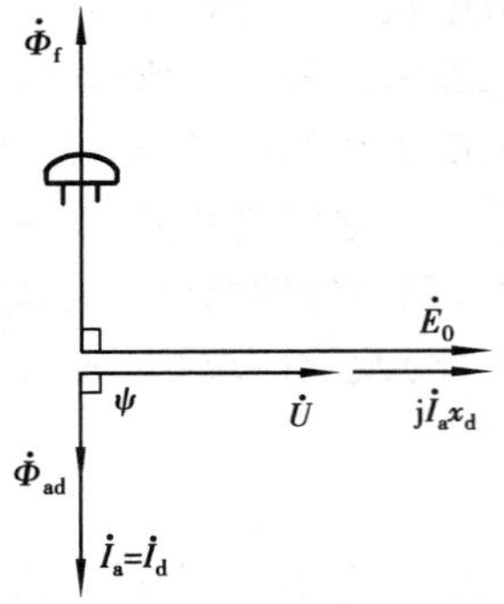

图 13.13　纯电感负载时的相量图

同步发电机在电感负载下运行,磁极磁动势补偿了电枢反应去磁磁动势后,剩余部分在电机气隙内产生磁通。所以励磁电流 I_f 增加时,磁路能逐渐饱和,电压上升逐渐缓慢,使曲线弯曲。实际上,零功率因数特性曲线的形状与开路特性曲线颇为类似。下面研究零功率因数特性与开路特性之间的关系。

图 13.12 中,在开路特性上,$U = 0$ 时,$I_f = 0$;而在零功率因数曲线上,$U = 0$ 时,$I_f = \overline{OC}$。为什么在零功率因数曲线上,电压为零时,励磁电流不为零呢? 这是因为:①零功率因数特性是在 $I_a =$ 定值条件下得到的,由于绕组中流过电流,产生漏抗压降 $I_a x_\sigma$,所以需要一定励磁电流 $\overline{OB}$,以产生电动势 AB 来平衡此漏电抗压降。②零功率因数曲线是在纯电感负载下得到的,从图 13.13 可以看出,此时的电枢反应是一个纯粹的去磁作用,所以需要一定的励磁电流 $\overline{BC}$ 来抵消此电枢反应去磁作用的影响。因此,在零功率因数特性上,$U = 0$ 时,励磁电流是不能为零

的。△ABC 称为特性三角形,它的垂直边是定子漏抗压降,水平边是电枢反应去磁磁动势,这两边都正比于电枢电流,因此,在电枢电流一定时,此特性三角形的大小不变。所以,当特性三角形的 A 点在开路特性上移动时,C 点的轨迹就是零功率因数特性。

根据上面分析可知:在开路特性与零功率因数特性之间,存在着一个特性三角形 △ABC。如果用试验的方法作出了开路特性与零功率因数特性,当然可以找到此特性三角形,具体方法如图 13.14 所示。首先在额定电压处作一水平线 $\overline{O'C'}$,取 $\overline{O'C'}$ = $\overline{OC}$。再从 O' 点作开路特性直线部分的平行线 $\overline{O'A'}$,与开路特性相交于 A' 点。△$A'B'C'$ 即为所要找的特性三角形。根据特性三角形可以求得:

①电枢磁动势 = $\overline{B'C'}$(用等效的励磁电流表示);

②定子漏抗 $x_p = \dfrac{\overline{A'B'}}{I_a}$。

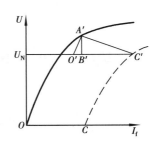

图 13.14　特性三角形作法

用此法求得的定子漏抗习惯上称为保梯(Potier)电抗,其值略大于定子漏抗。对于隐极电机,极间漏磁较小,$x_p = (1.05 \sim 1.10)x_\sigma$,而在凸极同步电机中,极间漏磁较大,$x_p = (1.1 \sim 1.3)x_\sigma$。

13.5.3　由空载特性和零功率因数特性求同步电抗的饱和值

利用开路特性和零功率因数特性,可以求得同步电抗的饱和值。以对应于零功率因数特性上的 $U = U_N$,$I = I_N$ 点 C 作为电机磁路的饱和程度。过 O,A 作直线,与 KC 延长线交于 T 点。

从图 13.15 中得

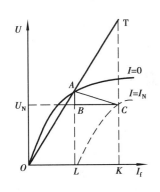

图 13.15　由开路特性与零功率因数特性求同步电抗的饱和值

$$x_s \text{ 或 } x_d \text{ 饱和值 } = \dfrac{\overline{CT}}{I_N}$$

此法比由开路及短路特性求取同步电抗的饱和值更接近实际情况。

13.5.4　用转差法求 x_d,x_q 的不饱和值

将同步电机拖到接近同步转速(转差率小于 0.01),转子励磁绕组开路。在定子绕组加额定频率的三相对称低电压(约 $0.05U_N \sim 0.15U_N$),使其产生的旋转磁场转向与转子转向一致,并保证转子不被牵入同步。

用示波器同时拍摄电枢电压 u 和电枢电流 i 的波形如图13.16所示。

由于转子励磁绕组不加励磁电流,$E_0 = 0$,故电枢电动势平衡方程式为

$$\dot{U} = -\mathrm{j}\dot{I}_d x_d - \mathrm{j}\dot{I}_q x_q$$

上式是对应于同步转速时的方程式。由于同步电机实际转速略低于同步转速,电枢旋转磁动势 $\dot{F}_a$ 将以转差速率掠过转子表面。当 $\dot{F}_a$ 对准转子直轴时,磁路的磁阻小,对应的电抗大,为 x_d,此时 $I = I_d = I_{\min}$。由于供电线路压降小,使电枢电压 $U = U_{\max}$,故得

$$x_d = \frac{U_{max}}{I_{min}}$$

当 $\dot{F}_a$ 对准转子交轴时,磁路的磁阻大,对应的电抗小,为 x_q。此时 $I = I_q = I_{max}$,$U = U_{min}$,故得

$$x_q = \frac{U_{min}}{I_{max}}$$

由于试验时所加电压很低,电机磁路不饱和,故测得的 x_d,x_q 为不饱和值。

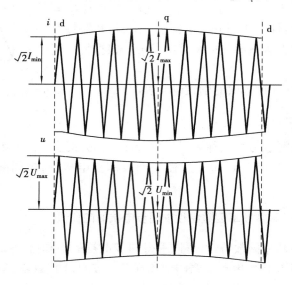

图 13.16 转差法试验时电枢电流和电枢电压波形

13.6 同步发电机的外特性和电压调整率

13.6.1 外特性

外特性是在 $n = n_1$,I_f = 常数,$\cos\varphi$ = 常数的条件下,同步发电机作单机运行,端电压 U 随负载电流而变化的关系曲线。

图 13.17 表示出同步发电机外特性曲线的形状,其中曲线 1 是感性负载时的外特性,此时随着负载电流的减少,端电压逐步上升。这是因为在感性负载时,电枢反应是去磁作用,随着电枢电流的减少,电枢反应的去磁作用变弱,电机中的合成磁通增加,所以端电压逐步升高。曲线 3 是容性负载时的外特性。在容性负载并且负载的容抗大于电枢感抗时,电枢反应是增磁作用。随着电枢电流的减少,电枢反应的增磁作用变弱,使得电机中合成磁通减少,所以端电压逐渐下降。因此,功率因数的性质对外特性曲线的形状有很大影响,在感性负载时,空载电压 E_0 大于满载电压 U_N;在容性负载时,空载电压 E_0 则可能小于满载电压 U_N。这个结论从图 13.18 的相量关系中,也可以得到明显的说明。

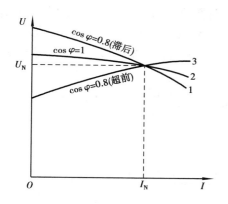

U
cos φ=0.8(滞后)
cos φ=1
U_N
3
2
1
cos φ=0.8(超前)
O
I_N
I

图 13.17　同步发电机外特性曲线

$j\dot{I}_N x_s$
$\dot{E}_0$
$\dot{U}_N$
$\dot{I}_N$
φ
(a)cos φ=0.8(滞后)
(b)cos φ=1
(d)cos φ=0.8(超前)

图 13.18　同步发电机的相量($I_a = I_N$)

13.6.2　电压调整率

发电机的端电压随负载的改变而变化,电压变化的大小可通过电压调整率 ΔU 来衡量,在空载与额定负载之间的电压调整率为

$$\Delta U = \frac{E_0 - U_N}{U_N} \times 100\%$$

从图 13.18 可以看出:影响电压调整率的因素有功率因数及同步电抗。一般同步发电机的电压调整率较大,常为 20% ~40% 。

例 13.1　有一台三相水轮发电机,星形连接,额定容量 $S_N = 7\ 500$ kVA,额定电压 $U_N = 6\ 300$ V,额定功率因数 $\cos\varphi = 0.8$(滞后),试验数据如下:

①开路试验(感应电动势为线电压)

I_f/A	103	200	272	360	464
E_0/V	3 460	6 300	7 250	7 870	8 370

②短路试验

I_f/A	50	100	150	200	250
I_k/A	180	360	540	720	900

试求:

①x_d 的不饱和值;

②x_d 的饱和值;

③计及饱和效应,并假定 $x_q = 0.65x_d$,求额定运行时的感应电动势 E_0。

解　①首先根据开路及短路试验的数据画出曲线如图 13.19 所示,并延长开路特性的直线部分。取任意励磁电流如 $I_f = 250$ A,在开路特性直线部分延长线上和短路特性上查得 $E_0 = 8\ 150$ V,$I_k = 900$ A,根据式(13.20)可求得 x_d 的不饱和值为

$$x_{d不饱和值} = \frac{8\ 150\ \text{V}}{\sqrt{3} \times 900\ \text{A}} = 5.23\ \Omega$$

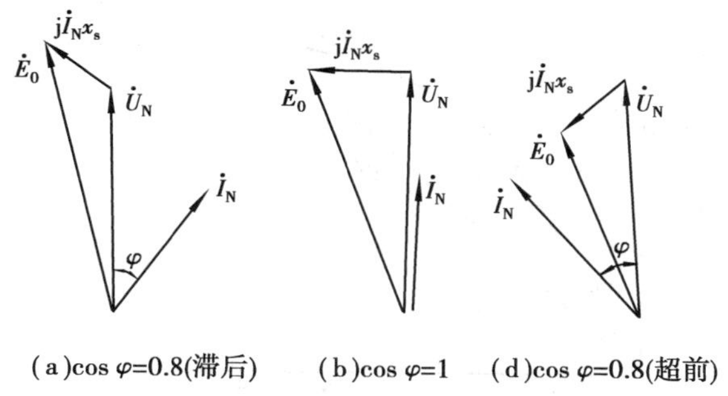

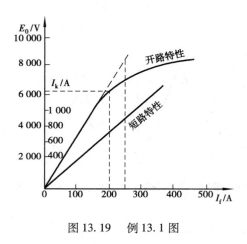

图 13.19　例 13.1 图

②根据开路特性,在 $E_0 = U_N = 6\ 300$ V 时,励磁电流为 $I_f = 200$ A。再根据短路特性,在 $I_f = 200$ A 时,短路电流 $I_k = 720$ A。根据式(13.21)可得 x_d 的饱和值为

$$x_{d饱和值} = \frac{6\ 300\ V}{\sqrt{3} \times 720\ A} = 5.05\ \Omega$$

③根据式(13.17)得

$$\psi = \arctan \frac{I_N x_q + U_N \sin \varphi_N}{U_N \cos \varphi_N}$$

$$I_N = \frac{s_N}{\sqrt{3} U_N} = \frac{7\ 500 \times 10^3\ VA}{\sqrt{3} \times 6\ 300\ V} = 687\ A$$

由于 $x_q = 0.65 x_d$,得 $x_q = 3.28\ \Omega$。由于 $\cos \varphi_N = 0.8$,得 $\varphi_N = 36.87°$,$\sin \varphi_N = 0.6$,于是

$$\psi = \arctan \frac{687 \times 3.28 + \dfrac{6\ 300}{\sqrt{3}} \times 0.6}{\dfrac{6\ 300}{\sqrt{3}} \times 0.8} = 56.7°$$

电流的直轴和交轴分量为

$$I_d = I_N \sin \psi, \qquad I_q = I_N \cos \psi$$

即

$$I_d = 687\ A \times \sin 56.7° = 574.2\ A$$

$$I_q = 687\ A \times \cos 56.7° = 377.2\ A$$

从图 13.9 可以看出 　　$\delta = \psi - \varphi_N = 56.7° - 36.87° = 19.83°$

$$E_0 = U \cos \delta + I_d x_d$$

即

$$E_0 = \frac{6\ 300\ V}{\sqrt{3}} \cos 19.83° + 574.2\ A \times 5.05\ \Omega = 6\ 321.34\ V$$

习　题

13.1　同步电机在对称负载下运行时,气隙磁场由哪些磁动势建立? 它们各有什么特点?

13.2　同步电机的内功率因数角 ψ 由什么因素决定?

13.3　什么是同步电机的电枢反应? 电枢反应的性质取决于什么?

13.4　为什么说同步电抗是与三相有关的电抗,而它的数值又是每相的值?

13.5　隐极电机和凸极电机的同步电抗有何异同?

13.6　测定发电机短路特性时,如果电机转速由额定值降为原来的一半,对测量结果有何影响?

13.7　为什么同步电机稳态对称短路电流不太大,而变压器的稳态对称短路电流值却很大?

13.8　如何通过试验来求取同步电抗的饱和值和不饱和值?

13.9　有一台三相同步发电机,$P_N = 2\,500$ kW,$U_N = 10.5$ kV,Y 接法,$\cos \varphi_N = 0.8$(滞后),作单机运行,已知同步电抗 $x_s = 7.52\ \Omega$,电枢电阻不计,每相的励磁电动势 $E_0 = 7\,520$ V。求下列几种负载下的电枢电流,并说明电枢反应的性质。

①相值为 7.52 Ω 的三相平衡纯电阻负载;

②相值为 7.52 Ω 的三相平衡纯电感负载;

③相值为 15.04 Ω 的三相平衡纯电容负载;

④相值为 7.52 − j7.52 Ω 的三相平衡电阻电容负载。

13.10　有一台三相凸极同步发电机,电枢绕组 Y 接法,每相额定电压 $U_N = 230$ V,额定相电流 $I_N = 9.06$ A,额定功率因数 $\cos \varphi_N = 0.8$(滞后),已知该机运行于额定状态,每相励磁电动势为 $E_0 = 410$ V,内功率因数角 $\psi = 60°$,不计电阻压降。试求:I_d,I_q,x_d,x_q 各为多少?

13.11　有一台三相隐极同步发电机,电枢绕组 Y 接法,额定电压 $U_N = 6\,300$ V,额定电流 $I_N = 572$ A,额定功率因数 $\cos \varphi_N = 0.8$(滞后)。该机在同步速度下运转,励磁绕组开路,电枢绕组端点外加三相对称线电压 $U = 2\,300$ V,测得定子电流为 572 A,如果不计电阻压降,求此电机在额定运行下的励磁电动势 E_0。

13.12　有一台三相隐极同步发电机,电枢绕组 Y 接法,额定功率 $P_N = 25\,000$ kW,额定电压 $U_N = 10\,500$ V,额定转速 $n_N = 3\,000$ r/min,额定电流 $I_N = 1\,720$ A,同步电抗 $x_s = 2.3\ \Omega$,不计电阻。求:

①$I_a = I_N$,$\cos \varphi = 0.8$(滞后)时的 E_0;

②$I_a = I_N$,$\cos \varphi = 0.8$(超前)时的 E_0。

第 14 章
同步发电机的并联运行

在第 13 章中,已经研究了同步发电机内部的电磁过程、相量图及其参数。这些内容都是同步发电机的基本理论,是深入研究同步电机运行特性的基础。

许多发电机及发电厂并联在一起所组成的系统称为电力系统。因此电力系统的容量极大,它的运行情况不会因为某一台发电机运行状态的改变而受到显著影响。同时,在电力系统中又有许多自动装置来调节电网的电压及频率,使其保持不变。因此,任何一台发电机并联到电网以后,这台发电机的端电压及频率必与电网的相同,也成为不变的数值。所以同步发电机并联到电网上运行,与单独运行时的情况不同,它的端电压及频率是不能自由变化的,由此而决定了同步发电机性能上的一些特点,这些特点将在本章中进行分析。

14.1 投入并联运行的条件和方法

14.1.1 并联运行的优点

在发电厂里,发电机总是并联在一起运行的。发电厂与发电厂之间也并联在一起而组成强大的电力系统。这样并联以后具备许多优点,其中主要有:

1)提高电能供应的可靠性

在电力系统中,当某一台发电机发生故障或需要检修时,该发电机的负载可以让系统中的其他发电机来承担,这样便可以减少停电事故,从而提高电能供应的可靠性。

2)提高发电厂的运行效率

由于整个发电厂的负载在一天、一月、一季、一年之中大小并不相等,如果有几台发电机在一起并联运行,便可以根据负载的大小变化来决定投入运行的发电机台数,以提高电厂的运行效率。

（1）发电机投入并联运行时的理想条件

为了使发电机投入到电网进行并联运行,不要在电网与发电机所组成的回路内产生瞬态冲击电流,必须保证发电机的电压与电网电压在任何瞬时都相等,由此而得出发电机投入并联运行时的理想条件为：

①发电机电压的有效值 U 与电网电压的有效值 U_1 相等,且相位相同；

②发电机的频率 f 与电网的频率 f_1 相等；

③发电机的相序与电网的相序一致。

下面研究当不满足这些条件中的一个时,将会发生的情况。

1)如果电压的有效值不等

在图 14.1 中,电网用一个等效发电机 A 来表示,B 则为即将投入并联的发电机。若 $U \neq U_1$,在开关 K 的两端,出现差额电压 $\Delta U = U_1 - U$,如果闭合开关 K,在发电机与电网所组成的回路中必然出现瞬态冲击电流,因此在进行并联时,电压的有效值必须相等。

2)如果频率不等

在图 14.2 中,U_1,U 分别表示电网电压和发电机电压的相量。因为电压的有效值相等,所以两相量的模一样。但由于频率不等,所以两相量以不同的角速度 ω_1 和 ω 旋转,于是相量之间产生相对运动。由两相量端点距离所决定的差额电压 $\Delta \dot{U} = \dot{U}_1 - \dot{U}$,仍然出现在该回路中,进行并联时也将产生瞬态冲击电流。从图14.2还

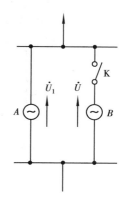

图 14.1　电网与发电机组成的回路

可以看出,如果相位不一致,也会出现差额电压 $\Delta \dot{U}$,并联时也会出现冲击电流。

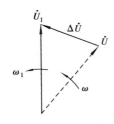

图 14.2　当频率不等时的差额电压 $\Delta \dot{U}$

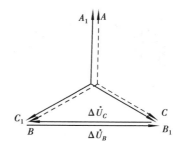

图 14.3　相序不同时的差额电压 $\Delta \dot{U}_B$,$\Delta \dot{U}_C$

3)相序不同

在图 14.3 中,A_1,B_1,C_1 表示电网电压相序,A,B,C 表示发电机电压相序。如果电压的有效值及频率相等,这两组相量的模一样,并以同样的角速率旋转。但由于相序不同,如图 14.3 所示,当 A 相差额电压为零时,B 相及 C 相的差额电压都很大,因此不允许进行并联。

(2)三相同步发电机的并联方法

在发电机投入电网进行并联运行时,必须调整它的电压大小、频率和相序等,使它们都和电网的一致。电压的大小可以用电压表来测量,频率及相序则可以通过同步指示器来确定。最简单的同步指示器由 3 个同步指示灯组成,下面介绍它的工件原理。

1)灯光熄灭法

图 14.4(a)是同步指示灯的连接图,每个灯均跨接在同一开关的两端。图 14.4(b)是其中一个相的连接情况。

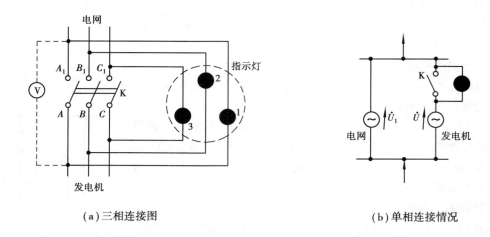

（a）三相连接图　　　　　　　　　　　　　　　　（b）单相连接情况

图 14.4　同步指示灯的连接图

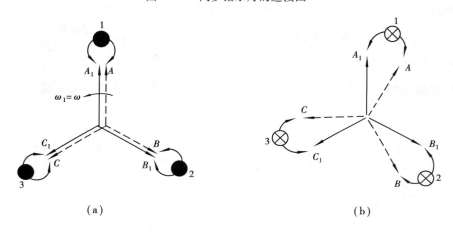

（a）　　　　　　　　　　　　　　　　　　（b）

图 14.5　在直接接法时灯上电压 $\Delta \dot{U}$ 的大小变化

从图 14.4（b）可以清楚看到：每个灯上所承受的电压为 $\Delta \dot{U} = \dot{U}_1 - \dot{U}$。在图 14.5（a）中，令相量 A_1, B_1, C_1 表示电网电压，A, B, C 表示发电机电压。根据前面分析可知：如果电网电压与发电机电压的大小、频率一致，并且相量 A_1, B_1, C_1 与相量 A, B, C 完全重合时，则 $\Delta \dot{U} = 0$，所以三相的灯是熄灭的，此时可以合上开关 K，将发电机投入电网进行并联运行。

下面分析频率不等时的情况。如果 $f_1 \neq f$，则两组相量以不同的角速度旋转，即 $\omega_1 \neq \omega$，因此，存在着相对运动，如图 14.5（b）所示。此时两组相量端点的距离 $\overline{AA_1}$，$\overline{BB_1}$，$\overline{CC_1}$ 分别表示 3 个灯上所承受的电压 $\Delta \dot{U}_A$，$\Delta \dot{U}_B$，$\Delta \dot{U}_C$。随着两组相量旋转速率不同，$\Delta \dot{U}$ 的大小发生改变，在 $0 \sim 2U$ 之间作周期性变化，所以灯时亮时暗。灯光闪烁的次数取决于两组相量间的相对速率。此时可以调节发电机的转速，使发电机的频率接近于电网频率。当它们十分接近，而且两组相量完全重合时（图 14.5（a）），表示 $\Delta \dot{U} = 0$，此时可以合上开关，将发电机并联到电网上。

从图 14.5（b）可以看出：在任何瞬时，$\Delta \dot{U}_A$，$\Delta \dot{U}_B$，$\Delta \dot{U}_C$ 的大小均相等，它们同时增大，同时

减小,因此,3 个灯同时发光或同时熄灭,这是直接接法的一个特点,只有 3 个灯同时熄灭时才能合闸,因此直接接法又称灯光熄灭法。

2)灯光旋转法

线路图如图 14.6 所示。和图 14.4(a)相比较,灯 1 的接法并未改变,灯 2 和灯 3 则交叉接于发电机的端点。显然,从图 14.6 可以看出:灯 1 所承受的电压为 A_1,A 相的电压差;灯 2 和灯 3 所承受的电压则是 B_1,C 相的电压差和 C_1,B 相的电压差。

在图 14.7(a)中,相量 A_1,B_1,C_1 与相量 A,B,C 完全重合,同时它们旋转速率相等,则两组电压相量的大小、频率、相序、相位均一致,此时可以合闸,将发电机和电网并联起来。此时灯 1 是熄灭的,灯 2 和灯 3 则很亮。因此和直接接法不同,交叉接法最有利的合闸瞬时是灯 1 熄灭,而灯 2 及灯 3 为明亮之时。

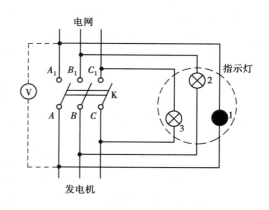

图 14.6　同步指示灯交叉接法线路图

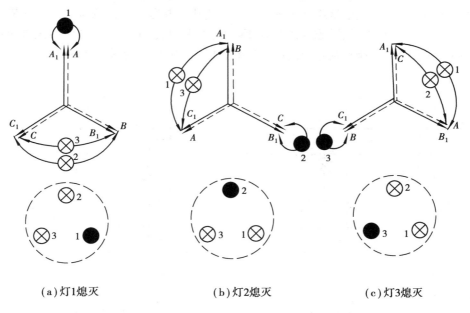

(a)灯1熄灭　　　　　　(b)灯2熄灭　　　　　　(c)灯3熄灭

图 14.7　交叉接法时灯上电压 $\Delta\dot{U}$ 的变化图

下面研究当频率不等时的情况。如果频率不等,则 $\omega_1 \neq \omega$,两组相量以不同的角速度旋转。当 $\omega > \omega_1$ 时,从相对运动的观点来看,可以认为相量 A_1,B_1,C_1 不动,而相量 A,B,C 以 $(\omega - \omega_1)$ 的角速度旋转。在图 14.7(a)所表示的瞬间,灯 1 熄灭,灯 2 及灯 3 明亮。图 14.7(b)表示相量 A,B,C 从图 14.7(a)的位置再转过 120°电角度,此时灯 2 熄灭,灯 1 及灯 3 明亮。如果将 3 个灯按圆周排列,则可以看到灯光按顺序作旋转发亮,因此交叉接法又称灯光旋转法。频率 f 与 f_1 相差越大时,两组相量间的相对运动也越快,灯光的旋转速率也越快。此时可以调节发电机的转速,使 f 与 f_1 相接近,于是灯光旋转的速率变慢。当差不多不再旋转,并且灯 1 是熄灭、灯 2 及灯 3 为明亮时,便可以合闸,此时发电机便与电网并联起来。

下面再讨论如何利用灯光指示器来确定相序的问题。如果进行并联时,按交叉法连接,结果不能得到灯光旋转,而是 3 个灯同时明暗,便可以断定发电机和电网的相序不同。如图 14.8 所示,当电网的相序与发电机的相序不同时,虽然表面上灯是交叉接法,而实际上灯 2 及灯 3 还是接在 BB_1 及 CC_1 之间,是直接接法,所以不发生灯光的旋转,而是同时明暗。如图 14.9 所示,虽然灯 2 及灯 3 表面上是直接接法,但实际上却接在 B_1C 和 C_1B 之间,这与图 14.6 交叉接法并无区别,因此灯光发生旋转,而不是同时明暗。如果发现相序不对,只需调换发电机接到开关 K 上的 B,C 两相的接法,以改正相序,而指示灯的连接则不必改变。

利用同步指示灯进行并联的方法,在现代的电厂中已不再采用,而代之以各种半自动或全自动的并车装置,不过它们的基本功能还是一致的。

上面所介绍的方法,对每一个并联条件都作了检查和调节,发电机投入电网并联运行时基本上没有冲击电流,因此称为理想同步法。它的缺点是操作太繁,费时较多。尤其在电网出现故障时,采用此法就更加困难,此时,可采用下面介绍的自同步法。这一方法的步骤是:先由原动机将发电机带动到接近于同步转速,在发电机与电网相序一致的条件下将发电机并入电网,立即加上励磁,靠定子磁场和转子磁场之间的电磁转矩将转子拉入同步,并联步骤便完成。在合闸瞬间必须注意的是:励磁绕组必须通过一限流电阻短接起来。因为励磁绕组如果开路,将在其中感应出危险的高电压;励磁绕组如果直接短路,将在定、转子绕组中产生很大的冲击电流。自同步法的优点是:操作简单,能在紧急情况下将发电机迅速并入电网。缺点是:合闸时有冲击电流。

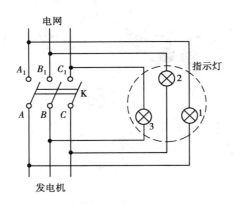

图 14.8　相序不同时的交叉接法

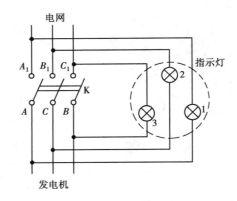

图 14.9　相序不同时的直接接法

14.2　隐极同步发电机功率平衡方程式和功角特性

同步发电机是将转轴上输入的机械功率,通过电磁感应作用,转换为输出的电功率。如果励磁功率由另外的直流电源供给,转轴上输入的机械功率 P_1,一部分为机械损耗 p_m 所消耗,另一部分为定子上的铁芯损耗 p_{Fe} 所消耗。从输入功率 P_1 中减去这两部分损耗以后剩下来的就通过电磁感应作用,转换为定子上的电功率 P_M。P_M 是因为电磁感应作用而产生的功率,因此称它为电磁功率。于是得

$$P_1 = P_M + p_m + p_{Fe} \tag{14.1}$$

P_M 是定子绕组中所产生的全部电功率,从其中减去定子绕组的铜耗 p_{Cu} 以后,便是输入的电功率 P_2,因此有

$$P_M = P_2 + p_{Cu} \tag{14.2}$$

联合式(14.1)及式(14.2)得

$$P_1 = P_2 + p_{Cu} + p_m + p_{Fe} \tag{14.3}$$

式(14.3)便是同步发电机的功率平衡方程式。如果考虑杂散损耗也称附加损耗 p_{ad},则式(14.3)的右边还应加上 p_{ad}。

在同步发电机中,电磁功率 P_M 是通过电磁感应作用由机械功率转换而来的全部电功率,因此电磁功率是能量形态变换的基础。下面对电磁功率的特性进行较详细的研究。

在一般同步发电机中,定子铜耗是极小的一部分,通常 $p_{Cu} < 1\% P_N$,为了分析简便起见,可以把它略去,于是从式(14.2)可知,电磁功率 P_M 就等于输出的电功率 P_2,即

$$P_M = P_2 = mUI_a\cos\varphi \tag{14.4}$$

这是同步发电机电磁功率用外部端点电量(如 $U, I_a, \cos\varphi$)表示的式子。为了进一步了解电机参数及励磁电流对电磁功率的影响,将式(14.4)作如下变换。

从隐极同步发电机相量图图 14.10 可以看出:

$$\psi = \delta + \varphi \tag{14.5}$$

将式(14.5)代入式(14.4)得

$$\begin{aligned} P_M &= mUI_a\cos\varphi = mUI_a\cos(\psi - \delta) \\ &= mUI_a\cos\psi\cos\delta + mUI_a\sin\psi\sin\delta \end{aligned} \tag{14.6}$$

从图 14.10 得

$$U\sin\delta = I_a x_s\cos\psi$$

$$E_0 - U\cos\delta = I_a x_s\sin\psi$$

所以有

$$\left. \begin{aligned} I_a\cos\psi &= \frac{U\sin\delta}{x_s} \\ I_a\sin\psi &= \frac{E_0 - U\cos\delta}{x_s} \end{aligned} \right\} \tag{14.7}$$

将式(14.7)代入式(14.6)得

$$P_M = mU^2\sin\delta\cos\delta\frac{1}{x_s} + mU\sin\delta(E_0 - U\cos\delta)\frac{1}{x_s} = m\frac{E_0 U}{x_s}\sin\delta \tag{14.8}$$

由于所研究的是同步发电机并联在电网上运行,如前所述,端电压 U 及频率 f 应为定值,因此在式(14.8)中,电压 U 及同步电抗 x_s 均为常数。如果励磁电流不调节,E_0 也为常数,于是电磁功率 P_M 随角 δ 作正弦变化,如图 14.11 所示,由于电磁功率的大小,取决于 δ 角的大小,故 δ 称为功角。由 $P_M = f(\delta)$ 画出的曲线便称为功角特性。在隐极同步发电机中,当功角到达 90°电角度时,电磁功率出现最大值,即

$$P_{Mmax} = m\frac{UE_0}{x_s} \tag{14.9}$$

它正比于 E_0,反比于同步电抗 x_s。

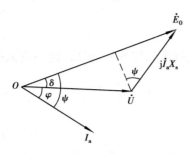
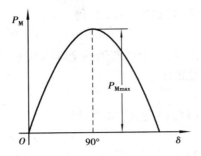

图 14.10　隐极同步发电机的相量图　　　　图 14.11　隐极同步发电机的功角特性曲线

从功角特性(式 14.8)可以决定电磁转矩与功角间的关系。因为同步发电机总是运行在同步转速下,具有不变的角速度 Ω_1,所以电磁转矩为

$$T = \frac{P_M}{\Omega_1} = \frac{mUE_0}{\Omega_1 x_s}\sin\delta \tag{14.10}$$

式中,P_M 的单位是 W;Ω_1 的单位是 rad/s;T 的单位是 N·m。

14.3　凸极同步发电机的功角特性

如同隐极电机功角特性推导方法一样,可以得到凸极同步发电机的功角特性。如果略去电阻损耗,式(14.4)对凸极电机也能成立。参看式(13.2)得

$$\begin{aligned}
P_M &= mUI_a\cos\varphi = mUI_a\cos(\psi - \delta)\\
&= mUI_a\cos\psi\cos\delta + mUI_a\sin\psi\sin\delta\\
&= mUI_q\cos\delta + mUI_d\sin\delta
\end{aligned} \tag{14.11}$$

从凸极发电机的相量图图 14.12 可以看出:

$$\left.\begin{aligned}
I_q x_q &= U\sin\delta\\
I_d x_d &= E_0 - U\cos\delta
\end{aligned}\right\} \tag{14.12}$$

或

$$\left.\begin{aligned}
I_q &= \frac{U\sin\delta}{x_q}\\
I_d &= \frac{E_0 - U\cos\delta}{x_d}
\end{aligned}\right\} \tag{14.13}$$

将式(14.13)代入式(14.11)得

$$\begin{aligned}
P_M &= mU\frac{U\sin\delta}{x_q}\cos\delta + mU\frac{E_0 - U\cos\delta}{x_d}\sin\delta\\
&= m\frac{UE_0}{x_d}\sin\delta + m\frac{U^2}{2}\left(\frac{1}{x_q} - \frac{1}{x_d}\right)\sin 2\delta\\
&= P_M' + P_M''
\end{aligned} \tag{14.14}$$

式中　P'_M——基本电磁功率；

　　　P''_M——附加电磁功率。

图 14.13 为凸极同步发电机的功角特性曲线，它不再按正弦规律变化。由于附加电磁功率的存在，使最大电磁功率值增大，而出现最大电磁功率时的功角则变小，在 45°～90°之间，具体位置须视该两项功率的振幅而定。

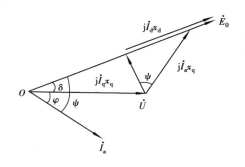 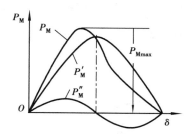

图 14.12　凸极同步发电机的相量图　　　　图 14.13　凸极同步发电机的功角特性曲线

从式（14.14）可以看出附加电磁功率的两个特点：①当励磁去掉后，即 $E_0 = 0$ 时，P'_M 仍然存在；②附加电磁功率的大小正比于 $\left(\dfrac{1}{x_q} - \dfrac{1}{x_d}\right)$，这是由于直轴与交轴磁阻不相等而引起的一项电磁功率，因此又称为磁阻功率。在隐极电机中，由于直轴与交轴磁阻相等，即 $x_d = x_q = x_s$，因此 $P''_M = 0$。

凸极同步发电机的电磁转矩和隐极发电机的推导方法一样，在恒定转速 Ω_1 下，转矩和功率成正比，于是得

$$T = \frac{P_M}{\Omega_1} = \frac{mUE_0}{\Omega_1 x_d}\sin\delta + \frac{mU^2}{2\Omega_1}\left(\frac{1}{x_q} - \frac{1}{x_d}\right)\sin 2\delta = T' + T'' \tag{14.15}$$

式中　T'——基本电磁转矩；

　　　T''——附加电磁转矩，又称磁阻转矩。

14.4　功角的物理意义和静态稳定

同步发电机输出功率的大小以及它能否稳定运行，与功角密切有关。下面以隐极发电机为例来研究功角的物理意义及与稳定运行的关系。

如果略去定子绕组漏磁通所产生的感应电动势 $\dot{E}_\sigma$，隐极同步发电机的电动势平衡方程式（式（13.9））应为

$$\dot{E}_0 + \dot{E}_a = \dot{U} \tag{14.16}$$

根据式（14.16）可以画出隐极同步发电机的相量图如图 14.14 所示。在图中 $\dot{E}_0$ 是转子磁通 $\dot{\Phi}_f$ 在定子绕组中的感应电动势，显然 $\dot{E}_0$ 应滞后 $\dot{\Phi}_f$ 90°。定子电流产生电枢反应磁通 $\dot{\Phi}_a$，它

在定子绕组中的感应电动势为 $\dot{E}_a$，$\dot{E}_a$ 应滞后 $\dot{\Phi}_a$ 90°。$\dot{E}_0$ 与 $\dot{E}_a$ 的合成量 $\dot{U}$，可以看成是定子绕组中总的感应电动势，它是由转子磁通 $\dot{\Phi}_f$ 和电枢反应磁通 $\dot{\Phi}_a$ 相加以后的合成磁通 $\dot{\Phi}$ 所产生的，当然 $\dot{U}$ 滞后于 $\dot{\Phi}$ 90°。在略去漏磁通的情况下，$\dot{\Phi}$ 就是定子绕组所交链的总磁通。由于 $\dot{\Phi}_f$ 垂直于 $\dot{E}_0$，$\dot{\Phi}$ 垂直于 $\dot{U}$，因此 $\dot{E}_0$ 和 $\dot{U}$ 之间的夹角 δ 也可以看成是磁通 $\dot{\Phi}_f$ 与 $\dot{\Phi}$ 之间的夹角。也就是转子磁极与合成磁场之间的夹角，如图 14.15 所示。在发电机运行时，$\dot{E}_0$ 永远超前于 $\dot{U}$，也就是说，转子磁极轴线永远超前合成磁场轴线 δ 角度，如图 14.14 所示。

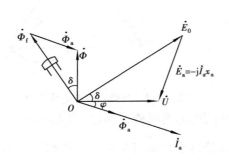

图 14.14　隐极同步发电机的磁通及电动势相量

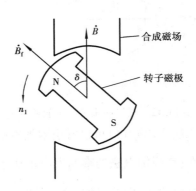

图 14.15　功角的空间概念

　　电动势 $\dot{E}_0$ 与 $\dot{E}_a$ 的合成量 $\dot{U}$，可以看成是定子绕组中总的感应电动势，它应该等于电网电压 $\dot{U}_1$。由于电网的频率固定不变，因此电压 $\dot{U}$ 的频率也不改变。在图 14.14 中，与电压 $\dot{U}$ 相对应的合成磁场 $\dot{B}$，永远以同步转速 $\omega_1 = 2\pi f_1$ 旋转，因此，功角 δ 的大小只取决于转子的角速率 ω。在稳定运行时，转子也以同步转速旋转，即 $\omega = \omega_1$，因此转子磁极与合成磁场之间没有相对运动，δ 便为定值。

　　同步电机能否稳定运行，与功角 δ 的大小有密切关系，下面对这个问题作进一步分析。

　　为了分析简便起见，略去铁芯损耗和机械损耗，因此，由式(14.1)可见：原动机供给发电机的机械功率 P_1 应该与发电机所产生电磁功率 P_M 相平衡。发电机的输入功率仅由原动机的运行情况来决定（例如输入汽轮机的蒸汽量的大小），而和发电机的运行状态无关（即与 δ 角的大小无关）。因此，在图 14.16 中，用一水平直线段 $\overline{AB}$ 来表示。此直线段与功角特性曲线的交点 a，便是稳定运行点。

　　在图 14.16 中，a 点运行对应的功角为 δ，发电机产生的电磁功率为 P_M，它和输入的机械功率 P_1 相平衡。由于输入功率与输出功率相等，因此转子以同步转速稳定地运行，此时转子磁极与合成磁场均以同步转速旋转，夹角 δ 为定值。如果原动机的输出功率增加到 P_1'，使发电机的输入功率也增加到 P_1'。假定在这一瞬间发电机输出的电磁功率不变，则发电机的输入将大于输出，转子上便受到加速转矩，在这一瞬间产生加速度，转子转速增大，于是在图 14.15 中，转子磁极以大于同步转速的转速旋转。但如前所述，电网电压的频率是不变的，合成磁场之间出现了相对运动，使功角由 δ 增加到 δ'。在图 14.16 中，随着功角的增加，运行点由 a 移

动到 b,发电机的电磁功率也由 P_M 增大到 P'_M,使得 $P'_1=P'_M$。于是在 b 点发电机的输入功率与输出功率又得到平衡,加速功率消失,转子转速又恢复到同步转速,此时发电机在新的平衡状态下稳定运行。因此,从 a 点到 b 点的过程中,发电机有自动保持同步的能力,使发电机以同步转速运行。在 $\delta=0°\sim90°$ 范围内,任何一点的情况均和 a 点的一样,因此,在 $0°\sim90°$ 范围内,是发电机稳定运行区域。在稳定运行范围内,电磁功率的改变只会改变功角 δ 的大小,而转子的稳定转速是不会改变的,永远以同步转速旋转。

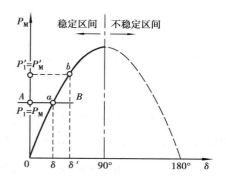

图 14.16　同步发电机的静态稳定区

　　从以上分析可以看出:逐渐增加输入到发电机的机械功率,转子转速瞬时变快,使功角 δ 变大。随着 δ 的增大,电磁功率增大,当机械功率与电磁功率相等时,发电机便在新功角下稳定运行。当输入的机械功率达到与最大电磁功率相等,即 $P_1=P_{Mmax}$,$\delta=90°$ 时,这是同步发电机能够稳定运行的极限值。如果再增加输入功率,转子得到加速功率,继续增加转速,使得 $\delta>90°$,此时从图 14.16 可以看出电磁功率反而下降,这个现象称为失去同步。失去同步时,转子转速升高,定子绕组中感应电动势频率 f 将大于电网频率 f_1。在前面已经分析过,当频率不等时进行并联会产生很大的环流,对电机是不利的。因此失去同步后,装在电网与发电机间的保护开关产生动作,将发电机从电网上拉开。

14.5　同步发电机有功功率及无功功率的调节、V 型曲线

14.5.1　有功功率的调节

　　当同步发电机和电网并联运行时,如果希望增加它输出的有功功率,从功率平衡的观点来看,只有增加原动机的输入功率。当原动机为汽轮机时,可以调节器它的汽门,以增加输入的蒸汽量;当原动机为水轮机时,可以调节其水门,以增加输入的水量。原动机的输入功率增加以后,输入到发电机的机械功率也同时增加,此时发电机的输入功率大于输出功率,多余功率加速发电机的转子。从前面的分析可知,当转子得到暂时加速后,转子磁极轴线与合成磁场之间的夹角 δ 会逐渐增大。在稳定运行范围内,随着功角 δ 的增大,发电机输出的电磁功率就增加。当输出的电磁功率等于输入的机械功率时,发电便稳定运行于新的平衡位置,此时发电机的功角与以前的相比就增大了。

14.5.2　无功功率的调节

　　为简便起见,在调节无功功率时,假定发电机输出的有功功率保持不变(亦即不调节原动机的汽门或水门),于是

$$P_2 = mUI_a\cos\varphi = 常数$$
$$P_M = m\frac{UE_0}{x_s}\sin\delta = 常数 \tag{14.17}$$

或

由于 m,U,x_s 均是定值,所以

$$I_a\cos\varphi = 常数$$
$$E_0\sin\delta = 常数 \tag{14.18}$$

从以上分析可知:在有功功率保持不变时,调节发电机无功功率的方法,就是改变发电机的励磁电流。下面分3种情况来讨论(图14.17):

①$\dot{I}_{a1}$ 与 $\dot{U}$ 同相,即 $\cos\varphi = 1$。此时发电机向电网输出的全部功率都是有功功率,无功功率为零。在图14.17中,$\dot{U}$,$j\dot{I}_{a1}x_s$,$\dot{E}_{01}$ 所组成的电压三角形即为 $\cos\varphi = 1$ 时的相量图。

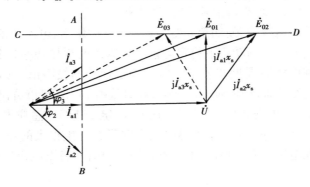

图14.17　在一定有功功率及不励磁时同步发电机的相量图

②如果增加励磁电流,使发电机运行在过励状态,因为转子磁动势增强,为了保持电机气隙中磁场不变,同步发电机必输出一滞后性电流,它将产生去磁电枢反应,自动补偿了过多的励磁磁动势。此时发电机除输出有功功率外,还输出滞后性无功功率。在图14.17中,由 $\dot{U}$,$j\dot{I}_{a2}x_s$,$\dot{E}_{02}$ 所组成的电压三角形即为过励状态下的相量图。

③如果减少励磁电流,使发电机运行在欠励状态,因为转子磁动势减弱了,为保持电机气隙中磁场不变,同步发电机必输出一超前性电流,它产生增磁电枢反应,自动补偿不足的励磁磁动势。此时发电机除输出有功功率外,还输出超前性无功功率。在图14.17中,由 $\dot{U}$,$j\dot{I}_{a3}x_s$,$\dot{E}_{03}$ 所组成的电压三角形便为欠励状态下的相量图。

以上3种情况下,因为不改变原动机工作状态,所以同步发电机输出有功功率不变,调节励磁电流仅引起输出无功功率的改变。根据式(14.18)可知:在图14.17中,电流 $\dot{I}_{a1}$,$\dot{I}_{a2}$,$\dot{I}_{a3}$ 端点轨迹应在直线 $\overline{AB}$ 上移动;端点 $\dot{E}_{01}$,$\dot{E}_{02}$,$\dot{E}_{03}$ 的轨迹应在直线 $\overline{CD}$ 上移动。

14.5.3　同步发电机的 V 型曲线

如果在一定有功功率情况下,将不同励磁电流及与其对应的电枢电流画成曲线,此曲线称为 V 型曲线,如图14.18所示。曲线的最低点对应的是 $I_a = I_{min}$,相当于 $\cos\varphi = 1$ 时的情况。

增加励磁使滞后电流增加,减少励磁使超前电流增加,因此不管增加或减少励磁,电流总是使电枢电流增加。

$\cos\varphi=1$ 时,全部电枢电流都是有功电流。当输出的有功功率增加时,电流的有功分量增加,因此 V 型曲线上移。图 14.18 表示了 3 种不同有功功率时的 V 型曲线。在 $\cos\varphi=1$ 线的左边为欠励状态,输出超前电流;在 $\cos\varphi=1$ 线的右边为过励状态,输出滞后电流。

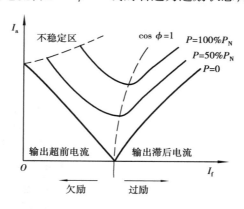

图 14.18　同步发电机的 V 型曲线

习　题

14.1　三相同步发电机投入并联时应满足哪些条件? 怎样检查发电机是否已经满足并网条件? 若不满足某一条件,并网时,会发生什么现象?

14.2　功角在时间上和空间上各表示什么含义? 功角改变时,有功功率如何变化? 无功功率会不会变化,为什么?

14.3　并网运行时,同步发电机的功率因数由什么因素决定?

14.4　为什么 V 型曲线的最低点随有功功率增大而向右偏移?

14.5　一台凸极三相同步发电机,$U=400$ V,每相空载电动势 $E_0=370$ V,定子绕组 Y 接法,每相直轴同步电抗 $x_d=3.5$ Ω,交轴同步电抗 $x_q=2.4$ Ω。该电机并网运行,试求:

①额定功角 $\delta_N=24°$时,输向电网的有功功率是多少?

②能向电网输送的最大电磁功率是多少?

③过载能力为多大?

14.6　一台三相隐极同步发电机并网运行,电网电压 $U=400$ V,发电机每相同步电抗 $x_s=3.5$ Ω,定子绕组 Y 接法,当发电机输出有功功率为 80 kW 时,$\cos\varphi=1$,若保持励磁电流不变,减少有功功率至 20 kW,不计电阻压降,求此时的①功角 δ;②功率因数 $\cos\varphi$;③电枢电流;④输出的无功功率 Q,超前还是滞后?

14.7　有一台三相隐极同步发电机并网运行,额定数据为:$S_N=7\,500$ kVA,$U_N=3\,150$ V,定子绕组 Y 接法,$\cos\varphi=0.8$(滞后),同步电抗 $x_s=1.60$ Ω,电阻压降不计,试求:

①额定运行状态时,发电机的电磁功率 P_M 和功角 δ_N;

②在不调节励磁的情况下,将发电机的输出功率减到额定值的一半时的功角 δ_N,功率因

数 $\cos\varphi$。

14.8   有一台三相凸极同步发电机并网运行,额定数据为:$S_N = 8\ 750\ \text{kVA}$,$U_N = 11\ \text{kV}$,定子绕组 Y 接法,$\cos\varphi = 0.8$(滞后),同步电抗 $x_d = 18.2\ \Omega$,$x_q = 9.6\ \Omega$,电阻不计。试求:

①额定运行状态时,发电机的功角 δ_N 和每相励磁电动势 E_0;

②最大电磁功率 P_{Mmax}。

第15章

同步电动机和同步补偿机

同步电动机是同步电机的一种运行方式,它和感应电动机的最大不同点是:转速不随负载转矩的增减而改变,只有在同步转速下运行才能产生电磁转矩,将电功率转变为机械功率。

同步电动机的理论是在同步发电机的分析基础上而导出的,因此它的电动势平衡方程式、相量图、功角特性等,都和同步发电机有着类似的特点和形式。

15.1 同步电机的三种运行方式

同步电机和其他型式电机一样,是能够可逆运行的,既可按发电机方式运行,也可按电动机方式运行。当原动机拖动同步电机,输入机械功率,而输出是电功率时,即为发电机运行方式;当同步电机接于电网,从电网吸收电功率,而输出是机械功率时,即为电动机运行方式。下面首先分析同步电机如何从发电机运行状态过渡到电动机运行状态。

在图14.15中,曾用两对磁极来分别代表合成磁场和转子磁极,正如前面分析所示:当作发电机运行时,转子磁极轴线超前合成磁场轴线一个δ角度,使磁通斜着通过气隙,如图15.1(a)所示,于是在两对磁极之间出现磁拉力,产生电磁转矩。显然,从图15.1(a)可以看出:在作为发电机运行时,电磁转矩的方向与转子转向相反,它企图阻止转子旋转,是制动转矩。因此,同步发电机在运行时,必须由原动机拖动,在原动机的拖动转矩克服了电磁转矩的制动作用以后,转子才能不断地旋转。此时可以把转子磁极看成是拖动者,合成磁场是被拖动者,两者均以同步转速旋转。

如果逐渐减少原动机的输出机械功率,从功率平衡观点来看,发电机所产生的电磁功率也减少,根据式(14.8)可知:功角δ逐渐变小。如果发电机所产生的电磁功率为零,则$\delta=0$,此时转子磁极轴线与合成磁场轴线相重合,磁通垂直地通过气隙,如图15.1(b)所示,于是两对磁极之间不能产生切向磁拉力,电磁转矩为零。这是从同步发电机运行状态过渡到电动机运行状态的临界状态。

如果将原动机从同步电机上脱离,此时由于电机本身轴承磨擦等阻力转矩的作用,转子开始减速,使得转子磁极轴线滞后于合成磁场轴线δ角度,如图15.1(c)所示。磁通重新斜着通

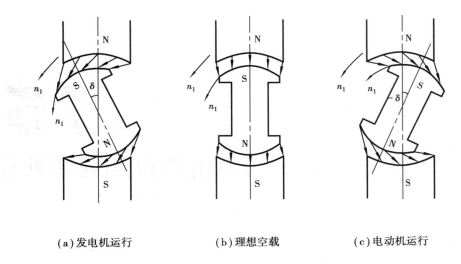

(a)发电机运行　　　　　(b)理想空载　　　　　(c)电动机运行

图 15.1　同步电机的运行方式

过气隙,由于磁拉力的作用又产生了电磁转矩。显然,从图 15.1(c)可以看出:此时电磁转矩的方向与转子转向一致。它帮助转子旋转,是拖动转矩,于是同步电机就过渡到电动机运行状态了。在作为电动机运行时,转子磁极轴线永远滞后于合成磁场轴线 δ 角度,这个情况正好与发电机情况相反。此时合成磁场是拖动者,而转子磁极是被拖动者。合成磁场拖动转子以同步转速旋转,因此同步电动机的转速是不能任意改变的,必须在同步转速下才能工作。

15.2　同步电动机的基本方程式、相量图及功角特性

同步电动机的电动势平衡方程式及相量图,可以通过同步发电机的电动势平衡方程式及相量图转化求得。

当隐极同步发电机接于电网上并联运行时,它的输出功率应为

$$P = mUI_a\cos\varphi \qquad (15.1)$$

它的电动势平衡方程式应为

$$\dot{U} = \dot{E}_0 - j\dot{I}_a x_s \qquad (15.2)$$

当 $\dot{U}$, $\dot{I}_a$ 之间夹角 $\varphi < 90°$ 时,输出功率 P 为正值,为发电机运行方式。根据式(15.2)可以画出它的相量图,如图 15.2(b)所示。而 $\dot{U}$, $\dot{I}_a$ 当之间夹角 $\varphi > 90°$ 时,输出的电功率 P 便为负值,亦即从电网吸收电功率,成为电动机运行方式,它的相量图如图 15.2(c)所示。比较图 15.2(b)及 15.2(c)可以看出:在发电机运行方式时, $\dot{E}_0$ 超前于 $\dot{U}$;而在电动机运行方式时, $\dot{E}_0$ 滞后于 $\dot{U}$ 。图 15.2(c)及式(15.2)是按发电机惯例得到的电动机的相量图及方程式,此时 $\dot{U}$ 与 $\dot{I}_a$ 之间夹角大于 90°,即把同步电动机看成一台输出负值电功率的发电机。

电动机接在电网上运行,从电网吸收功率,是电网的一个负载。因此可将原来 $\varphi > 90°$ 时

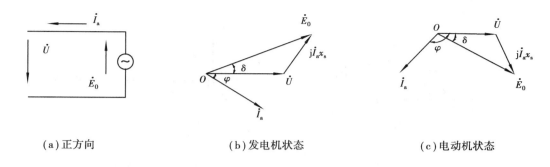

（a）正方向　　　　　　（b）发电机状态　　　　　　（c）电动机状态

图 15.2　按发电机惯例画电动机相量图

的输出电流 $\dot{I}_a$ 转过 $180°$，看做是同步电动机从电网吸收的电流 $\dot{I}$，如图 15.3（a）所示。如果将 $\dot{I}_a = -\dot{I}$ 代入式（15.2），便得到同步电动机的电动势平衡方程式为

$$\dot{U} = \dot{E}_0 + j\dot{I}_a x_s \tag{15.3}$$

根据式（15.3）也可以画出电动机的相量图如图 15.3 所示。其中图 15.3（b）是在超前功率因数下得到的；图 15.3（c）则是在滞后功率因数下得到的。

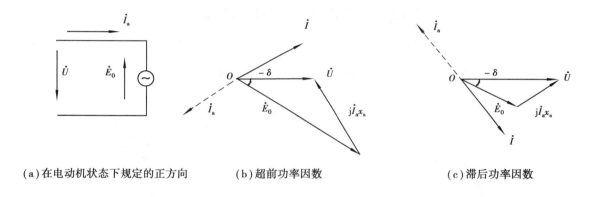

（a）在电动机状态下规定的正方向　　　（b）超前功率因数　　　（c）滞后功率因数

图 15.3　按电动机惯例画同步电动机相量图

式（15.3）及图 15.3 是按电动机惯例得到的电动势平衡方程式及其相量图。

对于凸极同步电动机来说，和所讨论过的隐极同步电动机一样，用电动机惯例直接写出其电动势平衡方程式为

$$\dot{U} = \dot{E}_0 + j\dot{I}_d x_d + j\dot{I}_q x_q \tag{15.4}$$

式中　$\dot{I}_d, \dot{I}_q$——同步电动机输入电流的直、交轴分量。按式（15.4）便可画出凸极同步电动
　　　　机在功率因数超前和滞后时的相量图，如图 15.4 所示。

从图 15.3 及图 15.4 可以看出：同步电机在作为发电机运行时，转子磁极轴线超前合成磁场轴线（或 $\dot{E}_0$ 超前于 $\dot{U}$）δ 角度，此时 δ 定为正值。而当同步电机作为电动机运行时，转子磁极轴线滞后合成磁场轴线（或 $\dot{E}_0$ 滞后于 $\dot{U}$）δ 角度，此时 δ 便为负值。将 $-\delta$ 代入式（14.14）中，便得到凸极同步电动机的功角特性，即

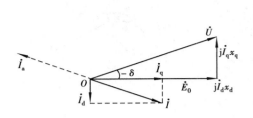
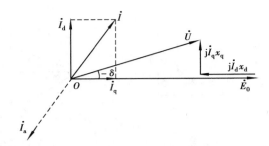

（a）欠励时，吸取滞后电流　　　　　　　　　　（b）过励时，吸取超前电流

图 15.4　凸极同步电动机相量图

$$P_{\mathrm{M}} = m\,\frac{UE_0}{x_{\mathrm{d}}}\sin(-\delta) + m\,\frac{U^2}{2}\left(\frac{1}{x_{\mathrm{q}}} - \frac{1}{x_{\mathrm{d}}}\right)\sin(-2\delta)$$

$$= -\left[m\,\frac{UE_0}{x_{\mathrm{d}}}\sin\delta + m\,\frac{U^2}{2}\left(\frac{1}{x_{\mathrm{q}}} - \frac{1}{x_{\mathrm{d}}}\right)\sin 2\delta\right] \tag{15.5}$$

式(15.5)是根据发电机惯例得到的凸极同步电动机的电磁功率公式。由于发电机的电磁功率是指输出功率，而电动机的电磁功率则是输入功率，因此在式(15.5)中出现了负号。为简便起见，往往将负号略去，而直接写成和式(14.14)一样的形式，即

$$P_{\mathrm{M}} = m\,\frac{UE_0}{x_{\mathrm{d}}}\sin\delta + m\,\frac{U^2}{2}\left(\frac{1}{x_{\mathrm{q}}} - \frac{1}{x_{\mathrm{d}}}\right)\sin 2\delta \tag{15.6}$$

根据式(15.5)可以画出凸极同步电动机的功角特性曲线，如图 15.5 所示。

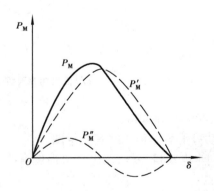
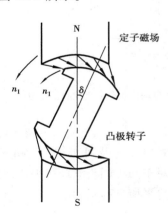

图 15.5　凸极同步电动机功角特性曲线　　　　图 15.6　同步电动机的磁阻转矩

　　为了结构上的简单，在某些小容量同步电动机的转子上不安放直流励磁绕组，因此转子就不能产生磁场，感应电动势 $E_0 = 0$，由式(15.6)可以看出，此时电动机的电磁功率并不为零，仍有

$$P_{\mathrm{M}} = m\,\frac{U^2}{2}\left(\frac{1}{x_{\mathrm{q}}} - \frac{1}{x_{\mathrm{d}}}\right)\sin 2\delta \tag{15.7}$$

有了电磁功率就有电磁转矩，因此转子没有励磁的凸极同步电动机也能旋转。从式(15.7)可以看出：这个转矩纯粹是由于 d，q 轴上磁阻不等（即 $x_{\mathrm{d}} \neq x_{\mathrm{q}}$）而引起的，因此称它为磁阻转矩，

这种电机称为磁阻电动机。

磁阻不等之所以能产生转矩,可以通过图 15.6 来解释。由于转子凸极的影响,使定子绕组所产生的磁通斜着通过气隙,因而产生磁拉力,使转子顺着定子磁场的转向一起旋转,因此转子没有励磁的凸极同步电动机也能产生转矩。

15.3　同步电动机无功功率的调节

从图 15.3 及图 15.4 可以看出:同步电动机的功率因数是超前还是滞后,和发电机一样取决于励磁状态。在图 15.3(b)中,用发电机观点来看,当过励时,输出电流中有滞后性分量。在同步发电机输出滞后性电流时,它产生的电枢磁动势对主磁极起去磁作用。同样情况用电动机惯例来分析,把输出滞后电流看作输入电流时,无功电流将是超前的。所以在过励时,电动机输入电流中出现超前电流分量,由它产生的电枢磁动势对主磁极起去磁作用。同理,在欠励时,电动机输入电流中有滞后性分量,由此电流产生的电枢磁动势,对主磁极起增磁作用。所以,和同步发电机情况一样,改变电动机的励磁电流,对应的电枢电流也发生变化。过励时,电动机吸收的超前性无功电流增大;欠励时,吸收的滞后性无功电流增大。因此,同步电动机的功率因数可以调节。同步电动机 V 型曲线的形状如图 15.7 所示。

现代工业中所应用的电动机,以感应电动机为最多。感应电动机必须从电网吸收励磁电流,从无功功率的观点来看,它们都是电网的一个感性负载,因此现代电网的功率因数经常是滞后性的。而同步电动机在过励时,能够从电网吸入超前电流。因此,若将同步电动机在过励状态下和感应电动机接在同一电网上,便可以使供电系统的功率因数提高。同步电动机能够改善电网的功率因数,这是它最可贵的优点。

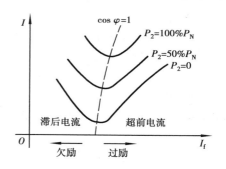

图 15.7　同步电动机的 V 型曲线

例 15.1　有一条三相输电线,线电压 $U = 10\ 000$ V,接有总功率为 $P = 3\ 000$ kW,$\cos\varphi = 0.65$ 的感性负载。另外还接有一台额定功率为 4 000 kW 的同步电动机,此电动机输出功率为 $P_2 = 2\ 500$ kW,损耗为 $\sum p = 40$ kW。如果使此台同步电动机在过励状态下运行,使输电线的 $\cos\varphi = 1$,试求同步电动机的输入电流、功率因数和视在功率。

解　输电线中的电流为　$I = \dfrac{P}{\sqrt{3}\,U\cos\varphi}$

即　　　　　$I = \dfrac{3\ 000\times10^3}{\sqrt{3}\times10\ 000\times0.65} = 266.5$ A

由于 $\cos\varphi = 0.65$,所以 $\varphi = 49.46$,因此 $\sin\varphi = 0.76$,故输电线中的感性无功电流为 $I\sin\varphi = 266.5\times0.76 = 202.5$ A。欲使输电线的 $\cos\varphi = 1$,则同步电动机必须在过励状态下从线路吸取的容性电流为 $I_r = 202.5$ A。同步电动机电流的有功分量为

$$I_a = \frac{P_2 + \sum p}{\sqrt{3}\,U}$$

即

$$I_a = \frac{(2\,500 + 40) \times 10^3\ \text{W}}{\sqrt{3} \times 10\,000\ \text{V}} = 146.65\ \text{A}$$

因此同步电动机的总电流为 $\quad I = \sqrt{I_r^2 + I_a^2}$

即 $\quad I = \sqrt{202.5^2 + 146.65^2}\ \text{A} = 250\ \text{A}$

故同步电动机的功率因数为

$$\cos \varphi = \frac{I_a}{I} = \frac{146.65}{250} = 0.587$$

同步电动机的视在功率为 $\quad S = \sqrt{3}\,UI = \sqrt{3} \times 10\,000\ \text{V} \times 250 \times 10^{-3}\ \text{kA} = 4\,330\ \text{kVA}$

15.4　同步电动机的起动与调速

15.4.1　同步电动机的起动

刚起动时,转子尚未旋转,转子绕组加入直流励磁以后,在气隙中产生静止的转子磁场。当在定子绕组中通入三相交流电以后,在气隙中则产生旋转磁场。由于起动时,定、转子磁场之间存在相对运动,转子上的平均转矩为零,所以同步电动机不产生起动转矩。下面来解释这个现象。例如在图 15.8(a)所示的这一瞬间,定、转子磁场之间的相互作用倾向于使转子逆时针方向旋转。但由于惯性的影响,转子上受到作用力以后并不马上转动。在转子还来不及转动以前,定子磁场已转过180°,如图 15.8(b)所示,此时定、转子磁场之间的相互作用倾向于使转子顺时针方向旋转。因此,转子上所受到的平均转矩为零,同步电动机是不能自行起动的。

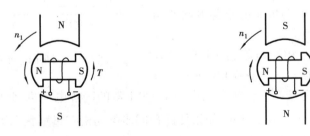

(a)转子倾向于逆时针旋转　　　　　　(b)转子倾向于顺时针旋转

图 15.8　起动时同步电机的电磁转矩

同步电动机的异步起动方式是目前采用得最为广泛的一种起动方法。在磁极表面上装设有类似感应电机笼型导条的短路绕组,称为起动绕组。在起动时,电压施加于定子绕组,在气隙中产生旋转磁场,如同感应电机工作原理一样,这个旋转磁场将在转子上的起动绕组中感应电流,该电流和旋转磁场相互作用产生转矩,所以同步电机按照感应电机原理转动起来。待速度上升到接近同步转速时,再给予直流励磁,产生转子磁场,此时它和定子磁场间的转速已非常接近,依靠这两个磁场间的相互吸引力,把转子拉入同步转速一起旋转。所以同步电动机的起动过程可以分为两个阶段：①首先按感应电机方式起动，使转子转速接近同步转速；②加直流励磁，使转子拉入同步。由于磁阻转矩的影响，凸极同步电动机很容易拉入同步。甚至在未加励磁的情况下，有时转子也能被拉入同步。因此，为了改善起动性能，同步电动机绝大多数采用凸极式结构。

当同步电动机按感应电机方式起动时，励磁绕组绝对不能开路。因为励磁绕组的匝数一般较多，旋转磁场切割励磁绕组而在其中感应一危险的高电压，从而有使励磁绕组绝缘击穿或引起人身安全事故等的危险。所以在起动时，励磁绕组必须短路。为避免励磁绕组中短路电流过大的影响，励磁绕组短路时，必须串入本身电阻 5～10 倍的外加电阻。

15.4.2　同步电动机的调速

同步电动机历来是以转速与电源频率保持严格同步著称的。只要电源频率保持恒定，同步电动机的转速就绝对不变。采用电力电子装置实现电压-频率协调控制，改变了同步电动机历来只能恒速运行不能调速的面貌。起动费事、重载时振荡或失步等问题也已不再是同步电动机广泛应用的障碍。

同步电动机调速系统的类型有两类：

①他控变频调速系统：用独立的变压变频装置给同步电动机供电的系统。

②自控变频调速系统：用电动机本身轴上所带转子位置检测器或电动机反电动势波形提供的转子位置信号来控制变压变频装置换相时刻的系统。

这方面的具体内容可通过后续课程的学习或相关参考文献的阅读深入了解，此处从略。

15.5　同步补偿机

电网上的主要负载是异步电动机和变压器，它们都是电阻电感性负载，需要从电网吸收感性无功功率，从而使电网的功率因数降低，线路压降和损耗增大，发电设备的利用率和效率降低。若能在适当位置装上同步补偿机（调相机），就地补偿负载所需的感性无功功率，即吸收容性无功功率、发出感性无功功率，就能显著地提高电力系统的经济性与供电质量。

15.5.1　同步补偿机的工作原理

同步补偿机是一种专门设计的无功功率发电机，更确切地说是一种不带机械负载（即空载运行）的同步电动机。由于同步补偿机吸收的有功功率仅供给电机本身的损耗，所以它总是在接近零电磁功率和零功率因数的情况下工作。忽略同步补偿机的损耗，则电枢电流只有无功分量，电动势平衡方程式可简化为

$$\dot{U} = \dot{E}_0 + \mathrm{j}\dot{I}_\mathrm{a}x_\mathrm{s}$$

由此可以画出过励和欠励时的相量图，如图 15.9 所示。过励时，同步补偿机的电流超前电压 90°，从电网吸收容性无功功率，即向电网送出感性无功功率。欠励时，同步补偿机的电流滞后电压 90°，从电网吸收感性无功功率，即向电网送出容性无功功率。所以，改变同步补偿机的励磁电流，就可以调节无功功率的大小和性质。

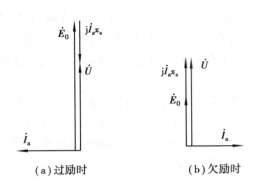

图 15.9　同步补偿机的相量图

综上所述,电力系统一般呈感性,故同步补偿机通常都运行在过励状态。对于长距离的输电线路,轻载时由于输电线路的电容电流,可使受电端电压升高。此时若使同步补偿机运行在欠励状态,就可以减少线路中的无功电流,使受电端电压基本保持不变。

15.5.2　同步补偿机的特点

同步补偿机的特点有以下几点:

①同步补偿机的额定容量是指在过励状态时的额定视在功率,相应的励磁电流称为励磁电流;

②由于轴上不带负载,调相机的转轴比同容量的电动机的转轴细;

③同步补偿机的起动通常采用异步起动或辅助电动机法起动。

习　题

15.1　怎样使同步电机从发电机运行方式过渡到电动机运行方式? 其功角、电流和电磁转矩如何变化?

15.2　增加或减少同步电动机的励磁电流时,对电机内的磁场产生什么效应?

15.3　比较同步电动机与异步电动机的优缺点。

15.4　为什么起动过程中,同步转矩的平均值为零?

15.5　一台三相凸极 Y 接同步电动机,额定线电压 $U_N = 6\,000$ V,频率 $f_N = 50$ Hz,额定转速 $n_N = 300$ r/min,额定电流 $I_N = 57.8$ A,额定功率因数 $\cos\varphi = 0.8$(超前),同步电抗 $x_d = 64.2\ \Omega$,$x_q = 40.8\ \Omega$,不计电阻压降。试求:

①额定负载时的励磁电动势 E_0;

②额定负载下的电磁功率 P_M 和电磁转矩 T。

15.6　某企业电源电压为 6 000 V,内部使用了多台异步电动机,其总输出功率为 1 500 kW,平均效率为 70%,功率因数为 0.8(滞后)。企业新增一台 400 kW 的设备,计划采用运行于过励状态的同步电动机拖动,补偿企业的功率因数到 1(不计发电机本身损耗)。试求:

①同步电动机的容量为多大?

②同步电动机的功率因数为多少?

15.7　某厂变电所的容量为 2 000 kVA,变电所本身的负荷为 1 200 kW,功率因数 $\cos\varphi = 0.65$(滞后)。今该厂欲添一同步电动机,额定数据为:$P_N = 500$ kW,$\cos\varphi = 0.8$(超前),效率 $\eta_N = 95\%$,问当同步电动机额定运行时,全厂功率因数是多少? 变电所是否过载?

第16章
同步发电机的不对称运行和突然短路

在前面两章,研究了同步发电机在三相对称负载下的稳态性能,这是同步发电机最基本的运行方式,因而也是同步发电机中最基本的内容。

在本章中,将研究同步发电机的另外两种运行方式,即三相不对称运行和瞬态短路。这是两种非正常的运行方式,如果处理不当会产生严重后果。

16.1 同步发电机不对称运行的分析方法

严格地讲,三相同步发电机经常在三相不对称负载下运行,不过,由于不对称的程度往往很小,所以可当作对称状态来处理。对有功率较大的单相负载,例如采用单相电炉或向电气铁道供电等,不对称的程度就比较大。严重的不对称会使转子发热,甚至烧坏。因而对不对称运行方式的研究,有着现实意义。

研究电机不对称运行最有效的方法是对称分量法,即把不对称的三相电压、电流分解成正序、负序和零序的电压和电流,分别研究它们的效果,然后叠加起来而得到最后结果。

如同变压器一样,要利用对称分量法来分析同步电机的不对称运行状态,首先必须了解同步电机在正序、负序及零序时的参数。

16.1.1 正序电抗 x_+

转子直流励磁的磁通在定子绕组所产生的感应电动势 E_0 的相序,定为正序。当定子绕组中三相电流的相序与 $\dot{E}$ 一致时,就是正序电流。正序电流流过定子绕组时所对应的电抗,就是正序电抗。由于正序电流通过三相绕组后,产生了和转子同方向旋转的磁场,亦即在空间和转子相对静止,不会在转子绕组中产生感应电动势,因此正序电流所对应的电抗就是三相同步的,电枢反应磁动势作用在直轴,所以对应于短路情况下的正序电抗,为不饱和的直轴同步电抗,即 $x_+ = x_d$。

16.1.2 负序电抗 x_-

负序电流流过定子绕组所对应的电抗就是负序电抗。由于负序电流所产生的旋转磁场与

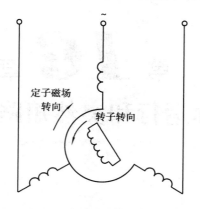

图 16.1　负序电流产生的旋转磁场
与转子转向相反

转子转向相反,如图 16.1 所示,负序磁场以 2 倍同步转速切割转子上的所有绕组(包括励磁绕组、阻尼绕组等),在这些绕组中感应出 2 倍频率的电动势。在正常运行时,这些绕组都是自成闭路的,因而产生 2 倍频率的电流,这就相当于感应电机运行于转差率 $S = \dfrac{n_1 - (-n_1)}{n_1} = 2$ 时的制动状态,所以同步电机负序状态下的等效电路与感应电机的等效电路极为类似。

　　如果略去定、转子电阻,同步电机负序时的等效电路便如图 16.2 所示。其中图 16.2(a)是直轴负序电抗的等效电路,它的励磁电抗是直轴电枢反应电抗 x_{ad}。由于在转子上同时存在有励磁绕组及阻尼绕组,所以二次侧有 2 条并联支路,其中 $x_{F\sigma}$ 是励磁绕组的漏电抗,$x_{Z\sigma}$ 是阻尼绕

组的漏电抗。图 16.2(b)是交轴负序电抗的等效电路,它的励磁电抗是交轴电枢反应电抗 x_{aq}。由于在转子交轴上,只有阻尼绕组,没有励磁绕组,所以二次侧只有一条支路。

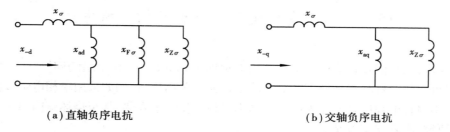

　　(a)直轴负序电抗　　　　　　　　　　　　　　　　(b)交轴负序电抗

图 16.2　直轴及交轴负序等效电路

根据图 16.2,可以求出直轴与交轴的负序电抗,即

$$x_{-d} = x_\sigma + \cfrac{1}{\dfrac{1}{x_{ad}} + \dfrac{1}{x_{F\sigma}} + \dfrac{1}{x_{Z\sigma}}} = x_d'' \tag{16.1}$$

$$x_{-q} = x_\sigma + \cfrac{1}{\dfrac{1}{x_{aq}} + \dfrac{1}{x_{Z\sigma}}} = x_q'' \tag{16.2}$$

负序电抗的平均值为

$$x_- = \frac{x_d'' + x_q''}{2} \tag{16.3}$$

16.1.3 零序电抗 x_0

零序电流流过定子绕组时所对应的电抗就是零序电抗。在图 16.3 中,三相绕组通过的便

是零序电流。由于三相零序电流在时间上也是同相位、振幅相等,因此当零序电流流过三相绕组时,各相所建立的磁动势在时间上也是同相位、振幅相等。又因为三相绕组在空间相隔 120° 电角度,如图 16.3 所示,因此在空气隙中三相合成基波磁动势为零,故零序电流不能在气隙中建立基波磁动势及磁场。

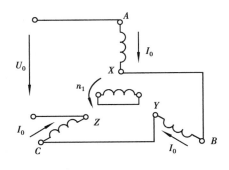

图 16.3　零序电抗的测量图

　　零序电流通过三相绕组时,只产生漏磁通,因此零序电抗的大小大体上等于定子绕组的漏电抗,即 $x_0 \approx x_\sigma$。

16.2　同步发电机的稳态单相短路

　　下面以同步发电机不对称运行的一个特例,即同步发电机的稳态单相短路为例,来研究不对称运行的分析方法。

　　如图 16.4 所示,假定 A 相发生短路,$\dot{I}_k$ 表示短路电流,根据图 16.4 所示的端点情况,可得

$$\dot{U}_A = 0 \tag{16.4}$$

$$\left. \begin{array}{l} \dot{I}_A = \dot{I}_k \\ \dot{I}_B = 0 \\ \dot{I}_C = 0 \end{array} \right\} \tag{16.5}$$

将短路电流分解为对称分量时,得

$$\left. \begin{array}{l} \dot{I}_A^+ = \dfrac{1}{3}(\dot{I}_A + a\dot{I}_B + a^2\dot{I}_C) = \dfrac{1}{3}\dot{I}_k \\[2mm] \dot{I}_A^- = \dfrac{1}{3}(\dot{I}_A + a^2\dot{I}_B + a\dot{I}_C) = \dfrac{1}{3}\dot{I}_k \\[2mm] \dot{I}_A^0 = \dfrac{1}{3}(\dot{I}_A + \dot{I}_B + \dot{I}_C) = \dfrac{1}{3}\dot{I}_k \end{array} \right\} \tag{16.6}$$

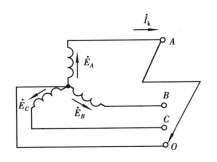

图 16.4　单相接地稳态短路

　　由于正序、负序、零序电流分量均构成各自独立的对称系统,它们流经电枢绕组时,各自产生相应的正序、负序及零序电抗压降,而转子上仅有正序旋转磁场,故每相感应电动势中只有正序分量,负序及零序的感应电动势为零。如果略去电阻压降,便得到正序、负序及零序电动势平衡方程式为

$$\left.\begin{aligned}
\dot{U}_A^+ &= \dot{E}_0 - \mathrm{j}\dot{I}_A^+ x_+ = \dot{E}_0 - \mathrm{j}\frac{1}{3}\dot{I}_k x_+ \\
\dot{U}_A^- &= 0 - \mathrm{j}\dot{I}_A^- x_- = -\mathrm{j}\frac{1}{3}\dot{I}_k x_- \\
\dot{U}_A^0 &= 0 - \mathrm{j}\dot{I}_A^0 x_0 = -\mathrm{j}\frac{1}{3}\dot{I}_k x_0
\end{aligned}\right\}$$

(16.7)

根据式(16.5)可知,A 相电压为

$$\dot{U}_A = \dot{U}_A^+ + \dot{U}_A^- + \dot{U}_A^0 = 0$$

(16.8)

将式(16.7)代入式(16.8)中,即可解得短路电流

$$\dot{I}_k = -\mathrm{j}\frac{3\dot{E}_0}{x_+ + x_- + x_0}$$

(16.9)

由于负序电抗及零序电抗比正序电抗小得多,故单相短路电流远比三相短路电流大,近似是三相短路电流的 3 倍。单相负载的分析方法与单相短路的类似。

同步发电机不对称运行的主要危害是在定子中产生了三相负序电流,此负序电流在电机气隙中将建立反向旋转磁场,以 2 倍同步转速切割转子上的一切金属部件,并在其中产生电动势及电流,增加转子的损耗及发热,影响发电机的正常运行。

16.3 同步发电机三相突然短路的物理过程

同步发电机的突然短路是一个电磁瞬态过程,这个过程的时间虽然不长,多则不过 1 ~ 2 s,但在这短暂的时间内,会产生巨大的冲击电流,可能达到额定电流的 10 ~ 20 倍。这样大的电流对发电机本身及电力系统都是一个严重的破坏因素。例如,巨大的冲击电流流过定子绕组端部,会产生极大的电磁力,可能使绕组变形甚至拉断,不仅如此,还可能破坏电网的稳定运行,影响到接到同一电网上的其他设备的正常工作。因此,研究同步发电机的瞬态短路,不论对设计制造者还是运行维护者,都有重大意义。

为了说明突然短路时电机内部所发生的物理过程,首先引入超导回路磁链不变的概念。所谓超导回路是指一个电阻为零的闭合线圈。如图 16.5(a)所示,如果将一个永久磁铁移近该线圈,由于改变了该闭合线圈的磁链,在线圈中将感应出电动势 $e_0 = -\dfrac{\mathrm{d}\Psi_0}{\mathrm{d}t}$,$\Psi_0$ 为外磁场对超导回路的磁链。在此电动势作用下,在线圈中产生电流 i,由电流 i 产生磁链,并产生自感电动势 $e_s = -\dfrac{\mathrm{d}\Psi_s}{\mathrm{d}t}$。于是

$$e_0 + e_s = iR = 0$$

即

$$\left(-\frac{\mathrm{d}\Psi_0}{\mathrm{d}t}\right) + \left(-\frac{\mathrm{d}\Psi_s}{\mathrm{d}t}\right) = -\frac{\mathrm{d}}{\mathrm{d}t}(\Psi_0 + \Psi_s) = 0$$

因此

$$\Psi_s + \Psi_0 = 常数$$

(16.10)

式(16.10)表示:不论在任何情况下,交链超导回路的磁链不变。如果原来线圈不交链磁通,那么 $\Psi_s + \Psi_0 = 0$,所以 Ψ_0 与 Ψ_s 大小相等,方向相反,使交链线圈的总磁链在任何时刻都

不改变其大小,且等于零。如果外磁场 Ψ_0 发生周期性交变,则 Ψ_s 也周期性交变,线圈中的电流便为交流电流。假定超导线圈在闭合前,线圈交链的磁通不为零,而为某一数值,如图 16.5(b)所示,此时将永久磁铁移出闭合回路,那么在该回路中将感应电流,此电流所产生的磁链要维持闭合线圈的磁链不变。如果闭合线圈磁链的初始值为 Ψ_0,而 Ψ_0 又按正弦规律作周期性变化,那么回路中的电流除了有一个按正弦规律变化的电流分量来抵消外磁场变动的影响外,它还将产生一个直流分量来保持回路磁链初值不变。因为所研究的是超导回路,电阻为零,电流流过超导线圈时不消耗能量,因此线圈中感应电流将永远存在,并不改变其大小。实际上,线圈总是有电阻的,电流流过时必伴随有能量的损耗,使磁场能转变为电能消耗掉,于是电流逐渐衰减。

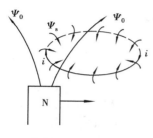 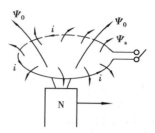

（a）当永久磁铁移近线圈时　　　　　　　　（b）当永久磁铁离开线圈时

图 16.5　超导回路磁链守恒

应用超导回路的概念,可以分析同步发电机三相瞬态短路时的物理过程。如图 16.6(a)所示,我们研究定子 A 相绕组发生的情况。图中 A 相绕组用一个等效线圈 A—X 来代表;转子上的励磁绕组 F 及阻尼绕组 Z,各用短路线圈来代表,并假定这些绕组都是超导回路。当发生短路时,主磁场随着转子以同步转速旋转,A 相绕组的磁链 $\Psi_A = 0$;励磁绕组及阻尼绕组的磁链分别为 $\Psi_F = \Psi_0$,$\Psi_Z = \Psi_0$。短路以后,主磁场随着转子以同步转速旋转,A 相绕组的磁链在逐渐增加,从图 16.6(a)转到图 16.6(b)所示的位置,转子转过 90°,A 相绕组所交链的主磁通为最大值。因为闭合的 A 相绕组有保持磁链不变的特性(即使 $\Psi_A = 0$),所以在 A 相绕组中将感应出电流,由电流产生的电枢反应磁通 Φ_a(经过空气隙进入转子)及定子漏磁通 Φ_σ 之和应与 Ψ_0 大小相等、方向相反,即有

$$\Psi_A = \Psi_{A\sigma} + \Psi_a + \Psi_0 = 0 \tag{16.11}$$

Φ_a 要通过转子回路去交链转子上的励磁绕组和阻尼绕组。但转子上的闭合绕组都要保持它们所交链的磁链不变,因此在励磁绕组及阻尼绕组中将感应电流。此感应电流企图阻止电枢反应磁通 Φ_a 进入转子,所以 Φ_a 只能沿着励磁绕组及阻尼绕组的漏磁路而形成闭合回路,如图 16.6(b)所示。这条磁路的主要组成部分是空气,磁阻很大,定子绕组要产生一定的电枢反应磁通,就需要有很大的定子电流,因此,瞬态短路电流要比稳态短路电流大得多。随着转子旋转,主磁场对定子绕组作正弦变化,所以定子绕组中产生按正弦规律变化的交流电流。

实际情况下,各绕组都有电阻存在,虽然电阻的数值要比电抗小得多,对于电流的振幅几乎没有影响,但由于电阻的存在,要消耗能量,因而使短路电流逐渐衰减。定子短路电流的衰减主要受到转子上励磁绕组及阻尼绕组的影响。一般而言,阻尼绕组的 $\dfrac{x}{R}$ 比励磁绕组的要小

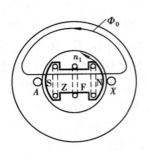

（a）$\psi_A=0$时　　　　　　　　（b）从图 (a)所示位置转过 90° 时

图 16.6　三相瞬态短路时磁链图

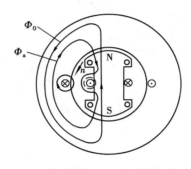
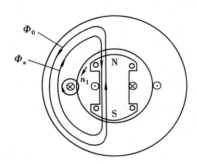

（a）阻尼绕组电流衰减完毕时　　　　　　（b）阻尼、励磁绕组电流全部衰减完毕时

图 16.7　短路后衰减过程中的磁链图

得多,所以在短路以后,阻尼绕组中的电流很快衰减完毕(一般为 0.01 ~ 0.05 s),而励磁绕组的电流衰减比较慢(一般为 0.5 ~ 2 s)。因此可以认为当阻尼绕组中的感应电流衰减完毕时,励磁绕组中的电流才开始衰减。当励磁绕组中的感应电流衰减完毕,就进入稳态短路。阻尼绕组中感应电流衰减完毕后,电枢反应磁通 Φ_a 的流通路径如图 16.7(a)所示;励磁绕组中感应电流衰减完毕后 Φ_a 的流通路径如图 16.7(b)所示。

16.4　突然短路时的电抗

从电路的角度来看,同步电机短路电流的大小取决于电路的参数,即同步电机电抗的大小。电抗的大小是由磁路状态来决定的。因为 $x = \omega L$,而

$$L = \frac{N^2}{R_m} = N^2 \Lambda$$

式中　N——绕组的串联匝数;

　　　R_m——磁路的磁阻;

　　　Λ——磁路的磁导。

所以要研究定子绕组的电抗 x,首先要研究它的磁阻 R_m 及磁导 Λ。

在稳态短路时,转子绕组中没有感应电流,电枢反应磁通 Φ_a 可以顺利地通过定、转子铁芯及两个气隙,如图 16.7(b) 所示。因为铁芯的磁阻很小,可以略去不计,所以对应的磁导为气隙磁导 Λ_{ad}。短路电流还产生漏磁通 Φ_σ,Φ_σ 对应的漏磁导为 Λ_σ。所以短路电流所产生的总磁通对应的总磁导为

$$\Lambda_d = \Lambda_\sigma + \Lambda_{ad} \tag{16.12}$$

对应的电抗为

$$x_d = x_\sigma + x_{ad} \tag{16.13}$$

它就是直轴同步电抗。所以稳态短路电流的大小为

$$I_k = \frac{E_0}{x_d} \tag{16.14}$$

在发生瞬态短路时,转子上励磁绕组及阻尼绕组中都感应了电流,因此励磁绕组及阻尼绕组对电枢反应磁通 Φ_a 的进入,产生反抗作用,使电枢反应磁通被挤到它们的漏磁路径上,如图 16.6(b) 所示。电枢反应磁通 Φ_a 的路径经过气隙磁阻 R_{ad}、励磁绕组漏磁阻 $R_{F\sigma}$ 及阻尼绕组漏磁阻 $R_{Z\sigma}$,所以电枢反应磁通所遇到的磁阻为

$$R''_{ad} = R_{ad} + R_{F\sigma} + R_{Z\sigma} \tag{16.15}$$

用相应的磁导来表示,为

$$\Lambda''_{ad} = \frac{1}{\dfrac{1}{\Lambda_{ad}} + \dfrac{1}{\Lambda_{F\sigma}} + \dfrac{1}{\Lambda_{Z\sigma}}} \tag{16.16}$$

考虑漏磁通后,定子磁通的总磁导为

$$\Lambda''_d = \Lambda_\sigma + \Lambda''_{ad} = \Lambda_\sigma + \frac{1}{\dfrac{1}{\Lambda_{ad}} + \dfrac{1}{\Lambda_{F\sigma}} + \dfrac{1}{\Lambda_{Z\sigma}}} \tag{16.17}$$

对应的电抗为

$$x''_d = x_\sigma + \frac{1}{\dfrac{1}{x_{ad}} + \dfrac{1}{x_{F\sigma}} + \dfrac{1}{x_{Z\sigma}}} \tag{16.18}$$

x''_d 称为直轴超瞬态电抗,其等效电路如图 16.8(a) 所示。$x_{F\sigma}$ 及 $x_{Z\sigma}$ 为励磁绕组及阻尼绕组的漏磁电抗。x''_d 的大小如表 16.1 所示。

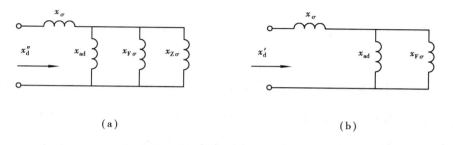

（a）　　　　　　　　　　　　（b）

图 16.8　超瞬态电抗和瞬态电抗的等效电路

电机类型	x''_d	x'_d
隐极式	0.09 ~ 0.24	0.15 ~ 0.38
凸极式	0.13 ~ 0.35	0.20 ~ 0.50

由超瞬态电抗所决定的电流,为短路时超瞬态电流周期分量的有效值,即

$$I''_k = \frac{E_0}{x''_d} \tag{16.19}$$

在发生短路后的极短时间内,阻尼绕组中的感应电流已衰减完毕,此时电枢反应磁通的路径如图 16.7(a)所示,它经过气隙磁阻 R_{ad} 及励磁绕组漏磁阻 $R_{F\sigma}$,所以电枢反应磁通 Φ_a 的总磁阻为

$$R'_{ad} = R_{ad} + R_{F\sigma} \tag{16.20}$$

若用磁导来表示,则

$$\Lambda'_{ad} = \frac{1}{\dfrac{1}{\Lambda_{ad}} + \dfrac{1}{\Lambda_{F\sigma}}} \tag{16.21}$$

定子磁通的总磁导为

$$\Lambda'_d = \Lambda_\sigma + \Lambda'_{ad} = \Lambda_\sigma + \frac{1}{\dfrac{1}{\Lambda_{ad}} + \dfrac{1}{\Lambda_{F\sigma}}} \tag{16.22}$$

对应的电抗为

$$x'_d = x_\sigma + \frac{1}{\dfrac{1}{x_{ad}} + \dfrac{1}{x_{F\sigma}}} \tag{16.23}$$

x'_d 称为直轴瞬态电抗,其等效电路如图 16.8(b)所示,其数值见表 16.1。由 x'_d 所决定的电流,是短路时瞬态电流周期分量的有效值,即

$$I'_k = \frac{E_0}{x'_d} \tag{16.24}$$

16.5   瞬态短路电流的计算

同步发电机发生突然短路后,由于电阻的影响,短路电流是逐渐衰减的。在上节已经分析过:刚短路时,电枢反应磁通路径如图 16.6(b)所示,对应的电抗为 x''_d,短路电流为 $I''_k = \dfrac{E_0}{x''_d}$。因为阻尼绕组的电抗与电阻的比值比励磁绕组的电抗与电阻的比值小得多,经过极短时间后,可以认为阻尼绕组电流已衰减完毕,此时电枢反应磁通的路径如图 16.7(a)所示,定子绕组的电抗为 x'_d,短路电流为 $I'_k = \dfrac{E_0}{x'_d}$。再经过一段时间后,励磁绕组中的感应电流全部衰减完毕,电枢

反应磁通路径如图16.7(b)所示,定子绕组的电抗为 x_{d},短路电流为 $I_{\mathrm{k}}=\dfrac{E_0}{x_{\mathrm{d}}}$。所以 $(I_{\mathrm{k}}''-I_{\mathrm{k}}')$ 是受阻尼绕组影响而衰减的一部分电流,衰减快慢取决于时间常数 $\tau_{\mathrm{d}}''=\dfrac{L_{\mathrm{Z}}''}{R_{\mathrm{Z}}}$($L_{\mathrm{Z}}''$ 对应于阻尼绕组的等效电感,R_{Z} 为阻尼绕组的电阻)。短路电流中 $(I_{\mathrm{k}}'-I_{\mathrm{k}})$ 是受励磁绕组影响而衰减的一部分电流,衰减快慢取决于时间常数 $\tau_{\mathrm{d}}'=\dfrac{L_{\mathrm{f}}'}{R_{\mathrm{f}}}$($L_{\mathrm{f}}'$ 对应于励磁绕组的等效电感,R_f 为励磁绕组的电阻)。

根据上面分析,定子绕组电流可以写成

$$i_{\mathrm{a}}=\sqrt{2}\big[\,(I_{\mathrm{k}}''-I_{\mathrm{k}}')\mathrm{e}^{\frac{-t}{\tau_{\mathrm{d}}''}}+(I_{\mathrm{k}}'-I_{\mathrm{k}})\mathrm{e}^{\frac{-t}{\tau_{\mathrm{d}}'}}+I_{\mathrm{k}}\big]\sin\omega t$$
$$=\sqrt{2}E_0\Big[\Big(\frac{1}{x_{\mathrm{d}}''}-\frac{1}{x_{\mathrm{d}}'}\Big)\mathrm{e}^{\frac{-t}{\tau_{\mathrm{d}}''}}+\Big(\frac{1}{x_{\mathrm{d}}'}-\frac{1}{x_{\mathrm{d}}}\Big)\mathrm{e}^{\frac{-t}{\tau_{\mathrm{d}}'}}+\frac{1}{x_{\mathrm{d}}}\Big]\sin\omega t \tag{16.25}$$

如果短路瞬间发生在转子转到图16.6(b)的位置,此时 A 相绕组交链的磁通为最大,$\varPsi_A=\varPsi_0=\varPsi_{\max}$,如同前面所分析的那样,为了保持磁通不变,短路电流中除周期分量(式(16.25)所表示的)外,还应存在直流分量,因此 A 相瞬态短路电流可以写成

$$i_{\mathrm{a}}=\sqrt{2}\big[\,(I_{\mathrm{k}}''-I_{\mathrm{k}}')\mathrm{e}^{\frac{-t}{\tau_{\mathrm{d}}''}}+(I_{\mathrm{k}}'-I_{\mathrm{k}})\mathrm{e}^{\frac{-t}{\tau_{\mathrm{d}}'}}+I_{\mathrm{k}}\big]\sin(\omega t-90°)+\sqrt{2}I_{\mathrm{k}}''\mathrm{e}^{\frac{-t}{\tau_{\mathrm{a}}}} \tag{16.26}$$

由于现在研究的是空载短路,$t=0$ 时 $i_{\mathrm{a}}=0$,将此条件代入式(16.26),可得直流分量的最大值为 $\sqrt{2}I_{\mathrm{k}}''$。由于定子绕组电阻的影响,直流分量要衰减,衰减的快慢取决于时间常数 $\tau_{\mathrm{a}}=\dfrac{L_{\mathrm{a}}''}{R_{\mathrm{a}}}$($L_{\mathrm{a}}''$ 为定子绕组的等效电感,R_{a} 为定子绕组电阻)。由式(16.26)可画出瞬态短路时电流的波形图如图16.9所示。

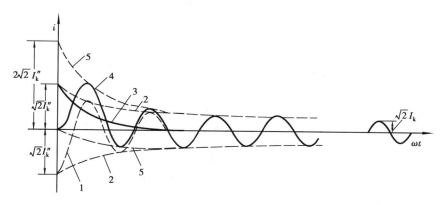

图16.9 当 $\varPsi_A=\varPsi_0=\varPsi_{\max}$ 时 A 相绕组瞬态短路电流的波形图

在图16.9中,曲线1是瞬态短路电流的周期分量,曲线2是曲线1的包线,曲线3表示瞬态短路电流中的直流分量,曲线4表示瞬态短路电流的总值,曲线5是总电流的包线。从图中可以看出:曲线5的最大值是 $2\sqrt{2}I_{\mathrm{k}}''$,它是超瞬态短路电流周期分量 $\sqrt{2}I_{\mathrm{k}}''$ 的2倍。由于电流的衰减,经过半个周期后,实际上的最大电流一般为超瞬态短路电流周期分量 $\sqrt{2}I_{\mathrm{k}}''$ 的1.8倍左右。

例16.1 试导出三相同步发电机在空载情况下两相对中点短路时,稳态短路电流的表达式。

解 设 B 相及 C 相对中点短路,A 相开路,则有

$$\left. \begin{array}{l} \dot{U}_B = \dot{U}_C = 0 \\ \dot{I}_A = 0 \end{array} \right\} \qquad (16.27)$$

对称分量

$$\left. \begin{array}{l} \dot{U}_A^+ = \dfrac{1}{3}(\dot{U}_A + a\dot{U}_B + a^2\dot{U}_C) = \dfrac{1}{3}\dot{U}_A \\[3mm] \dot{U}_A^- = \dfrac{1}{3}(\dot{U}_A + a^2\dot{U}_B + a\dot{U}_C) = \dfrac{1}{3}\dot{U}_A \\[3mm] \dot{U}_A^0 = \dfrac{1}{3}(\dot{U}_A + \dot{U}_B + \dot{U}_C) = \dfrac{1}{3}\dot{U}_A \end{array} \right\} \qquad (16.28)$$

再从 A 相三个对称分量的电动势平衡方程式

$$\left. \begin{array}{l} \dot{E}_A^+ = \dot{U}_A^+ + j\dot{I}_A^+ x_+ = \dot{E}_A \\[2mm] \dot{E}_A^- = \dot{U}_A^- + j\dot{I}_A^- x_- = 0 \\[2mm] \dot{E}_A^0 = \dot{U}_A^0 + j\dot{I}_A^0 x_0 = 0 \end{array} \right\} \qquad (16.29)$$

与

$$\dot{I}_A = \dot{I}_A^+ + \dot{I}_A^- + \dot{I}_A^0 = 0 \qquad (16.30)$$

解得

$$\dot{U}_A^+ + \dot{U}_A^- + \dot{U}_A^0 = \frac{x_- x_0 \dot{E}_A}{x_+ x_- + x_+ x_0 + x_- x_0} \qquad (16.31)$$

所以

$$\left. \begin{array}{l} \dot{I}_A^+ = \dfrac{\dot{E}_A - \dot{U}_A^+}{jx_+} = \dfrac{-j(x_- + x_0)\dot{E}_A}{x_+ x_- + x_+ x_0 + x_- x_0} \\[4mm] \dot{I}_A^- = -\dfrac{\dot{U}_A^-}{jx_-} = \dfrac{jx_0 \dot{E}_A}{x_+ x_- + x_+ x_0 + x_- x_0} \\[4mm] \dot{I}_A^0 = -\dfrac{\dot{U}_A^0}{jx_0} = \dfrac{jx_- \dot{E}_A}{x_+ x_- + x_+ x_0 + x_- x_0} \end{array} \right\} \qquad (16.32)$$

得 B 相及 C 相短路电流为

$$\dot{I}_B = \left[(a^2 - 1)x_- + (a^2 - a)x_0 \right] \frac{-j\dot{E}_A}{x_+ x_- + x_+ x_0 + x_- x_0}$$

$$\dot{I}_C = \left[(a - 1)x_- - (a^2 - a)x_0 \right] \frac{-j\dot{E}_A}{x_+ x_- + x_+ x_0 + x_- x_0}$$

流经中线的电流为

$$\dot{I}_{k0} = \dot{I}_B + \dot{I}_C = \frac{3jx_- \dot{E}_A}{x_+ x_- + x_+ x_0 + x_- x_0}$$

例 16.2 有一台三相同步发电机,星形连接,其参数为:$x_d = 1.45\ \Omega, x_q = 1.05\ \Omega, x_d' =$

$0.7\ \Omega, x_d'' = 0.55\ \Omega, x_q'' = 0.65\ \Omega,$ 空载电动势 $e_0 = \sqrt{2} \times 220\ \sin \omega t$ V。试求:

①三相稳态短路电流的有效值;

②三相瞬态短路电流的最大值。

解　①空载相电动势的有效值为 $E_0 = 127$ V,根据式(13.19)得三相稳态短路电流的有效值为

$$I_k = \frac{E_0}{x_d} = \frac{127\ \text{V}}{1.45\ \Omega} = 87.6\ \text{A}$$

②参考式(16.19),三相瞬态短路时,超瞬态电流周期分量的最大值为

$$I_{km}'' = \sqrt{2}\frac{E_0}{x_d''} = \sqrt{2} \times \frac{127\ \text{V}}{0.55\ \Omega} = 326.5\ \text{A}$$

考虑直流分量以后,瞬态短路电流的最大值约为超瞬态电流周期分量的 1.8 倍,即等于 1.8 × 326.5 A = 588 A。

16.6　突然短路对电机的影响

16.6.1　突然短路对同步电机的影响

(1)冲击电流的电磁力作用

冲击电流的电磁力很大,对定子绕组的端接部分产生危险的应力,特别是在汽轮发电机里,由于它的端接伸出较长,问题更为严重。要准确地计算出电磁力的大小很困难,因为端接处的磁场的分布是极为复杂的。

我国某工厂在对汽轮发电机进行突然短路的研究试验时,曾发现同相带的线圈产生互相聚拢的切向弯曲,相带最靠边的线圈弯曲最厉害,而且靠近这些线圈的端接压紧螺杆也有被折断现象。

(2)突然短路时的电磁转矩

在突然短路时,气隙磁场变化不大,而定子电流却增长很多,因而要产生巨大的电磁转矩。

电磁转矩有两类:第一类是短路后为了供给定子绕组和转子绕组中由于电阻而引起的损耗所产生的冲击单向转矩,它对原动机是反抗转矩;第二类是由定、转子具有相对运动的磁场所产生的冲击交变转矩。后一类转矩比前一类转矩数值更大,它的方向是正负交替的,一方面作用在原动机端的轴颈上;另一方面作用在定子机座的底脚螺钉上。

最大的突然短路交变转矩发生在线对线的不对称短路,且起始磁链最大时。对某台凸极同步电机计算过该转矩,其值达到额定转矩的 12 倍以上,以后很快就衰减下来。在设计电机转轴、机座和底脚螺钉等时,必须要考虑这个巨大的转矩的作用。

(3)发热现象

突然短路使各绕组都出现较大的电流,而铜耗增加得更多。不过,因为电流衰减的速度较快,因此,各绕组的温升增长得并不多。经验证明,在突然短路中,很少发现电机受到热破坏的现象。

16.6.2　突然短路对电力系统的影响

(1)破坏电力系统运行的稳定性

在线路上发生突然短路时,由于电压的降低,发电机的功率送不出去,但原动机的拖动转矩一时又降不下来,因而,作用到转子上的转矩失去了平衡,使发电机转子的转速上升而失去同步,破坏了系统的稳定性。

(2)产生过电压现象

在不对称的突然短路中,较详细的分析能够证明,在没有短路的相绕组中会出现过电压的现象,其数值一般达到额定值的 2~3 倍,视电机参数的大小而定。这种现象也是造成电力系统内过电压的一个因素。

(3)产生高频干扰现象

在不对称突然短路中,定子绕组电流出现一系列的高次谐波分量,这些高频电流在输电线上所产生的磁场,对附近的通讯电路产生干扰作用,幸而这种干扰只是极短暂的。当故障被切除后,这个作用也就消失了。

同步电机的非正常运行包含着极丰富的内容,前人也作过大量工作。本章所涉及的内容仅能给读者打下一个基础,深入研究时可查阅有关专著及文献。

习　题

16.1　同步发电机,各相序电抗为 $x_+^* = 1.871\ \Omega$,$x_-^* = 0.219\ \Omega$,$x_0^* = 0.069\ \Omega$,计算其单相稳态短路电流为三相稳态短路电流的多少倍?

16.2　为什么负序电抗比正序电抗小? 而零序电抗又比负序电抗小?

16.3　同步发电机发生突然短路时,短路电流中为什么会出现非周期分量? 什么情况下非周期分量最大?

16.4　比较同步发电机各种电抗的大小:$x_d, x_d', x_d'', x_q, x_q', x_q''$。

总　结

空载运行时,同步发电机气隙磁场仅由旋转励磁磁动势 $\dot{F}_f$ 单独激励,它掠过电枢绕组时,在其中感应出空载电动势 $\dot{E}_0$(或称励磁电动势、转子电动势等),其大小由励磁电流 I_f 决定,E_0 和 I_f 之间的关系曲线称为空载特性。

对称负载运行时,电枢绕组中通过对称负载电流,并产生电枢磁动势 $\dot{F}_a$,$\dot{F}_a$ 和 $\dot{F}_f$ 均以同步转速旋转,在空间处于相对静止状态,$\dot{F}_a$ 对 $\dot{F}_f$ 的影响称为电枢反应。$\dot{E}_0$ 滞后于励磁磁通 $\dot{\Phi}_f$ 90°电角度,而电枢反应磁通 $\dot{\Phi}_a$ 和电枢电流 $\dot{I}_a$ 同相位,所以 $\dot{I}_a$ 和 $\dot{E}_0$ 之间的相位差 ψ(称为内功率因数角）决定了 $\dot{\Phi}_a$ 和 $\dot{\Phi}_f$ 之间的相位差（$90° + \psi$），而 $\dot{F}_a$ 和 $\dot{F}_f$ 之间的相位关系反映了电枢反应的性质。所以说 $\dot{I}_a$ 和 $\dot{E}_0$ 之间的相位差决定了电枢反应的特点。另外，从负载角度来看，ψ 角反映了负载的性质，所以电枢反应实质上是由负载的性质决定的。

　　不计饱和时，可以认为电枢磁动势和励磁磁动势各自产生相应的磁通，并在电枢绕组中分别产生感应电动势，对于隐极电机，电枢反应电动势为 $\dot{E}_a = -jx_a\dot{I}_a$，$x_a$ 称为电枢反应电抗，$x_s = x_a + x_\sigma$ 称为隐极电机同步电抗。对于凸极电机，因直轴磁路和交轴磁路的磁阻不同，将电枢磁动势分解为 $\dot{F}_{ad}$ 和 $\dot{F}_{aq}$，对应的电枢反应电动势分别为 $\dot{E}_{ad}$ 和 $\dot{E}_{aq}$。x_{ad} 和 x_{aq} 分别为直轴和交轴电枢反应电抗，$x_d = x_{ad} + x_\sigma$ 和 $x_q = x_{aq} + x_\sigma$ 则分别为直轴和交轴同步电抗。

　　将电枢反应的效应化成一个电抗压降来处理，就可以导出同步电机的电动势平衡方程式。根据电动势平衡方程式可以画出相量图，它是分析同步电机性能的有力工具。

　　通过空载试验和短路试验可以求得同步电抗的不饱和值；通过空载试验和零功率因数试验可以得到同步电抗的饱和值和漏抗值。

　　并网运行是同步发电机最主要的运行方式，发电机并网时必须满足相序一致、电压相等、频率相等或十分接近的条件，并掌握合适的合闸瞬间。

　　发电机一旦并联于无穷大电网运行时，其电压和频率将成为固定不变的量，这是并网运行与单机运行的区别所在。

　　功角 δ 被定义为 $\dot{E}_0$ 和 $\dot{U}$ 之间的时间相角差，它在电机的气隙圆周空间上表现为合成磁场轴线与转子磁场轴线之间夹角。$P_M = f(\delta)$ 称为功角特性，可以通过调节原动机的输入功率来达到调节发电机有功功率的目的，当在 $0 < \delta < \delta_m$ 之间调节时，同步发电机能够稳定运行，而当 $\delta > \delta_m$ 时，同步发电机将失去同步。

　　通过调节励磁电流的大小可以达到调节发电机无功功率的目的。处于过励状态时，发电机向电网输送滞后的无功功率；处于欠励状态时，发电机向电网输送超前的无功功率。在有功功率一定时，电枢电流随励磁电流变化的曲线称为发电机的 V 型曲线。

　　作为电动机运行是同步电机又一种重要的运行方式。同步电动机接于频率一定的电网上运行，其转速恒定，不会随负载变动而变动；另外，通过调节励磁电流可以方便地改变同步电动机的无功功率。过励时，同步电动机从电网吸取超前电流；欠励时则吸取滞后电流。因此，同步电动机的功率因数可以调节。能够改善电网的功率因数是同步电动机的最大优势。在需要改善功率因数的场合，常优先采用同步电动机。

　　从同步电动机的原理来看，它不能自行起动，一般采用在同步电动机的转子上装设起动绕组，借助异步电动机的原理来完成其起动过程。

　　同步发电机的两种最基本的非正常运行状态是不对称运行与瞬态短路。

　　分析不对称运行最有效的工具是对称分量法。如何根据不对称运行时的端点条件，利用对称分量法来分析同步电机的不对称运行，这与变压器的大体相同。但是同步电机正序电抗、负序电抗、零序电抗的性质与变压器的却有很大差别。由于变压器是一种静止电器，所以正序电抗等于负序电抗，而零序电抗的大小则与变压器的磁路结构和绕组连接方式有密切关系。在同步电机中，由于正序旋转磁场与转子同向、同速旋转，这与对称运行时的情况一样，所以，正序电抗就是同步电抗。而负序旋转磁场以 2 倍同步转速切割转子绕组，在转子绕组中感应出电流,转子电流对负序磁场有很强的阻尼作用,使负序磁场大为削弱,所以负序电抗的数值比正序电抗的小。由于零序磁动势在时间上同相位,在空间上互相间隔120°电角度,所以合成基波磁动势为零,它只产生漏磁通,所以零序电抗的大小约等于定子漏电抗。

瞬态短路时,定子绕组中会产生巨大的冲击电流。瞬态短路时会产生巨大冲击电流的原因是当定子电流增加时,定子产生的磁通增加,于是在转子绕组中产生变压器电动势,转子绕组中便有电流流过,转子电流对定子磁通有阻尼作用,使定子磁通减小,所以定子电抗变小,于是定子电流剧增。由于电阻的存在,转子电流逐渐衰减,对定子磁通的阻尼作用减弱,定子磁通增加,电抗变大,所以稳态短路电流不大。当短路瞬间,如果定子绕组的磁链不为零,根据超导回路磁链不变的原理,为了维持这个初始磁链不变,短路时定子电流中除交变分量外,还必须有一直流分量。

巨大冲击电流的主要危害是产生极大的电磁力,使绕组端部变形甚至拉断。

第**5**篇
直流电机

第**17**章
直流电机的工作原理和主要结构

17.1　直流电机的工作原理

17.1.1　直流发电机的工作原理

电机的工作原理建立在电磁力和电磁感应的基础上。图 17.1 是一个直流发电机的物理模型。图中,N,S 是主磁极,它是固定不动的,$abcd$ 是装在可以转动的铁磁圆柱体上的一个线圈,把线圈的两端分别接到两个圆弧型的铜片上(称换向片),两者相互绝缘,铁芯和线圈合称电枢,通过在空间静止不动的电刷 AB 与换向片接触,即可对外电路供电。

当原动机拖动电枢以恒速 n 逆时针方向旋转时,在线圈中有感应电动势,其大小为:

$$e = Blv$$

式中 B——导体所在处的磁密,单位是 Wb/m^2;

         l——导体的有效长度,单位是 m;

         v——导体与磁场的相对速度,单位是 m/s。

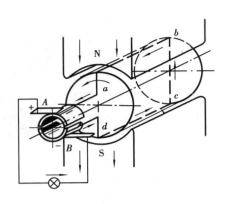

图 17.1   直流发电机工作原理示意图

感应电动势的方向可用右手定则判定。在图17.1所示时刻,整个线圈的电动势方向是由 d 到 c、由 b 到 a,即由 d 到 a。此时 a 端经换向片接触电刷 A,d 端经换向片与电刷 B 接触,所以电刷 A 为正极性,而电刷 B 为负极性。在电刷 AB 之间接上负载,就有电流 I 从电刷 A 经外电路负载而流向电刷 B。此电流经换向片及线圈 $abcd$ 形成闭合回路,线圈中,电流方向从 d 到 a。

当电枢转过 180° 时,线圈 $abcd$ 中感应电动势为 $e_{ab} + e_{cd}$,即从 a 到 d。此时 d 端与电刷 A 接触,a 端与电刷 B 接触,所以 A 仍为正极性,B 仍为负极性。流过负载的电流方向不变,而线圈中电流的方向改变了,即从 a 到 d。

从以上分析可以看出,线圈中的电动势 e 及电流 i 的方向是交变的,只是经过电刷和换向片的整流作用,才使外电路得到方向不变的直流电。实际上发电机的电枢铁芯上有许多个线圈,按照一定的规律连接起来,构成电枢绕组。这就是直流发电机的工作原理。同时也说明直流发电机实质上是带有换向器的交流发电机。

在发电机中存在电磁反转矩,当发电机接负载,绕组中便有电流通过,此电流与电枢磁场作用,产生电磁力:$f = Bli$,在电机的轴上形成一个制动力矩,发电机要克服此力矩,才能把机械能转变为电能。

17.1.2   直流电动机的工作原理

在图 17.2 所示图中,电刷 A,B 上加上直流电源,便成为直流电动机的物理模型,这时线圈 $abcd$ 中便有电流通过,如图 17.2 所示。其方向为从 a 到 d,线圈中的电流 i 与磁场作用,产生电磁力 $f = Bli$,电枢在此电磁力的作用下旋转起来,进而带动生产机械运转。力的方向由左手定则判定,图示时刻,电流从 a 到 d,则 ab 段所受电磁力的方向为从右向左,电枢逆时针方向旋转。当电枢转过 180° 时,外部电路的电流 i 不变,线圈中的电流方向为从 d 到 a,此时电磁力方向不变,电机沿恒定方向旋转。

由此可见,在直流电动机中,线圈中的电流是交变的,但产生的电磁转矩的方向是恒定的。

与直流发电机一样,直流电动机的电枢也是由多个线圈构成的,多个线圈所产生的电磁转矩方向都是一致的。

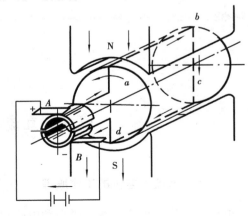

图 17.2   直流电动机工作原理示意图

17.1.3　电机的可逆原理

一台直流电机原则上既可以作为电动机运行,也可以作为发电机运行,只是外界条件不同而已。如果用原动机拖动电枢恒速旋转,就可以从电刷端引出直流电动势而作为直流电源对负载供电;如果在电刷端外加直流电压,则电动机就可以带动轴上的机械负载旋转,从而把电能转变成机械能。这种同一台电机既能作电动机运行,也能作发电机运行的原理,在电机理论中称为可逆原理。

17.2　直流电机的主要结构

直流电机的结构是多种多样的,由于篇幅所限,不可能作详细介绍,图 17.3 是一台常用小型直流电机的结构图,它由定子(静止部分)和转子(转动部分)两大部分组成。

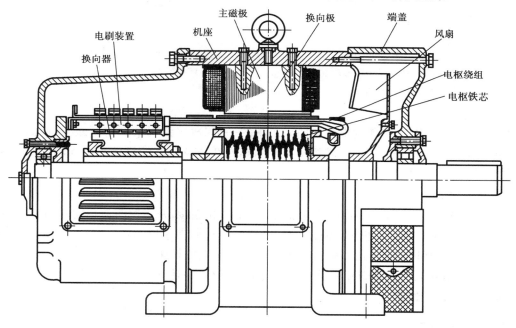

图 17.3　直流电机的剖面图

17.2.1　定子部分

定子部分包括机座、主磁极、换向极和电刷装置等。

(1)主磁极

在大多数直流电机中,主磁极是电磁铁,主磁极铁芯用 1 ~ 1.5 mm 厚的低碳钢板叠压而成,整个磁极用螺钉固定在机座上。为了使主磁通在气隙中分布更合理,铁芯的下部(称为极靴)比套绕组的部分(称为极身)要宽些,如图 17.4 所示。

主磁极的作用是在定、转子之间的气隙中建立磁场,使电枢绕组在此磁场的作用下感应电动势和产生电磁转矩。

（2）换向极

换向极又称附加极或间极，其作用是用以改善换向。换向极装在相邻两主磁极之间，它也是由铁芯和绕组构成，如图 17.5 所示。铁芯一般用整块钢或钢板加工而成。换向极绕组与电枢绕组串联。

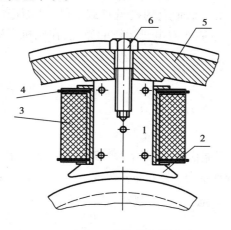

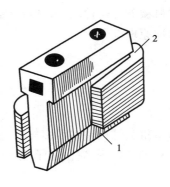

图 17.4　主磁极
1—主磁极铁芯；2—极靴；3—励磁绕组；
4—绕组绝缘；5—机座；6—螺杆

图 17.5　换向极
1—换向极铁芯；2—换向极绕组

（3）机座

机座有两个作用，一是作为电机磁路系统中的一部分；二是用来固定主磁极、换向极及端盖等，起机械支承的作用。因此要求机座有好的导磁性能及足够的机械强度和刚度。机座通常用铸钢或厚钢板焊成。

（4）电刷装置

电刷的作用是把转动的电枢绕组与静止的外电路相连接，并与换向器相配合，起整流器或逆变器的作用。电刷装置由电刷、刷握、刷杆座和铜丝辫组成，如图 17.6 所示。电刷放在刷握内，用弹簧压紧在换向器上，刷握固定在刷杆上，刷杆装在刷杆座上。刷杆是绝缘体，刷杆座则装在端盖或轴承内盖上。各刷杆沿换向器表面均匀分布，并且有一个正确的位置，若偏离此位置，则将影响电机的性能。

17.2.2　转子部分

直流电机的转子称为电枢，包括电枢铁芯、电枢绕组、换向器、风扇、轴和轴承等。

（1）电枢铁芯

电枢铁芯是电机主磁路的一部分，且用来嵌放电枢绕组。为了减少电枢旋转时电枢铁芯中因磁通交变而引起的磁滞及涡流损耗，电枢铁芯通常用 0.5 mm 厚的两面涂有绝缘漆的硅钢片叠压而成。

（2）电枢绕组

电枢绕组是由许多按一定规律连接的线圈组成，它是直流电机的主要电路部分，也是通过电流和感应电动势，从而实现机电能量转换的关键性部件。线圈用包有绝缘的导线绕制而成，嵌放在电枢槽内。每个线圈（也称元件）有 2 个出线端，分别接到换向器的 2 个换向片上。所

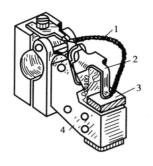

图 17.6　电刷装置
1—铜丝辫;2—压紧弹簧;
3—电刷;　4—刷握

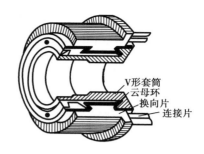

图 17.7　换向器

有线圈按一定规律连接成一闭合回路。

(3)换向器

换向器也是直流电机的重要部件。在直流电动机中,它将电刷上的直流电流转换为绕组内的交流电流;在直流发电机中,它将绕组内的交流电动势转换为电刷上的直流电动势。换向器由许多换向片组成,每片之间相互绝缘。换向片数与线圈元件数相同,换向器结构如图17.7所示。

17.3　直流电机的额定值

为了使电机安全可靠地工作,且保持优良的运行性能,电机厂家根据国家标准及电机的设计数据,对每台电机在运行中的电压、电流、功率、转速等规定了保证值,这些保证值称为电机的额定值。直流电机的额定值有:

①额定容量(功率)P_N,单位为 kW;

②额定电压 U_N,单位为 V;

③额定电流 I_N,单位为 A;

④额定转速 n_N,单位为 r/min;

⑤励磁方式和额定励磁电流 I_{fN},单位为 A。

还有一些物理量的额定值,如额定效率 η_N,额定转矩 T_N,额定温升 τ_N,不一定标在铭牌上。

关于额定容量,对直流发电机来说,是指电刷端输出的电功率;对直流电动机来说,是指轴上输出的机械功率。所以,直流发电机的额定容量为

$$P_N = U_N I_N$$

而直流电动机的额定功率为

$$P_N = U_N I_N \eta_N$$

例 17.1　一台直流发电机,其额定功率 $P_N = 145$ kW,额定电压 $U_N = 220$ V,额定转速 $n_N = 1\ 450$ r/min,额定效率 $\eta_N = 90\%$,求该发电机的输入功率 P_1 及额定电流 I_N 各是多少?

解　额定输入功率

$$P_1 = \frac{P_N}{\eta_N} = \frac{145 \ \text{kW}}{0.9} = 161 \ \text{kW}$$

额定电流
$$I_N = \frac{P_N}{U_N} = \frac{145 \times 10^3 \ \text{W}}{230 \ \text{V}} = 630.4 \ \text{A}$$

习　题

17.1　试述直流发电机的工作原理,并说明换向器和电刷各起什么作用?

17.2　试判断在下列情况下,电刷两端的电压是交流还是直流。

①磁极固定,电刷与电枢同时旋转;

②电枢固定,电刷与磁极同时旋转。

17.3　什么是电机的可逆性?

17.4　直流电机有哪些主要部件? 试说明它们的作用和结构。

17.5　直流电机电枢铁芯为什么必须用薄电工钢冲片叠成? 磁极铁芯为何不同?

17.6　试述直流发电机和直流电动机主要额定参数的异同点。

17.7　某直流电机,$P_N = 4$ kW,$U_N = 110$ V,$n_N = 1\ 000$ r/min 以及 $\eta_N = 0.8$。若是直流发电机,试计算额定电流 I_N;如果是直流电动机,再计算 I_N。

第18章

直流电机的磁场、电枢绕组和电枢反应

18.1 直流电机的空载磁场

18.1.1 直流电机的励磁方式

电机磁场是使电机能感应电动势和产生电磁转矩所不可缺少的因素。电机的运行性能在很大程度上取决于电机的磁场特性,因此要了解电机的运行原理,首先要了解电机的磁场,了解气隙中磁场的分布情况、每极磁通的大小以及与励磁电流的关系。

除少数微型电机之外,绝大多数的直流电机的气隙磁场都是在主磁极的励磁绕组中通以直流电流(称之为励磁电流)而建立的。此励磁电流的获得方式(称之为励磁方式)不同,电机的运行性能就有很大的差别。直流电机的励磁方式可分为他励、并励、串励和复励4种。现以电动机为例,说明这4种励磁方式的接法和特点。

(1)他励直流电机

其接法如图 18.1(a)所示。电枢绕组与励磁绕组分别由 2 个互相独立的直流电源 U 和 U_f 供电。因此励磁电流 I_f 的大小不会受端电压 U 及电枢电流 I_a 的影响。电机出线端电流等于电枢电流,即 $I = I_a$。

(2)并励直流电机

其接法如图 18.1(b)所示,即励磁绕组与电枢绕组并联以后加上同一个直流电压 U,此时

$$U_f = U_a$$

$$I = I_a + I_f$$

式中　I_a——电枢电流;

　　　I_f——励磁电流,一般 $I_f = (1\% \sim 5\%)I_N$;

　　　I——电网输入电机的电流。

(3)串励直流电机

其接法如图 18.1(c)所示,即励磁绕组与电枢绕组串联后加上同一个直流电压 U,此时,

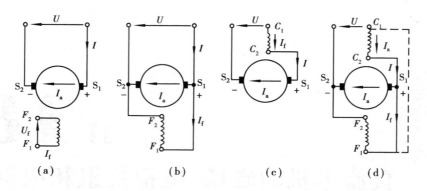

图 18.1　直流电机按励磁方式分类

$$I = I_a = I_f$$

（4）复励直流电机

这种电机的主磁极中有两套励磁绕组：一套与电枢绕组并联，称为并励绕组；另一套与电枢绕组串联，称为串励绕组，此时

$$I = I_s = I_a + I_f$$

按两个励磁绕组所产生的磁动势关系，又可分为积复励和差复励两种。

①积复励：串励绕组所产生的磁动势 F_s 和并励绕组所产生的磁动势 F_f，方向一致，互相叠加。此时主磁极的总励磁磁动势为

$$\sum F = F_s + F_f$$

②差复励：如果 F_s 的方向与 F_f 的相反，则称为差复励。此时主磁极总励磁磁动势为

$$\sum F = F_f - F_s$$

不同的励磁方式将会使电机的运行特性有很大的区别，但励磁磁场的分布情况是相同的。

18.1.2　直流电机的空载磁场

（1）空载时的主磁场

当直流电机空载时（发电机出线端没有电流输出，电动机轴上不带机械负载），其电枢电流等于或近似为零，这时的气隙磁场只由主磁极的励磁电流建立。因此，直流电机空载时的气隙磁场又称励磁磁场。

图 18.2 所示为一台四极直流电机空载时，由励磁电流单独建立的磁场分布图。其中 Φ_0 经过主磁极、气隙、电枢铁芯及机座构成磁回路。它同时与励磁绕组及电枢绕组交链，能在电枢绕组中感应电动势和产生电磁转矩，称为主磁通。另一部分磁通 Φ_σ 仅交链励磁绕组本身，不进入电枢铁芯，不和电枢绕组相交链，不能在电枢绕组中感应电动势及产生电磁转矩，称为漏磁通。Φ_0 和 Φ_σ 由同一个磁动势所建立，但主磁通 Φ_0 所走的路径（称为主磁路）气隙小，磁阻小，而漏磁通 Φ_σ 所走路径（称为漏磁路）气隙大，磁阻大，因此，Φ_0 比 Φ_σ 大得多（$\Phi_\sigma \approx 20\% \Phi_0$）。我们主要研究气隙中 Φ_0 的分布规律。

由于极靴下气隙小而极靴之外气隙很大，而且极靴下的气隙也往往不均匀，磁极轴线处气隙最小而极尖处气隙较大。因此，在磁极轴线处气隙磁通密度最大而靠近极尖处气隙磁密逐

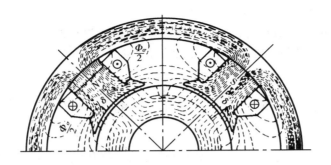

图 18.2　直流电机空载时的磁场分布

渐减小,在极靴以外则减小得很快,在几何中性线处气隙磁密为零。因此可得直流电机空载时,主磁场的气隙磁密沿圆周的分布波形如图 18.3 所示。

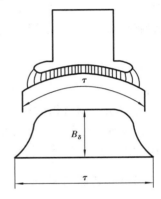

图 18.3　气隙中主磁场磁密的分布

设电枢圆周为 x 轴,而磁极轴线处为纵轴,又设电枢长度为 l,则离开坐标原点为 x 的 $\mathrm{d}x$ 范围内的气隙主磁通为

$$\mathrm{d}\Phi_x = B_x l \mathrm{d}x$$

则空载时每极主磁通为

$$\Phi_0 = \int \mathrm{d}\Phi_x = \int_{-\frac{\tau}{2}}^{+\frac{\tau}{2}} B_x l \mathrm{d}x = l \int_{-\frac{\tau}{2}}^{+\frac{\tau}{2}} B_x \mathrm{d}x$$
$$= B_{av} \tau l \qquad (18.1)$$

式中　$B_{av} = \dfrac{1}{\tau} \displaystyle\int_{-\frac{\tau}{2}}^{+\frac{\tau}{2}} B_x \mathrm{d}x$——空载气隙磁密的平均值。

由上式可知,每极磁通 Φ_0 和 $B_0(x)$ 曲线与横坐标轴所围面积 $\displaystyle\int_{-\frac{\tau}{2}}^{+\frac{\tau}{2}} B_x \mathrm{d}x$ 成正比。对于尺寸一定的电机,空载气隙磁密 B_0 的大小由励磁磁动势 F_f 所决定。当励磁绕组 N_f 一定时,F_f 和 I_f 成正比。所以在实际电机中,空载时每极磁通 Φ_0 随励磁磁动势 F_f 或励磁电流 I_f 的改变而改变。

（2）电机的磁化曲线

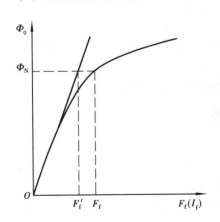

图 18.4　磁化曲线

要建立起一定大小的主磁通 Φ_0,主磁极就需要有一定大小的磁动势 F_f,如果改变主磁极磁动势的大小,主磁通的大小也就随着改变。表示空载主磁通 Φ_0 与主磁极磁动势 F_f 之间的关系曲线,称为电机的磁化曲线,如图 18.4 所示。当主磁通 Φ_0 很小时,铁芯没有饱和,此时铁芯的磁阻比空气隙的磁阻小得多,主磁通的大小取决于气隙磁阻。由于气隙磁阻是常量,所以在主磁通较小时磁化曲线接近于直线。随着 Φ_0 的增长,铁芯逐渐饱和,铁芯的磁阻逐渐增大,随着磁动势 F_f 增大,磁通 Φ_0 的增长变慢,因而磁化曲线逐渐弯曲。在铁芯饱和以后,磁阻很大,而且几乎不变,磁化曲线平缓上升。此时为了增加一些磁通,就必须增加

很大的磁动势,也就是增加很大的励磁电流。

在额定励磁时,电机一般运行在磁化曲线的弯曲部分,这样既可获得较大的磁通密度,又不致需要太大的励磁磁动势,从而可以节省铁芯和励磁绕组的材料。

18.2　直流电机的电枢绕组

在电动机里,线圈中通过电流,产生电磁转矩,使电枢在磁场里转动,因而感应出反电动势,吸收电功率,将电能变换为机械能。在发电机里,电枢绕组在磁场里转动时,会感应出电动势,通过换向器和电刷向外输出,接上负载,电流流过绕组,产生制动转矩,吸收机械功率,把机械能转换为电能。由此可见,电枢绕组是直流电机的核心部分,在电机的机电能量转换过程中起着重要的作用,对电机的技术经济指标和运行性能有很大的影响。因此,电枢绕组须满足以下要求:在能通过规定的电流和产生足够的电动势的前提下,尽可能节省有色金属和绝缘材料,并且要结构简单、运行可靠等。

直流电机电枢绕组的型式很多,按其绕组元件(首末两端分别与两个换向片相连接的一个单匝或多匝的线圈,称为元件)和换向器的连接方式不同,可以分为叠绕组(单叠和复叠)、波绕组(单波和复波)和混合绕组。其中单叠及单波是最基本的形式。

18.2.1　名词术语介绍

①极轴线:磁极的中心线。

②几何中性线:磁极之间的平分线。

③p:极对数。

④极距 τ:在电枢铁芯表面上,一个极所占的距离,可用槽数表示,即

$$\tau = \frac{Z}{2p}(\text{槽})$$

式中　Z——电枢总槽数。

⑤元件(线圈):绕组的一个基本单元,可为单匝,也可为多匝。元件的两个出线端分别接到两片换向片上,并与其他元件相连。槽中的线圈边称为有效导体,其余部分称为端部;一个元件边放在槽的上层,另一边放在另一槽的下层,因此,一个槽里总有上下层 2 个线圈边,称为双层绕组,如图 18.5 所示。

⑥元件节距 y_1(第一节距):元件 2 条边的距离,以槽数计,总是整数,即

$$y_1 = \frac{Z}{2p} \pm \varepsilon = \text{整数}$$

式中　ε——使 y_1 凑成整数的分数。

当 $\varepsilon = 0$ 时,$y_1 = \tau$,称为整距绕组;当 ε 前取负号时,$y_1 < \tau$ 称为短距绕组;当 ε 前取正号时,$y_1 > \tau$,称为长距绕组。短距绕组端接短、省铜,且有利于换向,故常用。

⑦合成节距 y:相串联的 2 个元件的对应边在电枢表面上的距离,称为合成节距,通常也用槽数来表示。

⑧换向器节距 y_k:元件 2 个出线端所接换向片的距离,通常用换向片数 K 来表示。

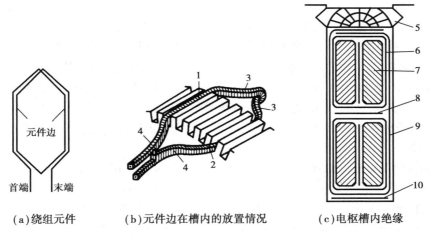

（a）绕组元件　　　　（b）元件边在槽内的放置情况　　　　（c）电枢槽内绝缘

图 18.5　电枢绕组的元件及嵌放方法

1—上层元件边;2—下层元件边;3—后端接部分;4—首端接部分;5—槽楔;
6—线圈绝缘;7—导体;8—层间绝缘;9—槽绝缘;10—槽底绝缘

18.2.2　单叠绕组

如图 18.6 所示元件依次相连,元件的出线端接到相邻的换向片上,$y_k = 1$。第一个元件的下层边(虚线)连接着第二个元件的上层边,它放在与第一个元件上层边相邻的第二个槽内。下面通过例子说明单叠绕组如何连接,有何特点。

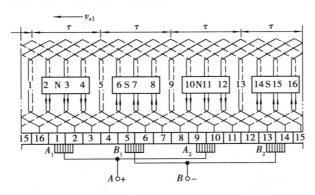

图 18.6　单叠绕组展开图 $2p = 4, S = K = 16$

例 18.1　已知某直流电机的极对数 $p = 2$,槽数 Z、元件数 S 及换向片数 K 为:$Z = S = K = 16$,试画出单叠绕组展开图。

解　①计算绕组数据

$$y_1 = \frac{Z}{2p} \pm \varepsilon = \frac{16}{2 \times 2} = 4$$

因为是单叠,所以 $y = y_k = 1$。

②画绕组展开图

为了清晰和直观起见,工程上都把电机的电枢绕组图画成沿电枢轴线切开,展成平面的绕组展开图。

257

a. 先画 16 根等长、等距的实线,代表各槽上层元件边,再画 16 根等长等距的虚线,代表各槽下层元件边。实际上一根实线和一根虚线代表一个槽,依次把槽编上号,如图 18.6 所示。

b. 根据 y_1,画出第一个元件的上、下层边(1~5 槽),令上层边所在的槽号为元件号。

c. 接上换向片,1,2 片之间对准元件中心线,之后等分换向器,定出换向片号。

d. 画出第二个元件,上层边在第 2 槽,与第一个元件的下层边连接;下层边在第 6 槽与 3 号换向片连接。按此规律,一直把 16 个元件全部连起来。

e 放磁极:磁极宽度约为 0.7τ 均匀分布在圆周上,N 极磁力线垂直向里(进入纸面),S 极向外(从纸面穿出)。

f. 放电刷:对准在磁极轴线下,画一个换向片宽(实际上 K 很大,电刷宽 $b_k = 2 \sim 3$ 片宽),并把相同极性下的电刷并联起来。实际运行时,电刷是静止不动的,电枢在旋转,但是被电刷所短路的元件,永远都处于电机的几何中性线上,其感应电动势接近于零。

可以看出,一个极下导体电流的方向是完全一致的(同一槽中上、下层边不属于同一线圈,但电流的方向一致)。而且,N,S 极下导体电流的方向相反,所以能产生一个方向固定的转矩。

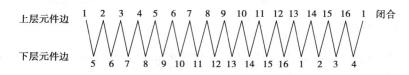

图 18.7 单叠绕组元件连接次序图

(1)单叠绕组元件连接次序图

从绕组展开图可以看出,绕电枢一周后,所有元件互相串联而构成一闭合回路。因而我们还可以用绕组元件连接次序图来表示出元件的连接次序,如图 18.7 所示。

从图 18.7 可以看出,从第 1 号元件开始,绕电枢一周,把全部元件边都串联起来,之后又回到第 1 号元件的起始点 1。可见,整个绕组是一个闭合回路。

(2)单叠绕组电路图

为了进一步说明单叠绕组各个元件的连接次序及其电动势分布情况,按图 18.7 各元件的连接顺序,可得到如图 18.8 所示的绕组电路图。

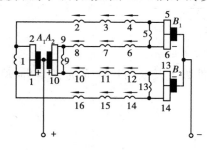

图 18.8 图 18.6 所示瞬间的绕组电路图

从图 18.8 可以看出,每个极下的元件组成一条支路,这就是说,单叠绕组的并联支路数正好等于电机的极数,即 $2a = 2p$(a 为并联支路对数),这是单叠绕组的重要特点之一。

从以上分析可以总结出,单叠绕组具有以下特点:

①元件的 2 个出线端连接于相邻 2 个换向片上;

②并联支路数等于磁极数,$2a = 2p$;

③整个电枢绕组的闭合回路中,感应电动势的总和为零,绕组内部无"环流";

④每条支路由不同的电刷引出,所以电刷不能少,电刷数等于磁极数;

⑤正负电刷之间引出的电动势即为每一支路的电动势,电枢电压等于支路电压;

⑥由正负电刷引出的电枢电流 I_a 为各支路电流之和,即 $I_a = 2ai_a$(式中 i_a 为每一条支路的电流,即绕组元件中流过的电流)。

18.2.3　单波绕组

波绕组的特点是每个绕组元件的两端所接的换向片相隔较远,互相串联的 2 个元件相隔较远($y = y_k \approx 2\tau$),连接成整体后的绕组像波浪形,因而称为波绕组,如图 18.9 所示。

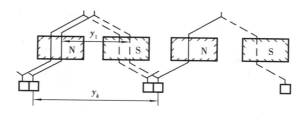

图 18.9　单波绕组在电枢上的绕组元件连结情况

(1)节距

波绕组的节距,其意义与叠绕组相同。它的第一节距与叠绕组一样,要求接近于极距 τ。为了保证直接串联元件中的电动势同方向,两相邻元件的对应边应处在同极性的磁极下。所以合成节距 y 应接近一对磁极的距离,即 $y = y_k \approx 2\tau$。y 和 y_k 不能等于 2τ,因为当 $y = 2\tau$ 时,由出发点开始,串联元件绕电枢一周后,就会回到出发点而闭合,以致绕组无法继续绕下去。如果绕组从某一换向片出发,沿电枢圆周和换向器绕一周后恰好回到与原来出发点的换向片相邻的一片上,则可由此再绕下去,最后把全部元件串联起来,并与最初的出发点相接构成一个闭合绕组。故要求 y_k 的值为

$$py_k = K \mp 1$$

$$y_k = \frac{K \mp 1}{p} = 整数$$

当式中取"$-$"号时,绕组绕电枢和换向器一周后,回到原来出发的换向片的左边一片上,称为左行绕组。当式中取"$+$"号时,绕组绕电枢和换向器一周后,回到原来出发的换向片右边的一片上,称为右行绕组。通常,波绕组一般采用左行绕组。综上所述,波绕组的节距为

$$y_1 = \frac{Z}{2p} \mp \varepsilon = 整数$$

$$y_2 = y - y_1$$

$$y_k = \frac{K \mp 1}{p} = 整数$$

(2)单波绕组展开图

例 18.2　已知某直流电机极对数 $p = 2$,槽数、元件数及换向片数为 $Z = S = K = 15$。要求绕成单波绕组。

解　计算节距:$y = y_k = \dfrac{K-1}{p} = \dfrac{15-1}{2} = 7$(左行绕组)

$$y_1 = \frac{Z}{2p} \mp \varepsilon = \frac{15}{4} - \frac{3}{4} = 3$$ (短距绕组)

$$y_2 = y - y_1 = 7 - 3 = 4$$

绘制单波绕组的展开图,也和单叠绕组一样,先将槽、换向片依次编号。作图时从换向片 1 开始,并将与其相连元件的一个元件边安放在槽 1 的上层,该元件的另一边安放在第 4 槽 $(1+y_1=1+3=4)$ 的下层,然后把这个元件边连接到换相片 $1+y_k=1+7=8$ 上,再将换向片 8 连到槽 8 的上层元件边,开始连接第 2 个元件,按此规律,可把 15 个元件全部安置完毕,最后 回到第一个元件起始换向片,形成一闭合回路。

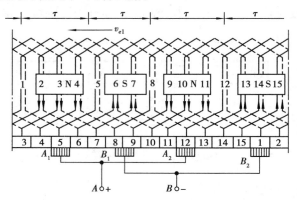

图 18.10   单波绕组展开图 $(2p=4,S=K=15)$

图 18.10 是单波绕组的展开图。至于磁极、电刷位置及电刷极性判断都与单叠绕组一样。 在端接线对称的情况下,电刷中心线仍要对准磁极中心线。

(3)绕组元件连接次序图

从绕组展开图可以看出,全部 15 个元件是按下列次序串联而构成一个闭合回路的,即

$$1\rightarrow8\rightarrow15\rightarrow7\rightarrow14\rightarrow6\rightarrow13\rightarrow5\rightarrow12\rightarrow4\rightarrow11\rightarrow3\rightarrow10\rightarrow2\rightarrow9\rightarrow1$$

同样,也可以用元件连接次序图表示单波绕组元件的连接次序,如图 18.11 所示。

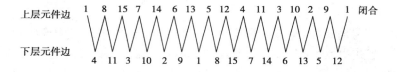

图 18.11   单波绕组元件连接次序图

(4)单波绕组电路图

根据单波绕组 15 个元件的串联次序及电刷位置,可以画出本例单波绕组的电路图如图 18.12 所示。

可以看出,元件 15,7,14,6,13 串联在一起,即处在 S 极下的所有元件串联在一起构成一 条支路,各元件的电动势方向是相同的。元件 4,11,3,10,2 串联在一起,构成另一条支路,它 们的电动势方向也是相同的。

由此可见,单波绕组是把所有 N 极下的全部元件串联起来组成了一条支路,把所有 S 极 下的全部元件串联起来组成了另一支路。由于磁极只有 N,S 之分,所以单波绕组的支路对数 a 与极对数多少无关,永远为 1,即:$a=1$。

由图 18.12 可知,即使去掉电刷 A_2B_2,只剩下 A_1 和 B_1 一对电刷,该绕组的并联支路数也 不受影响,该机的电枢电流 I_a、刷间电动势、电磁转矩及输出功率等都不变。所以,从理论上

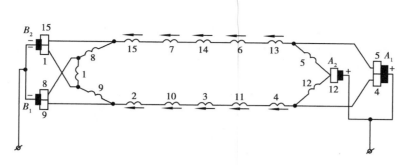

图 18.12　图 18.10 所示瞬间的绕组电路图

讲,由于单波绕组只有 2 条支路,因而只需安置一对正负电刷就够了。但为了减少电刷的电流密度与缩短换向器长度,节省用铜,一般仍采用 2p 组电刷。

单波绕组有以下特点:

①同极性下各元件串联起来组成一条支路,支路对数,$a=1$,与磁极对数 p 无关;

②当元件的几何形状对称时,电刷在换向器表面上的位置对准主磁极中心线,支路电动势最大;

③电刷组数应等于极数(采用全额电刷);

④电枢电流 $I_a = 2i_a$。

从上面的分析可知,相同元件数时,叠绕组并联支路数多,每条支路里串联元件数少,适用于较低电压、较大电流的电机。对于单波绕组,支路对数永远等于 1,每条支路里所包含的元件数较多,所以这种绕组适应于较高电压、较小电流的电机。至于大容量的电机,可以采用混合绕组。

18.3　直流电机负载时的磁场及电枢反应

当电机带上负载后,如电动机拖动生产机械运行或发电机发出了电功率,情况就变化了。电机负载运行,电枢绕组中就有了电流,电枢电流也产生磁动势,叫电枢磁动势。电枢磁动势的出现,必然会影响空载时只有励磁磁动势单独作用的磁场,有可能改变气隙磁密分布情况及每极磁通量的大小。这种现象称为电枢反应。

18.3.1　交轴电枢反应

设电刷在几何中性线上,在一个磁极下电枢导体的电流都是一个方向,相邻不同极性的磁极下,电枢导体电流方向相反。在电枢电流产生的电枢反应磁动势的作用下,电机的电枢反应磁场如图 18.13(b)所示。

电枢是旋转的,但是电枢导体中电流分布情况不变,因此电枢磁动势的方向不变,是相对静止的。电枢磁场的轴线与电刷轴线重合,与励磁磁动势所产生的主磁场(图 18.13(a))互相垂直。

当直流电机负载运行时,电机内的磁动势由励磁磁动势与电枢磁动势两部分合成,电机内的磁场也由主磁极磁场和电枢磁场合成。下面分析合成磁场的情况。如不考虑磁路的饱和,可将两者叠加起来,则得到如图 18.13(c)所示的负载时的合成磁场。从图 18.13(c)可以看出,合成磁场对主磁极轴线已不再对称了,使得物理中性线(通过磁密为零的点并与电枢表面垂直的直线)由原来与几何中性线相重合的位置移动了一个角度 α。由图可见,电枢反应的结果使得主磁极磁场的分布发生畸变。

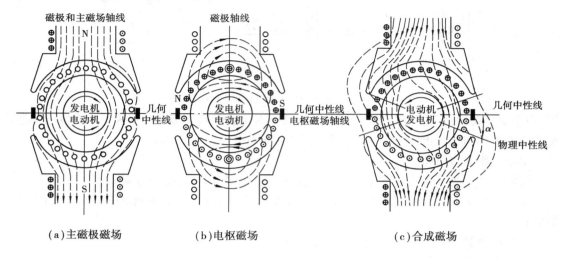

（a）主磁极磁场　　　（b）电枢磁场　　　（c）合成磁场

图 18.13　负载时气隙磁场分布

为什么电枢反应使气隙磁场发生畸变呢？这是因为电枢反应将使一半极面下的磁通密度增加,而使另一半极面下的磁通密度减少。当磁路不饱和时,整个极面下磁通的增加量与减少量正好相等,则整个极面下总的磁通量仍保持不变,如图 18.14 b_x 实线所示。

但由于磁路的饱和现象的存在,因此,磁通密度的增量要比磁通密度的减少量略少一些,这样,每极下的磁通量将会由于电枢反应的作用有所削弱,如图 18.14 b_x 实线所示。这种现象称为电枢反应的去磁作用。

总之,电机负载时,就会有电枢反应。交轴电枢反应的作用如下:

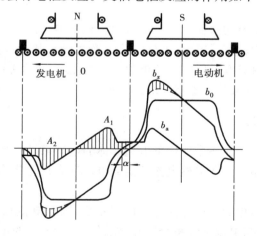

图 18.14　负载时气隙磁场波形

b_0—主磁极磁场;b_a—电枢磁场;b_x——合成磁场

①交轴电枢磁场在半个极内对主磁极磁场起去磁作用,在另半个极内则起增磁作用,引起气隙磁场畸变,使电枢表面磁通密度等于零的位置偏移几何中性线,新的等于零的线称之为物

理中性线。对电动机而言,物理中性线逆转向离开几何中性线 α 角度。若在发电机状态,则为顺转向移过 α 角度。

②不计饱和,交轴电枢反应既无增磁,亦无去磁作用。考虑饱和时,呈一定的去磁作用。

18.3.2   直轴电枢反应

当电刷不在几何中性线上,电刷从几何中性线偏移 β 角,电枢磁动势轴线也随之移动 β 角,如图 18.15 所示。这时电枢磁动势可分解为 2 个垂直分量:交轴电枢磁动势 F_{aq} 和直轴电枢磁动势 F_{ad},如图 18.15(a)、(b)所示。除交轴电枢反应外,出现了直轴电枢反应。电刷不在几何中性线时的电枢反应可用下表说明:

	电刷顺转向偏移	电刷逆转向偏移
发电机	交轴和直轴去磁	交轴和直轴增磁
电动机	交轴和直轴增磁	交轴和直轴去磁

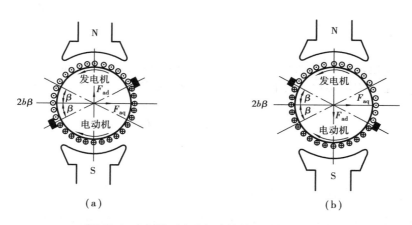

图 18.15   电刷不在几何中性线上时的负载磁场

18.4   直流电机的电枢电动势和电磁转矩

直流电机运行时,电枢导体在磁场中运行产生电动势,同时由于导体中有电流,会受到电磁力作用。下面对电枢电动势及电磁转矩进行定量分析。

18.4.1   电枢电动势

电枢电动势是指直流电机正负电刷之间的感应电动势,也就是电枢绕组里每条并联支路的感应电动势。

电枢旋转时,就某一个元件来说,一会儿在 N 极下,一会儿又进入 S 极下,即从一条支路进入另一条支路,元件本身的感应电动势的大小和方向都在变化着。但从绕组电路图可知,各个支路所含元件数量相等,各支路的电动势相等,且方向不变。于是可以先求出一根导体在一个极距范围内切割气隙磁密的平均电动势,再乘上一条支路里的串联总导体数$\frac{N}{2a}$(N 为电枢总导体数,$N = 2SN_y$),便是电枢电动势了。

一个磁极极距范围内,平均磁密用 B_{av} 表示,极距为 τ,电枢的轴向有效长度为 l,每极磁通为 Φ,则

$$B_{av} = \frac{\Phi}{\tau l} \tag{18.2}$$

一根导体的平均电动势为

$$e_{av} = B_{av}lv \tag{18.3}$$

式中 v——导体切割磁场的线速度。

$$v = 2p\tau \frac{n}{60}$$

式中 p——电机极对数;

n——电机转速。

所以,

$$e_{av} = 2p\Phi \frac{n}{60} \tag{18.4}$$

导体平均感应电动势 e_{av} 的大小只与导体每秒所切割的总磁通量 $2p\Phi$ 有关,与气隙磁密的分布波形无关。于是当电刷在几何中性线上时,电枢电动势为

$$\begin{aligned} E_a &= \frac{N}{2a}e_{av} = \frac{N}{2a} \times 2p\Phi \frac{n}{60} \\ &= \frac{pN}{60a}\Phi n = C_e\Phi n \end{aligned} \tag{18.5}$$

式中 C_e——电动势常数,$C_e = \frac{pN}{60a}$,为常数。

如果每极磁通 Φ 的单位为 Wb,转速 n 的单位为 r/min,则感应电动势 E_a 的单位为 V。

从上式可以看出,对于一个已经制造好的电机,它的电枢电动势正比于每极磁通 Φ 和转速 n。

例 18.3   已知一台 10 kW,4 极,2 850 r/min 的直流发电机,电枢绕组是单波绕组,整个电枢总导体数为 372。当发电机发出的电动势 $E_a = 250$ V 时,求此时气隙每极磁通量 Φ。

解   已知 $p = 2$,$a = 1$(单波绕组 a 恒等于1),则

$$C_e = \frac{pN}{60a} = \frac{2 \times 372}{60 \times 1} = 12.4$$

由 $E_a = C_e\Phi n$ 得

$$\Phi = \frac{E_a}{C_e n} = \frac{250}{12.4 \times 2\ 850}\ \text{Wb} = 70.7 \times 10^{-4}\ \text{Wb}$$

18.4.2   电磁转矩

先求一根导体的平均电磁力。根据载流导体在磁场中受力的原理,一根导体所受的平均电磁力为

$$f_{\mathrm{av}} = B_{\mathrm{av}} l i_{\mathrm{a}} \tag{18.6}$$

式中　i_{a}——导体中的电流,即支路电流;

　　　l——导体的有效长度。

一根导体所受的平均电磁力乘以电枢的半径 $\dfrac{D}{2}$,即为一根导体所受的平均转矩 T_x。

$$T_x = f_{\mathrm{av}} \frac{D}{2} \tag{18.7}$$

式中　D——电枢的直径,$D = \dfrac{2p\tau}{\pi}$。

电机总电磁转矩用 T 表示,为

$$
\begin{aligned}
T &= B_{\mathrm{av}} l \frac{I_{\mathrm{a}}}{2a} N \frac{D}{2} = \frac{\Phi}{l\tau} l \frac{I_{\mathrm{a}}}{2a} N \frac{2p\tau}{2\pi} \\
&= \frac{pN}{2\pi a} \Phi I_{\mathrm{a}} = C_T \Phi I_{\mathrm{a}}
\end{aligned}
\tag{18.8}
$$

式中　C_T——转矩常数,$C_T = \dfrac{pN}{2\pi a}$,为常数;

　　　$I_{\mathrm{a}} = 2a i_{\mathrm{a}}$——电枢总电流。

如果每极磁通 Φ 的单位为 Wb,电枢电流的单位为 A,则电磁转矩 T 的单位为 N·m。

从电磁转矩的表达式可以看出,对于一台具体的直流电机,电磁转矩的大小正比于每极磁通 Φ 和电枢电流 I_{a}。

电动势常数 C_e 和转矩常数 C_T 都是取决于电机结构的数据,对一台已制成的电机,C_e 和 C_T 都是恒定不变的常数,并且两者之间有一固定的关系,即

$$\frac{C_T}{C_e} = \frac{60}{2\pi} = 9.55 \quad \text{或} \quad C_T = 9.55 C_e$$

例 18.4　已知一台四极直流电动机额定功率为 100 kW,额定电压为 330 V,额定转速为 730 r/min,额定效率为 0.915,单波绕组,电枢总导体数为 186,额定每极磁通为 6.98×10^{-2} Wb,求额定电磁转矩是多少?

解　转矩常数　　　$C_T = \dfrac{pN}{2\pi a} = \dfrac{2 \times 186}{2\pi \times 1} = 59.2$

$$I_{\mathrm{N}} = \frac{P_{\mathrm{N}}}{U_{\mathrm{N}} \eta_{\mathrm{N}}} = \frac{100 \times 10^3 \ \mathrm{W}}{330 \ \mathrm{V} \times 0.915} = 331 \ \mathrm{A}$$

因此,额定电磁转矩为

$$T_{\mathrm{N}} = C_T \Phi_{\mathrm{N}} I_{\mathrm{N}} = 59.2 \times 6.98 \times 10^{-2} \times 331 \ \mathrm{N \cdot m} = 1\ 367.7 \ \mathrm{N \cdot m}$$

电枢电动势及电磁转矩的数量关系已经知道了,它们的方向可根据右手定则和左手定则来确定。图 17.1 所示直流发电机的原理图中,转速 n 的方向是原动机拖动的方向,从电刷 B 指向电刷 A 的方向就是电枢电动势的实际方向。对外电路来说,电刷 A 为高电位,电刷 B 为低电位,分别可用正、负号表示。再用左手定则判断一下电磁转矩的方向,电流与电动势方向一致,显然,导体 ab 受力向右,而 cd 受力向左,电磁转矩方向与转速方向相反,也与原动机输入转矩方向相反。电磁转矩与转速方向相反,是制动转矩。在图 17.2 中,电刷 A 接电源的正极,电刷 B 接电源负极,电流方向与电压方向一致。导体受力产生的电磁转矩是逆时针方向

的,故转子转速也是逆时针方向,电磁转矩是拖动性转矩。用右手定则判断电枢电动势的方向,导体 ab 中电动势的方向从 b 到 a,cd 中电动势的方向从 d 到 c,电枢电动势从电刷 B 到电刷 A,恰好与电流或电压的方向相反。

电枢电动势的方向由电机的转向和主磁场的方向决定,其中,只要有一个方向改变,电枢电动势的方向将随之改变,但两者的方向同时改变时,电动势的方向不变。电磁转矩的方向由主磁通的方向和电枢电流方向决定。同样,只要改变其中一个的方向,电磁转矩的方向将随之改变,但主磁通和电流两者的方向同时改变时,电磁转矩的方向不变。

18.4.3 直流电机的电磁功率

电枢电动势 E_a 与电磁转矩 T 这两个物理量有什么关系呢? 现以电动机为例加以说明。电枢从直流电源吸收的电功率,扣除电枢绕组本身的铜耗后为 $P_M = E_a I_a$,而电枢在电磁转矩 T 的作用下,以机械角速度 Ω(单位为 rad/s)恒速旋转的机械功率为 $T\Omega$。根据式(18.5)及式(18.8)得:

$$P_M = E_a I_a = C_e \Phi n I_a = \frac{pN}{60a} \Phi \frac{60\Omega}{2\pi} I_a = \frac{pN}{2\pi a} \Phi I_a \Omega = T\Omega \qquad (18.9)$$

由上式可知,直流电动机电枢从电源吸收的绝大部分电功率 P_M,通过电磁感应作用转换成轴上的机械功率 $T\Omega$。同时可以证明,在直流发电机中,原动机克服电磁转矩 T 的制动作用产生的机械功率 $T\Omega$ 也正好等于通过电磁感应作用在电枢回路所得到的电功率 $P_M = E_a I_a$,所以称这部分在电磁感应的作用下,机械能与电能相互转换的功率称为电磁功率。

习 题

18.1 耦合磁场是怎样产生的? 它的作用是什么? 没有它能否实现机电能量转换?

18.2 如果将电枢绕组装在定子上,磁极装在转子上,换向器和电刷应怎样装置才能作直流电机运行?

18.3 单叠绕组和单波绕组各有什么特点? 其连接规律有何不同?

18.4 一台四极,单叠绕组的直流电机,试问:

①若分别取下一只或相邻的两只刷杆,对电机的运行有什么影响?

②若有一元件断线,电刷间的电压有何变化? 电流有何变化?

③若有一主磁极失磁,将产生什么后果?

18.5 什么叫电枢反应? 电枢反应对气隙磁场有什么影响?

18.6 一台直流电机,$p = 3$,单叠绕组,电枢绕组总导体数 $N = 398$,一极下磁通 $\Phi = 2.1 \times 10^{-2}$ Wb,①当转速 $n = 1\ 500$ r/min 时;②当转速 $n = 500$ r/min 时,求电枢绕组的感应电动势 E_a。

18.7 一台直流发电机额定功率 $P_N = 30$ kW,额定电压 $U_N = 230$ V,额定转速 $n_N = 1\ 500$ r/min,极对数 $p = 2$,电枢总导体数 $N = 572$,气隙每极磁通 $\Phi = 0.015$ Wb,单叠绕组。求:

①额定运行时的电枢感应电动势 E_a。

②额定运行时的电磁转矩 T_N。

第 **19** 章
直流电机的基本方程式和运行特性

19.1 直流发电机的基本方程式

直流发电机的励磁方式可以是他励、并励和复励(一般只采用积复励),但不采用串励方式。下面以并励为例推导出直流发电机的基本方程式。

在列出直流发电机稳态运行时的基本方程式之前,必须先规定好各物理量的正方向。我们按发电机惯例给出图 19.1 并励直流发电机各物理量的正方向。由图 19.1 可见,在发电机中,电枢电动势 E_a 与电枢电流 I_a 方向一致;T_1 为原动机输入的驱动转矩,所以转速 n 与 T_1 方向一致,而电磁转矩 T 与 n 方向相反,是制动转矩。根据图 19.1 正方向的规定对电磁功率进行计算,若 $P_M = E_a I_a = T\Omega > 0$,表示将轴上输入的机械功率转换成电枢回路的电功率。

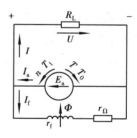

图 19.1 直流发电机惯例

19.1.1 电动势平衡方程式

根据基尔霍夫第二定律,对任一有源的闭合回路,所有电动势之和等于所有电压降和 ($\sum E = \sum U$),有

$$E_a = U + I_a R_a$$
$$U = I_f(r_f + r_\Omega) = I_f R_f \tag{19.1}$$

式中 $R_f = r_f + r_\Omega$——励磁回路的总电阻;

       r_f——励磁绕组本身的电阻;

       r_Ω——励磁绕组调节电阻。

由式(19.1)可知,发电机的电枢电动势必大于端电压。

19.1.2 转矩平衡方程式

直流发电机在稳态运行时,电机的转速为 n,作用在电枢上的转矩共有 3 个:①原动机输入给发电机转轴上的驱动转矩 T_1;②电磁转矩 T;③电机的机械摩擦、风阻以及铁耗引起的转矩,称为空载转矩,用 T_0 表示。空载转矩是一个制动性转矩,永远与转速 n 的方向相反。根据图 19.1 所示各转矩的正方向,可得到稳态运行时的转矩平衡方程式为

$$T_1 = T + T_0 \tag{19.2}$$

19.1.3 功率平衡方程式

从原动机输入的机械功率可用下式表示:

$$P_1 = T_1 \Omega = (T + T_0)\Omega = P_M + P_0$$

式中,电磁功率 P_M 为转换成电枢回路的电功率,即

$$P_M = T\Omega = E_a I_a = (U + I_a R_a)I_a = UI_a + I_a^2 R_a$$
$$= U(I + I_f) + p_{Cua} = P_2 + p_{Cuf} + p_{Cua}$$

式中　$P_2 = UI$——发电机输出的电功率;

　　$p_{Cuf} = UI_f$——励磁回路消耗的功率;

　　$p_{Cua} = I_a^2 R_a$——电枢回路总铜耗。

空载损耗 p_0 为

$$p_0 = p_{Fe} + p_m + p_{ad}$$

式中　p_{Fe}——铁耗;

　　p_m——机械损耗;

　　p_{ad}——附加损耗。

附加损耗又叫杂散损耗。例如电枢反应使磁场扭曲,从而使铁耗增大;电枢齿槽的影响造成磁场脉动,引起极靴及电枢铁芯损耗增大等。此损耗一般不易计算,对无补偿绕组的直流电机,按额定功率的 1% 估算;对有补偿绕组的直流电机,按额定功率的 0.5% 估算。

由以上各式可得:

$$P_1 = P_2 + p_{Fe} + p_m + p_{ad} + p_{Cuf} + p_{Cua}$$
$$= P_2 + \sum p \tag{19.3}$$

式中,$\sum p = p_{Fe} + p_m + p_{ad} + p_{Cuf} + p_{Cua}$ 为发电机的总损耗。如果是他励直流发电机,则总损耗 $\sum p$ 中不包括励磁损耗 p_{Cuf}。

发电机的效率 η 为

$$\eta = \frac{P_2}{P_1} = 1 - \frac{\sum p}{P_2 + \sum p} \tag{19.4}$$

额定负载时,直流发电机的效率与电机的容量有关。10 kW 以下的小电机,效率为 75% ~ 88.5%;10 ~ 100 kW 的电机,效率约为 85% ~ 90%;100 ~ 1 000 kW 的电机,效率为 88% ~ 93%。

例 19.1　一台额定功率 $P_N = 20$ kW 的并励直流发电机,它的额定电 $U_N = 230$ V,额定转速 $n_N = 1\,500$ r/min,电枢回路总电阻 $R_a = 0.156\ \Omega$,励磁回路总电阻 $R_f = 73.3\ \Omega$。已知机械损耗和铁耗 $p_m + p_{Fe} = 1$ kW,求额定负载情况下各绕组的铜耗、电磁功率、总损耗、输入功率及效率各为多少?(计算过程中,令 $P_2 = P_N$,附加损耗 $p_{ad} = 0.01 P_N$)

解　先计算额定电流：

$$I_N = \frac{P_N}{U_N} = \frac{20 \times 10^3 \text{ W}}{230 \text{ V}} = 86.96 \text{ A}$$

励磁电流：

$$I_f = \frac{U_N}{R_f} = \frac{230 \text{ V}}{73.3 \text{ }\Omega} = 3.14 \text{ A}$$

电枢绕组电流：

$$I_a = I_N + I_f = 86.96 \text{ A} + 3.14 \text{ A} = 90.1 \text{ A}$$

因此，电枢回路铜耗为

$$p_{Cua} = I_a^2 R_a = 90.1^2 \times 0.156 \text{ W} = 1\,266 \text{ W}$$

励磁回路铜耗为

$$p_{Cuf} = I_f^2 R_f = 3.14^2 \times 73.3 \text{ W} = 723 \text{ W}$$

电磁功率为

$$P_M = E_a I_a = P_2 + p_{Cua} + p_{Cuf}$$
$$= 20\,000 \text{ W} + 1\,266 \text{ W} + 723 \text{ W} = 21\,989 \text{ W}$$

总损耗为

$$\sum P = p_{Cua} + p_{Cuf} + p_m + p_{Fe} + p_{ad}$$
$$= 1\,266 \text{ W} + 723 \text{ W} + 1\,000 \text{ W} + 0.01 \times 20\,000 \text{ W} = 3\,189 \text{ W}$$

输入功率为

$$P_1 = P_2 + \sum p = 20\,000 \text{ W} + 3\,189 \text{ W} = 23\,189 \text{ W}$$

效率

$$\eta = \frac{P_2}{P_1} = \frac{20\,000}{23\,189} = 86.25\%$$

19.2　直流发电机的运行特性

直流发电机运行时，其转速由原动机带动保证其恒速运行，所以表征其运行状态的物理量主要有：发电机的端电压 U、负载电流 I 和励磁电流 I_f。在 U, I, I_f 之间，保持其中一个量不变，则另外两个物理量之间的函数关系称为发电机的运行特性，主要有：

1）负载特性　指当 $n =$ 常数，且 $I =$ 常数时，$U = f(I_f)$ 的关系，其中当 $I = 0$ 时的特性 $U_0 = f(I_f)$ 称为发电机的空载特性。

2）外特性　指当 $n =$ 常数，且 $I_f =$ 常数或 $R_f =$ 常数时，$U = f(I)$ 的关系。

3）调节特性　指当 $n =$ 常数，且 $U =$ 常数时，$I_f = f(I)$ 的关系。

4）效率曲线　$\eta = f(P_2)$。

下面介绍几种主要特性。

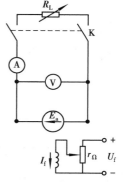

图 19.2　他励直流发电机
空载与负载试验线路

19.2.1　他励直流发电机的空载特性

空载特性可由试验测得，其试验线路如图 19.2 所示。发电机由原动机拖动并保持其转速恒定，打开闸刀开关 K，调节电阻 r_Ω，从而改变励磁电流 I_f。I_f 由零开始单调增长，直至 $U_0 \approx (1.1 \sim 1.3)U_N$，然后让 I_f 单调减小至零，再反向单调增加，直至负的 U_0 为 $(1.1 \sim 1.3)U_N$，然后又使 I_f 单调减小至零。在调节过程中读取空载端电压 U_0 与励磁电流 I_f 的数据，即得空载特性 $U_0 = f(I_f)$，如图 19.3 所示。

由于铁磁材料的磁滞现象，使测得的 $U_0 = f(I_f)$ 曲线呈一闭合回线。由于电机有剩磁，使得 $I_f = 0$ 时仍有一个很低的电压，称之为剩磁电压，其值约为 U_N 的 2% ~ 4%。实际使用时，一

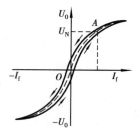

图 19.3 直流发电机的空载特性

一般取回线的平均值(如图中的虚线所示)作为空载特性。

由于他励发电机空载时 $U_0 = C_e\Phi n$,所以他励发电机的空载特性实质上即为 $E_a = f(I_f)$ 关系曲线。又因为试验中保持 $n =$ 常数,$E_a = C_e\Phi n \propto \Phi$,因此,空载特性 $U_0 = f(I_f)$ 与电机的磁化曲线 $\Phi_0 = f(I_f)$ 形状相似,只差一个比例常数 $C_e n$。

由于空载特性实质上反映了励磁电流与由它建立的主磁通在电枢中所感应的电动势之间的关系,而与 I_f 的获得方式无关,并励发电机的空载特性也可用上述方法求取。因此,他励直流发电机的空载特性是直流电机最基本的特性曲线。

19.2.2 他励直流发电机的外特性

外特性也可用试验方法求得。将图 19.2 的开关 K 闭合,使发电机接上负载,当原动机保持 $n = n_N$ 不变,调节 r_Ω,使 $I_f = I_{fN}$ 不变,然后改变负载,使 I 从零增加到 I_N,读取 U,I 之值,即得外特性曲线。

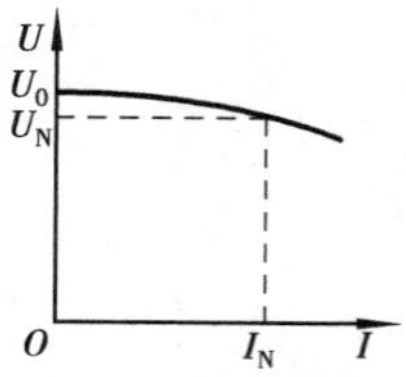

$U = f(I)$,如图 19.4 所示。电流增大时,端电压下降,其原因有 2 个:

①负载增大时,电枢反应的去磁作用增强,使每极磁通量减小,从而使电枢电动势减小;

②电枢回路电阻上的压降随电流增大而增大,从而使端电压下降。

图 19.4 直流发电机外特性

实际上,他励直流发电机的负载电流从零变化到额定值时,端电压下降得并不多,接近于恒压源。

由空载到负载,电压下降的程度用电压变化率来表示,即为

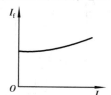

图 19.5 直流发电机的调节特性

$$\Delta U = \frac{U_0 - U_N}{U_N} \times 100\%$$

式中 U_0——空载时的端电压。

一般他励直流发电机的电压变化率约为 5% ~ 10%。

当负载电流变化时,欲维持他励直流发电机的端电压不变,需要调节励磁电流,负载电流增大时,励磁电流也增大,调节特性曲线如图 19.5 所示。

19.2.3 他励直流发电机的效率曲线

负载运行时电枢绕组的铜耗与 I_a^2 成正比,称为可变损耗;电机的铁耗和机械损耗等与负载的大小无关,称为不变损耗。当负载很小,I_a 很小时,以不变损耗为主,但因输出功率小,效率低。随着负载的增大,P_2 增大,效率增高。当可变损耗与不变损耗相等时,可达最高效率。若继续加负载,可变损耗随着 I_a 的增大急剧增加($\propto I_a^2$),成为总损耗的主要部分,这时尽管负载增加、输出功率 P_2 增大,但 P_2 增大的速度比不上铜耗的增加速度,使效率反而随着输出的增大而降

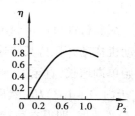

图 19.6 他励直流发电机的效率曲线

低。他励直流发电机的效率曲线如图 19.6 所示。

一般电动机最高效率设计在接近额定输出的地方,欠载和过载时效率都降低。

19.2.4　并励直流发电机的自励建压

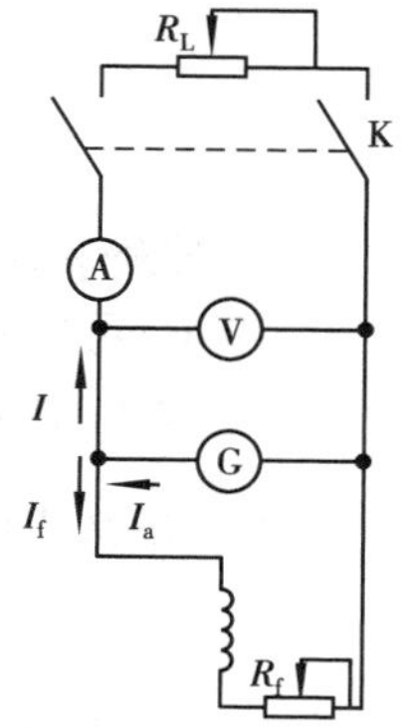

图 19.7 所示是并励直流发电机的接线图。其中电枢电流 I_a 为负载电流 I 与励磁电流 I_f 之和,它的特点是励磁电流不需其他的直流电源供给,而是取之发电机本身,因此又称"自励发电机"。并励发电机励磁电流一般仅为电机额定电流 I_N 的 1% ~ 5%。因此,励磁电流对电枢电压的数值影响并不大。

（1）发电机的自励过程

为了说明并励发电机的自励过程,首先介绍自励发电机的空载特性曲线和励磁回路伏安特性曲线。

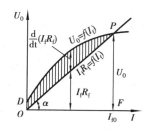

图 19.8　并励直流发电机
　　　　　自励特性

并励发电机在自励过程中,空载端电压 U_0 和励磁电流 I_f 的关系曲线 $U_0 = f(I_f)$ 可以认为就是发电机的空载特性曲线。实际上,此时的电枢电流并不等于零,而是等于 I_f,励磁回路的电阻为 $R_f = r_f + r_\Omega$,当电阻 R_f 保持不变时,励磁电流 I_f 通过励磁回路时的电阻压降 $I_f R_f$ 便与 I_f 成正比。$I_f R_f$ 与 I_f 的关系可用图 19.8 中的直线 $\overline{OP}$ 来表示。此直线就是励磁回路的伏安特性曲线,$\overline{OP}$ 的斜率 $\tan \alpha = \dfrac{I_f R_f}{I_f} = R_f$ 即等于励磁回路的电阻,因此也称此直线为励磁回路的电阻线。下面即可利用空载特性曲线和励磁回路伏安特性曲线来说明并励发电机的自励过程。由于电机磁路中总有一定剩磁,当发电机由原动机推动至额定转速时,发电机两端将发出一个数值不大的剩磁电压。而励磁绕组又是接到电枢两端,于是,在剩磁电压的作用下,励磁绕组将流过一个不大的电流,并产生一个不大的励磁磁动势。如果励磁绕组接法正确,即这个励磁磁动势的方向和电机剩磁磁动势的方向相同,从而使电机内的磁通和由它产生的电枢端电压有所增加。在比较高的励磁电压作用下,励磁电流又进一步加大,导致磁通的进一步增加,继而电枢端电压又进一步加大。如此反复作用下去,发电机的端电压便自动建立起来。这就是发电机的自励过程。

在自励过程中,发电机的电压是否会无限制地增长下去呢? 从图 19.8 可以清楚地看出,当发电机的电压上升到 P 点所对应的电压时,恰好等于励磁电流通过励磁回路所需的电阻压降 $I_f R_f$,因此,电枢电压和励磁电流都不会再增加,自励过程达到了稳定状态。

如果励磁绕组接到电枢的接线与上述情况相反,使得剩磁电压所产生的励磁电流所建立的磁动势方向与剩磁方向相反,则不但不能提高电机的磁通,反而把剩磁磁通也抵消了。结果电枢端电压将比未接上励磁绕组的剩磁电压时还要低,励磁电流不可能增大,电枢电压便不能建立起来,电机不能自励。

在发电机自励过程中,电枢端电压 U_0 与励磁电流 I_f 都在不断地增长,因此,励磁回路的电压方程式为

图 19.7　并励直流发电机的
　　　　　接线图

$$U_0 = I_f R_f + L_f \frac{\mathrm{d}I_f}{\mathrm{d}t} \tag{19.5}$$

即

$$U_0 - I_f R_f = L_f \frac{\mathrm{d}I_f}{\mathrm{d}t} \tag{19.6}$$

式中　L_f——励磁绕组的自感系数,可以认为是一个常数。

从式(19.6)可以看出,当 $U_0 - I_f R_f > 0$ 时,励磁电流 I_f 的增长率大于零,I_f 将随时间的增加而增加,图19.8中阴影线的高度即为($U_0 - I_f R_f$)。I_f 增长的过程一直持续到等于 I_{f0}(图中 P 点),此时由 I_{f0} 产生的 U_0 恰好等于压降 $I_{f0} R_f$,亦即 $\frac{\mathrm{d}I_f}{\mathrm{d}t} = 0$,电流 I_f 不再增长,自励过程结束。

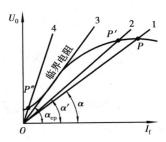

图 19.9　改变励磁回路电阻
时空载电压的变化

从上述可见,发电机自励时的稳定运行点为励磁回路伏安特性曲线与空载特性的交点。因此,当电机的转速 n 发生变化,即励磁回路伏安特性曲线发生移动时,都会使发电机的稳定工作点发生改变。当励磁回路电阻增加时,励磁回路伏安特性曲线与横坐标的夹角增大,两曲线的交点就从 P 点移到 P' 点,如图19.9所示,因而得到不同的输出电压。若继续增加励磁回路的电阻,使励磁回路伏安特性恰好与空载特性的直线部分重合,如图19.9中的直线3所示,此时励磁回路伏安特性曲线与空载特性没有固定的交点,自励所建立的电压不可能稳定在某一数值上。把这种情况下励磁回路的电阻值称为发电机自励时的临界电阻。当励磁回路的电阻高于临界电阻值时,相应的励磁回路伏安特性曲线与空载特性相交点的输出电压很低,与剩磁电压相差无几,这时发电机不能自励。

(2)并励发电机的自励条件

综上所述,并励发电机的自励条件为:

①电机必须有剩磁。如果发现电机失去剩磁或剩磁太弱,可用临时的外部直流电源,给励磁绕组通一下电流,即"充磁",使电机剩磁得到恢复。

②励磁绕组的接线与电枢旋转方向必须正确配合,以使励磁电流产生的磁场方向与剩磁方向一致。若发现励磁绕组接入后,电枢电压不但不升高,反而降低了,那就说明励磁绕组的接法不正确。这时只要把励磁绕组接到电枢的两根引线对调过来即可。

③励磁回路的电阻应小于与电机运行转速相对应的临界电阻。必须明确,发电机的转速不同时,空载特性也不同。因此,对应于不同的转速便有不同的临界电阻。如果电机的转速太低,使得与此转速相对应的临界电阻值过低,甚至在极端情况下,励磁绕组本身的电阻即已超过所对应的临界电阻值,电机是不可能自励的。这时唯一的办法是提高电机的转速,从而提高其临界电阻值。

19.2.5　并励直流发电机的外特性

并励直流发电机的空载特性和调节特性与并励直流发电机相似,故只分析其外特性。

并励直流发电机的外特性是指 $n = n_N$,$R_f = R_{fN}$ 时,$U = f(I)$ 的关系曲线,其试验线路如图19.7所示。

R_{fN} 是并励直流发电机在 $n = n_N$,$U = U_N$,$I = I_N$ 时励磁回路的总电阻。并励直流发电机外特性曲线如图 19.10 所示。

与他励直流发电机相比,并励直流发电机的外特性电压变化率较大。电流增大时,I_f 的原因有:①负载增大时,电枢反应的去磁作用增强,使每极磁通量减小,从而使电枢电动势减小;②电枢回路电阻上的压降随电流增大而增大,从而使端电压下降;③励磁电流 $I_f = \dfrac{U}{R_{fN}}$ 随着端电压的下降而减小,使主磁通和感应电动势减小,进一步使端电压下降。并励直流发电机的电压变化率一般在 20% 左右。

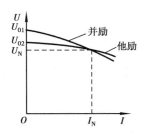

图 19.10 直流发电机外特性

直流发电机主要作为直流电源,供给直流电动机、同步电机的励磁以及作为化工、冶金、采矿、交通运输等部门的直流电源。随着电子技术的发展,直流发电机有逐步被可控整流电源所取代的趋势。

19.3 直流电动机

19.3.1 直流电动机的基本方程式

和直流发电机一样,对直流电动机也可根据能量守恒,导出电动机稳定运行时的功率、转矩和电动势平衡方程式,它们是分析直流电动机各种特性的基础。要写出直流电动机稳态运行时各物理量之间相互关系的表达式,必须先规定好这些物理量的正方向,否则所写出的表达式将毫无意义,图 19.11 为按电动机惯例标定的直流电动机稳定运行时各物理量的正方向。由图可见,电动机的电枢电动势 E_a 的正方向与电枢电流 I_a 的正方向相反,为反电动势;电磁转矩 T 的正方向与转速 n 的正方向相同,是拖动转矩;轴上的机械负载转矩 T_2 及空载转矩(如轴承的摩擦及风阻等产生的阻转矩)T_0 的正方向均与 n 的正方向相反,是制动转矩。

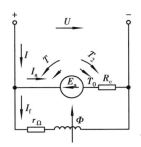

图 19.11 直流电动机惯例

根据图 19.11 规定的正方向对功率进行计算,若 $UI > 0$,表示该机从电源吸收电功率;若 $UI < 0$,则表示该机将电能回馈给电源。又如,若 $P_M > 0$,表示将输入电枢的电功率转换成机械功率从轴上输出;若 $P_M < 0$,则表示从轴上输入机械功率转换成电枢回路中的电功率。

现以并励直流电动机为例,推导出直流电动机的基本方程式。

(1)电动势平衡方程式

根据基尔霍夫第二定律,对图 19.11 的电枢回路列回路电压方程即得直流电动机的电动势平衡方程式为

$$U = E_a + I_a(R_a + R_c) \tag{19.7}$$

式中 R_a——电枢回路电阻,包括电枢回路串联各绕组电阻与电刷接触电阻的总和;

R_c——外接在电枢回路中的调节电阻。

由式(19.7)可知,在电动机中,端电压 U 必大于反电动势 E_a。

由此,可得直流电动机的转速公式为

$$n = \frac{U - I_a(R_a + R_c)}{C_e \Phi} \tag{19.8}$$

励磁回路的电动势方程为

$$U = I_f(r_f + r_\Omega) = I_f R_f \tag{19.9}$$

(2)转矩平衡方程式

根据力学中的牛顿定律,在直流电机的机械系统中,任何瞬间都必须保持转矩平衡,即当电枢恒速旋转时,驱动转矩 T 必须与制动转矩 $(T_2 + T_0)$ 相平衡,因此,可以列出直流电动机稳态时的转矩平衡方程式为

$$T = T_2 + T_0 = T_L \tag{19.10}$$

式中 T_L——总负载转矩,$(T_2 + T_0) = T_L$。

在电机稳态运行时,电磁转矩一定与负载转矩大小相等,方向相反,即 $T = T_L$。当 T_L 为已知,T 也为定值,在每极磁通为常数的前提下,$T = C_T \Phi I_a$,电枢电流 I_a 仅取决于负载转矩,即 $I_a = \dfrac{T_L}{C_T \Phi}$,故稳态运行时 I_a 也称为负载电流。I_a 由电源供给,电压 U、电枢回路电阻 R_a 是确定的,电枢电动势 $E_a = U - I_a R_a$ 也就确定了。而 $E_a = C_e \Phi n$,电机的转速 $n = \dfrac{E_a}{C_e \Phi}$ 也就确定了。因此,当电机的负载确定后,其电枢电流及转速等也相应地确定了。

(3)功率平衡方程式

并励直流电机从电源输入的电功率为

$$\begin{aligned}
P_1 &= UI = U(I_a + I_f) \\
&= [E_a + I_a(R_a + R_c)]I_a + UI_f \\
&= E_a I_a + I_a^2(R_a + R_c) + UI_f \\
&= P_M + p_{Cua} + p_{Cuf}
\end{aligned}$$

即

$$P_1 = P_M + p_{Cua} + p_{Cuf} \tag{19.11}$$

式中 p_{Cua}——消耗在电枢回路总电阻(包括电刷接触电阻及外接调节电阻 R_c)上的损耗,$p_{Cua} = I_a^2(R_a + R_c)$;

p_{Cuf}——消耗在励磁回路总电阻 $R_f = r_f + r_\Omega$ 上的铜耗,称为励磁损耗,$p_{Cuf} = UI_f$;

P_M——电磁功率。

而电磁功率 P_M 为

$$P_M = E_a I_a = T\Omega = (T_2 + T_0)\Omega = P_2 + p_0 \tag{19.12}$$

式中 $P_2 = T_2\Omega$——电机轴上输出的机械功率;

$p_0 = T_0\Omega$——电机的空载损耗,包括铁芯损耗 p_{Fe},机械损耗 p_m,以及附加损耗 p_{ad},即

$$p_0 = p_{Fe} + p_m + p_{ad} \tag{19.13}$$

从以上 3 式可知,并励直流电动机从电源输入的电功率 P_1,先有小部分消耗在励磁回路与电枢回路电阻的铜耗上,剩下的大部分为电磁功率 P_M,P_M 通过电磁感应转换成机械功率之后,还必须克服转动部件的摩擦损耗 p_m,电枢铁芯在磁场中旋转所产生的磁滞及涡流损耗 p_{Fe},以及附加损耗 p_{ad},剩下的大部分才是从轴上输出的有用的机械功率 P_2。因此可以写成

$$P_1 = P_2 + p_{Cuf} + p_{Cua} + p_{Fe} + p_m + p_{ad}$$

$$= P_2 + \sum p$$

式中　$\sum p$——电机总损耗，$\sum p = p_{Cuf} + p_{Cua} + p_{Fe} + p_m + p_{ad}$。

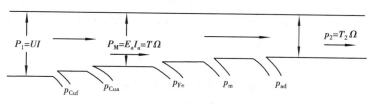

图 19.12　并励直流电动机的功率流图

图 19.12 所示为并励直流电动机的功率流图。

电机的效率为

$$\eta = \frac{P_2}{P_1} = 1 - \frac{\sum p}{P_2 + \sum p} \qquad (19.14)$$

例 19.2　一台四极他励直流电动机，电枢采用单波绕组，电枢总导体数 $N = 372$，电枢回路总电阻 $R_a = 0.208\ \Omega$。此电机运行在电源电压 $U = 220$ V，电机转速 $n = 1\ 500$ r/min，气隙每极磁通 $\Phi = 0.011$ Wb 的条件下，此时电机的铁耗 $p_{Fe} = 362$ W，机械损耗 $p_m = 204$ W，忽略附加损耗。问：

①该电机的电磁转矩是多少？

②输入功率和效率各是多少？

解　先计算电枢电动势 E_a：

$$E_a = C_e\Phi n = \frac{pN}{60a}\Phi n = \frac{2 \times 372}{60 \times 1} \times 0.011 \times 1\ 500\ V = 204.6\ V$$

电枢电流：

$$I_a = \frac{U - E_a}{R_a} = \frac{220\ V - 204.6\ V}{0.208\ \Omega} = 74\ A$$

①电磁转矩为

$$T = \frac{P_M}{\Omega} = \frac{E_a I_a}{\dfrac{2\pi n}{60}} = \frac{204.6 \times 74}{\dfrac{2\pi \times 1\ 500}{60}} N \cdot m = 96.39\ N \cdot m$$

②输入功率为

$$P_1 = UI_a = 220\ V \times 74\ A = 16\ 280\ W$$

输出功率：

$$P_2 = P_M - p_{Fe} - p_m$$
$$= 204.6\ V \times 74\ A - 362\ W - 204\ W$$
$$= 14\ 574\ W$$

总损耗：

$$\sum p = P_1 - P_2 = 16\ 280\ W - 14\ 574\ W = 1\ 706\ W$$

因此，效率为

$$\eta = \frac{P_2}{P_1} = 1 - \frac{\sum p}{P_1}$$

$$= 1 - \frac{1\ 706\ \text{W}}{16\ 280\ \text{W}} = 89.5\%$$

例 19.3 有一台他励直流电动机,$P_N = 40$ kW,$U_N = 220$ V,$I_N = 210$ A,$n_N = 1\ 000$ r/min,$R_a = 0.078$ Ω,$p_{ad} = 1\% P_N$,试求额定状态下:

①输入功率 P_1 和总损耗 $\sum p$;

②电枢铜耗 p_{Cua}、电磁功率 P_M 和铁耗与机械损耗之和 $p_{Fe} + p_m$;

③额定电磁转矩 T,输出转矩 T_2 和空载转矩 T_0。

解 ①输入功率为

$$P_1 = U_N I_N = 220\ \text{V} \times 210\ \text{A} = 46\ 200\ \text{W}$$

总损耗为

$$\sum p = P_1 - P_N = 46\ 200\ \text{W} - 40 \times 10^3\ \text{W} = 6\ 200\ \text{W}$$

②电枢铜耗为

$$p_{Cua} = I_a^2 R_a = 210^2 \times 0.078\ \text{W} = 3\ 440\ \text{W}$$

电磁功率为

$$P_M = P_1 - p_{Cua} = 46\ 200\ \text{W} - 3\ 440\ \text{W} = 42\ 760\ \text{W}$$

或　$P_M = E_a I_a = (U_N - I_a R_a) I_a = (220\ \text{V} - 210\ \text{A} \times 0.078\ \Omega) \times 210\ \text{A} = 42\ 760\ \text{W}$

$$p_{Fe} + p_m = P_M - P_N - p_{ad} = 42\ 760 - 40 \times 10^3 - 40 \times 10^3 \times 1\% = 2\ 360\ \text{W}$$

③电磁转矩为

$$T = \frac{P_M}{\Omega} = \frac{42\ 760}{\dfrac{2\pi n_N}{60}} \text{N} \cdot \text{m} = 409\ \text{N} \cdot \text{m}$$

输出转矩为

$$T_2 = \frac{P_N}{\Omega} = \frac{40 \times 10^3}{\dfrac{2\pi n_N}{60}} \text{N} \cdot \text{m} = 382\ \text{N} \cdot \text{m}$$

空载转矩为

$$T_0 = T - T_2 = 409\ \text{N} \cdot \text{m} - 382\ \text{N} \cdot \text{m} = 27\ \text{N} \cdot \text{m}$$

或　$$T_0 = \frac{p_0}{\Omega} = \frac{p_{Fe} + p_m + p_{ad}}{\Omega} = \frac{2\ 360 + 40\ 000 \times 1\%}{\dfrac{2\pi \times 1\ 000}{60}} \text{N} \cdot \text{m} = 26.4\ \text{N} \cdot \text{m}$$

19.3.2　直流电动机的工作特性

直流电动机的工作特性,是指在 $U = U_N, I_f = I_{fN}$ 时,转速 n 电磁转矩 T 和效率 η 随输出功率 P_2 而变化的关系。由于电枢电流随 P_2 的增大而增大,两者变化趋势相似,而 I_a 容易测量,P_2 不易测量。所以,$n, T, \eta = f(P_2)$ 可以转化为 $n, T, \eta = f(I_a)$ 来讨论。

(1)他励(并励)直流电动机的工作特性

1)转速特性

当 $U=U_N,I_f=I_{fN},R_c=0$ 时, $n=f(I_a)$ 的关系称为转速特性。据式(19.7)有

$$n = \frac{U_N}{C_e\Phi} - \frac{R_a}{C_e\Phi}I_a = n_0 - \frac{R_a}{C_e\Phi}I_a \tag{19.15}$$

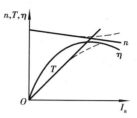

式中, $n_0=\dfrac{U_N}{C_e\Phi}$, 为 $I_a=0$ 时的转速, 称理想空载转速。由于 $I_f=I_{fN}$ 不变, 如果不计电枢反应的去磁作用, 则 $\Phi=\Phi_N$ 不变, 因而, $n=f(I_a)$ 是一条下斜的直线。通常 R_a 很小, 因此, 随 I_a 的增加, 转速 n 的下降并不多, 在额定工作状态下, 电枢电阻压降只占额定电压 U_N 的 5% 左右。$n=f(I_a)$ 曲线如图 19.13 所示。

图19.13　他励(并励)直流电动机的工作特性

若考虑电枢反应的去磁作用, 在 $I_f=I_{fN}$ 不变的条件下, 当增加 I_a 时, 磁通 Φ 减少, 则转速下降减少, 甚至可能上升。上升的转速特性(如图 19.13 中的虚线所示)将使运行不稳定, 在设计电机时要注意这个问题, 因为转速 n 要随着电流 I_a 的增加略微下降才能稳定运行。

2)转矩特性

当 $U=U_N,I_f=I_{fN}$ 时, $T=f(I_a)$ 的关系称为转矩特性。当不计电枢反应的去磁作用时, $\Phi=\Phi_N$ 不变, 则

$$T = C_T\Phi I_a = C_T\Phi_N I_a \propto I_a$$

这时, 电磁转矩与电枢电流成正比, 其转矩特性是一条通过原点的直线。如果考虑电枢反应的去磁作用, 随着 I_a 的增大, T 要略微减小, 如图 19.13 中虚线所示。

3)效率特性

当 $U=U_N,I_f=I_{fN}$ 时, $\eta=f(I_a)$ 的关系称为效率特性。电机的效率为输出功率 P_2 与输入功率 P_1 之比用百分值表示, 即

$$\eta = \frac{P_2}{P_1} \times 100\%$$

直流电机在运行时, 是将输入电功率转换为轴上的机械功率。在能量转换过程中, 有一部分功率不能有效地被利用, 转换为热量而损失掉。

对于并励电动机, 由于 $U=U_N,I_f=I_{fN}$, 因此气隙磁场基本不变, 并且并励电动机的转速变化很小, 故励磁损耗 p_{Cuf}、铁芯损耗 p_{Fe}, 以及机械损耗 p_m, 都可以认为是不变的。如果不计附加损耗 p_{ad}, 并励电动机的效率为

$$\eta = \frac{P_2}{P_1} \times 100\% = \left[1 - \frac{\sum p}{P_1}\right] \times 100\% = \left[1 - \frac{p_{Cuf} + p_m + p_{Fe} + I_a^2 R_a}{U(I_a + I_f)}\right] \times 100\%$$

$$\tag{19.16}$$

从式(19.16)可看出, 效率 η 是电枢电流的二次曲线。典型曲线形状如图 19.13 所示。效率曲线 $\eta=f(I_a)$ 有一个最大值, 即电动机在某一负载时, 效率达到最高。用求函数最大值的方法可求出最大效率及最大效率时电动机的电枢电流值。对于并励电动机, 由于 $I_{fN}\ll I_N$, 可不计 I_f, 令 $\dfrac{d\eta}{dI_a}=0$, 可得

$$p_{Cuf} + p_m + p_{Fe} = I_a^2 R_a \tag{19.17}$$

式(19.17)表示, 当电动机的不变损耗等于随电流平方而变化的可变损耗时, 电动机的效

率达到最高。这个结论具有普遍意义,对其他电机及不同运行方式都适用。

一般直流电动机效率为 0.75 ~ 0.94,容量大的效率高些。

(2)串励直流电动机的工作特性

串励电动机的接线如图 19.14 所示。串励电动机的运行特性是指 $U = U_N = $ 常数时,n,T,$\eta = f(I_a)$ 的关系曲线。由于串励电动机的励磁绕组与电枢串联,所以励磁电流 I_f 就是电枢电流 I_a,即 $I_a = I_f$,它是随负载的变化而变化的。因此,其工作特性将与他(并)励直流电机的工作特性有所不同。

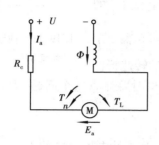

图 19.14 串励电动机的接线图   图 19.15 串励电动机的工作特性

1)转速特性

串励电动机的转速特性是指当 $U = U_N$,$R_c = 0$ 时的 $n = f(I_a)$ 关系曲线。如果磁路不饱和,则主磁通 Φ 与励磁电流成正比,即

$$\Phi = K_f I_f$$

则由式(19.15)可得

$$n = \frac{U_N}{C_e K_f I_a} - \frac{R'_a}{C_e K_f} = \frac{U_N}{C'_e I_a} - \frac{R'_a}{C'_e} \tag{19.18}$$

式中 $R'_a = R_a + R_s$——串励电动机电枢回路总电阻;

R_s——串励绕组电阻;

$C'_e = C_e K_f$——常数;

K_f——比例常数。

据式(19.18),可得串励电动机的转速特性,如图 19.15 所示。由图可知,串励电动机的转速随负载的增加而迅速降低,这一方面是 $I_a R'_a$ 的增加而使电枢电压降低,另一方面是 I_a 增加的同时 Φ 也增大的结果。反之,当串励电动机轻载或空载时,由于 $I_f = I_a$ 很小,此时 Φ 也很小,要产生一定的反电动势 $E_a = C_e \Phi n$ 与端电压 U_N 相平衡,电动机的转速将很高。在理论上,如果电枢电流趋于零,气隙磁通也将趋于零,则电动机转速将趋于无限大。这种情况称为"飞车",将使电机受到严重破坏。所以串励电动机不允许在小于 15% ~ 20% 额定负载的情况下运行,更不许空载运行。

2)转矩特性

串励电动机的转矩特性是指,当 $U = U_N$,$R_c = 0$,且 $I_f = I_a$ 时的 $T = f(I_a)$ 关系曲线。当 I_a 较小时,磁路不饱和,则有:

$$T = C_T \Phi I_a = C_T K_f I_a I_a = C'_T I_a^2 \tag{19.19}$$

式中,$C'_T = C_T K_f$ 为一常数。由式(19.19)可以看出,当电枢电流在较小值范围内由零增大时,

电磁转矩 T 随电枢电流 I_a 而变化的函数图形是抛物线。因为 $T \propto I_a^2$，因此 T 随 I_a 的增大而急剧上升，如图 19.15 所示。所以串励电动机有较大的起动转矩和过载能力。

当负载很大，即 I_a 很大时，$I_f = I_a$ 很大，使磁路趋于饱和。此时 Φ 接近不变，则 $n = f(I_a)$ 渐趋平坦，而 $T = f(I_a) \propto I_a^2$ 成为直线，与他（并）励的特性相似。

串励电动机有较大的起动转矩和过载能力，这是两个很好的优点。当生产机械过载时，电动机的转速自动下降，其输出功率变化不大，使电机不致因负载过重而损坏。当负载减轻时，转速又自动上升。因此，电力机车、电车等一类牵引机械大都采用串励电动机拖动。

串励电动机的效率特性，和他（并）励电动机相似，如图 19.15 所示。

（3）复励直流电动机的工作特性

复励电动机通常接成积复励，它的工作特性介于并励与串励电动机的特性之间。如果并励磁动势起主要作用，它的工作特性就接近并励电动机；如果串励磁动势起主要作用，它的工作特性就接近串励电动机。

因为有并励磁动势的存在，空载时没有飞车的危险。复励电动机的转速特性如图 19.16 所示。

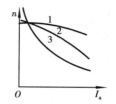

图 19.16　复励电动机的转速特性
1—并励电动机的转速特性；
2—积复励电动机的转速特性；
3—串励电动机的转速特性

19.4　直流电机的换向

19.4.1　换向过程的物理现象

（1）什么是换向

以图 19.17 所示的单叠绕组为例，设电刷宽度等于换向片宽度。当电枢旋转时，电枢绕组的各个元件依次通过电刷，且被电刷所短路。现在来观察电枢中某元件被电刷短路前后，元件中电流的变化情况。在图 19.17（a）所示时刻，元件 1 即将被电刷短路，此时它属于右边一条的支路，该元件中电流 i 的大小及方向与右支路电流 i_a 相同，设这时 $i = +i_a$。当旋转至图 19.17（b）所示位置时，电刷将元件 1 短路，这时右支路电流 i_a 的一部分经换向片 2 直接流向电刷，使得流经元件 1 的电流 $i < i_a$。当转到图 19.17（c）时，元件 1 结束被电刷短路的状态，这时元件 1 进入左边支路，其电流 i 的大小及方向同左支路，即 $i = -i_a$，负号表示 i 的方向与原来的正方向相反。

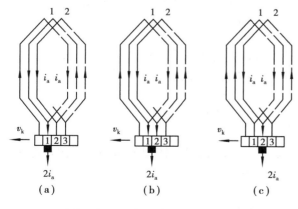

图 19.17　电枢元件的换向过程

可见，在电枢旋转时，被电刷所短路的

元件(称换向元件)从短路开始到短路结束,它从一条支路转换到另一条支路,其电流从 $+i_a$ 变为 $-i_a$,改变了方向。

换向元件中电流的这种变化过程称为换向过程。从换向开始至换向结束所需的时间称为换向周期,用 T_K 表示。

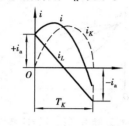

图 19.18　延迟换向时电流随时间的变化过程

如果换向元件中的电动势为零,则元件被电刷短路所形成的回路中不会出现环流。此时换向元件中的电流 i 由电刷与换向片的接触面积决定,其变化曲线 $i = f(t)$ 是一条直线,称之为直线换向,如图 19.18 中的 i_L 所示。直线换向时,直流电机电刷不会发生火花。这仅是一种理想情况。在实际中,换向元件不可能没有感应电动势。

（2）换向元件中的感应电动势

如果电刷位于几何中性线,而电机未装换向极,则在换向元件中有以下 2 种感应电动势:

1)电抗电动势 e_r

由于换向元件中的电流在换向过程中随时间而变化,换向元件本身就是一个线圈,线圈必有自感作用。同时电刷的宽度不止一个换向片宽,即同时进行换向的元件不止一个,元件与元件之间,又有互感作用。因此换向元件中,在电流变化时,必然出现由自感与互感作用所引起的感应电动势,这个电动势称为电抗电动势。

$$e_r = e_L + e_M = -L_r \frac{\mathrm{d}i}{\mathrm{d}t}$$

式中　e_L——自感电动势;

e_M——互感电动势;

L_r——换向元件的总电感系数,包括自感系数与互感系数。

在 $\Delta t = T_K$ 的时间内,换向元件中的电流从 $+i_a$ 变到 $-i_a$。即 $\Delta i = -2i_a$,则电抗电动势的平均值为

$$e_r = -L_r \frac{\Delta i}{\Delta t} = L_r \frac{2i_a}{T_K}$$

设电刷宽度为 b_s,等于换相片宽度 b_K,换向片数为 K,换向器的线速度为 v_K,则换向周期 T_K 为

$$T_K = \frac{b_s}{v_K} = \frac{b_K}{v_K} = \frac{\dfrac{\pi D_K}{K}}{\dfrac{\pi D_K n}{60}} = \frac{60}{Kn}$$

则

$$e_r = \frac{KL_r}{30} i_a n$$

可见电机的负载越重,转速越高,则 e_r 越大。根据楞次定律,漏感的作用总是阻碍电流的变化,因为电流是在减少,所以其方向必与 $+i_a$ 方向相同。

2)电枢反应电动势 e_a

虽然换向元件位于几何中性线处,主磁场的磁密等于零,但电枢磁场的磁密不等于零。因此换向元件必然切割电枢磁场,而在其中产生一种旋转电动势,称为电枢反应电动势 e_a。设换

向元件匝数为 N_c，电枢的线速度为 v_a，则

$$e_a = 2N_cB_alv_a$$

因为 $v_a \propto n$，$B_a \propto I_a$，所以 $e_a \propto I_an$，即当负载越重，转速越高时，e_a 越大。据右手定则可以判定，无论是发电机或电动机状态，e_a 的方向总是与换向前元件中电流方向相同，即 e_a 与 e_r 方向相同，也是阻碍换向的。

（3）电刷下产生火花的电磁原因

在换向元件中存在着 2 个方向相同的电动势 $e_r + e_a$，因此在换向元件中，会产生附加的换向电流 i_K。

$$i_K = \frac{\sum e}{\sum R} = \frac{e_a + e_r}{\sum R}$$

式中　$\sum R$——闭合回路中的总电阻，主要是电刷与两片换向片之间的接触电阻。

附加电流 i_K 加在 i_L 上，使换向元件中的电流为 $i = i_L + i_K$。由图 19.18 可见，由于 i_K 的存在，使换向元件的电流改变方向的时间比直线换向时为迟，所以称为延迟换向。当 $t = T_K$，即电刷将离开换向片 1 而使由电刷与换向元件构成的闭合回路突然被断开时，由 i_K 所建立的电磁能量 $\frac{1}{2}ik^2L_r$ 要释放出来。当这部分能量足够大时，它将以火花的形式从后刷边放出，使 i_K 维持连续，这就是电刷下产生火花的电磁原因。此外还有机械及电化学方面的原因。

火花使电刷及换向器表面损坏，严重时将使电机不能正常运行。

19.4.2　改善换向的方法

从产生火花的电磁原因出发，减少换向元件的电抗电动势和电枢反应电动势，就可以有效地改善换向。目前最有效的办法是装换向极。装换向极的目的是在换向元件所在处建立一个磁动势 F_K，其一部分用来抵消电枢反应磁动势，剩下部分用来在换向元件所在气隙建立磁场 B_K，换向元件切割 B_K 产生感应电动势 e_K，且让 e_K 的方向与 e_r 相反，要求做到换向元件中的合成电动势 $\sum e = e_r + e_a - e_K = 0$，成为直线换向，从而消除电磁性火花。为此，对换向极的要求是：

①换向极应装在几何中性线处；

②换向极的极性应使所产生 B_K 的方向与电枢反应磁动势的方向相反。由图 19.19 可见，电动状态时，换向极应与逆转向看的相邻主磁极同极性。而发电机状态时，应与顺转向看的相邻主磁极同极性；

③由于 $e_r \propto I_an$ 是随负载的大小及转速而变化的，为使换向电动势 e_K 在任何负载下都能抵消 e_r，要求 $e_K \propto I_an$。根据 $e_K = 2N_cB_Klv_a$，需要 $B_K \propto I_a$，所以换向极绕组必须与电枢绕组串联，而且换向极磁路应不饱和。

一般，容量为 1 kW 以上的直流电机都装有换向极。

对大容量及工作条件较恶劣的直流电机装补偿绕组，产

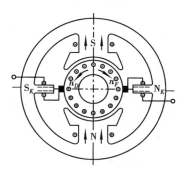

图 19.19　用换向极改善换向

生抵消电枢反应的磁动势,达到改善换向、消除换向器电位差火花的目的。补偿绕组应与电枢绕组串联,如图 19.20 所示。

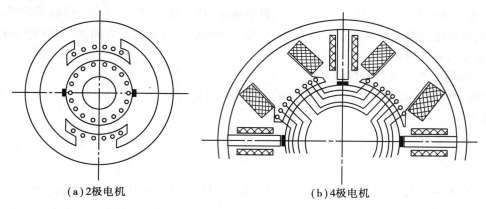

（a）2极电机　　　　　　　　　　（b）4极电机

图 19.20　用装补偿绕组改善换向

移动电刷位置:对于未装换向极的小型串励直流电机,把电刷从几何中性线(与处于几何中性线处的导体接触)移开一个适当的角度,使得换向元件产生的感应电动势与自感电动势的方向相反,相互抵消。并励电动机换向元件的切割电动势基本不变,难以保证任何负载下都能与自感电动势抵消。电刷移动后,会产生直轴去磁电枢反应,导致电压降低,转速升高(引起不稳定),此方法只在小容量电机中使用。

19.5　直流电动机的起动、制动与调速

19.5.1　直流电动机的起动

一台电动机要带动生产机械工作,首先要接上电源,从静止状态转动起来到达稳态运行,这就是电动机的起动过程。对于电动机的起动要求,主要有 2 条:①起动转矩要足够大,要能够克服起动时的摩擦转矩和负载转矩,否则电动机就转不起来;②起动电流不要太大,因起动电流太大,会对电源及电机产生有害影响。

除了小容量的直流电动机,一般直流电动机是不允许直接接到额定电压的电源上起动的。这是因为在刚起动的一瞬间,$n = 0$,反电动势 $E_a = 0$,起动电流(忽略电刷接触压降)

$$I_{st} = \frac{U_N}{R_a} \qquad (19.20)$$

而电枢电阻是一个很小的数值,故起动电流很大,将达到额定电流的 10～20 倍。这样大的起动电流将产生很大的电动力,损坏电机绕组,同时引起电机换向困难,供电线路上产生很大的压降等很多问题。因此,必须采用一些适当的方法来起动直流电动机。直流电动机的起动方法有电枢回路串电阻起动及降压起动。

（1）电枢回路串电阻起动

如果在电枢回路串入电阻 R_{st},电动机接到电源后,起动电流为

$$I_{st} = \frac{U_N}{R_a + R_{st}}$$

可见,此时起动电流将减小,串的电阻愈大,起动电流愈小。当起动转矩大于负载转矩,电动机开始转动后,$E_a \neq 0$,则

$$I_{st} = \frac{U_N - E_a}{R_a + R_{st}}$$

随着转速升高,反电动势 E_a 不断增大,起动电流逐步减小,起动转矩也逐步减小。为了在整个起动过程中保持一定的起动转矩,加速电动机起动过程,可以将起动电阻一段一段地逐步切除,最后电动机进入稳态运行。在电动机完成起动过程后,因起动电阻继续接在电枢回路中,要消耗电能,同时起动电阻都是按照短时运行方式设计的,长时间通过较大的电流会损坏电阻,起动完成后应将电阻全部切除。

由于起动转矩 $T_{st} = C_T \Phi I_{st}$,在同一起动电流 I_{st} 的数值下,为了产生尽可能大的起动转矩,应使磁通 Φ 尽可能大些,因此,起动时应将串在励磁回路的调节电阻全部切除,以便产生尽可能大的励磁电流和磁通。

（2）他励直流电动机降低电枢回路电压起动

因他励直流电动机可单独调节电枢回路电压,故可采用降低电枢回路电压的方法起动。起动电流为

$$I_{st} = \frac{U}{R_a}$$

可知,降低电枢回路电压可减小起动电流。因无外串电枢电阻,故这种方法在起动过程中不会有大量的能量消耗。

串励与复励直流电动机的起动方法基本上与并励直流电动机一样,采用串电阻的方法以减小起动电流。但特别值得注意的是:串励电动机绝对不允许在空载下起动,否则电机的转速将达到危险的高速,电机会因此而损坏。

19.5.2　直流电动机的制动

在生产过程中,经常需要采取一些措施使电动机尽快停转,或者限制势能性负载在某一转速下稳定运转,这就是电动机的制动问题。实现制动既可采用机械的方法,也可采用电气的方法。电气方法制动就是使电机产生与其旋转方向相反的电磁转矩,以达到制动的目的。电气制动的特点是产生的制动转矩大,操作控制方便。直流电动机电气制动的方法有能耗制动、反接制动和回馈制动。

（1）能耗制动

1）能耗制动过程

他励直流电动机拖动反抗性恒转矩负载运行,能耗制动的接线如图 19.21 所示。当闸刀合向电源,电动机处于正向电动运行状态。制动时将闸刀合向下方,励磁回路仍接在电网上,励磁电流 I_f 不变,所以主磁通 Φ 不变,电枢回路从电源断开,与电阻 R 构成一个回路。此时电动机的转动部分由于惯性继续旋转,因此感应电动

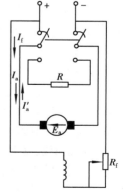

图 19.21　能耗制动接线图

势 $E_a = C_e \Phi n$，方向不变。电动势 E_a 将在电枢和电阻 R 的回路中产生电流 I_a'，其方向与 E_a 一致，即与原来电动机运行时的电枢电流 I_a 方向相反，所以电磁转矩 $T = C_T \Phi I_a'$ 与转向相反，是一制动转矩，使得转速迅速下降。这时电机实际处于发电机运行状态，将转动部分的动能转换成电能消耗在电阻 R 和电枢回路的电阻 R_a 上，所以称为能耗制动。从机械特性来分析，由于 $U = 0, \Phi = \Phi_N$，这时电动机的机械特性方程式为

$$n = -\frac{R_a + R}{C_e C_T \Phi_N^2} T \qquad (19.21)$$

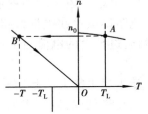

图 19.22　能耗制动机械特性曲线

是一条过原点的直线，如图 19.22 所示。当闸刀合向下方的瞬间，由于转速不能突变，电动机从运行点 A 过渡到能耗制动时的机械特性运行点 B，B 点的转矩 $T_B < 0$，起制动作用，在 T 和负载转矩的共同作用下，系统减速。此后随着动能的消耗，转速下降，故 E_a 和 I_a' 随之减小，制动转矩也愈来愈小，电动机的运行点沿着能耗制动时的机械特性下降，直到原点，电磁转矩和转速都为零，系统停止转动。在由运行点到停转的制动过程中，转速并非稳定在某一数值，而是一直在变化，因此称为能耗制动过程。

制动时回路中串入的电阻 R 越小，能耗制动开始瞬间的制动转矩和电枢电流 I_a' 越大。但 I_a' 过大，则换向困难。因此能耗制动过程中电枢电流有上限，即电动机允许的最大电流 $I_{a\,max}$。由 $I_{a\,max}$ 可以计算出能耗制动过程电枢回路中串入制动电阻的最小值

$$R_{min} = \frac{E_a}{I_{a\,max}} - R_a$$

其中，E_a 为能耗制动开始瞬间的电枢电动势。

这种制动方法在转速较高时制动作用较大，随着转速下降，制动作用也随之减小，在低速时可配合使用机械制动装置，使系统迅速停转。

2）能耗制动运行

他励直流电动机拖动势能性负载运行，例如起重机吊起重物时，如果采用能耗制动，系统就进入能耗制动过程，转速逐步降到零，即运行点由 A 变到 B 再到 O，此刻电磁转矩为零，若不采取其他措施，其后由于负载转矩的作用，系统将开始反转。

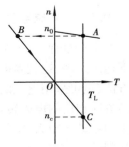

反转后电动机的感应电动势 E_a 将反向，I_a 和 T 也反向，对下降的重物起制动作用。随着转速的升高，E_a，I_a，T 均逐渐增大，最后和负载转矩相等时稳定运行，系统的运行点由 O 变到 C，在点 C 稳定运行，以 n_c 的速度匀速下放重物，如图 19.23 所示，这种稳定运行状态称为能耗制动运行。

图 19.23　能耗制动运行

（2）电压反接制动

电压反接制动的线路图如图 19.24 所示，双向闸刀合向上方时为正向电动机运行，合向下方时为电压反接制动。电压反接制动是将正在正向运行的他励直流电动机电枢回路的电压突然反接，电枢电流 I_a 也将反向，主磁通 Φ 不变，则电磁转矩 T 反向，产生制动转矩。

因为电动机正向运行时电压和感应电动势 E_a 的方向相反,电枢电流 $I_a = \dfrac{U_N - E_a}{R_a}$,而反接后,电压 $U = -U_N$,则电枢电流 $I'_a = -\dfrac{U_N + E_a}{R_a}$,因此反接后电流的数值将非常大。为了限制电枢电流,反接时必须在电枢回路串入一个足够大的限流电阻 R,且

$$R_{min} = \frac{U_N + E_a}{I_{a\,max}} - R_a$$

电压反接制动时,$U = -U_N$,$\Phi = \Phi_N$,电枢回路总电阻为 $R_a + R$,电动机的机械特性方程式为

$$n = \frac{-U_N}{C_e \Phi_N} - \frac{R_a + R}{C_e C_T \Phi_N^2} T \qquad (19.22)$$

其对应的特性曲线为过 $-n_0$ 点,斜率为 $-\dfrac{R_a + R}{C_e C_T \Phi_N^2}$ 的直线,如图 19.25 中的 $\overline{BC}$ 所示。

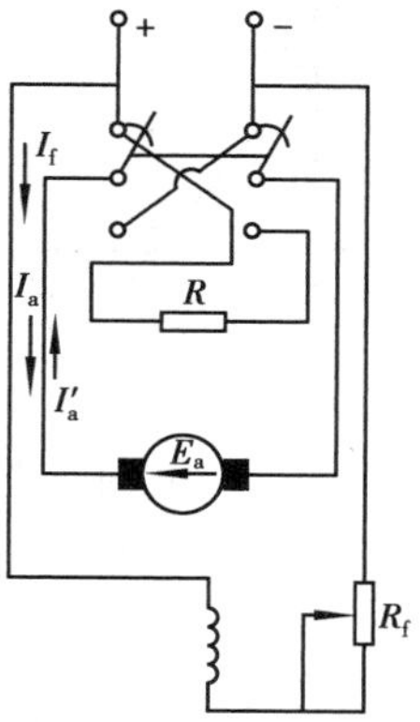

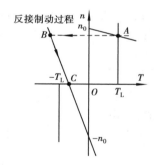

图 19.24 电压反接制动的线路图

电动机拖动反抗性恒转矩负载运行在 A 点,当电压反接制动瞬间,转速不能突变,电动机从运行点 A 过渡到 B 点,此刻电枢电流和电磁转矩反向,成为制动转矩,电动机开始减速。此后即沿机械特性 B 点向 C 点变化,在 C 点 $n = 0$,电压反接制动过程结束,如图 19.25 所示。如果 C 点电动机的转矩大于负载转矩,当转速到达零时,应迅速将电源开关从电网上拉开,否则电动机将反向起动,最后稳定在 D 点运行,如图 19.26 所示。电压反接制动在整个制动过程中均具有较大的制动转矩,因此制动速度快,在可逆拖动系统中常常采用这种方法。

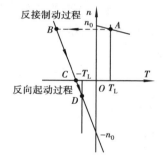

图 19.25 电压反接制动过程的机械特性

图 19.26 电压反接制动反向起动的机械特性

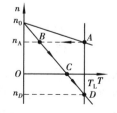

图 19.27 电动势反接制动的机械特性

(3)倒拉反转制动运行

他励直流电动机拖动位能性恒转矩负载运行,电枢回路串入电阻,将引起转速下降,串的电阻越大,转速下降越多。如果电阻大到一定程度,将使电动机的机械特性和负载的机械特性的交点出现在第Ⅳ象限,如图19.27所示,这时电动机接线未变,转速反向。而 $T > 0$,是一种制动运行状态,称为倒拉反转制动运行。

倒拉反转制动运行常用于起重设备低速下放重物的场合。电动机原运行在 A 点,以转速 n_A 提升重物,当电枢回路串入电阻瞬间,转速不能突变,主磁通 Φ 也不变,感应电动势 E_a 不变,电枢电流 I_a 将减

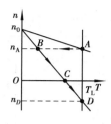

图 19.28　正向回馈
制动的机械特性

小,电磁转矩 T 将减小,电动机从运行点 A 过渡到 B。此后电动机开始减速,E_a 逐渐减小,I_a 和 T 逐渐增大,运行点沿机械特性曲线从 B 点向 C 点变化。在 C 点,$n=0$,感应电动势 $E_a=0$,电磁转矩 T 仍小于负载转矩,故此位能性负载拖动电动机反向旋转。反转后,$n<0$,I_a 方向不变,而感应电动势 E_a 改变方向,变为和电枢电压同方向,使得 I_a 和 T 继续增大,最后在 D 点和负载转矩平衡,以 n_D 的转速稳定运行。在这种运行方式中,电动机的电磁转矩起了制动作用,限制了重物下降的速度。改变 R 的大小,即可改变机械特性的交点,使重物以不同的稳定速度下降。

采用这种制动方法时,感应电动势与外加电压同方向,和前述电压反接制动情况相同,只不过前者是将外加电压反接,使 U 和 E_a 同方向,而后者是由于转速反向而形成 U 和 E_a 同方向,故称这种制动有时也称为电动势反接制动。

（4）回馈制动

1）正向回馈制动

他励直流电动机拖动负载原加电压为 U,稳定运行在 A 点,如果采用降压调速,电压降为 U_1,其机械特性向下平移,理想空载转速由 n_0 变为 n_{01},如图 19.28 所示。在电压刚降低的瞬间,转速 n 不能突变,电动机的运行点从 A 点过渡到 B 点,主磁通 Φ 不变,感应电动势 E_a 也不变,将有 $E_a>U_1$,则电枢电流 I_a 反向,电磁转矩 T 将变为负值,成为制动转矩,在 T 和 T_L 的作用下,使得电动机转速下降,在制动状态下运行,运行点由 B 点降到 C 点。在 C 点,$n=n_{01}$,$E_a=U_1$,I_a 和 T 均为零,制动状态结束。此后在负载转矩的作用下,电动机继续减速,进入正向电动运行状态,I_a 和 T 均变为正值,最后稳定在 D 点运行。当电动机运行在 $\overline{BC}$ 段的过程中,由于 I_a 和 U_1 反向,电机实际是将系统具有的动能反馈回电网,且电机仍为正向转动,因此称为正向回馈制动。

电力机车在下坡时,直流电动机接成他励,也会出现正向回馈制动作用,使得原正向电动运行的电动机的转速高于理想空载转速 n_0,感应电动势 E_a 增大,使 $E_a>U_1$,电枢电流 I_a 变为负值,向电网反馈能量,电磁转矩 T 也将变为负值,成为制动转矩,限制了电动机转速进一步上升。

2）反向回馈制动

他励直流电动机拖动位能性恒转矩负载运行,如果采用电压反接制动,会出现反向回馈制动,机械特性曲线如图 19.29 所示。电压反接后,B 点到 C 点一直到 D 点,电动机转矩和负载转矩的方向相同,均使得电动机反向加速。到达 D 点以后,电动机的转速高于

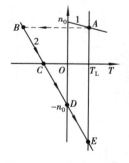

图 19.29　反向回馈
动的机械特性

反向的理想空载转速,因此感应电动势 $|E_a|>|U|$,电枢电流 I_a 反向,电磁转矩 T 也反向,成为制动转矩,在 E 点电动机转矩和负载转矩平衡,最后稳定在 E 点运行。和正向回馈制动一样,由于 I_a 和 U_1 反向,电机将系统具有的动能反馈回电网,电机为反向转动,因此称为反向回馈制动。

19.5.3   他励直流电动机的调速

电动机拖动一定的负载运行,其转速由工作点决定。如果调节其参数,则可以改变其工作点,即可以改变其转速。由电动机的机械特性方程

$$n = \frac{U}{C_e \Phi} - \frac{R_a + R}{C_e C_T \Phi^2} T$$

可知,他励直流电动机有 3 种调节转速的方法:

①改变电枢电压 U;

②改变励磁电流 I_f,即改变磁通 Φ;

③电枢回路串入调节电阻 R。

这 3 种调速方法实质上是改变了电动机的机械特性,使之与负载的机械特性交点改变,以达到调速的目的。下面分别介绍这 3 种方法,为方便,设负载均为恒转矩负载,且设 $T_L = T_N$。

(1)降低电枢电压调速

由于电动机的电枢电压不能超过额定电压,因此电压只能由额定电压向低调。当磁通 Φ 不变,电枢回路不串电阻,改变电枢电压 U 时,电动机机械特性的 n_0 改变,而斜率不变,此时机械特性为一簇平行于固有特性的曲线,如图 19.30 所示,各特性曲线对应的电压 $U_1 > U_2 > U_3$。当改变电枢电压时,特性曲线与负载机械特性交于不同的工作点 A_1,A_2,A_3,可使得电动机的转速随之变化。

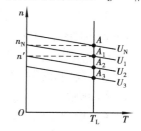

图 19.30   改变电枢电压调速

改变电枢电压 U 调节转速的方法具有较好的调速性能。由于调电压后,机械特性的"硬度"不变,因此有较好的转速稳定性,调速范围较大,同时便于控制,可以做到无级平滑调速,损耗较小。当调速性能要求较高时,往往采用这种方法。采用这种方法的限制是,转速只能由额定电压对应的速度向低调。此外,应用这种方法时,电枢回路需要一个专门的可调压电源,过去用直流发电机-直流电动机系统实现,由于电力电子技术的发展,目前一般均采用可控硅调压设备——直流电动机系统来实现。

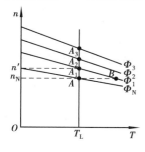

图 19.31   弱磁调速

(2)弱磁调速

调节励磁回路串入的调节电阻,改变励磁电流 I_f,即改变磁通 Φ,为使电机不至于过饱和,因此磁通 Φ 只能由额定值减小。由于 Φ 减小,机械特性的 n_0 升高,斜率增大,如果负载不是很大,则可使得转速升高。Φ 减小越多,转速升得越高,不同的 Φ 可得到不同的机械特性曲线,如图 19.31 所示。图中各条曲线对应的磁通 $\Phi_1 > \Phi_2 > \Phi_3$,各曲线和负载特性的交点 A_1,A_2,A_3 即为不同的运行点。

这种调速方法的特点是:由于励磁回路的电流很小,只有额定电流的 1% ~3% ,不仅能量损失很小,且电阻可以做成可连续调节的,便于控制。其限制是转速只能由额定磁通时对应的速度向高调,而电动机最高转速要受到电机本身的机械强度及换向的限制。

(3)电枢回路串电阻调速

他励直流电动机当其电枢回路串入调节电阻 R_P 后,其电枢回路的总电阻为 $R_a + R_p$,使得

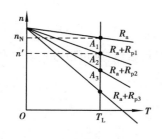

图 19.32 电枢回路串电阻调速

机械特性的斜率增大,串联不同的 R_p,可得到不同斜率的机械特性,和负载机械特性交于不同的点 A_1,A_2,A_3,电动机则稳定运行在这些点,如图 19.32 所示。图中各条曲线对应的调节电阻 $R_{p3} > P_{p2} > P_{p1}$,即电枢回路串联电阻越大,机械特性的斜率越大,因此,在负载转矩恒定时,即 T_L = 常数时,增大电阻 R_p,可以降低电动机的转速。

直流电动机上述 3 种调速方法中,改变电枢电压和电枢回路串电阻调速属于恒转矩调速,而弱磁调速属于恒功率调速。

习 题

19.1 并励直流发电机能自励的基本条件是什么?

19.2 把他励直流发电机转速升高 20%,此时无载端电压 U_0 约升高多少? 如果是并励直流发电机,电压升高比前者大还是小?

19.3 换向元件在换向过程中可能产生哪些电动势? 各是什么原因引起的? 它们对换向各有什么影响?

19.4 换向极的作用是什么? 装在什么位置? 绕组如何连接?

19.5 一台直流电动机改成发电机运行时,是否需要改接换向极绕组? 为什么?

19.6 已知一台并励直流发电机,额定功率 $P_N = 10$ kW,额定电压 $U_N = 230$ V,额定转速 $n_N = 1\ 450$ r/min,电枢回路各绕组总电阻 $R_a = 0.486\ \Omega$,励磁绕组电阻 $R_f = 215\ \Omega$,一对电刷上压降为 2 V,额定负载时的电枢铁耗 $p_{Fe} = 442$ W,机械损耗 $p_m = 104$ W,求:

①额定负载时的电磁功率和电磁转矩;

②额定负载时的效率。

19.7 一台他励直流电动机 $P_N = 40$ kW,$U_N = 220$ V,$I_N = 207.5$ A,$R_a = 0.067\ \Omega$。

①若电枢回路不串电阻直接起动,则起动电流为额定电流的几倍?

②若将起动电流限制为 $1.5I_N$,求电枢回路应串入的电阻大小。

19.8 一台他励直流电动机,$P_N = 17$ kW,$U_N = 220$ V,$I_N = 92.5$ A,$R_a = 0.16\ \Omega$,$n_N = 1\ 000$ r/min。电动机允许最大电流 $I_{a\max} = 1.8I_N$,电动机拖动负载 $T_L = 0.8T_N$ 电动运行,求:

①若采用能耗制动停车,电枢回路应串入多大电阻?

②若采用反接制动停车,电枢回路应串入多大电阻?

19.9 一台他励直流电动机,$R_a = 0.45\ \Omega$,$n_N = 1\ 500$ r/min,$U_N = 220$ V,$I_N = 30.5$ A。电动机拖动额定负载运行,保持励磁电流不变,要把转速降到 $1\ 000$ r/min,求:

①若采用电枢回路串电阻调速,应串入多大电阻?

②若采用降压调速,电枢电压应降到多大?

③两种方法调速时电动机的效率各是多少?

总　结

直流电机是实现直流电能与机械能转换的电机。主磁场是实现能量转换的媒介，电磁感应定律和电磁力定律是变换的理论基础。

凡旋转电机均有定子、转子两大部件。直流电机定子包括磁极、磁轭等，可建立磁场。直流电机转子主要有电枢和换向器。在磁场中的电枢（包括电枢铁芯和电枢绕组）可进行机电能量变换。但电枢导体上的电动势和电流为交流，实现与外部直流电之间的变换靠的是换向器和电刷。

额定参数是正常使用的限值，其中额定功率是指电机的输出功率。

直流电机的电枢绕组是电机的核心部件，它是由若干个完全相同的绕组元件按一定的规律连接起来的。直流电机通过电枢绕组感应电动势、流过电流，并与气隙磁场相互作用而实现机电能量转换。电枢绕组按其元件连接的方式不同而分为叠绕组和波绕组。两者都是闭合绕组。在绕组的闭合回路中，各元件的电动势恰好互相抵消，闭合回路中不产生环流。

电枢绕组中的电流从电刷引入或引出，电刷的位置必须使空载时正、负电刷之间获得最大电动势。

电枢绕组的感应电动势为 $E_a = C_e \Phi n$。对于任何既定的电机来说，感应电动势 E_a 的大小仅取决于每极磁通 Φ 和转速 n。而电磁转矩 $T = C_T \Phi I_a$，取决于每极磁通 Φ 和电枢电流 I_a。

从分析电机的主磁极磁场和电枢磁场入手，说明了电枢反应的性质，对电机运行性能的影响以及补偿电枢反应的方法。电枢反应将直接影响感应电动势和电磁转矩的大小，因而影响到电机的运行性能。

表征直流电机运行时各物理量之间的关系是电动势平衡方程式、功率平衡方程式和转矩平衡方程式等基本方程式。它们是分析和使用电动机时必须掌握的内容。

直流电动机和发电机的差别，除能量转换方向不同外，还表现在发电机的电动势 E_a 大于输出电压，因而电流 I_a 与电动势 E_a 同方向，发电机输出电能；而电动机则是 $E_a < U$，电流与电动势方向相反，因而电动机是吸收电能。发电机的电磁转矩起制动作用，将机械能转换为电能，而电动机的电磁转矩则起拖动作用，将电能转换为机械能。

直流发电机运行特性主要有空载特性、外特性和调节特性，其中外特性最重要。要了解他励和并励发电机端电压下降的原因及并励发电机自励建压的条件。

直流电动机运行特性主要有转速特性、转矩特性、效率特性等工作特性和机械特性，其中机械特性最重要。要求掌握他励电动机的固有机械特性和改变电枢电压、改变励磁电流及电枢回路串电阻时的人为机械特性。

起动、制动和调速是直流电动机使用中不可避免的运行方式，要求掌握他励电动机的调速方法，并了解其常用的起动和制动方法。

所谓换向是指电枢绕组元件从一条支路经过电刷而进入另一条支路时，元件内的电流由正变负的整个过程。要了解产生换向火花的电磁原因和改善换向的措施。

第6篇
微控电机

第20章
微控电机

在普通旋转电机的基础上产生的各种控制电机与普通电机本质上并没有差别,只是着重点不同:普通旋转电机主要是进行能量变换,要求有较高的力能指标;控制电机主要是对控制信号进行传递和变换,要求有较高的控制性能,如要求反应快、精度高、运行可靠,等等。控制电机因其各种特殊的控制性能而常在自动控制系统中作为执行元件、检测元件和解算元件。

控制电机体积小,功率小,通常在几百瓦以下。本章主要介绍伺服电动机、力矩电动机、步进电动机、旋转变压器、自整角机和测速发电机。

驱动微电机结构简单、体积小、功率也小,主要用来驱动各种轻型负载。本章主要介绍单相异步电动机、微型同步电动机、直线电动机。

驱动微电机与控制电机合称为微控电机。

20.1　单相异步电动机

20.1.1　简介

单相异步电动机仅需单相电源即可工作,在快速发展的家电中得到非常广泛的应用,如电风扇、吸尘器、电冰箱、空调器以及厨房中使用的碎肉机等。

单相异步电动机共有 2 个绕组:主绕组和辅助绕组。主绕组能够产生脉振磁场,但不能产生起动转矩;辅助绕组与主绕组一起使用时共同产生起动转矩。起动完毕之后,主绕组继续工作,而辅助绕组通过离心开关断开电源,故主绕组又叫工作绕组,辅助绕组又叫起动绕组。两个绕组均装在定子上,并相差 90°电角度。

单相异步电动机的转子呈鼠笼型。

20.1.2　工作原理

先来分析一下单相异步电动机只有一个绕组(工作绕组)时的磁动势和电磁转矩。工作绕组接入单相电源,产生的是脉振磁动势,据绕组磁动势理论知,一个正弦分布的脉振磁动势可以分解成两个幅值相等、转速相同(均为同步转速 n_1)、转向相反的旋转磁动势。这两个旋转磁动势分别产生正转磁场 Φ_+ 和反转磁场 Φ_-,这两个相反的磁场作用于静止的转子,产生两个大小相等,方向相反的电磁转矩 T_+ 和 T_-,作用于转子上的合成转矩为 0,也就是说,一个绕组的单相异步电动机没有起动转矩。若把逆时针作正方向,各物理情况如图 20.1 所示。

只有一个绕组的单相异步电动机虽然没有起动转矩,但电机转子一旦借外力旋转起来以后,两个旋转方向相反的旋转磁场有了不同的转差率,同样设转子的逆时针方向为正方向,那么转子对正向磁场的转差率为

$$s_+ = \frac{n_1 - n}{n_1} = s$$

对反向旋转磁场而言,电动机转差率为

$$s_- = \frac{n_1 - (-n)}{n_1} = 2 - \frac{n_1 - n}{n_1} = 2 - s_+$$

正向电磁转矩 T_+ 和反向电磁转矩 T_- 与转差率的关系如图 20.2 所示。

当 $0 < s_+ < 1$ 时,T_+ 为驱动电磁转矩,T_- 为制动电磁转矩,而且,$T_+ > |T_-|$;当 $0 < s_- < 1$ 时,T_+ 为制动电磁转矩,T_- 为驱动电磁转矩,而且,$|T_-| > T_+$,当 $s = 1$ 时,T_+ 与 T_- 大小相等、方向相反,合成转矩为 0,所以,合成转矩曲线 $T = F(s)$ 对称于原点。

当转子静止时,$s = 1$,合成转矩为 0,故没有起动转矩;当转子受外力而正转时,$0 < s_+ < 1$,$T_+ > |T_-|$,合成转矩为正,故外力消失后,电机仍能继续以正方向旋转,升速到合成电磁转矩与负载制动转矩平衡时,电机以稳定转速正方向旋转;同样,当电机受外力而反转时,$0 < s_- < 1$,$T_+ < |T_-|$,合成转矩为负,故外力消失后,电机仍能继续以反方向旋转,升速到合成电磁转矩与负载制动转矩平衡时,电机以稳定速度反方向旋转。

单相异步电动机只有一个绕组接单相电源时,建立起来的是脉振磁动势,无法产生起动转

矩。当有外力带动转动时,脉振磁动势转变为椭圆形旋转磁动势,合成电磁转矩不再为0,电机转子继续沿原边向加速,椭圆形旋转磁动势会逐步接近圆形旋转磁动势,电动机加速到接近同步转速。

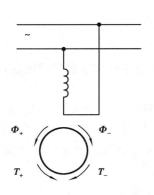

图 20.1　单相异步电动机的磁场和转矩

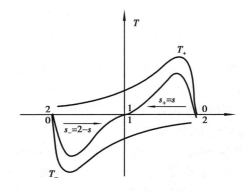

图 20.2　单相异步电动机的 T-s 曲线

　　总之,没有任何起动措施的单相异步电动机没有起动转矩,但一经起动,就会继续转动而不会停止,而且其旋转方向是随意的,跟随着外力的方向而变。

20.1.3　单相异步电动机的起动方法

　　单相异步电动机一个绕组接上单相电源后产生的是一个脉振磁动势,在转子静止时,这个脉振磁动势由两个大小相等,方向相反的正转磁动势和反转磁动势合成,正转磁动势产生的正转电磁转矩与反转磁动势产生的反转电磁转矩也是大小相等、方向相反的,其合成电磁转矩为0,故电动机无法起动。但若加强正转磁动势,同时削弱反转磁动势,那么脉振磁动势变为椭圆形旋转磁动势,如果参数适当,甚至可以变为圆形旋转磁动势,那么就会产生起动力矩并正常运行。据此,要使单相异步电动机产生起动力矩,一个简单而有效的方法就是增加一个起动绕组,起动绕组接上单相电源后又建立一个脉振磁动势,且与原来脉振磁动势位置不同,相位也不同,与工作绕组共同建立椭圆形旋转磁场,从而产生起动转矩。

　　单相异步电动机起动方法共有3种:

　　(1)电阻分相起动

　　单相异步电动机除工作绕组外,还装有起动绕组,起动绕组与工作绕组空间上相差90°电角度,并在起动绕组中串入电阻 R,然后与工作绕组共同接到同一单相电源上,如图20.3所示。辅助绕组串入电阻 R 后,起动绕组中电流 $\dot{I}_2$ 滞后电压 $\dot{U}_1$ 的相位角小于工作绕组中电流 $\dot{I}_1$ 滞后电压 $\dot{U}_1$ 的相位角,即起动绕组中的电流 $\dot{I}_2$ 超前于工作绕组中的电流 $\dot{I}_1$,如图20.4所示,两个电流有相位差,形成椭圆形磁场,从而产生起动转矩。

　　工作绕组与辅助绕组的阻抗都是电感性的,两个绕组的电流虽有相位差,但相位差并不大,所以在电动机气隙内产生的旋转磁场椭圆度较大,因而产生的起动转矩较小,起动电流较大。

　　单相异步电动机的辅助绕组也可不串接电阻 R,只需用较细的导线绕制辅助绕组,同时将匝数做得比工作绕组少一些,以增加其电阻,减少其电抗,也可达到串电阻的效果。

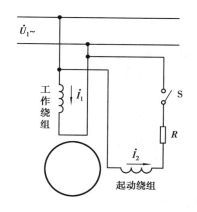

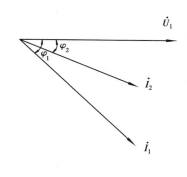

图 20.3　单相异步电动机的电阻分相起动　　　　图 20.4　电阻分相起动的相量图

另外,在单相异步电动机起动后,为了保护起动绕组,同时减少损耗,常在起动绕组中串接离心开关 S,当电机转子达到大约 75% 额定转速时,离心开关将自动断开,将起动绕组切除电源,让工作绕组单独运行。因此,起动绕组可以按短期工作设计。

如果需要改变电阻分相式电动机的转向,只要把工作绕组与起动绕组相并联的引出线对调即可实现。

（2）电容分相起动

单相异步电动机电容分相起动,是在起动绕组中串接电容 C,然后与主绕组（工作绕组）共同接到同一单相电源上,如图 20.5 所示,工作绕组的阻抗是电感性的,其电流 $\dot{I}_1$ 落后于电源电压 $\dot{U}_1$ 一相角 φ_1,而串接了电容的起动绕组的阻抗是容抗性的,其电流 $\dot{I}_2$ 超前于电源电压 $\dot{U}_1$ 一相角 φ_2,如相量图所示。如果电容的参数选取合适,可以使起动绕组的电流 $\dot{I}_2$ 超前于工作绕组的电流 $\dot{I}_1$ 90° 电角度,那么在单相异步电动机气隙内建立起椭圆度较小（近似于圆形）的旋转磁场,从而可获得比较好的起动性能,起动电流较小,而起动转矩较大,如图 20.6 所示。

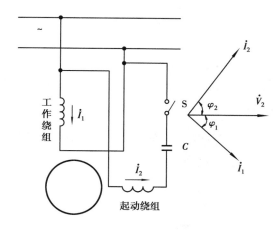

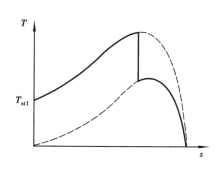

图 20.5　电容分相起动接线图及相量图　　　　图 20.6　电容分相起动 $T\text{-}s$ 曲线

如果起动绕组是按短期工作设计,起动电容也是按短期工作选取,那么可在转子轴上安装离心开关S,当转速达到额定转速的75%左右时,离心开关在离心力的作用下自行断开,从而切断起动绕组的电源,只让工作绕组单独运行,这种电机称为电容起动电机。

如果起动绕组是按长期工作设计,起动电容也是按长期工作选取,那么起动绕组不仅在单相异步电动机起动时用,而且还与工作绕组一起长期工作,这种电动机称为电容电动机。实际上,电容电动机就是一台两相电动机,可以改善功率因数,提高电动机的过载能力。如果所串的电容使起动绕组的电流 $\dot{I}_2$ 超前于主绕组(工作绕组)的电流90°电角度,那么建立的旋转磁场是圆形或接近圆形,运行性能较好,但起动性能较差;如果加大电容,起动转矩较大,起动性能较好,但正常运行后,旋转磁场的椭圆度较大。既想得到较好的起动性能,又想在正常工作时形成近似圆形的旋转磁场,那么可以把与起动绕组串联的电容采用2个电容并联的方式,如图20.7所示。起动时,两个电容 C 和 C_{st} 并联使用,起动转矩 T_{st2} 较大,当转速达到额定转速的75%时,离心开关把正常时多余的电容 C_{st} 切除,使电机建立的磁场近似于圆形旋转磁场。通过这些措施既可获得较好的起动性能,同时也获得较好的运行性能。

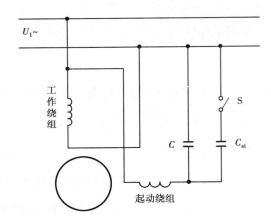 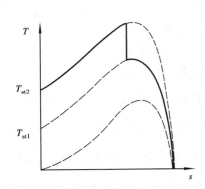

图20.7 电容电机的一种接线方式及其 $T\text{-}s$ 曲线

与电阻分相一样,若要改变电机转向,只需把起动绕组与主绕组相并联的出线对调即可实现。

(3)罩极起动

罩极起动电动机的定子铁芯通常做成凸极式,也是由矽钢片或硅钢片叠压而成。每个极上装有主绕组,即工作绕组,每个磁极极靴的一边开一个小槽,用短路铜环K把部分极靴罩起来,如图20.8所示,短路铜环K就相当于起动绕组。

当主绕组接入单相交流电源时,产生的磁通可分为两部分,一部分 $\dot{\Phi}_0$ 不穿过短路铜环K;另一部分 $\dot{\Phi}_1$ 穿过短路铜环K,则在短路铜环中感应产生 $\dot{E}_K$ 和 $\dot{I}_K$, $\dot{I}_K$ 也产生一个磁通 $\dot{\Phi}_K$ 。因此穿过短路铜环K的总磁通应是主绕组产生的通过短路铜环的磁通 $\dot{\Phi}_1$ 与 $\dot{I}_K$ 产生的磁通 $\dot{\Phi}_K$ 所合成,即穿过短路铜环K的总磁通 $\dot{\Phi}_2 = \dot{\Phi}_1 + \dot{\Phi}_K$,如图20.9所示。

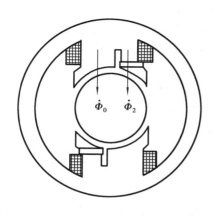

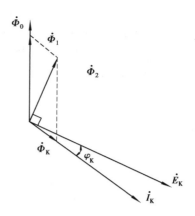

图 20.8　罩极式电动机结构示意图　　　　图 20.9　罩极式电动机相量图

由上面分析可知,电动机气隙中未罩部分的磁通 $\dot{\Phi}_0$ 与罩住部分的磁通 $\dot{\Phi}_2$ 在空间上处于不同位置,在时间上又有一定的相位差,因此其合成的磁场是一个沿着一方向推移的磁场。由于 $\dot{\Phi}_0$ 超前于 $\dot{\Phi}_2$,故合成磁场从 $\dot{\Phi}_0$ 推向 $\dot{\Phi}_2$。该磁场实质是一种椭圆度很大的旋转磁场,电动机可产生一定的起动转矩,但起动转矩很小。

20.1.4　单相异步电动机的应用

随着家用电器的快速发展,单相异步电动机得到了非常广泛的应用。电容电动机的起动转矩相对较大,普遍用于电冰箱、空调机等家用电器之中,容量从几十瓦到上千瓦;罩极式电动机的起动转矩较小,主要用于小型电扇、电唱机和录音机中,容量在几十瓦以内;电阻分相起动的电动机常用于医疗器械之中,容量从几十瓦到几百瓦。

20.2　伺服电动机

伺服电动机又称为执行电动机,在自动控制系统中作为执行元件。它将输入的电压信号转变为转轴的角位移或角速度输出。改变输入信号的大小和极性可以改变伺服电动机的转速与转向,故输入的电压信号又称为控制信号或控制电压。

根据使用电源的不同,伺服电动机分为直流伺服电动机和交流伺服电动机两大类。直流伺服电动机输出功率较大,功率范围为 $1 \sim 600$ W,有的甚至可达上千瓦;而交流伺服电动机输出功率较小,功率范围一般为 $0.1 \sim 100$ W。

20.2.1　直流伺服电动机

直流伺服电动机实际上就是他励直流电动机,其结构和原理与普通的他励直流电动机相同,只不过直流伺服电动机输出功率较小而已。

当直流伺服电动机励磁绕组和电枢绕组都通过电流时,直流电动机转动起来,当其中的一个绕组断电时,电动机立即停转,故输入的控制信号既可加到励磁绕组上,也可加到电枢绕组上:若把控制信号加到电枢绕组上,通过改变控制信号的大小和极性来控制转子转速的大小和方向,这种方式称为电枢控制;若把控制信号加到励磁绕组上进行控制,这种方式称为磁场控制。磁场控制有严重的缺点(调节特性在某一范围不是单值函数,每个转速对应两个控制信号),使用的场合很少。

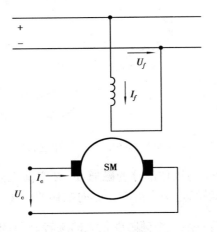

图 20.10　直流伺服电动机电枢控制线路图

直流伺服电动机进行电枢控制时,电枢绕组即为控制绕组,控制电压 U_c 直接加到电枢绕组上进行控制。而励磁方式则有 2 种:一种用励磁绕组通过直流电流进行励磁,称为电磁式直流伺服电动机;另一种使用永久磁铁作磁极,省去励磁绕组,称为永磁式直流伺服电动机。

直流伺服电动机进行电枢控制的线路如图 20.10所示,励磁绕组接到电压恒定为 U_f 的直流电源上,产生励磁电流 I_f,从而产生励磁磁通 Φ_0,电枢绕组接控制电压 U_c,则直流伺服电动机电枢回路的电压平衡方程式为

$$U_c = E_a + I_a R_a$$

若不计电枢反应的影响,电机的每极气隙磁通 Φ

将保持不变,则

$$E_a = C_e \Phi n$$

电动机的电磁转矩为

$$T = C_T \Phi I_a$$

（1）机械特性

由上面 3 式可得到电枢控制的直流伺服电动机的机械特性方程式为

$$n = \frac{U_c}{C_e \Phi} - \frac{R_a}{C_e C_T \Phi^2} T = n_0 - \beta T \tag{20.1}$$

改变控制电压 U_c,而机械特性的斜率 β 不变,故其机械特性是一组平行的直线,如图 20.11所示。其理想空载转速为

$$n_0 = \frac{U_c}{C_e \Phi}$$

机械特性曲线与横轴的交点处的转矩就是 $n = 0$ 时的转矩,即直流伺服电动机的堵转转矩:

$$T_k = \frac{C_T \Phi}{R_a} U_c$$

控制电压为 U_c 时,若负载转矩 $T_2 \geq T_k$,则电机堵转。

（2）调节特性

调节特性是指在一定的转矩下电机的转速 n 与控制电压 U_c 的关系。调节特性也可由式(20.1)画出,如图 20.12 所示,调节特性也是一组平行线。

由调节特性可以看出,当转矩不变时,如 $T = T_1$,增强控制信号 U_c,直流伺服电动机的转速增加,且呈正比例关系;反之,减弱控制信号 U_c 到某一数值 U_1 时,直流伺服电动机停止转动,即在控制信号 U_c 小于 U_1 时,电机堵转,要使电机能够转动,控制信号 U_c 必须大于 U_1 才行,故 U_1

称为始动电压,实际上始动电压就是调节特性与横轴的交点。所以,从原点到始动电压之间的区段,称为某一转矩时直流伺服电动机的失灵区。由图 20.11 和图 20.12 可知 ,T 越大,始动电压也越大,反之亦然;当为理想空载时,$T=0$,始动电压为 0 V,即只要有信号,不管是大是小,电机都转动。

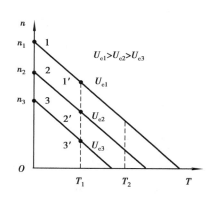

图 20.11　直流伺服电动机的机械特性

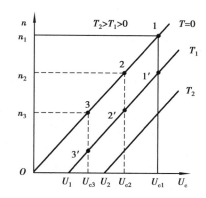

图 20.12　直流伺服电动机的调节特性

从上述分析可知,电枢控制时的直流伺服电动机的机械特性和调节特性都是线性的,而且不存在"自转"现象(控制信号消失后,电机仍不停止转动的现象称为"自转"现象),在自动控制系统中是一种很好的执行元件。

20.2.2　交流伺服电动机

(1)工作原理

交流伺服电动机实际上就是两相异步电动机,因此有时也称为两相伺服电动机。如图 20.13 所示,电机定子上有两相绕组,一相为励磁绕组 f,接到交流励磁电源 U_f 上;另一相为控制绕组,接入控制电压 U_c,两绕组在空间上互差 90°电角度,励磁电压 U_f 和控制电压 U_c 频率相同。

交流伺服电动机的工作原理与单相异步电动机有相似之处。当交流伺服电动机的励磁绕组接到励磁电流 U_f 上,若控制绕组加上的控制电压 U_c 为 0V 时(即无控制电压),所产生的是脉振磁动势,所建立的是脉振磁场,电机无起动转矩;当控制绕组加上的控制电压 U_c 不为 0V,且产生的控制电

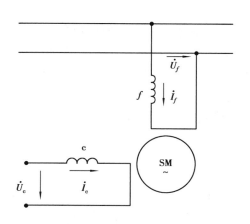

图 20.13　交流伺服电动机原理图

流与励磁电流的相位不同时,建立起椭圆形旋转磁场(若 $\dot{I}_c$ 与 $\dot{I}_f$ 相位差为 90°时,则为圆形旋转磁场),于是产生起动转矩,电机转子转动起来。如果电机参数与一般的单相异步电动机一样,则当控制信号消失时,电机转速虽会下降一些,但仍会继续不停地转动。伺服电动机在控制信号消失后仍继续旋转的失控现象称为"自转"。

那么,怎么样消除"自转"这种失控现象呢?从单相异步电动机理论可知,单相绕组通过

电流产生的脉振磁场可以分解为正向旋转磁场和反向旋转磁场,如图 20.14 虚线所示,电机的电磁转矩 T 应为正转矩 T_+ 和负转矩 T_- 的合成,在图中用实线表示。

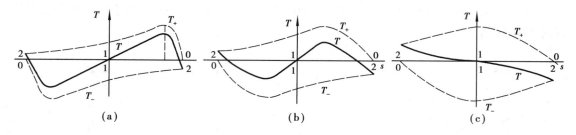

图 20.14 交流伺服电动机自转的消除

如果交流伺服电动机的电机参数与一般的单相异步电动机一样,那么转子电阻较小,其机械特性如图 20.14(a)所示,当电机正向旋转时,$s_+ < 1$,$T_+ > T_-$,合成转矩即电机电磁转矩 $T = T_+ - T_- > 0$。因此,即使控制电压消失后,即 $U_c = 0$,电机在只有励磁绕组通电的情况下运行,仍有正向电磁转矩,电机转子仍会继续旋转,只不过电机转速稍有降低而已,于是产生"自转"现象而失控。

"自转"的原因是控制电压消失后,电机仍有与原转速方向一致的电磁转矩。消除"自转"的方法是消除与原转速方向一致的电磁转矩,同时产生一个与原转速方向相反的电磁转矩,使电机在 $U_c = 0$ 时停止转动。

可以通过增加转子电阻的办法来消除"自转"。增加转子电阻后,正向旋转磁场所产生的最大转矩 T_{m+} 时的临界转差率 s_{m+} 为

$$s_{m+} \approx \frac{r_2'}{x_{1\sigma} + x_{2\sigma}'}$$

s_{m+} 随转子电阻 r_2' 的增加而增加,而反向旋转磁场所产生的最大转矩所对应的转差率 $s_{m-} = 2 - s_{m+}$ 相应减小,合成转矩即电机电磁转矩则相应减小,如图 20.14(b)所示。如果继续增加转子电阻,使正向磁场产生最大转矩时的 $s_{m+} \geqslant 1$,使正向旋转的电机在控制电压消失后的电磁转矩为负值,即为制动转矩,使电机制动到停止;若电机反向旋转,则在控制电压消失后的电磁转矩为正值,也为制动转矩,也使电机制动到停止,从而消除"自转"现象,如图 20.14(c)所示。因此,要消除交流伺服电动机的"自转"现象,在设计电机时,必须满足

$$s_{m+} \approx \frac{r_2'}{x_{1\sigma} + x_{2\sigma}'} \geqslant 1$$

即
$$r_2' \geqslant x_{1\sigma} + x_{2\sigma}'$$

增大转子电阻 r_2',使 $r_2' \geqslant x_{1\sigma} + x_{2\sigma}'$,不仅可以消除"自转"现象,还可以扩大交流伺服电动机的稳定运行范围。但转子电阻过大,会降低起动转矩,从而影响快速响应性能。

（2）**基本结构**

交流伺服电动机的定子与异步电动机的类似,在定子槽中装有励磁绕组和控制绕组,而转子主要有两种结构形式:

1）笼型转子

这种笼型转子和三相异步电动机的笼型转子一样,但笼型转子的导条采用高电阻率的导电材料制造,如青铜、黄铜。另外,为了提高交流伺服电动机的快速响应性能,宜把笼型转子做

成又细又长,以减小转子的转动惯量。

2)非磁性空心杯转子

如图20.15所示,非磁性空心杯转子交流伺服电动机有两个定子:外定子和内定子,外定子铁芯槽内安放有励磁绕组和控制绕组,而内定子一般不放绕组,仅作磁路的一部分。空心杯转子位于内外绕组之间,通常用非磁性材(如铜、铝或铝合金)制成,在电机旋转磁场作用下,杯形转子内感应产生涡流,涡流再与主磁场作用产生电磁转矩,使杯形转子转动起来。

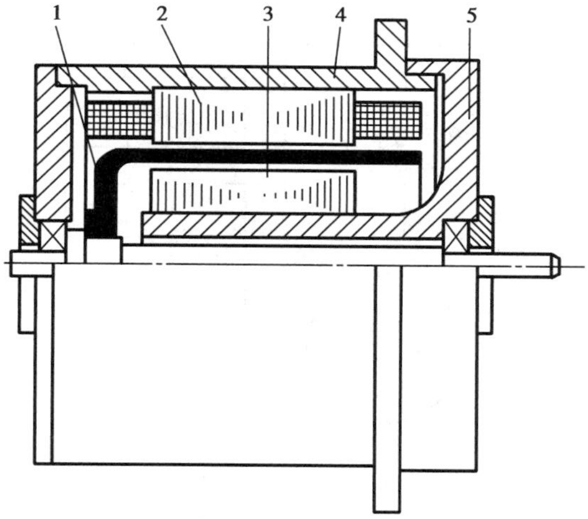

由于非磁性空心杯转子的壁厚为0.2~0.6 mm,因而其转动惯量很小,故电机快速响应性能好,而且运转平稳、平滑,无抖动现象。由于使用内外定子,气隙较大,故励磁电流较大,体积也较大。

图20.15 非磁性空心杯转子结构图
1—空心杯转子;2—外定子;
3—内定子;4—机壳;5—端盖

（3）**控制方式**

如果在交流伺服电动机的励磁绕组和控制绕组上分别加以两个幅值相等、相位相差90°电角度的电压,那么电机的气隙磁场是一个圆形旋转磁场。如果改变控制电压$\dot{U}_c$的大小或相位,则气隙磁场是一个椭圆形旋转磁场,控制电压$\dot{U}_c$的大小或相位不同,气隙的椭圆形旋转磁场的椭圆度不同,产生的电磁转矩也不同,从而调节电机的转速;当$\dot{U}_c$的幅值为0 V或者$\dot{U}_c$与$\dot{U}_f$相位差为0°电角度时,气隙磁场为脉振磁场,无起动转矩,因此,交流伺服电动机的控制方式有3种:

1)幅值控制

如图20.16所示,幅值控制通过改变控制电压$\dot{U}_c$的大小来控制电机转速,此时,控制电压$\dot{U}_c$与励磁电压$\dot{U}_f$之间的相位差始终保持90°电角度。若控制绕组的额定电压$\dot{U}_{cN} = \dot{U}_f$,则控制信号的大小可表示为$U_c = \alpha U_{cN}$,α称为有效信号系数,从而以U_{cN}为基值,控制电压$\dot{U}_c$的标幺值为

$$U_c^* = \frac{U_c}{U_{cN}} = \frac{\alpha U_{cN}}{U_{cN}} = \alpha = \frac{U_c}{U_f}$$

当有效信号系数$\alpha = 1$时,控制电压$\dot{U}_c$与$\dot{U}_f$的幅值相等,相位相差90°电角度,且两绕组空间相差90°电角度。此时所产生的气隙磁动势为圆形旋转磁动势,产生的电磁转矩最大;当$\alpha < 1$时,控制电压小于励磁电压的幅值,所建立的气隙磁场为椭圆形旋转磁场,产生的电磁转矩减小。α越小,气隙磁场的椭圆度越大,产生的电磁转矩越小,电机转速越慢,在$\alpha = 0$时,控制信号消失,气隙磁场为脉振磁场,电机不转或停转。

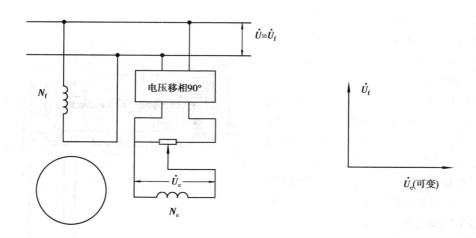

图 20.16　幅值控制接线图及向量图

　　幅值控制的交流伺服电动机的机械特性和调节特性如图 20.17 所示。图中的转矩和转速都采用标幺值。

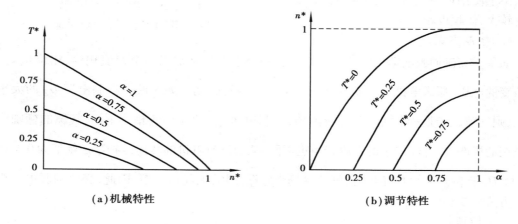

（a）机械特性　　　　　　　　　　（b）调节特性

图 20.17　幅值控制时的特性

2）相位控制

　　这种控制方式通过改变控制电压 $\dot{U}_c$ 与励磁电压 $\dot{U}_f$ 之间的相位差来实现对电机转速和转向的控制,而控制电压的幅值保持不变。如图 20.18 所示,励磁绕组直接接到交流电源上,而控制绕组经移相器后接到同一交流电压上,$\dot{U}_c$ 与 $\dot{U}_f$ 的频率相同。而 $\dot{U}_c$ 的相位通过移相器可以改变,从而改变两者之间的相位差 β,$\sin \beta$ 称为相位控制的信号系数。改变 $\dot{U}_c$ 与 $\dot{U}_f$ 的相位差 β 的大小,就可以改变电机的转速。还可以改变电机的转向:将交流伺服电动机的控制电压 $\dot{U}_c$ 的相位改变 180°电角度(即极性对换)时,若原来的控制绕组内的电流 $\dot{I}_c$ 超前于励磁电流 $\dot{I}_f$,相位改变 180°电角度后,$\dot{I}_c$ 反而滞后 $\dot{I}_f$,电机气隙磁场的旋转方向与原来相反,使交流伺服电动机反转。

　　相位控制的机械特性和调节特性与幅值控制相似,也为非线性。

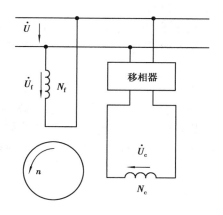

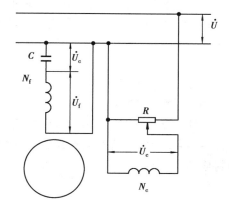

图 20.18　相位控制接线图　　　　　　图 20.19　幅值-相位控制接线图

（3）**幅值-相位控制**

交流伺服电动机的幅值-相位线路图如图 20.19 所示。励磁绕组串接电容 C 后再接到交流电源上，控制电压 $\dot{U}_c$ 与电源同相位，但幅值可以调节。当 $\dot{U}_c$ 的幅值可以改变时，由于转子绕组的耦合作用，使流过励磁绕组的电流 $\dot{I}_f$ 的大小和相位发生变化，从而使励磁绕组上的电压 $\dot{U}_f$ 及电容 C 上的电压也发生变化，控制电压 $\dot{U}_c$ 与 $\dot{U}_f$ 之间的相位差 β 也随之改变，即为了改变电机的转速，当改变 $\dot{U}_c$ 的大小时，$\dot{U}_c$ 与 $\dot{U}_f$ 的相位差也随之改变，因而幅值-相位控制的机械特性和调节特性比前两种控制方式差。但幅度-相位控制线路简单，不需要复杂的移相装置，只需电容进行分相，具有线路简单、成本低廉、输出功率较大的优点，因而成为使用最多的控制方式。

20.3　力矩电动机

伺服电动机转速较高而转矩较小，在控制系统中伺服电动机往往需要经过齿轮减速才能拖动负载。而齿轮装置的误差，往往使整个控制系统的精度大为降低，响应变慢，调节性能变差。在控制要求高的系统中，需要一种力矩较大的伺服电机来直接拖动负载，这种电机就称为力矩电动机。

力矩电动机是一种特殊的伺服电机。其转速低，转矩较大，可以不经减速机构直接拖动负载，响应快、精度高、调节性能好、调速范围很大，且运行可靠。

力矩电动机为能产生较大的转矩，通常把电机做成扁平式结构，外形轴向长度短，径向长度大，极数较多。力矩电动机分为直流力矩电动机和交流力矩电动机两大类。

直流力矩电动机的工作原理和普通的直流伺服电动机相同，只是在结构和外形尺寸的比例上有所不同。一般直流伺服电动机为了减小其转动惯量，大部分做成细长圆柱形。而直流力矩电动机为了能在相同的体积和电枢电压下产生比较大的转矩和较低的转速，一般做成圆盘状，电枢长度和直径之比一般为 0.2 左右；从结构合理性来考虑，一般做成永磁多极的。为了减少转矩和转速的波动,选取较多的槽数、换向片数和串联导体数。

总体结构型式有分装式和内装式两种。分装式结构包括定子、转子和刷架3大部件,机壳和转轴由用户根据安装方式自行选配;内装式则与一般电机相同,机壳和轴已由制造厂装配好。

图 20.20 是直流力矩电动机的结构示意图。图中定子 1 是一个用软磁材料做成的带槽的环,在槽中镶入永久磁铁作为主磁场源,这样便在气隙中形成了分布较好的磁场。转子铁芯 2 由导磁冲片叠压而成,槽中放有电枢绕组 3;槽楔 4 由铜板做成,并兼作换向片,槽楔两端伸出槽外,一端作为电枢绕组接线用,另一端作为换向片,并将转子上的所有部件用高温环氧树脂灌封成整体;电刷 5 装在电刷架 6 上。

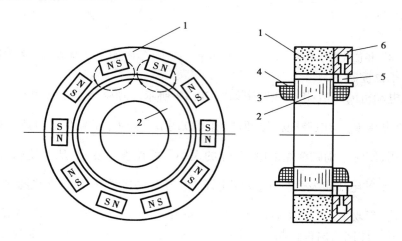

图 20. 20　直流力矩电动机的结构示意图
1—定子;2—转子铁芯;3—电枢绕组;4—槽楔;5—电刷;6—电刷架

交流力矩电动机又分为同步和异步两类,同步力矩电动机定子和转子都有许多槽(齿),与步进电机类似;异步力矩电动机工作原理与普通交流伺服电动机相同,通常设计为多极,并尽量增加槽数。

力矩电动机因其转矩较大、转速低、灵敏度高、调节性能好,在低速运行时尤为突出,因而在各类控制系统中通常用作执行元件广泛使用。

20.4　微型同步电动机

微型同步电动机的定子结构与一般的同步电动机相同,可以是三相的,也可是单相的,但转子结构不同。根据转子结构的不同,微型同步电动机主要分为永磁式、反应式、磁滞式等。另外,为了提高力能指标,还将磁滞式与其他形式结合起来。下面主要介绍永磁式和磁滞式微型同步电动机。

20.4.1　永磁式微型同步电动机

永磁式微型同步电动机的转子由永久磁铁制成,N,S 极沿整个转子圆周交替排列,如

图 20.21 所示。其工作原理与一般同步电动机相同:当电动机正常运行时,定子绕组产生的旋转磁场以同步转速 n_1 旋转,转子也以同步转速 n_1 旋转。

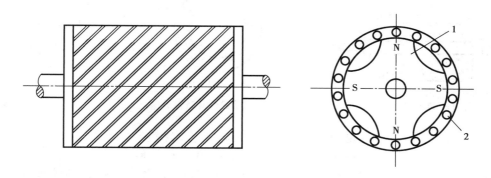

图 20.21　永磁式微型同步电动机的转子
1—永久磁铁;2—起动绕组

与普通同步电动机一样,永磁式微型同步电动机采用异步起动法:在起动过程中,转子上的鼠笼起动绕组在定子绕组产生的旋转磁场下产生异步转矩,使电机起动。当电机转子转速接近同步转速 n_1 时,转子被"牵入同步"。

至于转子惯量不大的电机或低速电机,也可不装笼型起动绕组,依靠转子产生的涡流转矩也可自行起动,将转子牵入同步。永磁式同步电动机功率小、结构简单,在电气仪表中应用较多。

20.4.2　反应式微型同步电动机

反应式微型同步电动机的转子用磁极材料和非磁极材料拼镶而成,使其直轴方向的磁阻小而交轴方向的磁阻大。当反应式同步电动机定子绕组接交流电源,建立旋转磁场时,由于直轴和交轴的磁阻不同,从而形成磁阻转矩(也称其为反应转矩),拖动负载同步运行。

反应式微型同步电动机在非同步的情况下,平均转矩为零,无起动转矩,不能自行起动。与一般同步电动机一样,需要在转子上装设笼型绕组,既有起动作用,又有阻尼作用,以消除振荡。

20.4.3　磁滞式微型同步电动机

磁滞式微型同步电动机的定子与一般的同步电动机定子相同(在功率较小的磁滞电动机中,定子也采用罩极结构)。转子一般由磁滞材料层、套筒和转轴 3 部分组成,如图 20.22 所示。

转子磁滞材料层用硬磁材料制成。硬磁材料的磁滞现象十分突出,具有较宽的磁滞回线,其剩磁和矫顽力都很大,说明磁分子之间有很大的摩擦力。当对这种材料进行交变磁化时,磁分子不能立即按外加磁场的方向进行排列,而在时间上有明显的滞后。当用这种硬磁材料做成的转子在旋转磁场下进行磁化时,由突出的磁滞现象使硬磁材料的磁动势滞后于外加磁动势一个空间角。

如图 20.23(a)所示,由硬磁材料制成的转子若处在大小不变、方向不变的定子磁动势下,转子便处于恒定磁化状态,则转子的硬磁材料的磁分子便按照定子磁动势的方向排列,即转子

303

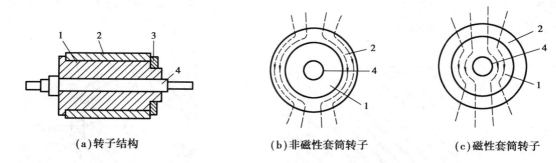

（a）转子结构　　　（b）非磁性套筒转子　　　（c）磁性套筒转子

图 20.22　磁滞式微型同步电动机的转子

1—套筒;2—磁滞材料层;3—挡环;4—转轴

磁动势与定子磁动势的方向一致,电动机产生旋转转矩为零。当定子磁极顺时针转动时,如果转子为软磁材料,无磁滞现象,则转子因磁化而产生的磁动势仍与定子磁动势的方向一致,如图 20.23（b）所示,仍然不会产生旋转转矩;如果转子由硬磁材料制成,十分显著的磁滞作用阻碍磁分子之间的相对运动,即力图保持原先被磁化的方向,从而使转子的磁动势的方向落后于定子磁动势一个角度 θ,这个 θ 角称为磁滞角,如图 20.23（c）所示,定子与转子间的电磁切拉力使电机转子受到一个旋转转矩,从而转动起来。这个使转子转动起来的转矩因硬磁材料的磁滞作用而产生,故称之为磁滞转矩 T_z。

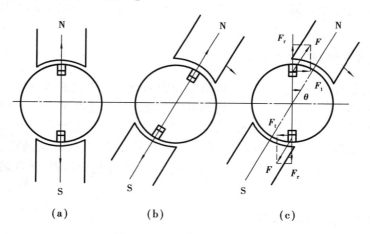

（a）　　　　　（b）　　　　　（c）

图 20.23　磁滞转矩的产生

磁滞同步电动机凭借磁滞转矩而能自行起动,在起动过程中,磁滞角 θ 的大小仅取决于硬磁材料的磁化特性,而与旋转磁动势和转子转速无关。转子的硬磁材料在旋转磁化下,磁滞角 θ 是恒定的。当转子转速达到同步转速 n_1 时,旋转磁动势和转子之间无相对运动,转子因原来的旋转磁化转变为恒定磁化,此时的磁滞电动机相当于一台永磁式同步电动机。带负载的大小可以从 0 到 T_z,定子磁动势与转子磁动势夹角相应从 0 到 θ 变化。

除了磁滞转矩以外,当转子转速低于同步转速运行时,转子和旋转磁场之间存在相对运动,这时,磁滞转子也要切割旋转磁场而产生涡流,转子涡流与旋转磁场互相作用就产生涡流转矩,用 T_b 表示。这种涡流转矩的性质与交流伺服电动机产生的转矩完全相同。涡流转矩随着转子转速的增加而减小,当转子以同步转速旋转时,涡流转矩为 0,其机械特性如图 20.24

所示。涡流转矩能增加起动转矩。但在磁滞电动机中,由于转子是硬磁材料,涡流转矩与磁滞转矩相比一般是非常小的。

考虑了磁滞转矩 T_Z 和涡流转矩 T_b 以后,磁滞同步电动机的总转矩为

$$T = T_Z + T_b$$

从图中可以看出,磁滞同步电动机不但在同步状态运行时能产生转矩,而且在异步状态运行时也能产生转矩,因而它既可在同步状态下运行,又可在异步状态下运行。当负载转矩小于 T_Z 时(如图 20.24 中的负载转矩 T_{L1}),电机在同步状态下运行(如运转在特性上 a 点);当负载转矩大于 T_Z 时(如图中负载转矩 T_{L2}),电机在异步状态下运行(如运转在特性上 b 点)。

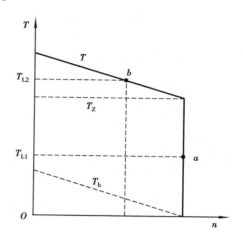

图 20.24　磁滞同步电动机机械特性

但磁滞同步电动机在异步状态下运行的情况极少,这是因为在异步状态运行时,转子铁芯被交变磁化,会产生很大的磁滞损耗(由硬磁材料磁分子之间的摩擦力引起的)和涡流损耗。这些损耗随转差率 s 增大而增大,只有当转子转速等于同步转速时才等于 0,而在起动时为最大。所以磁滞同步电动机在异步状态下运行,尤其在低速运行时是很不经济的。

磁滞式同步电动机具有很多优点:结构简单,运行可靠,能够自行起动,而且起动电流小,运行稳定,等等。

磁滞式同步电动机因具有上述的诸多优点,在恒速装置、传动装置和测量仪器中应用广泛,例如录像机、录音机、电唱机、传真机、电影机、电钟、自动记录仪、时间机构、陀螺仪等设备中均有使用。磁滞式同步电动机已成为一种牢固耐用、使用方便、性能优越的驱动元件。

20.5　步进电动机

步进电动机是一种把电脉冲转换成角位移的电动机。用专用的驱动电源向步进电动机供给一系列的且有一定规律的电脉冲信号,每输入一个电脉冲,步进电机就前进一步,其角位移与脉冲数成正比,电机转速与脉冲频率成正比,且转速和转向与各相绕组的通电方式有关。

根据励磁方式的不同,步进电动机分为反应式、永磁式和永磁感应子式(又称混合式),而反应式步进电动机应用较多,下面以此为例来阐述步进电动机的原理。

20.5.1　工作原理

图 20.25 为一台三相六拍反应式步进电动机模型,定子上有 3 对磁极,每对磁极上绕有一相控制绕组,转子有 4 个分布均匀的齿,齿上没有绕组。

当 A 相控制绕组通电,B 相和 C 相断电时,步进电动机的气隙磁场与 A 相绕组轴线重合,而磁力线总是力图从磁阻最小的路径通过,故电机转子受到一个反应转矩,在步进电机中称为

静转矩。在此转矩的作用下,使转子的齿1和齿3旋转到与A相绕组轴线相同的位置上,如图20.25(a)所示。如果B相通电,A相和C相断电,则转子受反应转矩而转动,使转子齿2和齿4与定子极B,B'对齐,如图20.25(b)所示,此时,转子在空间上逆时针转过的空间角θ为30°,即前进了一步,转过的这个角称为步距角。同样,如果C相通电,A相和B相断电,转子又逆时针转动一个步距角,使转子的齿1和齿3与定子极C,C'对齐,如图20.25(c)所示。如此按A→B→C→A顺序不断地接通和断开控制绕组,电机便按一定的方向一步一步地转动,若按A→C→B→A顺序通电,则电机反向一步一步地转动。

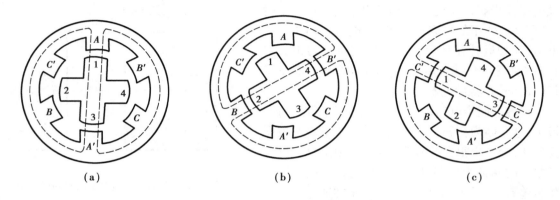

图20.25 三相反应式步进电动机的工作原理图

在步进电机中,控制绕组每改变一次通电方式,称为一拍,每一拍转子转过一个步距角。上述运行方式每次只有一个绕组单独通电,控制绕组每换接3次构成一个循环,故这种方式称为三相单三拍。

若按A→AB→B→BC→C→CA→A顺序通电,每次循环需换接6次,故称为三相六拍,因单相通电和两相通电轮流进行,故又称为三相单双六拍。

三相单双六拍运行时步距角与三相单三拍不一样。当A相通电时,转子齿1,3和定子磁极A,A'对齐,与三相单三拍一样,如图20.26(a)所示。当控制绕组A相和B相同时通电时,转子齿2,4受到反应转矩使转子逆时针方向转动。转子逆时针转动后,转子齿1,3与定子磁极A,A'轴线不再重合,从而转子齿1,3也受到一个顺时针的反应转矩,当这两个方向相反的转矩大小相等时,电机转子停止转动,如图20.26(b)所示。当A相控制绕组断电而只有B相控制绕组通电时,转子又转过一个角度,使转子齿2,4和定子磁极B,B'对齐,如图20.26(c)所示,即三相六拍运行方式的步距角是三相单三拍的一半,即为15°。如果改变通电顺序,按A→AC→C→CB→B→BA→A顺序通电,则步进电机顺时针一步一步地转动,步距角θ_s也是15°。

另外还有一种运行方式,按AB→BC→CA→AB顺序通电,每次均有两个控制绕组通电,故称为三相双三拍,实际是三相六拍运行方式去掉单相绕组单独通电的状态,转子齿与定子磁极的相对位置与图20.25(b)一样或类似。不难分析,按三相双三拍方式运行时,其步距角与三相单三拍一样,都是30°。

由上面的分析可知,同一台步进电机,其通电方式不同,步距角可能不一样,采用单双拍通电方式,其步距角θ_s是单拍或双拍的一半;采用双极通电方式,其稳定性比单极要好。

上述结构的步进电动机无论采用哪种通电方式,步距角要么为30°,要么为15°,都太大,无法满足生产中对精度的要求。由于一个通电循环转子转过一个转子齿距角,在实践中一般

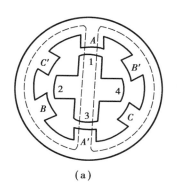
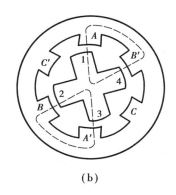
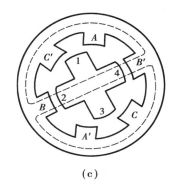

（a）　　　　　　　　　　（b）　　　　　　　　　　（c）

图 20.26　步进电机的三相单双六拍运行方式

采用转子齿数很多,定子磁极上带有小齿的反应式结构,转子齿距与定子齿距相同,因而可以使步距角很小。转子齿数根据步距角的要求初步确定,但准确的转子齿数还要满足自动错位的条件,即每个定子磁极下的转子齿数不能为正整数,而应相差 $\frac{1}{m}$ 个转子齿距,故每个定子磁极下的转子齿数应为

$$\frac{Z_r}{2mp} = K \pm \frac{1}{m}$$

式中　m——相数;

　　　$2p$——一相绕组通电时在气隙圆周上形成的磁极数;

　　　K——正整数。

因此转子总的齿数为

$$Z_r = 2mp\left(K \pm \frac{1}{m}\right) \tag{20.2}$$

当转子齿数满足上式时,当电机的每个通电循环(N 拍)转子转过一个转子齿距,用机械角度表示则为

$$\theta = \frac{360°}{Z_r}$$

故一拍转子转过的机械角即步距角为:

$$\theta_s = \frac{360°}{Z_r N}$$

设驱动电源脉冲频率为 f,则步进电动机转速为

$$n = \frac{60 f \theta_s}{360°} = \frac{60 f}{Z_r N}$$

　　要想提高步进电机在生产中的精度,可以增加转子的齿数,在增加转子齿数的同时还要满足式(20.2)。图 20.27 是一种步距角较小的反应式步进电机的典型结构,其转子上均匀分布着 40 个齿,定子上有 3 对磁极,每对磁极上绕有一组绕组,A,B,C 三相绕组接成星形。定子的每个磁极上都有 5 个齿,而且定子齿距与转子齿距相同,若作三相单三拍运行,则 $N = m = 3$,那么每个转子齿距所占的空间角为

$$\theta_1 = \frac{360°}{Z_r} = \frac{360°}{40} = 9°$$

每一定子极距所占的齿数为

$$\frac{Z_r}{2mp} = \frac{40}{2 \times 3 \times 1} = \frac{20}{3} = 7 - \frac{1}{3}$$

其步距角为

$$\theta_s = \frac{360°}{Z_r N} = \frac{360°}{40 \times 3} = 3°$$

若步进电机作三相六拍方式运行,则步距角为

$$\theta_s = \frac{360°}{Z_r N} = \frac{360°}{40 \times 6} = 1.5°$$

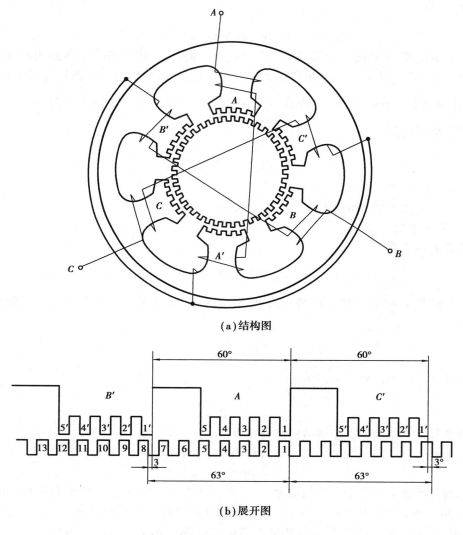

(a)结构图

(b)展开图

图 20.27　三相反应式步进电动机

20.5.2　运行特性

反应式步进电机的运行特性根据各种运行状态分别阐述。

（1）静态运行状态

步进电动机不改变通电情况的运行状态称为静态运行。电机定子齿与转子齿中心线之间的夹角 θ 称为失调角,用电角度表示。步进电动机静态运行时转子受到的反应转矩 T 称为静转矩,通常以使 θ 增加的方向为正。步进电机的静转矩 T 与失调角之间的关系 $T = f(\theta)$ 称为矩角特性。

当步进电机的控制绕组通电状态变化一个循环,转子正好转过一齿,故转子一个齿对应的电角度为 2π,在步进电机某一相控制绕组通电时,如果该相磁极下的定子齿与转子齿对齐,则失调角 $\theta = 0$,静转矩 $T = 0$,如图 20.28（a）所示;如果定子齿与转子齿未对齐,即 $0 < \theta < \pi$,出现切向磁力,其作用是使转子齿与定子齿尽量对齐,即使失调角 θ 减小,故为负值,如图 20.28（b）所示;如果为空载,则反应转矩作用的结果是使转子齿与定子齿完全对齐;如果某相控制绕组通电时转子齿与定子齿刚好错开,即 $\theta = \pi$,转子齿左右两个方向所受的磁拉力相等,步进电机所产生的转矩为 0,如图 20.28（c）所示。步进电机的静转矩 T 随失调角 θ 呈周期性变化,变化的周期为转子的齿距,也就是 2π 电角度。实践表明,反应式步进电机的静转矩 T 与失调角 θ 的关系近似为

$$T = - C \sin \theta$$

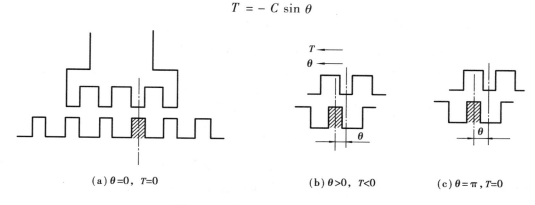

（a）$\theta = 0$, $T = 0$　　　　（b）$\theta > 0$, $T < 0$　　　（c）$\theta = \pi$, $T = 0$

图 20.28　步进电动机的转矩和转角

式中,C 为常数,与控制绕组、控制电流、磁阻等有关。步进电机某相绕组通电时矩角特性如图 20.29 所示。

步进电机在静转矩的作用下,转子必然有一个稳定平衡位置,如果步进电机为空载即 $T_L = 0$,则转子在失调角 $\theta = 0$ 处稳定,即在通电相定齿与转子齿对齐的位置稳定。在静态运行情况下,若有外力使转子齿偏离定子齿,使 $0 < \theta < \pi$,则在外力消除后,转子在静转矩的作用下仍能回到原来的稳定平衡位置。当 $\theta = \pm \pi$ 时,转子齿左右两边所受的磁拉力相等而相互抵消,静转矩 $T = 0$。但只要转子向左或向右稍有偏离,转子所受的左右两个方向的磁拉力不再相等而失去平衡,故 $\theta = \pm \pi$ 是不稳定平衡点。在两个不稳定平衡点之间的区域构成静稳定区,即 $-\pi < \theta < \pi$,如图 20.29 所示。矩角特性上静转矩的最大值 T_{sm} 称为最大静转矩。

（2）步进运行状态

当接入控制绕组的脉冲频率较低,电机转子完成一步之后,下一个脉冲才到来,电机呈现出一转一停的状态,故称之为步进运行状态,如图 20.30 所示。

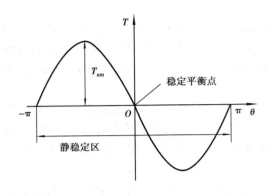

图 20.29　步进电动机的矩角特性

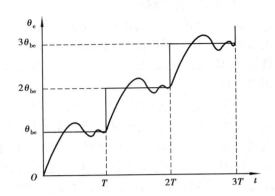

图 20.30　具有步进特征的运行

当负载 $T_L = 0$（即空载）时，步进电动机的运行状态如图 20.31 所示，通电顺序为 $A \rightarrow B \rightarrow C \rightarrow A$。当 A 相通电时，在静转矩的作用下转子稳定在 A 相的稳定平衡点 a，显然失调角 $\theta = 0$，静转矩 $T = 0$。当 A 相断电，B 相通电时，矩角特性转为曲线 B，曲线 B 落后曲线 A 一个步距角 $\theta_b = \dfrac{2}{3}\pi$，转子处在 B 相的静稳定区内，为矩角特性曲线 B 上的 b_1 点，此处 $T > 0$，转子继续转动，停在稳定平衡点 b 处，此处 T 又为 0。同理，当 C 相通电时，又由 b 点转到 c_1 点，然后停在曲线 C 的稳定平衡点 c 处，接下来 A 相通电，又由 c 点转到 a'_1 点并停在 a' 点处，一个循环过程即为 $a \rightarrow b_1 \rightarrow b \rightarrow c_1 \rightarrow c \rightarrow a'_1 \rightarrow a'$。$A$ 相通电时，$-\pi < \theta < \pi$ 为静稳定区。当 A 相绕组断电转到 B 相绕组通电时，新的稳定平衡点为 b 点，对应于它的静稳定区为 $-\pi + \theta_b < \theta < \pi + \theta_b$（图中 $\theta_b = \dfrac{2}{3}\pi$），在换接的瞬间，转子的位置只要停留在此区域内，就能趋向新的稳定平衡点 b，因此，区域 $(-\pi + \theta_b, \pi + \theta_b)$ 称为动稳定区。显而易见，相数增加或极数增加，步距角愈小，动稳定区愈接近静稳定区，即静、动稳定区重叠愈多，步进电机的稳定性愈好。

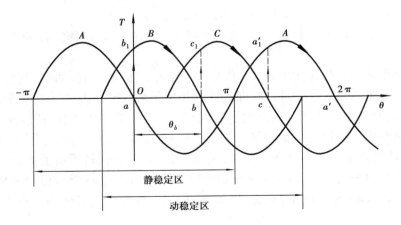

图 20.31　步进电动机空载运行状态

上面是步进电机空载步进运行的情况，当步进电机带上负载 T_L 后，转子停留在静转矩 T 等于负载转矩的点上，如图 20.32 中 a_1, b_1, c_1, a'_1 处，$T = T_L$，转子停止不动。一个循环的过程为 $a_1 \rightarrow b_2 \rightarrow b_1 \rightarrow c_2 \rightarrow c_1 \rightarrow a'_2 \rightarrow a'_1$。

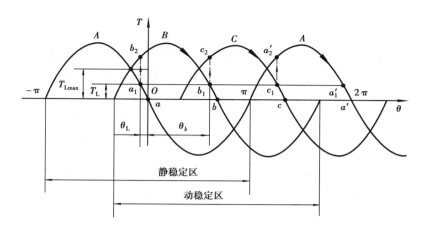

图 20.32　步进电动机负载运行状态

如果负载较大,转子未转到曲线 A,B 的交点就有 $T = T_L$,转子停转,当 A 相断电,B 相通电,转到曲线 B 后 $T < T_L$,电机不能作步进运动。显然,步进电机能够带负载作步进运行的最大值 T_{Lmax} 即是两相矩角曲线交点处的电机静转矩。若增加相数或拍数,则静、动稳定区重叠增加,两相曲线交点升高,最大电机静转矩增加。

（3）**连续运转状态**

当脉冲频率 f 较高时,电机转子未停止而下一个脉冲已经到来,步进电动机已经不是一步一步地转动,而是呈连续运转状态。脉冲频率升高,电机转速增加,步进电动机所能带动的负载转矩将减小。主要是因为频率升高时,脉冲间隔时间少,由于定子绕组电感有延缓电流变化的作用,控制绕组的电流来不及上升到稳态值。频率越高,电流上升到达的数值也就越小,因而电机的电磁转矩也越小。另外,随着频率的提高,步进电动机铁芯中的涡流增加很快,也使电机的输出转矩下降。总之,步进电机的输出转矩随着脉冲频率的升高而减小,步进电机的平均转矩与驱动电源脉冲频率的关系称为矩频特性,如图 20.33 所示。

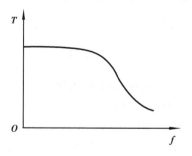

图 20.33　步进电机的运行矩频特性

22.5.3　驱动电源

步进电动机的控制绕组中需要一系列的有一定规律的电脉冲信号,从而使电机按照生产要求运行。这个产生一系列有一定规律的电脉冲信号的电源称为驱动电源。步进电动机的驱动电源主要包括变频信号源、脉冲分配器和脉冲放大器 3 个部分,其方框图如图 20.34 所示。

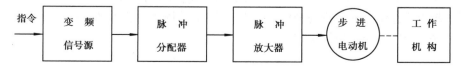

图 20.34　步进电机驱动电源方框图

22.5.4　步进电机的应用

步进电动机是用脉冲信号控制的,步距角和转速大小不受电压波动和负载变化的影响,也不受各种环境条件诸如温度、压力、振动、冲击等影响,而仅仅与脉冲频率成正比,通过改变脉冲频率的高低可以大范围地调节电机的转速,并能实现快速起动、制动、反转,而且有自锁的能力,不需要机械制动装置,不经减速器也可获得低速运行。它每转过一周的步数是固定的,只要不丢步,角位移误差不存在长期积累的情况,主要用于数字控制系统中,精度高,运行可靠。如采用位置检测和速度反馈,亦可实现闭环控制。

步进电动机已广泛应用于数字控制系统中,如数模转换装置、数控机床、计算机外围设备、自动记录仪、钟表等之中,另外,在工业自动化生产线、印刷设备等中亦有应用。

20.6　旋 转 变 压 器

旋转变压器是自动装置中较常用的精密控制电机。当对旋转变压器的定子绕组施加单相交流电时,其转子绕组输出的电压与转子转角成正弦、余弦关系或线性关系等函数关系。

旋转变压器结构与绕线式异步电动机类似,其定子、转子铁芯通常采用高磁导率的铁镍硅钢片冲叠而成,在定子铁芯和转子铁芯上分别冲有均匀分布的槽,里边分别安装有 2 个在空间上互相垂直的绕组,通常设计为 2 极,转子绕组经电刷和集电环引出。

旋转变压器的种类很多,其中正余弦旋转变压器、线性旋转变压器较为常用。

20.6.1　正余弦旋转变压器

(1)正余弦旋转变压器的工作原理

转子绕组输出的电压是转子转角的正余弦函数关系的旋转变压器称为正余弦旋转变压器,其结构如图 20.35 所示。旋转变压器的定子铁芯槽中装有 2 套完全相同的绕组 D_1D_2 和 D_3D_4,但在空间上相差 90°。每套绕组的有效匝数为 N_D,其中 D_1D_2 绕组为直轴绕组,D_3D_4 绕组为交轴绕组。转子铁芯槽中也装有 2 套完全相同的绕组 Z_1Z_2 和 Z_3Z_4,在空间上也相差 90°,每套绕组的有效匝数为 N_z。转子上的输出绕组 Z_1Z_2 的轴线与定子的直轴之间的角度称为转子的转角。

通常把交流电源 U_D 接入定子直轴绕组中,那么直轴绕组 D_1D_2 就成为励磁绕组,如果转子上的输出绕组开路,则此时就是正余弦旋转变压器的空载运行,如图 20.36 所示。

励磁绕组 D_1D_2 通过交流电流 I_{D12} 在气隙中建立一个正弦分布的脉振磁场 Φ_D,其轴线就是励磁绕组(即直轴绕组)D_1D_2 的轴线,即直轴。而输出绕组 Z_1Z_2 与磁场的轴线(直轴)的夹角为 θ,故气隙磁场 Φ_D 与输出绕组 Z_1Z_2 相交链的磁通 $\Phi_{Z12} = \Phi_D\cos\theta$。而另一输出绕组 Z_3Z_4 的轴线与磁场轴线(直轴)的夹角为 $90° - \theta$,那么气隙磁场 Φ_D 与 Z_3Z_4 相交链的磁通 $\Phi_{Z34} = \Phi_D\cos(90° - \theta) = \Phi_D\sin\theta$,如图 20.36(b)所示。

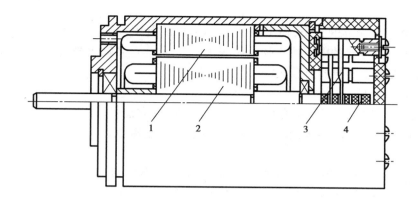

图 20.35　正余弦旋转变压器结构图
1—定子;2—转子;3—电刷;4—集电环

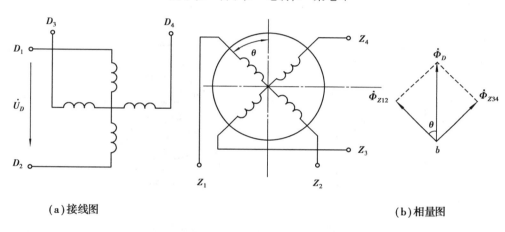

（a）接线图　　　　　　　　　　　　　　　　　　　（b）相量图

图 20.36　正余弦旋转变压器的空载运行

据上述分析,气隙磁场 Φ_D 在励磁绕组中所感应的电动势为

$$E_{D12} = 4.44 f N_D \Phi_D$$

气隙磁通 Φ_D 的两个分量 $\Phi_D\cos\theta$ 和 $\Phi_D\sin\theta$ 分别在输出绕组 Z_1Z_2 和 Z_3Z_4 中所感应的电动势为

$$E_{Z12} = 4.44 f N_Z \Phi_D\cos\theta$$
$$E_{Z34} = 4.44 f N_Z \Phi_D\sin\theta$$

另外,输出绕组与励磁绕组的有效匝数比为

$$K = \frac{N_Z}{N_D}$$

因而输出绕组 Z_1Z_2 和 Z_3Z_4 的感应电动势为

$$E_{Z12} = KE_{D12}\cos\theta$$
$$E_{Z34} = KE_{D12}\sin\theta$$

如果忽略励磁绕组和输出绕组的漏阻抗,则输出绕组 Z_1Z_2 和 Z_3Z_4 的端电压分别为

$$U_{Z12} = KU_D\cos\theta$$

$$U_{Z34} = KU_D\sin\theta$$

通过调节转子转角 θ 的大小,输出绕组 Z_1Z_2 输出的电压按余弦规律变化,故又称为余弦输出绕组,绕组 Z_3Z_4 输出的电压按正弦规律变化,故又称为正弦输出绕组。

(2)正余弦旋转变压器的负载运行

1)负载电流的影响

在实际应用中,输出绕组都接有负载,如控制元件,放大器等,输出绕组有电流流过,从而产生磁动势,使气隙磁场产生畸变,从而使输出电压产生畸变,不再是转角的正、余弦函数关系。

如图 20.37 所示,输出绕组 Z_1Z_2 接上负载,产生的负载电流建立一个按正弦规律分布的脉振磁动势 F_{Z12},其幅值轴线就是 Z_1Z_2 绕组轴线,F_{Z12} 在直轴和交轴两个方向上分为 2 个分量:

$$\text{直轴分量}\quad F_{Z12d} = F_{Z12}\cos\theta$$
$$\text{交轴分量}\quad F_{Z12q} = F_{Z12}\sin\theta$$

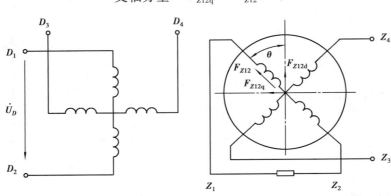

图 20.37　正余弦旋转变压器的负载运行

直轴分量磁动势与励磁绕组的轴线都是直轴,其影响像普通变压器的二次侧负载电流的影响一样,输出绕组 Z_1Z_2 接上负载后产生负载电流,同时也使励磁绕组 D_1D_2 的电流增大,从而保持直轴方向的磁动势平衡,以维持气隙磁通 Φ_D 不变。而交轴分量磁动势存在的结果是使输出电压产生畸变,输出电压不再按余弦规律变化。

2)负载运行的正余弦旋转变压器的补偿

补偿的方法是从消除或减弱造成电压畸变的交轴分量磁动势入手。如图 20.38 所示,余弦输出绕组 Z_1Z_2 接负载,正弦输出绕组作为补偿绕组也接入负载 Z'_L。又两绕组 Z_1Z_2 与 Z_3Z_4 完全一样,如果接入的负载相等($Z_L = Z'_L$),即两绕组回路总电阻 $Z_{总}$ 相等,则流过余弦绕组 Z_1Z_2 的电流为

$$I_{Z12} = \frac{E_{Z12}}{Z_{总}} = \frac{KE_{D12}\cos\theta}{Z_{总}} = I_Z\cos\theta$$

流过正余弦绕组 Z_3Z_4 的电流为

$$I_{Z34} = \frac{E_{Z34}}{Z_{总}} = \frac{KE_{D12}\sin\theta}{Z_{总}} = I_Z\sin\theta$$

上面 2 式中,I_Z 为输出绕组的最大电流值:$I_Z = \dfrac{KE_D}{Z_{总}}$,由 I_Z 所产生的磁动势记为 F_Z,则余弦

绕组 $Z_1 Z_2$ 的电流 I_{Z12} 所产生的磁动势为 $F_{Z12} = F_Z \cos \theta$，其直轴分量为 $F_{Z12d} = F_{Z12} \cos \theta = F_Z \cos^2 \theta$，其交轴分量为 $F_{Z12q} = F_{Z12} \cos \theta = F_Z \sin \theta \cos \theta$。正弦输出绕组 $Z_3 Z_4$ 输出的电流 I_{Z34} 所产生的磁动势为 $F_{Z34} = F_Z \sin \theta$，其直轴分量为 $F_{Z34d} = F_{Z34} \sin \theta = F_Z \sin^2 \theta$，其交轴分量为 $F_{Z34q} = F_{Z34} \sin \theta = F_Z \cos \theta \sin \theta$。

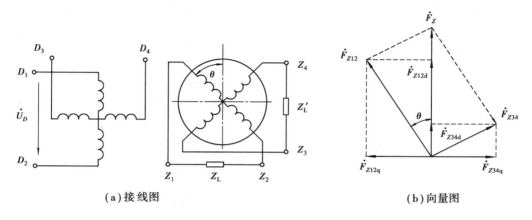

(a) 接线图　　　　　　　　　　　　　　　　(b) 向量图

图 20.38　二次侧补偿的正余弦旋转变压器

由上可知，两个完全一样的正余弦输出绕组如果接的负载一样，则两绕组产生的交轴方向的磁动势大小相等、方向相反，刚好抵消，没有交轴磁场；而在直轴方向上磁动势为两绕组直轴分量磁动势之和，即

$$F_d = F_{Z12d} + F_{Z34d} = F_Z \cos^2 \theta + F_Z \sin^2 \theta = F_Z$$

当 $Z_L = Z_L'$ 时，无论转子的转角 θ 怎么改变，转子绕组的交轴磁动势始终为 0，而直轴磁动势始终不变，故而输出绕组的输出电压可以保持与转角 θ 成正弦或余弦关系。正余弦旋转变压器二次侧（转子）补偿时各种磁动势的关系如图 20.38 所示。

上面所阐述的二次侧补偿是有条件的，即 $Z_L = Z_L'$，但若有偏差，交轴方向的磁动势不能完全抵消，输出还是有畸变的，为此可以采用一次侧补偿来消除交轴磁场。

定子的励磁绕组仍接交流电源，而 $D_3 D_4$ 作为补偿绕组通过阻抗 Z 或直接短接，在绕组 $D_3 D_4$ 中产生感应电流，从而产生交轴方向磁动势，补偿转子绕组的交轴磁动势。

为了减小误差，使用时常同时进行一次侧和二次侧补偿，如图 20.39 所示。

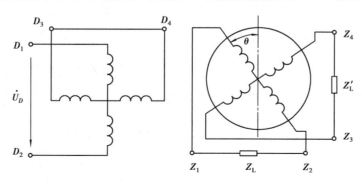

图 20.39　一次侧、二次侧补偿的正余弦旋转变压器

20.6.2 线性旋转变压器

线性旋转变压器输出电压与转子转角成正比关系。事实上正余弦旋转变压器在转子转角 θ 很小的时候近似有 $\sin\theta = \theta$，此时就可看做一台线性旋转变压器。在转角不超过 $\pm4.5°$ 时，线性度在 $\pm0.1\%$ 以内。若要扩大转子转角范围，可将正余弦旋转变压器的线路进行改接，如图 20.40 所示，定子绕组 D_1D_2 与转子绕组 Z_1Z_2 串联后接到交流电源 U_D 上，定子交轴绕组 D_3D_4 作为补偿绕组直接短接或接阻抗短接，Z_3Z_4 接负载 Z_L 输出电压信号。

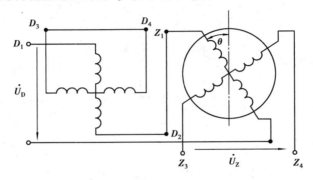

图 20.40 线性旋转变压器接线图

交轴绕组作补偿绕组而短接，可以认为交轴分量磁场 F_q 被完全抵消，故单相电流接入绕组后产生的脉振磁通 Φ_d 是一个直轴脉振磁通，它与励磁绕组、余弦正弦绕组交链而分别产生感应电动势：

$$E_{D12} = 4.44 f N_D \Phi_d$$
$$E_{Z12} = 4.44 f N_Z \Phi_d \cos\theta$$
$$E_{Z34} = 4.44 f N_Z \Phi_d \sin\theta$$

这些电动势都是由脉振磁通 Φ_d 所产生，故它们在时间上同相位。若不计定子、转子绕组的漏阻抗压降，根据电动势平衡关系有：

$$U_D = E_{D12} + E_{Z12} = 4.44 f N_D \Phi_d (1 + K\cos\theta)$$

即
$$\frac{U_D}{1 + K\cos\theta} = 4.44 f N_D \Phi_d \qquad (20.3)$$

式中 K——转、定子绕组的有效匝数比 $\dfrac{N_Z}{N_D}$。

正弦绕组 Z_3Z_4 的输出电压为

$$U_Z \approx E_{Z34} = 4.44 f N_Z \Phi_d \sin\theta$$
$$= 4.44 f N_D \Phi_d K \sin\theta \qquad (20.4)$$

将式(20.3)代入式(20.4)中，得

$$U_Z = \frac{K\sin\theta}{1 + K\cos\theta} U_D$$

当 $K = 0.52$ 时，$U_Z = f(\theta)$ 的曲线可由上式画出。如图 20.41 所示。用数学推导

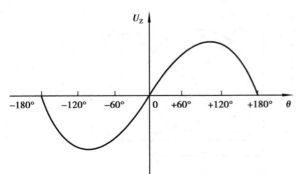

图 20.41 线性旋转变压器的输出电压曲线

可证明,当 $K=0.52$, $-60°\leqslant\theta\leqslant60°$ 时,输出电压 U_Z 和转角 θ 成线性关系,线性误差不超过 0.1%,从图 20.41 中可大致看出。因而一台正余弦旋转变压器若按图 20.40 接线,在转子转角 $-60°\leqslant\theta\leqslant60°$ 时可作为线性旋转变压器使用。

20.6.3　旋转变压器的应用

旋转变压器常在自动控制系统中作解算元件,可进行矢量求解、坐标变换、加减乘除运算和微分积分运算,也可在角度传输系统中作自整角机使用。利用正余弦旋转变压器计算反三角函数的接线,如图 20.42 所示。

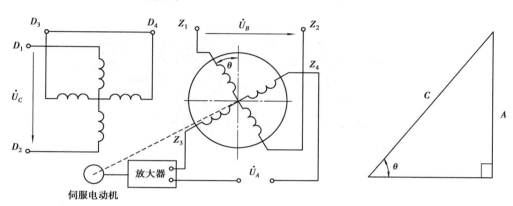

图 20.42　求解反正弦函数接线图及示意图

已知三角形的斜边 C 和对边 A 的大小,求 $\theta=\arcsin\dfrac{U_A}{U_C}$ 的值。首先将定子绕组 D_3D_4 短接作补偿绕组,然后将正比于斜边 C 的电压 U_C 施加到励磁绕组 D_1D_2,若转子绕组与定子绕组的变比 $k=1$,则有

$$U_{Z34}=U_C\sin\theta$$

再将正比于直角三角形对边 A 的电压 U_A 串接正弦绕组 Z_3Z_4 后接在交流伺服电动机的控制绕组上,交流伺服电动机则拖动旋转变压器的转子偏转,改变转子转角,直到 $U_{Z34}-U_A=0$ 为止,此时,

$$U_{Z34}=U_A=U_C\sin\theta$$

即

$$\theta=\arcsin\frac{U_A}{U_C}$$

转子转角就是所要计算的量。

若将电压 U_A 串入转子的余弦绕组 Z_1Z_2 中,则可以求解反余弦函数的值。

20.7　自整角机

自整角机广泛应用于随动系统中,能对角位移或角速度的偏差进行自动整步。自整角机通常是两台或两台以上组合使用,产生信号的自整角机称为发送机,它将轴上的转角变换为电信号;接收信号的自整角机称为接收机,它将发送机发送的电信号变换为转轴的转角,从而实现角度的传输、变换和接收。

在随动系统中主令轴只有一根,而从动轴可以是一根,也可以是多根,主令轴安装发送机,从动轴安装接受机,故而一台发送机带一台或多台接受机。主令轴与从动轴之间的角位差,称为失调角。

自整角机的基本结构如图 20.43 所示,通常做成两极电机。自整角机的定子铁芯嵌有三相对称分布绕组,称为整步绕组,也称为同步绕组,连接为星形接法,转子上放置单相励磁绕组,可以做成凸极结构,如图 20.44(a)所示,也可做成隐极结构,如图 20.4(c)所示,这 2 种方式都是励磁绕组经集电环和电刷后接励磁电源。

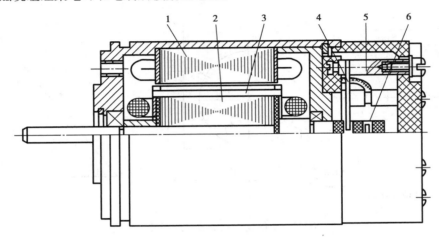

图 20.43　自整角机的基本结构

1—定子;2—转子;3—阻尼绕组;4—电刷;5—接线柱;6—集电环

另外,也可把定子做成凸极式,转子做成隐极式,如图 20.44(b)所示,三相整步绕组嵌入转子铁芯槽内,并经集电环和电刷引出,而单相励磁绕组安装在定子凸极上。

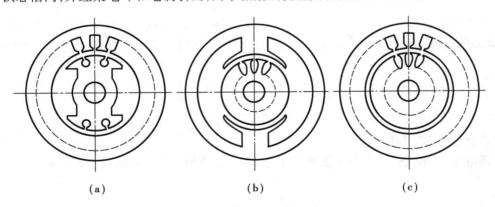

(a)　　　　　　　　(b)　　　　　　　　(c)

图 20.44　自整角机定子转子结构形式

自整角机按自整角输出量可分为力矩式自整角机和控制式自整角机。自整角机控制系统中,当失调角产生时,力矩自整角接收机输出与失调角成正弦关系的转矩,直接带动接收机轴上的机械负载,直至消除失调角。但力矩式自整角机力矩不大,如果机械负载较大,则采用控制式自整角机,控制式自整角机把失调角转换为正弦关系的电压输出,经电压放大器放大后送到交流伺服电动机的控制绕组中,使伺服电机转动,再经齿轮减速后带动机械负载转动,直至消除失调角。

20.7.1　控制式自整角机

控制式自整角机的工作原理如图 20.45 所示,左边的是自整角发送机,右边的是自整角接收机,自整角发送机的励磁绕组接单相交流电源,其三相整步绕组与自整角接收机的整步绕组一一对应相接,自整角接收机工作在变压器状态,故又称为自整角变压器,其输出绕组接交流伺服电动机的控制绕组。自整角发送机的转子转角 θ_1 等于自整角变压器的转子转角 θ_2 时,失调角 $\theta = \theta_1 - \theta_2 = 0$,自整角机此时的位置称为协调位置。

（1）三相整步绕组的电动势和电流

当发送机转子上的励磁绕组接入单相交流电流时,产生的是正弦分布的脉振磁场,与发送机三相整步绕组相交链而感应产生电动势。如果发送机三相整步绕组的某相（如 A 相）与磁励绕组的轴线重合作为起始位置,则此时该相的感应电动势的有效值为

$$E = 4.44 f N k_N \Phi_m$$

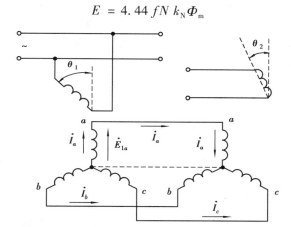

图 20.45　控制式自整角机工作原理图

式中　f——励磁电源的频率,即主磁通的脉振频率;

　　　N——整步绕组每一相的线圈匝数;

　　　k_N——整步绕组的基波绕组系数;

　　　Φ_m——自整角机主磁通的幅值。

如果发送机转子的位置角为 θ_1,如图 20.45 所示,则由发送机励磁绕组产生的主磁场在其各相整步绕组中感应的电动势的有效值分别为

$$E_{1a} = E \cos \theta_1$$
$$E_{1b} = E \cos(\theta_1 - 120°)$$
$$E_{1c} = E \cos(\theta_1 - 240°)$$

设自整角发送机的每相整步绕组的阻抗为 Z_1,自整角变压器每相整步绕组的阻抗为 Z_2,为了便于分析,把两台自整角机的三相整步绕组的星点连接起来,则三相整步绕组的回路电流分别为

$$I_a = \frac{E_{1a}}{Z_1 + Z_2} = \frac{E}{Z_1 + Z_2} \cos \theta_1 = I \cos \theta_1$$

$$I_b = \frac{E_{1b}}{Z_1 + Z_2} = \frac{E}{Z_1 + Z_2} \cos (\theta_1 - 120°) = I \cos (\theta_1 - 120°)$$

$$I_c = \frac{E_{1c}}{Z_1 + Z_2} = \frac{E}{Z_1 + Z_2} \cos (\theta_1 - 240°) = I \cos (\theta_1 - 240°)$$

式中　$I = \dfrac{E}{Z_1 + Z_2}$——发送机转子转角 $\theta = 0$ 时与励磁绕组轴线重合的整步绕组中的电流(此时电流最大)。

三相整步绕组星点连线中的电流为

$$I_0 = I_a + I_b + I_c = I \cos \theta_1 + I \cos (\theta - 120°) + I \cos (\theta - 240°) = 0$$

即连线中并没有电流,实际线路中并不需要连接,分析时连接只不过是为了便于分析而已。

(2)三相整步绕组磁动势

由于三相整步绕组的电动势都是由同一个脉振磁通感应产生,又因控制式自整角发送机和自整角变压器的每相整步绕组回路的阻抗都相同,因而整步绕组的每一相绕组回路的电流是同频率、同相位的,因此,其合成磁动势为空间分布的脉振磁动势。

自整角发送机每相磁动势幅值为

$$F_{1a} = \frac{4}{\pi} \sqrt{2} I_a N k_N = \frac{4}{\pi} \sqrt{2} I N k_N \cos \theta_1 = F_m \cos \theta_1$$

$$F_{1b} = \frac{4}{\pi} \sqrt{2} I_b N k_N = \frac{4}{\pi} \sqrt{2} I N k_N \cos (\theta_1 - 120°) = F_m \cos (\theta_1 - 120°)$$

$$F_{1c} = \frac{4}{\pi} \sqrt{2} I_c N k_N = \frac{4}{\pi} \sqrt{2} I N k_N \cos (\theta_1 - 240°) = F_m \cos (\theta_1 - 240°)$$

式中　$F_m = \dfrac{4}{\pi} \sqrt{2} I N k_N$——$\theta_1 = 0$ 时的磁动势幅值,即最大值。

为了分析的方便,通常把整步绕组中 3 个空间脉振磁动势分解为直轴分量和交轴分量,励磁绕组为直轴,也称 d 轴,交轴与直轴在空间相差 $90°$,称为 q 轴。故控制式自整角发送机三相绕组的直轴分量磁动势为

$$F_{1d} = F_{1a} \cos \theta_1 + F_{1b} \cos (\theta_1 - 120°) + F_{1c} \cos (\theta_1 - 240°)$$

$$= F_m \cos^2 \theta_1 + F_m \cos^2 (\theta_1 - 120°) + F_m \cos^2 (\theta_1 - 240°) = \frac{3}{2} F_m$$

交轴分量的磁动势为

$$F_{1q} = F_{1a} \sin \theta_1 + F_{1b} \sin (\theta_1 - 120°) + F_{1c} \sin (\theta_1 - 240°)$$

$$= F_m \cos \theta_1 \sin \theta_1 + F_m \cos (\theta_1 - 120°) \sin (\theta_1 - 120°) + F_m \cos (\theta_1 - 240°) \sin (\theta_1 - 240°) = 0$$

上述公式表明,控制式自整角发送机的三相绕组合成磁动势没有交轴分量,只有直轴分量,即合成磁动势是一个直轴磁动势,与励磁绕组同轴,与 θ_1 无关。

自整角变压器的三相绕组电流就是发送机绕组电流,只不过对发送机而言,电流是"流出"的,对于接收机(自整角变压器)而言,电流是"流入"的,如图 20.46 所示,因而在接收机整步绕组中产生的磁动势 $\dot{F}_1'$ 与 $\dot{F}_1$ 大小相等、方向相反,也与 θ_1 无关。

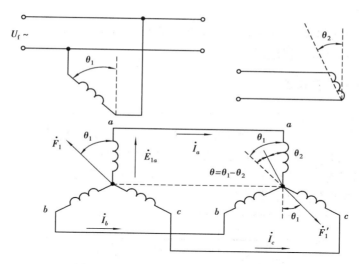

图 20.46　控制式自整角机磁动势关系图

（3）自整角变压器的输出电压

如果自整角变压器的转子转角 θ_2 等于自整角发送机的转子转角 θ_1，则自整角变压器三相绕组合成磁动势所产生的磁场与转子输出绕组同轴线，因此在转子输出绕组中感应电动势 E_m 的值最大；如果 $\theta_2 \neq \theta_1$，自整角变压器定子合成磁动势与转子输出绕组轴线夹角为 $\theta = \theta_1 - \theta_2$，如图 20.46 所示，此时转子输出绕组感应的电动势为

$$E_2 = E_m \cos(\theta_1 - \theta_2) = E_m \cos\theta$$

由上式可知，自整角变压器输出电压（电动势）为失调角 θ 的余弦函数，在实际控制系统中会带来一些问题，如：

①当随动系统处于协调位置（即失调角 $\theta = 0$）时，希望自整角变压器的输出电压为 0。当 $\theta \neq 0$ 时，才有电压信号输出，送到交流伺服电动机中，使伺服电动机旋转以清除 θ。但若按图 20.46 工作，那么，在失调角为 0 时，自整角变压器输出电压反而最大，θ 增大，输出电压反而减小，与实际需要相反。

②失调角 θ 是有方向的，必须明确是顺时针还是逆时针，即 θ 的正负值是表明方向的，但上述系统中不管 θ 为正还是为负，其输出的电压都是正的，因为 $E_m \cos(-\theta) = E_m \cos\theta$。

为了解决上述问题，在实际使用的系统中，自整角发送机的 a 相定子绕组轴线作直轴，其转子绕组以直轴作起始位置，而把自整角变压器转子输出绕组放在交轴上。事实上，把自整角变压器的转子由原来的协调位置（$\theta = 0$）处旋转 90° 作为起始位置，故输出绕组感应电动势为

$$E_2 = E_m(\theta - 90°) = E_m \sin\theta$$

空载时，输出电压 $U_2 = E_2$；负载时，输出电压下降。若选择输入阻抗大的放大器作为负载，则自整角变压器输出电压下降不大。自整角变压器的输出电压 U_2 随失调角 θ 变化的曲

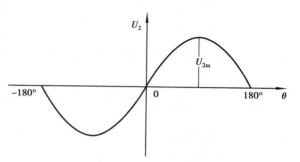

图 20.47　自整角变压器的输出特性

线如图 20.47 所示。

自整角变压器在协调位置即 $\theta = 0$ 时,输出电压为 0,当 $\theta = 1°$ 时输出的电压值称为比电压 U_0,比电压越大,控制系统越灵敏。

20.7.2　力矩式自整角机

在随动系统中,不需放大器和伺服电动机的配合,两台力矩式自整角机就可进行角度传递,因而常用于转角指示。其工作原理如图 20.48 所示。两台自整角机是相同的,左边的一台作发送机,右边的一台作接收机,两台电机的励磁绕组接到同一单相交流电源上,三相整步绕组对应相接。假设三相整步绕组产生的磁动势在空间按正弦规律分布,磁路不饱和,并忽略电枢反应,在分析时便可用叠加原理。

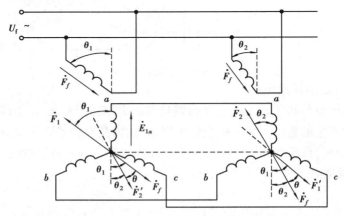

图 20.48　力矩式自整角机接线图及磁动势图

当发送机的转子转角为 θ_1,接收机转子转角为 θ_2 时,在上述假设条件下,力矩式自整角机工作时,电机内磁动势情况可以看成发送机励磁绕组与接收机励磁绕组分别单独接电源时所产生的磁动势的线性叠加。发送机单独励磁,接收机励磁绕组开路的磁动势情况与控制式自整角机工作时的磁动势相同;发送机三相整步绕组产生的合成磁动势 $\dot{F}_1$ 与发送机励磁绕组同轴,与 a 相绕组轴线的夹角为 θ_1,而在接收机中产生的磁动势 $\dot{F}_1'$ 与 $\dot{F}_1$ 大小相等,但方向相反,与接收机 a 相绕组轴线成 θ_1 角。

发送机励磁绕组开路,接收机单独励磁的磁动势情况与第一种情况类似:接收机三相整步绕组产生的磁动势 $\dot{F}_2$ 与接收机的励磁绕组同轴,与接收机的 a 相绕组轴线成 θ_2 角,而在发送机中产生的磁动势 $\dot{F}_2'$ 与 $\dot{F}_2$ 大小相等、方向相反,也与发送机的 a 相绕组轴线成 θ_2 角。

综合上述 2 种情况,每台力矩式自整角机都存在 3 个磁动势,如图 20.48 所示。两台相同的力矩式自整角机的励磁绕组接到同一交流电源上,产生的主磁通是一致的,即 $\dot{F}_1 = \dot{F}_2$。

力矩式自整角机的转矩是定子磁动势与转子磁动势相互作用而产生的。为分析自整角机的力矩,先来看直轴、交轴磁动势是如何产生转矩的。

直轴、交轴磁场(磁动势)间的电磁力如图 20.49(b)所示,在直轴磁通(磁动势)下,通电线圈产生的也是直轴磁动势,此时线圈受到的电磁力 f 的方向如图所示,显然不会产生转矩。

同样,图 20.49(c)是产生交轴磁动势的线圈在交轴磁通(磁动势)下也不会产生转矩。

图 20.49(d)中,在直轴磁通(磁动势)下,通电线圈产生的是交轴磁动势,线圈边受力方向相反,使线圈产生顺时针力矩,最终使线圈停在水平位置,两磁动势的轴线重合。同样,图 20.49(e)是产生直轴磁动势的线圈在交轴磁通(磁动势)下受到逆时针的转矩。

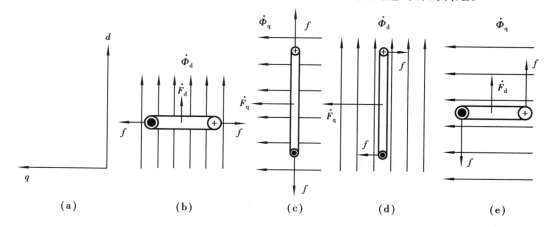

图 20.49　直轴、交轴磁场(磁动势)间的电磁力

综上所述,同轴磁动势不产生转矩,直轴磁动势与交轴磁动势能够产生转矩,转矩的方向是使两磁动势磁轴线靠拢。

根据上述结论,再来分析力矩自整角机的力矩及方向。在接收机中,$\dot{F}_2$ 与励磁磁动势 $\dot{F}_f$ 是同轴磁动势,故不会产生力矩,而 $\dot{F}_1'$ 与 $\dot{F}_f$ 轴线的夹角,即失调角 $\theta = \theta_1 - \theta_2$,不同轴的磁动势则产生转矩:若把 F_2 作直轴,则可把 $\dot{F}_1'$ 分为直轴分量 $F_1'\cos\theta$ 和交轴分量 $F_1'\sin\theta$,如图 20.50 所示。直轴分量与 F_f 同轴不产生转矩,交轴分量 $F_1'\sin\theta$ 则与 F_f 产生转矩,此转矩称为整步转矩。若 $\theta = 90°$ 时产生的最大整步转矩为 T_m,接收机所产生的整步转矩可以表达为

$$T = T_m \sin\theta$$

当失调角越大,自整角接收机产生的整步转矩越大,转矩的方向是使 $\dot{F}_f$ 和 $\dot{F}_1'$ 靠拢,即转子往失调角减小的方向旋转。若为空载,最终会消除失调角 θ,此时,两个力矩式自整角机的转子转角相等,即 $\theta_1 = \theta_2$,$\theta = \theta_1 - \theta_2 = 0$,随系统处于协调位置。但实际上,由于机械摩擦等原因的影响,使空载时失调角并不为 0,而存在着一个较小的误差 $\Delta\theta$,$\Delta\theta$ 称为静态误差,即自整角发送机和接受机转子停止不转时的失调角。

若主动轴在外部力矩下连续不断地转动,θ_1 处于连续不断的变化中,则 θ_1 与 θ_2 的差值 θ 使自整角接收机产生转矩,使其转子转角 θ_2 不断跟随 θ_1,即接收机跟随发送机旋转,从而使从动轴时刻跟随主动轴旋转。

需要说明的是,如果两台力矩式自整角机完全一样,励磁绕组又接同一个交流电源,那么,自整角发送机所产生的转矩 T 与接收机的转矩大小相等,转矩的方向也是使 $\dot{F}_f$ 和 $\dot{F}_1'$ 靠拢,即转子转动使失调角减小。但自整角发送机转子转轴为主动轴,自整角产生的转矩根本不能使主动轴转动,因而只有自整角接收机在因失调角 θ 的存在而产生的转矩下使转子转动,以减小失调角,换言之,是接收机跟随发送机旋转。失调角 θ 与静态整步转矩 T 的关系曲线如图20.51

所示,当失调角 $\theta = 1°$ 时的静态整步转矩称为比整步转矩,其值愈大,则系统灵敏度愈高。

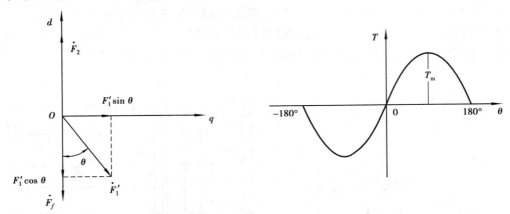

图 20.50　自整角接收机磁动势图　　　　图 20.51　静态整步转矩 T 与失调角的关系

20.7.3　自整角机的应用

　　自整角机的应用越来越广泛,常用于位置和角度的远距离指示,如在飞机、舰船之中常用于角度位置、高度的指示,雷达系统中用于无线定位,等等;另一方面常用于远距离控制系统中,如轧钢机轧辊控制和指示系统、核反应堆的控制棒指示,等等。图 20.52 是自整角机的一个应用实例。该系统连线距离长达数公里,因此采用升压降压变压器。为了有足够的力矩带动负载,应采用较大机座号的自整角机。

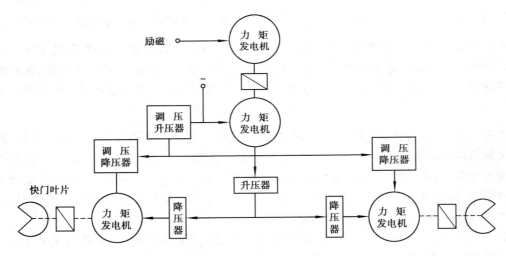

图 20.52　快速同步摄像系统示意图

20.8　测速发电机

　　测速发电机是一种测量转速的微型发电机,它把输入的机械转速变换为电压信号输出,并要求输出的电压信号与转速成正比,即

$$U_2 = Cn$$

测速发电机分直流和交流两大类。

20.8.1　直流测速发电机

（1）工作原理

直流测速发电机实际上是一种微型直流发电机,按定子磁极的励磁方式分为电磁式和永磁式。

直流测速发电机的工作原理与一般直流发电机相同,如图 20.53 所示。在恒定的磁场 Φ_0 中,外部的机械转轴带动电枢以转速 n 旋转,电枢绕组切割磁场,从而在电刷间产生感应电动势为

$$E_0 = C_e\Phi_0 n$$

在空载时,直流测速发电机的输出电压就是电枢感应电动势,即 $U_0 = E_0$,显然,输出电压 U_0 与 n 成正比。

有负载时,若电枢电阻为 R_a,负载电阻为 R_L,不计电刷与换向器间的接触电阻,则直流测速发电机的输出电压为

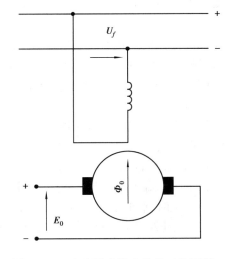

图 20.53　直流测速发电机的工作原理

$$U = E_0 - IR_a = E_0 - \frac{U}{R_L}R_a$$

整理后得

$$U = \frac{C_e\Phi_0}{1 + \dfrac{R_a}{R_L}}n = Cn$$

式中,C 为直流测速发电机输出特性的斜率,当 Φ_0,R_a 及 R_L 都不变时,输出电压 U 与转速成线性关系。对于不同的负载电阻 R_L,输出特性的斜率 C 不同,负载电阻越小,斜率 C 也越小,测速发电机灵敏度越低。直流测速发电机的输出特性如图 20.54 所示。

（2）误差分析

直流测速发电机的输出电压与转速要严格保持正比关系,在实际中是难以做到的,其实际的输出特性为图 20.54 中实线,造成这种非线性误差的原因主要有以下 3 个方面:

1）电枢反应

直流测速发电机负载时电枢电流会产生电枢反应,电枢反应的去磁作用使气隙磁通 Φ_0 减小,根据输出电压与转速的关系式

$$U = \frac{C_e\Phi_0}{1 + \dfrac{R_a}{R_L}}n$$

可知,当 Φ_0 减小,输出电压减小。从输出特性看,斜率 C 减小,而且负载电阻越小,电枢电流越大,电枢反应的去磁作用越显著,输出特性斜率 C 减小越明显,输出特性由直线变为曲线。所以,直流测速发电机在使用时负载电阻不能小于规定值。

2）延迟换向去磁

根据 19.4 直流电机的换向分析,换向元件中的电抗电动势 e_r 和切割电枢磁场而产生切割电动势 e_a 都是阻碍换向的,即对气隙磁通 Φ_0 产生去磁作用。如果不考虑磁通变化,则直流测速发电机电动势与转速成正比,当负载电阻一定时,电枢电流及绕组元件电流也与转速成正比;另外,换向周期与转速成反比,电机转速越高,元件的换向周期越短;e_r 正比于单位时间内换向元件电流的变化量。故 e_r 必正比于转速的平方,即 $e_r \propto n^2$。同样可以证明 $e_a \propto n^2$。因此,换向元件的附加电流及延迟换向去磁磁通与 n^2 成正比,使输出特性呈现如图 20.54 所示的形状。所以,直流测速发电机的转速上限要受到延迟换向去磁效应的限制。

3）温度的影响

如果直流测速发电机长期使用,其励磁绕组会发热,其绕组阻值随温度的升高而增大,励磁电流因此而减小,从而引起气隙磁通 Φ_0 减小,输出电压减小,特性斜率 C 减小。温度升得越高,斜率 C 减小越明显,使特性向下弯曲。

为了减小温度变化带来的非线性误差,通常把直流测速发电机的磁路设计为饱和状态。当温度变化时,引起励磁电流 I_f 变化,在磁路饱和时 I_f 变化引起的磁通变化要比磁路非饱和时小得多,如图 20.55 所示,从而减小非线性误差。

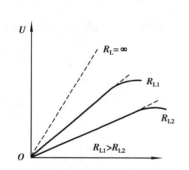
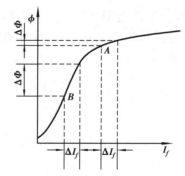

图 20.54　直流测速发电机的输出特性　　　图 20.55　磁化曲线

另外,可在励磁回路中串接一个阻值较大而温度系数较小的锰铜或康铜电阻,以减小由于温度的变化而引起的电阻变化,从而减小因温度而产生的线性误差。

4）接触电阻

如果电枢电路总电阻包括电刷与换向器的接触电阻 R_1,则输出电压为

$$U = \frac{C_e \Phi_0}{1 + \dfrac{R_a + R_1}{R_L}} n$$

而接触电阻 R_1 总是随负载电流变化而变化,当输入的转速较低时,接触电阻较大,使此时本来就不大的输出电压变得更小,造成的线性误差很大;当电流较大的,接触电阻较小而且基本上趋于稳定的数值,线性误差相对而言小得多。

另外,直流测速发电机输出的电压存在着纹波,其交变分量对速度反馈控制系统、高精度的解算装置有较明显的影响。

20.8.2　交流测速发电机

交流测速发电机分为异步测速发电机和同步测速发电机。

（1）交流异步测速发电机

1）工作原理

交流异步测速发电机与交流伺服电动机的结构相似,其转子结构有笼型的,也有杯型的,在自动控制系统中多用空心杯转子异步测速发电机。

空心杯转子异步测速发电机定子上有 2 个在空间上互差 90°电角度的绕组,一个为励磁绕组,另一个为输出绕组,如图 20.56 所示。

当定子励磁绕组外接频率为 f 的恒压交流电源 $\dot{U}_f$ 时,励磁绕组中有电流 $\dot{I}_f$ 流过,在直轴(即 d 轴)上产生以频率 f 脉振的磁通 $\dot{\Phi}_d$。

在转子不动时,脉振磁通 $\dot{\Phi}_d$ 在空心杯转子中感应出变压器电动势(空心杯转子可看成有无数根导条的笼式转子,相当于变压器短路时的二次绕组,而励磁绕组相当于变压器的一次绕组),产生与励磁电源同频率的脉振磁场,也在 d 轴,都与处于 q 轴的输出绕组无磁通交链,故输出电压为零。

在转子转动时,转子切割直轴磁通 $\dot{\Phi}_d$,在杯型转子中感应产生旋转电动势 $\dot{E}_r$,其大小正比于转子转速 n,并以励磁磁场 $\dot{\Phi}_d$ 的脉振频率 f 交变。又因空心杯转子相当于短路绕组,故旋转电动势 $\dot{E}_r$ 在杯型转子中产生交流短路电流 $\dot{I}_r$,其大小正比于 E_r,其频率为 $\dot{E}_r$ 的交变频率 f。若忽视杯型转子的漏抗的影响,则电流 $\dot{I}_r$ 所产生的脉振磁通 $\dot{\Phi}_q$ 的大小正比于 E_r,在空间位置上与输出绕组的轴线(q 轴)一致,因此转子脉振磁场 $\dot{\Phi}_q$ 与输出绕组相交链而产生感应电动势 E,据上分析可得

$$E \propto \Phi_q \propto I_r \propto E_r \propto n$$

输出绕组感应产生的电动势 E 实际就是交流异步测速发电机输出的空载电压 U,其大小正比于转速 n,其频率为励磁电源的频率 f。

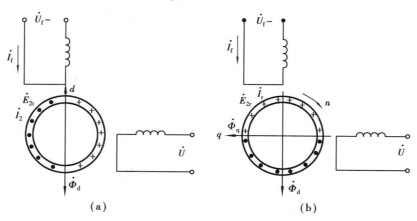

图 20.56　空心杯转子异步测速发电机原理图

2）误差分析

交流异步测速发电机的误差主要有 3 种:非线性误差、剩余电压和相位误差。

①非线性误差

只有在严格保持直轴磁通 $\dot{\Phi}_{\mathrm{d}}$ 不变的前提下,交流异步测速发电机的输出电压才与转子转速成正比。但在实际中,直轴磁通 $\dot{\Phi}_{\mathrm{d}}$ 是变化的,原因主要有两个方面:一方面,转子旋转时产生的 q 轴脉振磁场 $\dot{\Phi}_{\mathrm{q}}$,杯型转子也同时切割该磁场,从而产生 d 轴磁通 Φ'_{d}($\Phi_{\mathrm{q}} \propto n, \Phi'_{\mathrm{d}} \propto n^2$),从而使 d 轴总磁通产生变化;另一方面,杯型转子的漏抗是存在的,它产生的是直轴磁动势,也使直轴磁通产生变化。这两个方面的原因引起直轴磁通变化的结果是使测速发电机产生线性误差。

为了减小转子漏抗造成的线性误差,异步测速发电机都采用非磁性空心杯转子,常用电阻率大的磷青铜制成,以增大转子电阻,从而可以忽略转子漏抗。与此同时,使杯型转子转动时切割交轴磁通 $\dot{\Phi}_{\mathrm{q}}$ 而产生的直轴磁动势明显减弱。

另外,提高励磁电源频率,也就是提高电机的同步转速,也可提高线性度,减小线性误差。

②剩余电压

当转子静止时,交流测速发电机的输出电压应当为零,但实际上还会有一个很小的电压输出,此电压称为剩余电压。剩余电压虽然不大,但却使控制系统的准确度大为降低,影响系统的正常运行,甚至会产生误动作。

产生剩余电压的原因很多,最主要的原因是制造工艺不佳所致,如定子两相绕组并不完全垂直,从而使两输出绕组与励磁绕组之间存在耦合作用,气隙不均,磁路不对称,空心杯转子的壁厚不均以及制造杯型转子的材料不均等都会造成剩余误差。

要减小剩余误差,根本方法无疑是提高制造和加工的精度,也可采用一些措施进行补偿。阻容电桥补偿法是常用的补偿方法,如图 20.57 所示,调节电阻 R_1 的大小以改变附加电压的大小,调节电阻 R 的大小以改变附加电压的相位,从而使附加电压与剩余电压相位相反,大小近似相等,补偿效果良好。

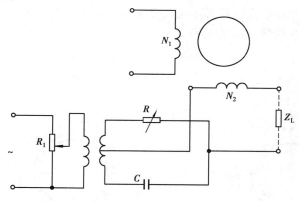

图 20.57　剩余电压补偿原理图

③相位误差

在自动控制系统中不仅要求异步测速发电机输出电压与转速成正比,而且还要求输出电压与励磁电压同相位。输出电压与励磁电压的相位误差是由励磁绕组的漏抗、杯型转子的漏抗产生的,可在励磁回路中串电容进行补偿。

（2）交流同步测速发电机

交流同步测速发电机又分为永磁式、感应子式和脉冲式 3 种。永磁式同步测速发电机实际就是永磁转子同步发电机,定子绕组感应的交变电动势大体与转速成正比。而感应子式和脉冲式同步测速发电机工作原理是一致的:转子转动时,定子、转子齿槽位置相对变化,从而产生脉动的磁场与输出绕组交链,从而产生感应电动势。

同步测速发电机输出的三相电压经桥式整流、滤波后变换为直流输出电压,作为自动控制系统中的速度反馈信号,相当于一台性能良好的直流测速发电机。

(3)测速发电机的应用

测速发电机的作用是将机械速度转换为电气信号,常用作测速元件、校正元件、解算元件,与伺服电机配合,广泛使用于许多速度控制或位置控制系统中,如在稳速控制系统中,测速发电机将速度转换为电压信号作为速度反馈信号,可达到较高的稳定性和较高的精度,在计算解答装置中,常作为微分、积分元件。

20.9　直线电动机

直线电机是近年来国内外积极研究发展的新型电机之一,它是一种不需要中间转换装置就能直接作直线运动的电动机械。过去,在各种工程技术中需要直线运动时,一般用旋转电机通过曲柄连杆或蜗轮蜗杆等传动机构来获得。但这种传动形式往往会带来结构复杂、重量重、体积大、啮合精度差,且工作不可靠等缺点。

近十几年来,科学技术的发展推动了直线电机的研究和生产,目前在交通运输、机械工业和仪器仪表工业中,直线电机已得到推广和应用。在自动控制系统中,采用直线电机作为驱动、指示和信号元件也更加广泛,例如在快速记录仪中,伺服电动机改用直线电动机后,可以提高仪器的精度和频带宽度;在雷达系统中,用直线自整角机代替电位器进行直线测量可提高精度,简化结构;在电磁流速计中,可用直线测速机来量测导电液体在磁场中的流速;另外,在录音磁头和各种记录装置中,也常用直线电动机传动。

与旋转电机传动相比,直线电机传动主要具有下列优点:

①直线电机由于不需要中间传动机械,因而使整个机械得到简化,提高了精度,减少了振动和噪声;

②快速响应。用直线电机驱动时,由于不存在中间传动机构的惯量和阻力矩的影响,因而加速和减速时间短,可实现快速起动和正反向运行;

③仪表用的直线电机,可以省去电刷和换向器等易损零件,提高可靠性,延长使用寿命;

④直线电机由于散热面积大,容易冷却,所以允许较高的电磁负荷,可提高电机的容量定额;

⑤装配灵活性大,往往可将电机和其他机件合成一体。

直线电机有多种型式,原则上对于每一种旋转电机都有其相应的直线电机。一般,按照工作原理来区分,可分为直线感应电机、直线直流电机和直线同步电机(包括直线步进电机)3种。在伺服系统中,和传统元件相应,也可制成直线运动形式的信号和执行元件。

由于直线电机与旋转电机在原理上基本相同,所以下面不一一罗列各种电机,而只介绍直线感应电机,使大家对这类电机有个基本的了解。

20.9.1 直线感应电机的主要类型和结构

直线感应电机主要有两种型式,即平板型和管型。平板型电机可看做是由普通的旋转感应(异步)电动机直接演变而来的。图20.58(a)表示一台旋转的感应电动机,设想将它沿径向剖开,并将定、转子圆周展成直线,如图20.58(b)所示,这就得到了最简单的平板型直线感应电机。由定子演变而来的一侧称为初级,由转子演变而来的一侧称为次级。直线电机的运动方式可以是固定初级,让次级运动,此即动次级;相反,也可以固定次级而让初级运动,则称为动初级。

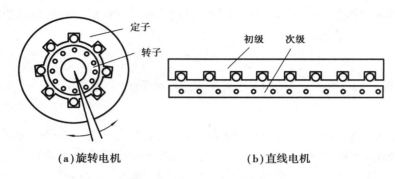

图 20.58 直线电机的形成

图20.58中直线电机的初级和次级长度相等,这在实际应用中是行不通的。因为初、次级要作相对运动,假定在开始时初、次级正好对齐,则在运动过程中,初、次级之间的电磁耦合部分将逐渐减少,影响正常运行。因此,在实际应用中必须把初、次级做得长短不等。根据初、次级间相对长度,可把平板型直线电机分成短初级和短次级两类,如图20.59所示。由于短初级结构比较简单,制造和运行成本较低,故一般常用短初级,只在特殊情况下才采用短次级。

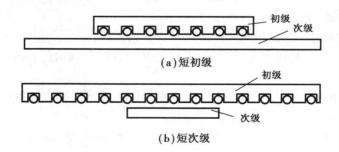

图 20.59 平板型直线电机

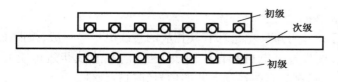

图 20.60 双边型直线电机

图20.59所示的平板型直线电机仅在次级的一边具有初级,这种结构型式称单边型。单边型除了产生切向力外,还会在初、次级间产生较大的法向力,这在某些应用中是不希望的。为了更充分地利用次级和消除法向力,可在次级的两侧都装上初级。这种结构型式称为双边型,如图20.60所示。

与旋转电机一样,平板型直线电机的初级铁芯也由硅钢片叠成,表面开有齿槽,槽中安放着三相、两相或单相绕组。单相直线感应电机也可做成罩极式的,也可通过电容移相。它的次级形式较多,有类似鼠笼转子的结构,即在钢板上(或铁芯叠片里)开槽,槽中放入铜条或铝条,然后用铜带或铝带在两侧端部短接。但由于其工艺和结构比较复杂,故在短初级直线电机中很少采用。最常用的次级有 3 种:第 1 种是整块钢板,称为钢次级或磁性次级,这时,钢既起导磁作用,又起导电作用;第 2 种为钢板上覆合一层铜板或铝板,称为覆合次级,钢主要用于导磁,而导电主要靠铜或铝;第 3 种是单纯的铜板或铝板,称为铜(铝)次级或非磁性次级,这种次级一般用于双边型电机中,使用时必须使一边的 N 极对准另一边的 S 极。显然,这 3 种次级型式都与杯形转子的旋转电机相对应。

除了上述的平板型直线感应电机外,还有管型直线感应电动机。如果将图 20.61(a)所示的平板型直线电机的初级和次级依箭头方向卷曲,就成为管型直线感应电动机,如图 20.61(b)所示。

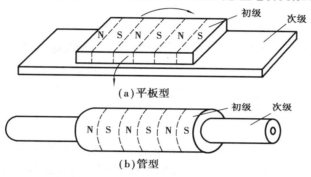

图 20.61 管型直线感应电机的形成

在平板型电机里,线圈一般做成菱形,如图 20.62(a)(图中只示出一相线圈的连接),它的端部只起连接作用。在管形电机里,线圈的端部就不再需要,把各线圈边卷曲起来,就成为饼式线圈,如图 20.62(b)所示。管型直线感应电动机的典型结构如图 20.63 所示,它的初级铁芯是由硅钢片叠成的一些环形钢盘,初级多相绕组的线圈绕成饼式,装配时将铁芯与线圈交替叠放于钢管

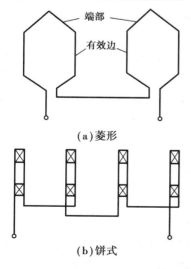

图 20.62 直线感应电机的线圈

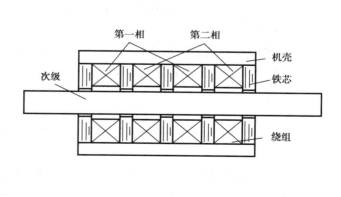

图 20.63 两相管型直线感应电动机

机壳内。管型电机的次级通常由一根表面包有铜皮或铝皮的实心钢条或厚壁钢管构成。

20.9.2　直线感应电机的工作原理

由上所述,直线电机是由旋转电机演变而来的,因而当初级的多相绕组中通入多相电流后,也会产生一个气隙基波磁场,但这个磁场的磁通密度波 B_δ 是直线移动的,故称为行波磁场,如图 20.64 所示。

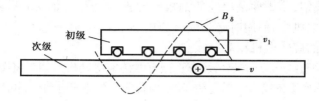

图 20.64　行波磁场

显然,行波的移动速度与旋转磁场在定子内圆表面上的线速度是一样的,即为 v_1,称为同步速度,且

$$v_1 = 2f\tau$$

式中　τ——极距,cm;

　　　f——电源频率,Hz。

在行波磁场切割下,次级导条将产生感应电动势和电流,所有导条的电流和气隙磁场相互作用,便产生切向电磁力。如果初级固定不动,次级就顺着行波磁场运动的方向作直线运动。若次级移动的速度用 v 表示,则滑差率

$$s = \frac{v_1 - v}{v_1}$$

次级移动速度

$$v = (1 - s)v_1 = 2f\tau(1 - s)$$

上式表明直线感应电动机的速度与电机极距及电源频率成正比,因此,改变极距或电源频率都可改变电机的速度。

与旋转电机一样,改变直线电机初级绕组的通电相序,可改变电机运动的方向,因而可使直线电机作往复直线运动。

直线电机的其他特性,如机械特性、调节特性等都与交流伺服电动机相似,通常也是靠改变电源电压或频率来实现对速度的连续调节,这些不再重复说明。

20.10　无刷直流电动机

直流电动机主要优点是调速和起动性能好、堵转转矩大,因而被广泛应用于各种驱动装置和伺服系统中。但是,直流电动机都有电刷和换向器,其间形成的滑动机械接触严重地影响了电机的精度、性能和可靠性,所产生的火花会引起无线电干扰,缩短电机寿命,换向器电刷装置又使直流电机结构复杂、噪声大、维护困难,因此长期以来人们都在寻求可以不用电刷和换向

器装置的直流电动机。

随着电力电子技术的迅速发展,各种大功率电子器件的广泛采用,这种愿望已被逐步实现。本节要介绍的无刷直流电动机利用电子开关线路和位置传感器来代替电刷和换向器,使这种电机既具有直流电动机的特性,又具有交流电动机结构简单、运行可靠、维护方便等优点。它的转速不再受机械换向的限制,若采用高速轴承,还可以在高达每分钟几十万转的转速中运行。因此,无刷直流电动机用途非常广泛,可作为一般直流电动机、伺服电动机和力矩电动机等使用,尤其适用于高级电子设备、机器人、航空航天技术、数控装置、医疗化工等高新技术领域。无刷直流电动机将电子线路与电机融为一体,把先进的电子技术应用于电机领域,这将促使电机技术更新、更快的发展。

20.10.1　无刷直流电动机的结构

无刷直流电动机实质上是一种特定类型的同步电动机,它由电动机、转子位置传感器和电子开关线路 3 部分组成,它的原理框图如图 20.65 所示。图中直流电源通过逆变器 UI 向电动机定子绕组供电,电动机转子位置由位置传感器 BQ 检测并提供信号去触发开关线路中的功率开关元件使之导通或截止,从而控制电动机的转动。

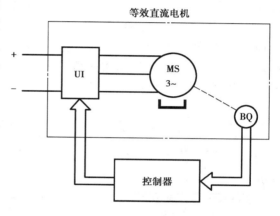

图 20.65　无刷直流电动机的原理框图

从电动机本身看,它是一台同步电动机,但是如果把它和逆变器 UI、转子位置检测器 BQ 合起来看,就像是一台直流电动机。直流电动机电枢里面的电流本来就是交变的,只是经过换向器和电刷才在外部电路表现为直流,这时,换向器相当于机械式的逆变器,电刷相当于磁极位置检测器。这里,则采用电力电子逆变器和转子位置检测器替代机械式换向器和电刷。

无刷直流电动机的基本结构如图 20.66 所示。图中电动机结构与永磁式同步电动机相

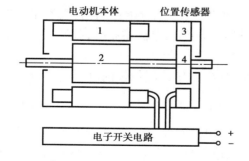

图 20.66　无刷直流电动机的基本结构
1—电动机定子;2—电动机转子;
3—传感器定子;4—传感器转子

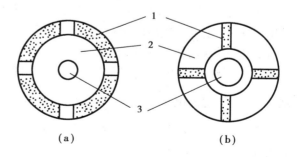

图 20.67　永磁转子结构型式
1—稀土永磁体;2—铁芯;3—转轴

似,转子是由永磁材料制成一定极对数的永磁体,但不带鼠笼绕组或其他启动装置,主要有两种结构型式,如图20.67(a)和(b)所示。第①种结构是转子铁芯外表面粘贴瓦片形磁钢,称为凸极式;第2种结构是磁钢插入转子铁芯的沟槽中,称为内嵌式或隐极式。

20.10.2　无刷直流电动机的工作原理

图20.68为无刷直流电动机的原理模型,永磁无刷直流电动机的转子磁极经专门的磁路设计,可获得梯形波的气隙磁场,如图20.68所示。定子采用集中整距绕组,因而感应电动势也是梯形波,如图20.70所示。A,B,C三相各占60°(电角度)相带。当电机处于图20.68(a)所示的位置时,给B,C两相绕组通入图示方向的恒定电流(A相绕组不通电),这些载流导体在气隙磁场中受电磁力作用(方向为从右向左),则转子形成从左向右的电磁转矩,如图所示,使转子转动。当转子在60°空间电角度内转动时,由于磁场大小和电枢电流基本不变,故电磁转矩不变。但当转子转过60°空间电角度,处于图20.68(b)所示的位置时,如果仍按图20.68(a)的通电方式运行,则同一极下的电枢导体中将有部分导体的电流方向发生改变(见图20.68(b)),造成电磁转矩减小。因此,在这一位置时需要进行换流,即从B相换到A相,C相电流不变,如图20.68(c)所示,此时电流分布向前移动60°。这样,每相通入120°的方波交变电流,如图20.70所示,依次换相,使同一极下电枢导体中的电流始终保持方向一致,所产生的电磁转矩方向不变。

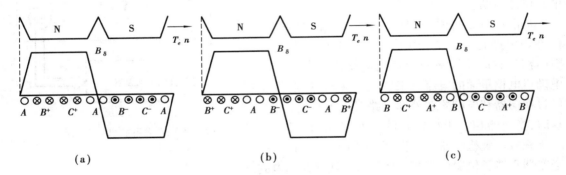

图20.68　无刷直流电动机的原理模型

从上面的分析可知:

①定子电流所产生的电枢磁动势是一个跃进式磁动势。在每个60°区间内,载流相带中的电流不变,定子合成磁动势在空间静止不动;当转子转过60°后,电流换相时,载流相带和定子合成磁动势将瞬间向前跃进60°。

②由于永磁体的梯形波磁场比定子两相载流相带宽60°,使载流相带内磁通密度恒定且最大,因而产生的电磁转矩恒定且最大。由此付出的代价是定子上仅有$\frac{2}{3}$的导体是有效的。

无刷直流电动机的等效电路及逆变器主电路原理图如图20.69所示。由逆变器提供的方波电流与感应电动势严格同相位,同一相(例如A相)的电动势e_A和电流i_A波形图如图20.70所示。B相,C相依次错开120°电角度,三相对称。为此,上述的换流时刻必须根据转子磁极的位置(由转子位置传感器产生相应的信号)确定,使逆变器元件依次换向。

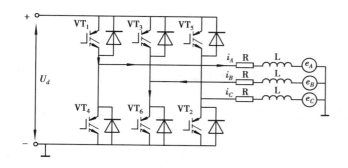

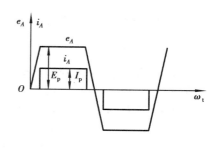

图 20.69　无刷直流电动机的等效电路及逆变器主电路原理图　　图 20.70　电动势 e_A 和电流 i_A 波形图

　　然而由于绕组电感的作用,换相时电流波形不可能突变,其波形实际上只能是近似梯形的,因而通过气隙传送到转子的电磁功率及产生的电磁转矩也是梯形波,如图 20.71 所示。实际的转矩波形每隔 60° 都出现一个缺口,而用 PWM 调压调速又使平顶部分出现纹波,这样的转矩脉动使无刷直流电动机的性能受到影响。

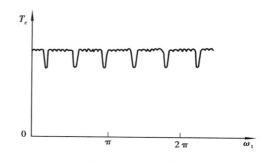

图 20.71　电磁转矩的波形

　　设图 20.70 中方波电流的峰值为 I_p,梯形波电动势的峰值为 E_p,在一般情况下,同时只有两相导通,从逆变器直流侧看进去,为两绕组串联,则电磁功率为 $P_m = 2E_p I_p$。忽略电流换相过程的影响,电磁转矩为

$$T_e = \frac{P_m}{\dfrac{\omega_1}{p}} = \frac{2pE_p I_p}{\omega_1}$$

式中,E_p 与每极主磁通 Φ 和电机转速 n 的乘积成正比,两相绕组串联电动势可表示为 $2E_p = C_e\Phi n$,其中 C_e 为电动势系数,ω_1 为通电方式切换频率。又因

$$\omega_1 = \frac{p \cdot 2\pi n}{60}$$

代入上式,可得

$$T_e = \frac{P_m}{\dfrac{\omega_1}{p}} = \frac{pC_e\Phi n I_p}{\dfrac{p \cdot 2\pi n}{60}} = \frac{30}{\pi} C_e\Phi I_p = C_T\Phi I_p$$

可知,无刷直流电动机的转矩与电流成正比,和一般的直流电动机相当。

　　无刷直流电动机的电动势平衡方程为

$$U_d = 2E_p + 2R_a I_p = C_e\Phi n + R_s I_p$$

于是可得转速公式为

$$n = \frac{U_d}{C_e\Phi} - \frac{R_s}{C_e\Phi} I_p = \frac{U_d}{C_e\Phi} - \frac{R_s}{C_e C_T\Phi^2} T$$

其表达式也和一般的直流电动机相似。

20.10.3 无刷直流电动机的特点

无刷直流电动机的主要特点有：

①由于采用了永磁材料磁极，特别是采用了稀土金属永磁，因此容量相同时电机的体积小、重量轻，结构紧凑，运行可靠。

②转子没有铜耗和铁耗，又没有滑环和电刷的摩擦损耗，运行效率高，一般比同容量异步电动机效率提高了 5% ~ 12%。

③无刷直流电动机无需从电网吸取励磁电流，故功率因数高，接近于 1。

④无刷直流电动机是一种自控式调速系统，它无需像普通同步电动机那样需要起动绕组；在负载突变时，不会产生振荡和失步。

⑤转动惯量小，允许脉冲转矩大，可获得较高的加速度，动态性能好。

20.11 开关磁阻电动机

开关磁阻电动机调速系统兼具直流、交流两类调速系统的优点，是继变频调速系统、无刷直流电动机调速系统之后发展起来的最新一代无级调速系统，是集现代微电子技术、数字技术、电力电子技术及现代电磁理论、设计和制作技术为一体的机、电一体化高新技术。

20.11.1 开关磁阻电动机系统的组成

开关磁阻电动机系统主要由开关磁阻电动机(SRM)、功率变换器、控制器、转子位置检测器 4 大部分组成，系统框图如图 20.72 所示。控制器内包含控制电路与功率变换器，而转子位置检测器则安装在电机的一端，电动机与国产 Y 系列感应电动机同功率、同机座号、同外形。

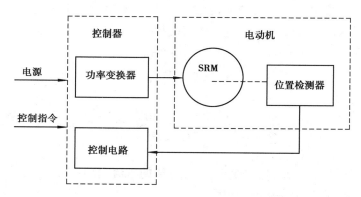

图 20.72 SRM 系统框图

开关磁阻电动机系统中的开关磁阻电动机(SRM)是实现机电能量转换的部件，也是有别于其他电动机驱动系统的主要标志。SRM 系双凸极可变磁阻电动机，其定、转子的凸极均由普通硅钢片叠压而成。转子既无绕组，也无永磁体，定子极上绕有集中绕组，径向相对的 2 个绕组连接起来，称为"一相"，开关磁阻电动机可以设计成多种不同相数结构，且定、转子的极数有多种不同的搭配。相数多、步距角小,有利于减少转矩脉动,但结构复杂,且主开关器件多,成本高,目前应用较多的是四相(8/6)结构和三相(6/4)结构。

20.11.2　开关磁阻电动机的工作原理

图 20.73 示出四相(8/6)结构开关磁阻电动机原理图。为简便起见,图中只画出 A 相绕组及其供电电路。电动机的运行原理遵循"磁阻最小原理",即磁通总要沿着磁阻最小的路径闭合,而具有一定形状的铁芯在移动到最小磁阻位置时,必使自己的主轴线与磁场的轴线重合。

图 20.73 中,当定子 D—D' 极励磁时,1—1′向定子轴线 D—D' 重合的位置转动,并使 D 相励磁绕组的电感最大。若以图中定、转子所处的相对位置作为起始位置,则依次给 $D \to A \to B \to C$ 相绕组通电,转子即会逆着励磁顺序以逆时针方向连续旋转;反之,若依次给 $B \to A \to D \to C$ 相通电,则电动机即沿顺时针方向转动。可见,开关磁阻电动机的转向与相绕组的电流方向无关,而仅取决于相绕组通电的顺序。另外,从图 20.73 可以看出,当主开关器件 S_1,S_2 导通时,A 相绕组从直流电源 U_S 吸收电能,而当 S_1,S_2 关断时,绕组电流经续流二极管 VD_1,VD_2 继续流通,并回馈给电源 U_S。因此,开关磁阻电动机传动的特点是具有再生作用,系统效率高。

由此可见,通过控制加到开关磁阻电动机绕组中电流脉冲的幅值、宽度及其与转子的相对位置(即导通角、关断角),即可控制开关磁阻电动机转矩的大小与方向,这正是开关磁阻电动机调速控制的基本原理。

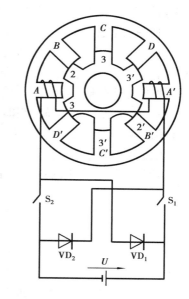

图 20.73　8/6 型开关磁阻
电动机原理图

20.11.3　气隙磁场的推进速度和转子转速

开关磁组电动机的气隙磁场也是一种跃进式磁场。从上面的分析可知,开关磁阻电动机定子绕组完成一个通电循环,气隙磁场向前跃进 m(m 为相数)次,共 $180°$,即 $\frac{1}{2}$ 转。故功率变换器开关频率(切换频率)为 f_1 时,气隙磁场平均推进速度 n_1 为

$$n_1 = \frac{1f_1}{2m}(\text{r/s}) = \frac{60f_1}{2m}(\text{r/min})$$

对转子而言,定子绕组完成一个通电循环,即气隙磁场转过 $\frac{1}{2}$ 转,转子转过 $(\frac{1}{Z_r})$ 转(与反应式步进电动机相似),故转子转速 n 为

$$n = \frac{2}{Z_r}n_1 = \frac{60f_1}{mZ_r}$$

20.11.4　开关磁阻电动机的特点

开关磁组电动机的特点有:

①电动机结构简单、成本低、效率高,可用于高速运转。开关磁组电动机的结构比鼠笼式感应电动机还要简单。其突出的优点是转子上没有任何形式的绕组,因此不会有鼠笼感应电机制造过程中铸造不良和使用过程中的断条等问题。其转子机械强度极高,可以用于超高速运转(如每分钟上万转)。在定子方面,它只有几个集中绕组,因此制造简便、绝缘结构简单。

②起动转矩大,起动电流低。特别适合那些需要重载起动、频繁起停及正反向转换运行的机械。

③可控参数多,调速性能好。控制开关磁阻电动机的主要运行参数和常用方法至少有4种:相导通角、相关断角、相电流幅值、相绕组电压。可控参数多,意味着控制灵活方便。可以根据对电动机的运行要求和电动机的情况,采取不同控制方法和参数值,即可使之运行于最佳状态(如出力最大、效率最高等),还可使之实现各种不同功能的特定曲线。

开关磁阻调速电动机的缺点是:

①有一定的转矩脉动,转矩和转速的稳定性稍差;

②噪声较大,容量较大时噪声问题可能变得十分严重。

开关磁阻调速电动机作为最新一代无级调速系统尚处于深化研究开发、不断完善提高的阶段,其应用领域也在不断拓展之中。

习　题

20.1　如何改变电容分相式单相异步电动机的转向?

20.2　一台直流伺服电动机带动一恒转矩负载(负载阻转矩不变),测得始动电压为 4 V,当电枢电压 $U_a = 50$ V 时,其转速为 1 500 r/min。若要求转速达到 3 000 r/min,试问要加多大的电枢电压?

20.3　什么叫自转现象? 如何消除交流伺服电动机的自转现象?

20.4　当微型同步电动机的负载变化时,转速变化吗?

20.5　为什么磁滞转矩在异步状态时不变,而在同步状态时却可变?

20.6　磁滞同步电动机最突出的优点是什么?

20.7　反应式步进电动机的步距角与齿数有何关系?

20.8　步进电机技术数据中所标的步距角有时有两个数据,如步距角 1.5°/3°,试问这有何意义?

20.9　接上负载后,正余弦旋转变压器输出电压有何变化? 怎样消除?

20.10　力矩式自整角机与控制式自整角机的控制方式有何不同? 转子的起始位置有何不同?

20.11　一对控制式自整角机如题图 20.1 所示。发送机转子绕组通上励磁电流后,
①画出自整角变压器转子的协调位置;②求失调角 θ。

20.12　某对力矩式自整角机接线图如题图 20.2 所示。①画出接收机转子所受的转矩方向;②画出接收机的协调位置;③求失调角 θ。

20.13　什么叫比整步转矩? 什么叫比电压?

20.14　为什么直流测速机的转速不得超过规定的最高转速,负载电阻不能小于规定值?

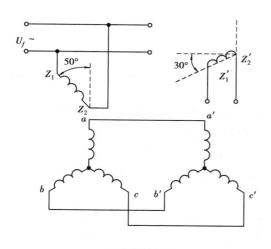

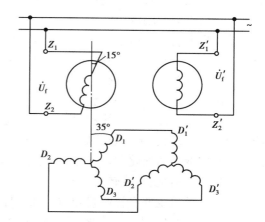

题图 20.1　　　　　　　　　　　　　　　　题图 20.2

20.15　直流测速发电机的误差主要有哪些？如何消除或减弱？

20.16　转子不动时,交流异步测速发电机为何没有电压输出？转动时,为何输出电压值与转速成正比,但频率却与转速无关？

20.17　交流异步测速发电机剩余电压是如何产生的？怎样消除或减小剩余电压？

20.18　直线电动机为何总是采用"双边型",而不采用单边型？

20.19　将无刷直流电动机与永磁式同步电动机及直流电动机作比较,分析它们之间有哪些异同点。

20.20　试述开关磁阻电动机的工作原理。

总　结

①单相异步电动机有两个绕组,主绕组产生的是脉振磁场,不会产生起动转矩,因而起动时需要与副绕组共同使用才能产生旋转磁场,产生起动转矩。单相电动机起动后,即使副绕组断电,电机仍有转矩,使转子继续旋转。

单相异步电动机主要有 3 种起动方法:电阻分相法起动,转矩较小而起动电流较大;电容分相法起动,起动转矩较大而起动电流较小。若副绕组起动后继续与主绕组共同运行,则称为电容电动机,功率因数较高,过载能力较强。罩极式电动机起动转矩很小。

②伺服电动机分为直流和交流两类。直流伺服电动机就是一台小型他励直流电动机。分电枢控制和励磁控制,常用前者,其机械特性和调节特性都是线性的,其转速与控制电压成正比,但存在死区。交流伺服电动机转子电阻必须较大,以消除自转现象,常用 3 种控制方法:幅值控制法、相位控制法和幅相控制法。

③力矩电动机实质是一种特殊的伺服电动机,其转矩较大,可不经减速机构直接拖动负载;其转速低,在低速时性能优异。

④微型同步电动机分 3 种:永磁式同步电动机,其转子用永久磁铁制成;反应式同步电动机,其转子由软铁磁材料制成。这两种电动机与一般同步电动机相同,无起动转矩,须在转子

上安装起动绕组。磁滞式同步电动机转子用硬磁材料制成,利用其磁滞作用产生磁滞转矩,可自行起动而不需起动绕组。

⑤步进电动机本质上是一种同步电动机,它能将脉冲信号转换为角位移,每输入一个电脉冲,步进电机就前进一步,其角位移与脉冲数成正比。能实现快速的起动、制动、反转,且有自锁的能力。只要不失步,角位移不存在积累的情况。

⑥旋转变压器是一种控制电机,也可看成是可旋转的变压器。旋转变压器按输出电压的不同分为正余弦旋转变压器和线性旋转变压器。正余弦旋转变压器空载时,输出电压是转子转角的正余弦函数,带上负载后,输出电压发生畸变,可用定子补偿和转子补偿纠正畸变。对正余弦旋转变压器线路稍作改接,便可在一定的转角范围内得到输出电压与转角成正比的关系,此时便是一台线性旋转变压器。

⑦自整角机主要有控制式和力矩式两种。控制式自整角机转轴不直接带动负载,而是将失调角转变为与失调角成正弦函数关系的电压输出,经放大后去控制伺服电动机,以带动从动轴旋转;力矩式自整角机可直接带动不大的轴上负载,可以远距离传递角度。

⑧测速发电机分为直流和交流两种。在恒定的磁场中,直流测速发电机输出的电压与转速成正比,产生误差的因素主要是电枢反应、温度的变化和接触电阻。转速越高、负载电流越大,产生的非线性误差也越大。交流测速发电机常用空心杯作转子。为了减小非线性误差,常用电阻较大的非磁性材料作转子;而制造和加工工艺不佳和材料不均引起的剩余电压误差,可用补偿电路进行有效的补偿。

⑨直线电动机能够产生直线运动,也有交流、直流之分。为了扩大运动范围,通常把初级(或电枢)、次级(或磁极)做成一长一短,为了消除单边磁拉力,通常把直线电机做成双边型。

⑩无刷直流电动机从电动机本身看,它是一台同步电动机,但是如果把它和逆变器、转子位置检测器合起来看,就像是一台直流电动机。无刷直流电动机的转矩、转速表达式也和一般的直流电动机相当。因此,这种电机既具有直流电动机的特性,又具有交流电动机结构简单、运行可靠、维护方便等优点。

⑪开关磁阻电动机是一种定子单边励磁,定、转子均为凸极结构的磁阻电动机。由于定子电流由变频电源供电,电动机必须在特定的连续开关模式下工作,所以通常称为"开关磁阻电动机"。该电动机结构简单、成本低、效率高,可用于高速运转。且起动转矩大,起动电流低。但开关磁阻调速电动机有一定的转矩脉动,噪声较大。目前尚处于深化研究开发、不断完善提高的阶段。

参考答案

绪 论

0.7 $H = 38.2 \text{ A/m}$

0.8 ①$F_1 = I_1 N_1 - I_2 N_2$

②$F_2 = I_1 N_1 + I_2 N_2$

③$F_3 = F_1 = I_1 N_1 - I_2 N_2$

④$H_1 \gg H_3$;在③中,$H_{Fe} \ll H_\delta$

0.9 $f = 0.001 \text{ N/m}$。当电流同向时,电磁力为吸力;当电流反向时,电磁力为斥力。

0.10 $p_{Fe} = 20 \text{ W}, \cos \varphi_0 = 0.2$

第1章

1.5 $I_{1N} = 500 \text{ A}, I_{2N} = 793.7 \text{ A}$

1.6 $I_{1N} = 82.48 \text{ A}, I_{2N} = 247.9 \text{ A}$

第2章

2.10 $N_1 = 1\ 524, N_2 = 261, k = 5.83$

2.11 ①$R_k = 8.61 \ \Omega, x_k = 17.76 \ \Omega, Z_k = 19.74 \ \Omega$

②$R'_k = 0.012\ 6 \ \Omega; x'_k = 0.026\ 1 \ \Omega, Z'_k = 0.029 \ \Omega$

③$R_k^* = R'^*_k = 0.023\ 9, x_k^* = x'^*_k = 0.049\ 3, Z_k^* = Z'^*_k = 0.054\ 8$

④$u_k = 5.48\%, u_{kr} = 2.39\%, u_{kx} = 4.93\%$

⑤$\Delta U_1\% = 2.39\%, \Delta U_2\% = 4.87\%, \Delta U_3\% = 1.05\%$

2.12 ①$R_m = 182 \ \Omega, x_m = 2\ 211 \ \Omega, Z_m = 2\ 220 \ \Omega$

$R_k = 1.33 \ \Omega, x_k = 5.85 \ \Omega, Z_k = 6 \ \Omega, R_1 = R'_2 = 0.665 \ \Omega$

$x_{1\sigma} = x'_{2\sigma} = 2.93 \ \Omega$;②略;③$\eta_N = 98.17\%$;④$\eta_{max} = 98.27\%$

第3章

3.10 A, a 同极性,$V_{Ax} \approx 330 \text{ V}; A, a$ 异极性,$V_{Ax} \approx 110 \text{ V}$

3.11 ①Y,d11;②Y,y8;③Y,d5

341

3. 13　①$S_{max} = 1\ 450\ kVA$;②$S_{max} = 1\ 400\ kVA$

3. 14　①$S_I = 1\ 050\ kVA$,$S_{II} = 1\ 950\ kVA$

　　　　②$S_{max} = 2\ 857\ kVA$,$\dfrac{S_{max}}{(S_{IN} + S_{IIN})} = 0.952\ 3$

3. 15　①3 台;②5 台

3. 16　$\dot{U}_{A+} = 207.92 \angle -0.16°V$,$\dot{U}_{A-} = 14.74 \angle -170.04°V$,$\dot{U}_{A0} = 26.78 \angle 6.71°V$

3. 17　①$I_A = 26\ A$,$I_B = I_C = 13\ A$;

　　　　②$U_a = 0$,$U_b = 369.4\ V$,$U_c = 360.4\ V$;③副边中性点移动 $U_{OO'} = 189.8\ V$

第 4 章

4. 6　①$I_k = 2\ 174\ A$,$I_k^* = 13.8$;②$i_{max} = 5\ 240\ A$,$i_{k\,max}^* = 23.53$

第 5 章

5. 4　$R_1 = 10.72\ \Omega$,$R_2' = 2.73\ \Omega$,$R_3' = 7.28\ \Omega$,$x_1 = 126.45\ \Omega$,$x_2' = 78.22\ \Omega$,$x_3' = -5.58\ \Omega$

5. 5　①$S_{NZ} = 40\ 163\ kVA$,$S_{CD} = 8\ 663\ kVA$,$S_{RZ} = 31\ 500\ kVA$

　　　　②$\eta_S = 98.78\%$,$\eta_Z = 99.04\%$

第 6 章

6. 10　$\varPhi_1 = 0.994\ 8\ Wb$

6. 11　①$p = 2$;②$Z = 36$;③$k_{N1} = 0.945$;$k_{N3} = 0.577$;$k_{N5} = 0.14$;$k_{N7} = 0.061$

　　　　④$E_{\phi1} = 230.2\ V$;$E_{\phi3} = 27.4\ V$;$E_{\phi5} = 4.0\ V$;$E_{\phi7} = 1\ V$;$E_\phi = 231.7\ V$;$E_l = 398.4\ V$

第 7 章

7. 10　①$F_{\phi1} = 12\ 182\ A$,$f_{\phi3} = 2\ 002\ A$,$f_{\phi5} = 134.5\ A$,$f_{\phi7} = 70.8\ A$

　　　　$f_{\phi1A} = 12\ 182 \cos \alpha \sin \omega t\ A$,$f_{\phi1B} = 12\ 182 \cos(\alpha - 120°) \sin(\omega t - 120°)\ A$

　　　　$f_{\phi1C} = 12\ 182 \cos(\alpha - 240°) \sin(\omega t - 240°)A$

　　　　②$F_1 = 18\ 273\ A$,$f_1 = 18\ 273 \sin(\omega t - \alpha)\ A$,正转,$p = 2$,$n_1 = 1\ 500\ r/min$

　　　　$F_5 = 231.8\ A$,$f_5 = 231.8 \sin(\omega t + 5\alpha)\ A$,反转,$p = 10$,$n_1 = 300\ r/min$

　　　　$F_7 = 106.2\ A$,$f_7 = 106.2 \sin(\omega t - 7\alpha)\ A$,正转,$p = 14$,$n_1 = 214.3\ r/min$

　　　　③略。

7. 11　①$F_{\phi1} = 31\ 351A$,$f_{A\phi1} = F_{\phi1} \cos \alpha \sin \omega t = 31\ 351 \cos \alpha \sin \omega t\ A$

　　　　$f_{B\phi1} = 31\ 351 \cos(\alpha - 120°) \sin(\omega t - 120°)\ A$

　　　　$f_{C\phi1} = 31\ 351 \cos(\alpha - 240°) \sin(\omega t - 240°)\ A$

　　　　②$F_1 = 47\ 027\ A$,$f_1 = F_1 \sin(\omega t - \alpha)t = 47\ 027 \sin(\omega t - \alpha)\ A$

　　　　③略。

7. 12　$f_1 = 2\ 789.4 \sin(\omega t - \alpha - 6.3°) + 303.8 \sin(\omega t + \alpha - 52.61°)\ A$,为正向椭圆形旋转磁动势。

7. 13　①合成磁动势(基波)为椭圆旋转磁动势,相量图略;②电流应是:$i_B = \sqrt{2}I \cos(\omega t - 60°)$。

第8章

8.5 ①电动机的极数 $2p = 6$

②额定负载下的转差率 $s_N = \dfrac{n_1 - n_N}{n_1} = \dfrac{1\,000 - 975}{1\,000} = 0.025$

③额定负载下的效率 $\eta_N = \dfrac{P_N}{\sqrt{3}\,U_N I_N \cos\varphi_N} = \dfrac{75 \times 10^3}{\sqrt{3} \times 3\,000 \times 18.5 \times 0.87} = 0.90$

第9章

9.9 $\dot{I}'_{2N} = 9.68 \angle -10.02° \text{ A}$; $\dot{I}_0 = 4.21 \angle -85.55° \text{ A}$; $\dot{I}_1 = 11.48 \angle -30.82° \text{ A}$; $\cos\varphi = 0.86$
$P_1 = 11\,239 \text{ W}$; $\eta_N = 89.0\%$

第10章

10.4 ①$P_{1N} = 11\,423 \text{ W}$；②$p_{Cu1} = 366 \text{ W}$, $p_{Cu2} = 239 \text{ W}$
③$P_M = 10\,418 \text{ W}$, $P_m = 10\,179 \text{ W}$；④$\eta = 7.5\%$
⑤等值电路图略，电路参数：$r'_2 = 0.628 \ \Omega$, $x_{1\sigma} \approx x'_{2\sigma} = 3.855 \ \Omega$, $r_m = 2.11 \ \Omega$, $x_m = 113.8 \ \Omega$

10.5 $s_N = 0.038$, $f_2 = 1.9 \text{ Hz}$, $p_{Cu2} = 301 \text{ W}$, $\eta_N = 86.9\%$, $I_{1N} = 15.85 \text{ A}$

10.6 ①电路参数：$r'_2 = 1.14 \ \Omega$, $x_{1\sigma} \approx x'_{2\sigma} = 3.78 \ \Omega$, $r_m = 3.90 \ \Omega$, $x_m = 56.22 \ \Omega$
②$\cos\varphi_{1N} = 0.76$, $\eta_N = 82.5\%$

第11章

11.11 $T_{st} = 2\,125 \text{ N·m}$

11.12 ①$R'_p = 0.122 \ \Omega$；②$T_{st} = 3\,107 \text{ N·m}$

11.13 $I'_{st} = 100 \text{ A}$

11.14 ①$T_{st} = 751.0 \text{ N·m}$；②$R_{p1} = 0.172 \ \Omega$, $R_{p2} = 0.010\,2 \ \Omega$

11.15 ①$n = 964.5 \text{ r/min}$；②$n_B = -1\,026 \text{ r/min}$；③$R_p = 1.129 \ \Omega$
④$0.644 \ \Omega \leqslant R_p \leqslant 0.877 \ \Omega$ 时，重物停在空中；⑤$n_D = -10\,929 \text{ r/min}$

11.16 ①$R_p = 0.162 \ \Omega$；②$f' = 37.7 \text{ Hz}$，线电压 $U'_1 = 286.5 \text{ V}$

第12章

12.1 极数是24。

第13章

13.9 ①$\dot{I} = 707.1 \angle -45° \text{ A}$，为交轴与直轴去磁电枢反应；

②$\dot{I} = 500 \angle -90° \text{ A}$，为直轴去磁电枢反应；

③$\dot{I} = 1\,000 \angle 90° \text{ A}$，为直轴增磁电枢反应；

④$\dot{I} = 1\,000 \angle 0° \text{ A}$，为交轴电枢反应。

13.10 $I_d = 7.85 \text{ A}$, $I_q = 4.53 \text{ A}$, $x_d = 25.3 \ \Omega$, $x_q = 19.9 \ \Omega$

13. 11　$E_0 = 4\ 559$ V

13. 12　①$E_0 = 9\ 010$ V；②$E_0 = 4\ 860$ V

第 14 章

14. 5　①$P_N \approx P_{MN} = 37.575$ kW；②$P_{Mmax} = 75.987$ kW；③过载能力 $k_m = 2.022$

14. 6　①$\delta = 12.5°$；②$\cos\varphi = 0.447$；③$I = 58.9$ A；④$Q = 36.5$ kvar，滞后

14. 7　①$P_M = 6\ 000$ kW，$\delta_N = 29.3°$；②$\delta_N = 14.2°$，$\cos\varphi = 0.468$

14. 8　①$\delta_N = 21.4°$，$E_0 = 13.02$ kV；②$P_{Mmax} = 14\ 695.23$ kW

第 15 章

15. 5　①$E_0 = 6\ 378$ V；②$P_M = 408.4$ kW，$T = 13\ 000$ N·m

15. 6　①$S_N = 1\ 656$ kVA；②$\cos\varphi_N = 0.241\ 5$

15. 7　$\cos\varphi_2 = 0.833$；$S_2 = 2\ 071$ kVA $> 2\ 000$ kVA，变电所过载。

第 16 章

16. 1　$I_{k1}^* / I_{k3}^* = 2.6$

第 17 章

17. 7　发电机 $I_N = 36.36$ A，电动机 $I_N = 45.45$ A

第 18 章

18. 6　①$E_a = 208.95$ V；②$E_a = 69.65$ V

18. 7　①$E_{aN} = 214.5$ V；②$T_N = 178.1$ N·m

第 19 章

19. 6　①$P_{MN} = 11.3$ kW，$T_N = 74.42$ N·m；②$\eta_N = 84.4\%$

19. 7　①$\dfrac{I_{st}}{I_N} = 15.82$；②$R_p = 0.64$ Ω

19. 8　①$R_p = 1.09$ Ω；②$R_p = 2.14$ Ω

19. 9　①$R_p = 2.25$ Ω；②$U_1 = 151.25$ V

　　　③串电阻时的效率 $\eta_R = 54.6\%$，降压时的效率 $\eta_U = 73.0\%$。

第 20 章

20. 11　①略；②失调角 $\theta = 20°$

20. 12　①，②略；③失调角 $\theta = 20°$

参考文献

[1] 张广溢、郭前岗. 电机学. 重庆:重庆大学出版社,2002

[2] 谢明琛、张广溢. 电机学. 第二版. 重庆:重庆大学出版社,2004

[3] 汤蕴璆等. 电机学. 第2版. 北京:机械工业出版社,2005

[4] 辜成林等. 电机学. 武汉:华中科技大学出版社,2001

[5] 王正茂等. 电机学. 西安:西安交通大学出版社,2000

[6] 蒋豪贤. 电机学. 广州:华南理工大学出版社,1997

[7] 顾绳谷. 电机及拖动基础上、下册. 第3版. 北京:机械工业出版社,2004

[8] 李发海,王岩. 电机与拖动基础. 北京:清华大学出版社,1994

[9] 麦崇. 电机学与拖动基础. 广州:华南理工大学出版社,1998

[10] 陈隆昌等. 控制电机. 第三版. 西安:西安电子科技大学出版社,2000

[11] 陈伯时. 电力拖动自动控制系统. 第3版. 北京:机械工业出版社,2003

[12] 李华德. 交流调速控制系统. 北京:电子工业出版社,2003